普通高等教育"十二五"规划教材
非化学专业化学系列教材编委会

名誉主任　徐东升　杨道武

主　　任　周　莹　熊洪录　陈学泽　王元兰

副 主 任　赖桂春　于兵川　包　宏　王崇臣

编　　委　（按姓名笔画排序）

于兵川	王元兰	王文革	王崇臣	邓　洪
申有名	付　惠	包　宏	皮少锋	冯炎龙
刘长辉	刘继德	刘满珍	汤　林	杨　志
杨建奎	杨桂娣	杨道武	李　青	李　霞
李水芳	李娇娟	李爱国	李福枝	肖红波
肖细梅	吴天泉	吴爱斌	陈学泽	陈媛梅
周　莹	周攀登	徐东升	郭亚平	陶李明
彭霞辉	蒋红梅	赖桂春	熊洪录	潘　彤

普通高等教育"十二五"规划教材

无机化学

第二版

王元兰 主 编
王崇臣 邓 洪 副主编

化学工业出版社
·北京·

本书共分九章,主要内容包括:溶液,表面化学与胶体化学,原子结构和元素周期表,化学键与分子结构,化学反应基本理论,溶液中的离子平衡,氧化还原与电化学,配位化合物,元素选述。每章后面附有知识拓展,反映了无机化学的前沿和新成果。习题附有参考答案,以便学生自学和复习。为方便教学,本书还配有多媒体教学课件。

　　本书可作为高等院校农学、林学、生物、食品、环境、材料等专业的教材,亦可供相关专业技术人员参考。

图书在版编目（CIP）数据

无机化学/王元兰主编. —2版. —北京：化学工业出版社，2011.8（2022.9重印）
普通高等教育"十二五"规划教材
ISBN 978-7-122-11880-6

Ⅰ.无… Ⅱ.王… Ⅲ.无机化学-高等学校-教材　Ⅳ.O61

中国版本图书馆 CIP 数据核字（2011）第 143898 号

责任编辑：旷英姿　　　　　　　　　　文字编辑：林　媛
责任校对：顾淑云　　　　　　　　　　装帧设计：史利平

出版发行：化学工业出版社（北京市东城区青年湖南街 13 号　邮政编码 100011）
印　　装：三河市延风印装有限公司
787mm×1092mm　1/16　印张 16¼　彩插 1　字数 418 千字　2022 年 9 月北京第 2 版第 9 次印刷

购书咨询：010-64518888　　　　　　　售后服务：010-64518899
网　　址：http://www.cip.com.cn
凡购买本书,如有缺损质量问题,本社销售中心负责调换。

定　　价：30.00 元　　　　　　　　　　　　　　　　　　版权所有　违者必究

前 言

本书第一版自 2008 年出版以来，已在多所高等院校的非化工类专业的无机化学教学中广为使用，来自教学第一线的反馈信息表明：本教材的内容具有较好的系统性，编排科学、合理，便于教师系统实施教学，使学生易于学习和掌握课程要求的基本知识。但在使用过程中也发现一些问题需要改进，如某些原理、定义的阐述不够规范，有些理论的介绍还需要完善。此外，为适应新世纪人才培养的需要和教材更新的原则，以及我们在教学实践中的经验，决定在第一版的基础上，对本教材进行如下修改。

（1）教材基本保留第一版的编写系统和格局，但在内容上进行了适当调整和更新，更注重无机化学的基础性和系统性，力图展现无机化学发展的新趋势。

（2）考虑到学时和各专业对教学内容的要求，对部分内容进行了调整和筛选。删除了原第 6 章中的"盐类的水解"，应用酸碱质子理论处理盐类的水解，使这部分内容更为严谨。参照法定计量单位的国家标准和应用习惯，更改了一些符号及叙述方式，如物质的平衡浓度改用方括号表示，物质 A 的平衡浓度表示为 [A]；将电极电位改成了电极电势；对杂化轨道类型与分子的几何构型这部分进行了重新编写，使其内容更加直观、更加系统。

（3）对每章后面的习题进行了部分删减，并附有习题参考答案，可以方便学生自学和复习。

（4）对原教材中的知识拓展部分进行了大部分的更新，更能反映无机化学的前沿和新成果。既能激发学生的学习兴趣，又能拓展学生的知识面。

（5）为方便教师使用本教材进行教学，精心制作了与教材配套的多媒体教学课件（PPT）。

（6）本书根据 30～52 学时教学计划编写。各院校可以根据专业需要和教学学时，对相关内容进行取舍。本书可作为高等院校各有关专业的教材或参考书。

本书由王元兰任主编，并负责全书的策划、编排、审订及最后的统稿、复核工作，王崇臣、邓洪任副主编。参加编写工作的有中南林业科技大学的王元兰（绪论、第六章及教材课件的制作）、邓洪（第二、第三章）、皮少锋（第一、第四章）、李青（第五章）、肖红波（第七章）和北京建筑工程学院的王崇臣（第八、第九章）。

本书在编写过程中得到了中南林业科技大学和北京建筑工程学院化学教研室同仁的支持，提供了不少素材和建议。特别是中南林业科技大学教务处在 2009 年对本教材给予立项。在此谨向他们致以诚挚的谢意。

本书可作为农学、林学、生物、食品、资源环境、畜牧兽医、无机非金属材料工程、建筑专业及其他相关专业的教科书或参考书，也可供从事化工专业的技术人员阅读。

本书在编写时力求做到开拓创新、尽善尽美，但由于我们水平有限，书中难免有不妥之处，敬请同行和读者批评指正。

编 者
2011 年 4 月

第一版前言

随着时代的前进，知识量越来越大，如何在有限的课时内将基本的理论和知识传授给学生显得越来越重要。因此高等学校的教学内容、教学体系的改革是十分重要的。无机化学是高等院校农学、林学、生物、食品、资源环境、给水排水工程、无机非金属材料工程、建筑类等专业的一门重要基础课。本书考虑到农林、生物、环境、建筑类院校对本课程的要求及大学一年级学生的实际水平，在内容选择和安排上保持了无机化学学科的科学性和系统性，避免了复杂的理论推导，文字叙述也力求深入浅出，通俗易懂，便于自学。

本书在内容选编方面，有以下几个特点。

1. 注重理论联系实际和专业需要。本书重点阐述了与农林、生物、环境、建筑、材料等领域紧密相关的内容，如溶液理论、酸碱平衡、沉淀溶解平衡、表面化学、胶体化学、电化学、配位化学、物质结构理论；而生物能源、离子的生理平衡、微量元素与生命过程、农药与化学、绿色化学与环境保护等相关内容在本书中都得到了相应的体现。这样既能激发学生的学习兴趣，又能拓展学生的知识面。

2. 在知识拓展部分重点介绍了化学与其他学科交叉领域的热点问题和最新动态，为学生将化学知识应用于其他领域打开了一扇窗口。我们试图用这种方式将最新和最前沿的知识引进教材和课堂，为学生将来在学科交叉领域进行创新打下基础。

3. 本书在每章后面编写了多种类型的习题，并附有习题参考答案，可以方便学生自学和复习。为方便教学，本书还配有电子教案。

4. 本书根据30~52学时教学计划编写。各院校可以根据专业需要和教学学时，对相关内容进行取舍。

本书由王元兰主编，并负责全书的策划、编排和审订及最后的统稿、复核工作，王崇臣、邓洪任副主编。参加编写工作的有中南林业科技大学的王元兰（绪论、第六章）、邓洪（第二、第三章）、汤林（第一章）、李青（第五章）、肖红波（第七章）和北京建筑工程学院的王崇臣（第八、第九章及第四章中的分子结构）、张亚东（第四章中的化学键）。与本教材配套的电子教案由邓洪和王元兰制作。

本书在编写过程中得到了中南林业科技大学和北京建筑工程学院化学教研室同仁的支持，特别是中南林业科技大学的陈学泽教授、胡云楚教授和周莹教授提供了不少素材和修改建议。"北京市可持续水与废物循环利用技术项目（BJE 10016200611）"学术创新团队也对本书给予了支持和帮助。在此谨向他们致以诚挚的谢意。

本书可作为农学、林学、生物、食品、资源环境、畜牧兽医、无机非金属材料工程、建筑专业及其他相关专业的教科书或参考书，也可供社会读者阅读。

本书在编写时力求做到开拓创新、尽善尽美，但由于我们水平有限，书中仍难免有不妥之处，敬请同行和读者批评指正。

编 者
2008 年 3 月

目 录

绪论 1

第一章 溶液 5
第一节 溶液的浓度 5
一、溶液的概念 5
二、溶液的浓度 5
第二节 稀溶液的依数性 7
一、溶液的蒸气压下降及拉乌尔定律 7
二、溶液的沸点升高 8
三、溶液的凝固点降低 8
四、溶液的渗透压 9
[知识拓展] 强电解质溶液理论简介 11
习题 12

第二章 表面化学与胶体化学 14
第一节 表面化学 14
一、表面能与表面张力 15
二、润湿现象 17
三、弯曲液面的附加压力和毛细现象 18
四、固体表面上的吸附作用 19
[知识拓展] 聚焦2007诺贝尔化学奖：二维表面化学 21
第二节 胶体化学 22
一、分散系统 22
二、胶团结构 24
三、溶胶的性质 25
四、溶胶的稳定性和聚沉 27
五、高分子化合物溶液 29
六、表面活性物质和乳浊液 30
[知识拓展] 什么是胶体金 31
气凝胶：固体也能轻如烟 32
习题 33

第三章 原子结构和元素周期表 35
第一节 核外电子的运动状态 35
一、氢原子光谱和玻尔模型 35
二、核外电子运动的波粒二象性 36
三、核外电子运动状态的近代描述 37
第二节 原子核外电子排布和元素周期表 40
一、核外电子排布原理 40
二、多电子原子轨道的能级 41

  三、核外电子的排布和元素周期律 ………………………………………………… 41
  四、屏蔽效应和钻穿效应 …………………………………………………………… 45
 第三节 元素性质的周期性 ………………………………………………………… 46
  一、原子半径（r_A） ………………………………………………………………… 46
  二、电离能和电子亲和能 …………………………………………………………… 47
  三、电负性 …………………………………………………………………………… 50
  四、价电子和价电子层结构 ………………………………………………………… 50
 [知识拓展] 关于原子结构模型的演变历程 ……………………………………… 51
 习题 …………………………………………………………………………………… 52

第四章 化学键与分子结构 ……………………………………………………… 53
 第一节 离子键 ……………………………………………………………………… 53
  一、离子键的形成 …………………………………………………………………… 53
  二、离子键的本质与特点 …………………………………………………………… 53
  三、离子的特征 ……………………………………………………………………… 54
  四、离子键的强度 …………………………………………………………………… 55
 第二节 价键理论 …………………………………………………………………… 56
  一、价键理论 ………………………………………………………………………… 56
  二、杂化轨道理论与分子的几何构型 ……………………………………………… 60
  三、分子轨道理论 …………………………………………………………………… 64
 第三节 分子间力和氢键 …………………………………………………………… 68
  一、分子的极性 ……………………………………………………………………… 68
  二、分子间作用力（范德华力） …………………………………………………… 69
  三、氢键 ……………………………………………………………………………… 71
 [知识拓展] 价层电子对互斥理论 ……………………………………………… 73
 习题 …………………………………………………………………………………… 74

第五章 化学反应基本理论 …………………………………………………… 76
 第一节 化学热力学初步 …………………………………………………………… 76
  一、基本概念和术语 ………………………………………………………………… 76
  二、热力学第一定律和热化学 ……………………………………………………… 78
  三、化学反应的方向 ………………………………………………………………… 82
 第二节 化学反应速率 ……………………………………………………………… 87
  一、化学反应的反应速率及表示方法 ……………………………………………… 87
  二、化学反应速率理论 ……………………………………………………………… 88
  三、影响反应速率的因素 …………………………………………………………… 90
 [知识拓展] 热力学三大定律及其应用 ………………………………………… 94
 第三节 化学平衡 …………………………………………………………………… 95
  一、可逆反应与化学平衡 …………………………………………………………… 95
  二、平衡常数 ………………………………………………………………………… 95
  三、多重平衡规则 …………………………………………………………………… 98
  四、化学平衡的移动 ………………………………………………………………… 99
 [知识拓展] 化学振荡反应 ……………………………………………………… 103
 习题 …………………………………………………………………………………… 104

第六章 溶液中的离子平衡 …………………………………………………… 106
 第一节 酸碱理论 …………………………………………………………………… 106

  一、酸碱的质子理论 …………………………………………………………………… 106
  二、酸碱的电子理论 …………………………………………………………………… 108
 第二节 弱电解质的电离平衡 ……………………………………………………………… 108
  一、弱电解质的电离平衡 ……………………………………………………………… 108
  二、缓冲溶液 …………………………………………………………………………… 115
 第三节 沉淀-溶解平衡 …………………………………………………………………… 118
  一、溶度积原理 ………………………………………………………………………… 118
  二、难溶电解质沉淀的生成和溶解 …………………………………………………… 120
 [知识拓展] 2000～2010年诺贝尔化学奖简介 …………………………………………… 124
 习题 ………………………………………………………………………………………… 126

第七章 氧化还原与电化学
 第一节 氧化还原反应 ……………………………………………………………………… 129
  一、化合价和氧化数 …………………………………………………………………… 129
  二、氧化剂和还原剂 …………………………………………………………………… 130
  三、氧化还原电对 ……………………………………………………………………… 130
  四、氧化还原反应方程式的配平 ……………………………………………………… 131
 第二节 原电池与电极电势 ………………………………………………………………… 134
  一、原电池 ……………………………………………………………………………… 134
  二、电极电势 …………………………………………………………………………… 135
  三、能斯特方程 ………………………………………………………………………… 137
 第三节 电极电势的应用 …………………………………………………………………… 140
  一、判断氧化剂和还原剂的相对强弱 ………………………………………………… 140
  二、判断氧化还原反应的方向和限度 ………………………………………………… 141
  三、元素电位图 ………………………………………………………………………… 143
 [知识拓展] 太阳能电池 ………………………………………………………………… 144
 习题 ………………………………………………………………………………………… 146

第八章 配位化合物 ……………………………………………………………………… 149
 第一节 配合物的基本概念 ………………………………………………………………… 149
  一、配位键 ……………………………………………………………………………… 149
  二、配位化合物的定义 ………………………………………………………………… 149
  三、配合物的组成 ……………………………………………………………………… 150
  四、配合物的化学式和命名 …………………………………………………………… 152
 第二节 配位平衡 …………………………………………………………………………… 152
  一、配位平衡常数 ……………………………………………………………………… 152
  二、配位平衡的移动 …………………………………………………………………… 154
 第三节 配合物的价键理论 ………………………………………………………………… 155
  一、价键理论的基本要点 ……………………………………………………………… 155
  二、配合物的空间构型 ………………………………………………………………… 156
  三、外轨型和内轨型配合物 …………………………………………………………… 158
 第四节 螯合物 ……………………………………………………………………………… 159
  一、基本概念 …………………………………………………………………………… 159
  二、螯合物的稳定性 …………………………………………………………………… 160
  三、螯合物的应用 ……………………………………………………………………… 160

    [知识拓展] 配位化合物的应用 ······ 161
    习题 ······ 163

第九章 元素选述 ······ 165
第一节 s区元素 ······ 165
    一、氢 ······ 165
    二、碱金属和碱土金属 ······ 167
    习题 ······ 174

第二节 p区元素 ······ 175
    一、概论 ······ 175
    二、硼族元素 ······ 177
    三、碳族元素 ······ 181
    四、氮族元素 ······ 186
    五、氧族元素 ······ 193
    六、卤族元素 ······ 200
    [知识拓展] 天才还是魔鬼？——记小托马斯·米奇利的发明成果 ······ 203
    习题 ······ 205

第三节 d区元素 ······ 206
    一、过渡元素的通性 ······ 207
    二、铬副族 ······ 208
    三、锰副族 ······ 209
    四、铁系元素 ······ 211
    [知识拓展] 放射性和铀裂变的重大发现 ······ 214
    习题 ······ 215

第四节 ds区元素 ······ 216
    一、铜族元素 ······ 216
    二、锌族元素 ······ 219
    [知识拓展] 主要重金属在土壤中的迁移转化 ······ 223
    习题 ······ 225

部分习题参考答案 ······ 226

附录 ······ 235
    附录一 基本物理常数表 ······ 235
    附录二 单位换算 ······ 235
    附录三 一些物质的标准生成焓、标准生成 Gibbs 函数和标准熵（298K） ······ 235
    附录四 一些水合离子的标准生成焓、标准生成 Gibbs 函数和标准熵（298K） ······ 239
    附录五 难溶化合物溶度积（291~298K） ······ 240
    附录六 一些常见配离子的稳定常数（298K） ······ 241
    附录七 配合物的累积稳定常数 ······ 241
    附录八 金属离子与氨羧螯合剂形成的配合物的稳定常数（$\lg K_{MY}^{\ominus}$） ······ 243
    附录九 一些金属离子的 $\lg \alpha_{M(OH)}$ 值 ······ 243
    附录十 标准电极电势表（298K） ······ 244
    附录十一 一些氧化还原电对的条件电势（298K） ······ 246
    附录十二 相对分子质量 ······ 246

参考文献 ······ 249
元素周期表

绪 论

1. 化学在社会发展中的作用和地位

人类的生存和人类社会的发展无不依赖于物质基础,而化学的研究对象就是物质。化学是在分子、原子、离子层次上研究物质的组成、性质、结构及反应规律的一门科学。因此,化学与人类之间有着十分密切的关系。火的发现和使用,就是人类认识的第一个化学现象。原始人类正是在懂得了火的使用之后才由野蛮进入了文明,随后又逐渐掌握了铜、铁等金属的冶炼,烧制陶瓷、酿造、染色、造纸、火药等与化学过程相关的工艺,并在此过程中了解了一些物质的性质,积累了一些有价值的化学实践经验。17世纪中叶以后波义耳(R. Boyle)科学元素说的提出,以及道尔顿(J. Dalton)的原子论、阿伏加德罗(A. Avogadro)分子假说的确立,门捷列夫(Д. И. Менделеев)元素周期表的发现……使化学从一门经验性、零散性的技术发展成为一门有自己科学理论的、独立的科学,并形成了无机化学、有机化学、分析化学、物理化学四大分支学科。

19世纪末20世纪初,由于X射线、放射性和电子、中子的发现,打开了探索原子和原子核结构的大门,以量子化学为基础的原子结构和分子结构理论揭示了微观世界的奥秘,使化学在研究内容、研究方法、实验技术和应用等方面取得了长足的进步和深刻的变化,化学的发展迈入了现代化学的新时期。化学的研究从宏观深入到微观,从定性走向定量,从描述过渡到推理,从静态推进到动态。化学形成了以说明物质的结构、性质、反应以及它们之间的相互关系及变化规律为主体的较为完整的理论体系。

化学研究的方法和分析测试的手段越来越现代化。现代化的实验技术如超高压、超低温、超高真空、超临界、等离子体及光、声、电等在化学反应中的应用,使一些反应能够在极端条件下进行,从而合成出常规条件下难以制备的新化合物。各种光谱仪、色谱仪、质谱仪、核磁共振仪、热谱仪、能谱仪、电子显微镜等高精度、高灵敏度、多功能、全自动的现代分析仪器能够准确地测定化合物的物相、组成、含量、分子结构和晶体结构。高新技术的使用使化学家不但有能力合成、模拟出大量自然界已有的物质,还创造出了数以千万计的自然界不存在的新物质,甚至能够根据化学原理设计、制备具有特殊功能的新化合物,为人类的生存、发展和进步奠定了丰厚的物质基础。

化学研究的范围也在不断地扩大,除原有的四大分支学科,又形成了高分子化学、环境化学、化学工程等学科,并通过这些二级学科的相互渗透、交叉,以及与其他学科的融合,不断分化产生新的分支学科和边缘学科,如配位化学、金属有机化学、生物无机化学、量子有机化学、化学计量学、生物电化学、等离子体化学、超分子化学、界面化学、仿生化学,以及星际化学、地球化学、海洋化学、材料化学和能源化学等,使化学从单一的学科向综合学科的方向发展。

化学基础研究的发展也推动着化学工业的进步,使与化学相关的工农业各领域均相应地得到了很大的进展。例如在世界经济发展中占重要地位的石油化工工业,从炼油生产各类油品,到裂解得到相对分子质量较小的碳氢化合物等基本有机化学品,都离不开催化,催化剂和催化反应已成为石油化工的核心技术。高分子化学的发展促成了三大合成材料——塑料、纤维、橡胶工业的崛起,为人类的日常生活提供了丰富多彩的各类材料。涤纶、尼龙、腈纶等合成纤维已超过羊毛和棉花，成为纺织业的主要原料；氯丁橡胶、顺丁橡胶、异戊橡胶等合成橡胶的性能和产量已超过天然橡胶；性能优良、用途广泛、品种繁多的塑料在人们的生活中扮演着十分重要的角色，以至于汽车、轮船、飞机的制造，各种机械零件的加工，电机、机器的生产也需要工程塑料。这三大合成材料的总产量已超过全部金属的产量，当今世界已被称为聚合物时代。又如，随着世界人口的增多，粮食短缺问题日益严重，而粮食的增产离不开优质的化肥。廉价的铁催化剂的发现使合成氨的大规模工业化生产得以实现，满足了农业生产对氮肥的需求。除此之外，与人类健康息息相关的医药工业的发展也与化学紧密相关，化学工作者在医药的开发和研制中肩负着重要的使命，化学合成药物在医药工业中占据着主导的地位。而其他在国民经济中起重要作用的行业和部门，如能源、航天航空、军事、原子能工业、现代通信技术、信息技术、交通、建筑、生物技术等的快速发展都需要化学为之提供物质基础。种种这些都说明化学已成为现代科学技术和社会生活的一个枢纽，是"一门满足社会需要的中心科学"。

展望未来，社会的进一步发展必将对化学提出新的、更高的要求。化学学科也将顺应发展的需要，通过化学家的努力继续担当起"中心科学"的重任。面对人口增长、资源匮乏、能源短缺、环境恶化等问题，化学在解决粮食短缺、开发新能源、合理利用资源、提供性能优良的新材料，以及在消除污染、保障人类的生存质量和生存安全等方面继续发挥举足轻重的作用。《展望21世纪的化学》一书对未来化学发展的特色做了如下归纳：

① 深入研究由原子组合成分子的方法和技巧，实现原子经济性反应和提高反应效率将成为化学家们关注的重点内容；

② 对分子以上层次现象的研究，分子间相互作用及由此构成的多分子体系将成为重要的研究对象；

③ 与其他学科进一步的渗透、交叉将是未来化学发展的必然趋势；

④ 从化学基础研究的重大突破到形成高新技术产业化的周期将会大大缩短，即科学—技术—生产力的链节将会缩短，从而加速生产力的发展。

2. 化学是实用性和创造性科学

探索自然，为找出过去并不知道的而且具有实用性的化学物质，这一过程，即是为应用而进行的创造，因而"实用性"和"创造性"是密切相关的。化学家曾从事大量的动植物体中化学物质的分离、提纯和结构测定（创造），并应用于人们的生产和生活之中（实用）。此类工作目前仍在大量进行。现在，人们已经开始开展从海洋生物体内分离、提取和提纯化合物，这些化合物的分离和结构确定，也体现出化学的创造性。通常，我们不可能从动植物体中分离得到大量新的药物，因为这种做法不但破坏性极强，而且造价昂贵。取而代之，化学家用其他简单化合物，通过化学合成，制备出新发现的化合物，达到大量提供临床应用目的。

有时，天然化合物的结构可以通过创造性的化学合成而改变，进而考察性质方面的改善。大自然并非是世外乐园，这里有为生存而进行的凶猛战斗。昆虫为生存而吃植物，有些植物可释放出可以驱赶这些昆虫的化学物质，同时，可通过这种化学物质的气味，通知附近的同类植物，有不速之客进犯，则同类植物也会释放出这种化学物质。如此，达到保护自己和种群的目的。人们则可以研究这种化合物的结构，合成出来，用于保护农作物。昆虫也用化学物质作为求偶时的联络信号。当人们得知是何种化合物后，就可以人工合成，用来诱杀、控制有害昆虫的繁殖。

生物可产生强烈的抗生素，防止和治疗细菌的侵害；人们同样可以模仿生物，合成出这样的抗生素，用于预防和治疗由细菌感染而引起的疾病。

化学中最具有创造性的工作是设计和创造新的分子，古代炼丹家一生致力于"加热和振荡"各种混合物，梦想将铅变成黄金，它们梦想虽然破灭了，但却创造了不少有趣的新方法和新物质，把自己造就成化学家。

3. 无机化学的范畴、地位和作用

无机化学是研究元素及其化合物的结构、性质、反应、制备及其相互关系的一门化学分支学科。准确地讲，除去碳氢化合物及其大多数衍生物外，无机化学是对所有元素及其化合物的性质和反应进行实验研究和理论解释的科学。

人类最早接触到的化学知识便是无机化学，如金属冶炼、玻璃制造以及陶器、印染技术的应用。化学科学开始的研究对象多为无机物。近代无机化学的建立，实际上标志着近代化学的创立。化学中最重要的一些概念和规律，如元素、分子、化合、分解、定比定律和元素周期律等，大都是无机化学早期发展过程中形成和发现的。

目前无机化学仍是化学科学中最基础的部分，并已形成了一套自己的理论体系，如原子结构理论、分子结构理论、晶体结构理论、酸碱理论、配位化学理论等。在现代无机化学的研究中广泛采用物理学和物理化学的实验手段和理论方法，结合各种现代化的谱学测试手段，如X射线衍射、电子顺磁共振谱、光电子能谱、穆斯堡尔谱、核磁共振谱、红外和拉曼光谱等，获得无机化合物的几何结构信息，及化学键的性质、自旋分布、能级结构等电子结构的信息，并运用分子力学、分子动力学、量子化学等理论，进行深入的分析，了解原子、分子和分子集聚体层次无机化合物的结构及其与性能的关系，探求化学反应的微观历程和宏观化学规律的微观依据。另外，无机合成依然是无机化学的基础。现代无机合成除了常规的合成方法外，更重视发展新的合成方法，尤其是特殊的和极端条件下的合成，如超高压、超高温、超低温、强磁场、电场、激光、等离子体等条件下合成多种多样在一般条件下难以得到的新化合物、新物相、新物态，合成出了如超微态、纳米态、微乳与胶束、无机膜、非晶态、玻璃态、陶瓷、单晶、晶须、微孔晶体等多种特殊聚集态，及具有团簇、层状、某些特定的多型体、层间嵌插结构、多维结构的复杂的无机化合物，而且很多化合物都具有如激光发射、发光、光电、光磁、光声、高密度信息存储、永磁性、超导性、储氢、储能等特殊的功能，有着广泛的应用前景。

无机化学一方面继续自身的发展，另一方面一直在进行着与其他学科的交叉和渗透。如无机化学与有机化学交叉形成了有机金属化学；无机化学与固体物理结合形成了无机固体化学，无机化学向生物学渗透形成了生物无机化学等。事实上，无机化学已经在材料、能源、信息、环保、生命科学及生物模拟等领域起着举足轻重的作用。不仅如此，无机化学的作用还将体现在上述各领域在未来的发展和突破之中。可以预见，无机化学以其现代的实验技术和科学理论为基础，立足于天然资源的开发、新型材料的合成、高新技术的广泛应用，将在科学发展和社会进步的进程中，发挥愈来愈重要的作用。

4. 无机化学的学习要求和方法

无机化学的内容主要包括溶液浓度及其换算、化学热力学和化学动力学基础、化学平衡理论、表面和胶体化学、氧化还原和基础电化学、原子结构和分子结构理论、配位化学、元素和化合物基本知识等内容。通过无机化学的教学，培养学生的科学思维能力，使学生具有对无机化学问题进行理论分析和计算的能力，为学习后续课程和新理论、新技术打下必要的无机化学基础。

相对而言，无机化学的教学内容多，教学要求高，而且对于非化学专业来说，无机化学的教学学时相对不足，因而往往导致教学难度较大。采用适当的教学方法是克服学习困难，提高教学效果的关键。

找出知识的内在联系，弄清问题的来龙去脉，通过归纳、总结、对比，建立完整的知识体系。例如，在学习原子结构理论时，应该弄清微观粒子有什么基本特征，它们的运动状态必须用什么方法来描述，进一步掌握核外电子的能级顺序和排布规律。在学习杂化轨道理论时，应该明白什么是"杂化"和"杂化轨道"，原子在形成分子时为什么要先进行杂化，分子的几何构型与杂化轨道类型之间有什么联系。同离子效应对酸碱平衡和沉淀溶解平衡有极大的影响，溶液中有关离子平衡浓度的计算过程中，要特别注意是否有同离子存在。

无机化学实验是训练无机化学基本操作技能、培养严谨的学风和科学态度的重要环节。通过无机化学实验现象的观察，要培养提出问题、分析问题和解决问题的能力。写好实验报告也是提高科学研究素养的过程。

课后及时复习、独立完成作业，是提高分析和解决问题能力的必要途径。通过回忆和复习，可以将知识间的联系归纳起来。解习题时要先分析后解答，做完习题后还要归纳出同类习题的解题步骤和方法，达到触类旁通的效果。例如，对于化学反应热，可以归纳出 5 种计算方法：①由标准摩尔生成焓计算反应热；②根据盖斯定律计算；③由标准摩尔燃烧焓计算；④由吉布斯-赫姆霍兹公式计算；⑤根据化学反应平衡常数 K 计算。

充分利用参考资料和 Internet 的化学资源，提高自学能力。听课是学习知识的一条重要途径，但不是唯一途径。大量知识的掌握是靠自学得来的。无机化学的课程内容很多，课时有限，老师不可能面面俱到地全部讲解，只能有重点地给学生以启发和引导。通过广泛阅读参考书、浏览 Internet 上的共享资源，可以开拓视野、学习相关知识，同时还可以养成勤于思考、勇于探索、善于发现的学习习惯。

第一章 溶 液

溶液在工农业生产、科学实验和日常生活中都有着十分重要的作用。许多化工产品的生产在溶液中进行,有的化肥(喷施肥)和农药都必须配成一定浓度的溶液才能使用。人体中许多物质也都是以溶液的形式存在,例如,组织液、血液等,食物和药物也必须先变成溶液才便于吸收。因此,学习和掌握有关溶液的基本知识,熟练掌握一定浓度溶液的配制方法有着非常重要的实践意义。

第一节 溶液的浓度

一、溶液的概念

物质以分子、原子或离子状态分散于另一物质中所组成的均匀分散体系叫做溶液。溶液由溶剂和溶质组成。溶剂是溶解其他物质的液体,而溶质则是溶解于溶剂中的物质,这些物质可以是固、气、液态物质。因此,溶液可分为固态溶液(如某些合金)、气态溶液(如空气)和液态溶液。最常见最重要的是液态溶液,所以这里主要讨论液态溶液。对于液体溶于液体所组成的溶液来说,溶质和溶剂是相对的,一般将含量较多的组分称为溶剂,而将含量较少的组分称为溶质。

二、溶液的浓度

溶液的浓度是指在一定量溶剂或溶液中所含溶质的量,其表示方法可分为两大类,一类是用溶质和溶剂的相对量表示,另一类是用溶质和溶液的相对量表示。由于溶质、溶剂或溶液使用的单位不同,浓度的表示方法也不同,最常用的有以下几种。

1. 物质的量浓度

单位体积溶液中所含溶质的物质的量称为该物质的物质的量浓度。

$$c=\frac{n}{V} \tag{1-1}$$

式中,c 表示物质的量浓度;n 表示溶质的物质的量;V 表示溶液的体积。c 的单位常用 $mol \cdot L^{-1}$,n 的单位常用 mol,V 的单位常用 L。由于

$$n=\frac{m}{M}=cV$$

$$c=\frac{m}{MV} \tag{1-2}$$

式中,m 表示溶质的质量;M 表示溶质的摩尔质量。m 常用 g 为单位,M 常用 $g \cdot mol^{-1}$ 为单位。

【例 1-1】 已知 80% 的硫酸溶液的密度为 $1.74g \cdot mL^{-1}$,求该硫酸溶液的物质的量浓度 $c(H_2SO_4)$。

解 1000 mL 该硫酸溶液的质量为

$$m=1000mL \times 1.74g \cdot mL^{-1} \times 80\% = 1392g$$

其物质的量浓度为

$$c(\mathrm{H_2SO_4}) = \frac{1392\mathrm{g}}{98\mathrm{g \cdot mol^{-1}} \times 1\mathrm{L}} = 14.20 \ \mathrm{mol \cdot L^{-1}}$$

2. 质量摩尔浓度

溶液中溶质的物质的量与溶剂质量的比值称为质量摩尔浓度，用符号 b 表示，单位是 $\mathrm{mol \cdot kg^{-1}}$。表达式为：

$$b = \frac{n}{m_{溶剂}} = \frac{m_{溶质}}{M_{溶质} m_{溶剂}} \tag{1-3}$$

式中，b 的单位常用 $\mathrm{mol \cdot kg^{-1}}$；$m_{溶质}$、$m_{溶剂}$ 分别表示溶质、溶剂的质量，它们的单位常用 g、kg；$M_{溶质}$ 的单位常用 $\mathrm{g \cdot mol^{-1}}$。

【例 1-2】 在 50.0g 水中溶有 2.00g 甲醇（$\mathrm{CH_3OH}$），求甲醇的质量摩尔浓度。

解 甲醇的摩尔质量 $M(\mathrm{CH_3OH}) = 32.0 \ \mathrm{g \cdot mol^{-1}}$

$$b(\mathrm{CH_3OH}) = \frac{n_{溶质}}{m_{溶剂}} = \frac{2.00\mathrm{g}}{32.0\mathrm{g \cdot mol^{-1}} \times 50.0\mathrm{g}} = 0.00125 \mathrm{mol \cdot g^{-1}} = 1.25 \mathrm{mol \cdot kg^{-1}}$$

质量摩尔浓度与体积无关，故不受温度变化的影响，常用于稀溶液依数性的研究。对于较稀的水溶液来说，质量摩尔浓度近似等于其物质的量浓度。

3. 物质的量分数

溶液中某组分的物质的量 n_i 与溶液总物质的量 n 之比，称为该组分的物质的量分数，用符号 x_i 表示，表达式为：

$$x_i = \frac{n_i}{n} \tag{1-4}$$

如果溶液是由溶质 A 和溶剂 B 两组分所组成，则物质的量分数可表示如下：

$$x_\mathrm{A} = \frac{n_\mathrm{A}}{n_\mathrm{A} + n_\mathrm{B}} \tag{1-5}$$

$$x_\mathrm{B} = \frac{n_\mathrm{B}}{n_\mathrm{A} + n_\mathrm{B}} \tag{1-6}$$

式中，x_A、x_B 分别表示溶质 A 和溶剂 B 的物质的量分数；n_A、n_B 分别表示溶质 A 和溶剂 B 的物质的量。显然 $x_\mathrm{A} + x_\mathrm{B} = 1$。

对于多组分系统来说则有 $\sum x_i = 1$。

【例 1-3】 在 100g 水溶液中溶有 10.0g NaCl，求水和 NaCl 的物质的量分数。

解 根据题意 100g 溶液中含有 10.0g NaCl 和 90.0g 水。

$$n(\mathrm{NaCl}) = \frac{m(\mathrm{NaCl})}{M(\mathrm{NaCl})} = \frac{10.0\mathrm{g}}{58.5\mathrm{g \cdot mol^{-1}}} = 0.171 \mathrm{mol}$$

$$n(\mathrm{H_2O}) = \frac{m(\mathrm{H_2O})}{M(\mathrm{H_2O})} = \frac{90.0\mathrm{g}}{18.0\mathrm{g \cdot mol^{-1}}} = 5.0 \mathrm{mol}$$

$$x(\mathrm{NaCl}) = \frac{n(\mathrm{NaCl})}{n(\mathrm{NaCl}) + n(\mathrm{H_2O})} = \frac{0.171\mathrm{mol}}{0.171\mathrm{mol} + 5.0\mathrm{mol}} = 0.033$$

$$x(\mathrm{H_2O}) = \frac{n(\mathrm{H_2O})}{n(\mathrm{NaCl}) + n(\mathrm{H_2O})} = \frac{5.0\mathrm{mol}}{0.171\mathrm{mol} + 5.0\mathrm{mol}} = 0.967$$

4. 质量分数

溶液中，某组分 B 的质量 m_B 与溶液总质量 m 之比称为质量分数，用符号 w_B 表示。其表达式为

$$w_\mathrm{B} = \frac{m_\mathrm{B}}{m} \tag{1-7}$$

第二节 稀溶液的依数性

通常溶液的性质取决于溶质的性质，如溶液的密度、颜色、气味、导电性等都与溶质的性质有关。但是溶液的某些性质（如蒸气压、沸点、凝固点、渗透压）却与溶质的本性无关，只取决于溶质的粒子数目，这些只与溶液中溶质粒子数目相关，而与溶质本性无关的性质称为溶液的依数性，因为它只有当溶液很稀时才较准确，故而称为稀溶液的依数性。浓溶液的情况比较复杂，迄今尚未能建立起完整的浓溶液理论。我们着重讨论难挥发非电解质稀溶液的依数性。

一、溶液的蒸气压下降及拉乌尔定律

在一定的温度下，将一杯纯液体置于一密闭容器中，液体表面的高能量分子克服了其他分子的吸引作用从表面逸出，成为蒸气分子，这种液体表面的汽化现象称为蒸发。液面上方的蒸气分子也可以被液面分子吸引或受到外界压力的作用而进入液相，这个过程称为凝聚。当液体的蒸发速率和凝聚速率相等时，液体和它的蒸气就处于两相平衡状态，此时的蒸气称为饱和蒸气，饱和蒸气所产生的压力称为饱和蒸气压，简称蒸气压。

蒸气压的大小表示液体分子向外逸出的趋势。它只与液体的本性和温度有关，而与液体的量无关。通常把蒸气压大的物质称为易挥发物质，蒸气压小的称为难挥发物质。液体的蒸发是吸热过程，所以温度升高，蒸气压增大。表 1-1 列出了不同温度下纯水的蒸气压数据。

表 1-1 水在不同温度下的蒸气压

温度/℃	0	10	20	30	40	50	60	70	80	90	100
蒸气压/kPa	0.611	1.23	2.34	4.24	7.38	12.33	19.92	31.16	47.37	70.10	101.32

在一定的温度下，纯水的蒸气压是一个定值。若在纯水中加入少量难挥发非电解质（如蔗糖、甘油等）后，则发现在同一温度下，稀溶液的蒸气压总是低于纯水的蒸气压。产生这种现象的原因是：由于难挥发溶质的加入降低了单位体积内溶剂分子的数目，在同一温度下，单位时间内从溶液逸出液面的溶剂分子数目减少，即蒸发速率减小，这样，蒸发与凝聚建立平衡后，溶液的蒸气压必然低于纯溶剂的蒸气压（见图 1-1）。显然溶液的浓度越大，溶液的蒸气压就越低。设某温度下纯溶剂的蒸气压为 $p°$。溶液的蒸气压为 p，$p°$ 与 p 的差值就称为溶液的蒸气压下降值，用 Δp 表示。

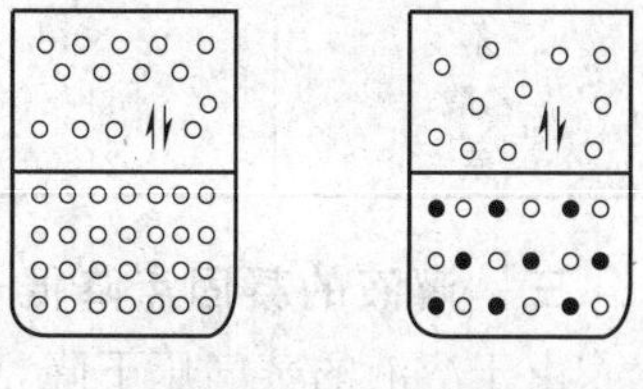

$$\Delta p = p° - p$$

图 1-1 溶液蒸气压下降示意图

1887 年法国物理学家拉乌尔（F.M.Raoult）从难挥发的非电解质的稀溶液中总结出一条重要的经验定律，即拉乌尔定律，该定律指出：在一定温度下，难挥发非电解质稀溶液的蒸气压（p）等于纯溶剂的蒸气压（$p°$）乘以该溶剂在溶液中的物质的量分数（x_A），而与溶质的本性无关。即

$$p = p° x_A \tag{1-8}$$

对于一个双组分系统来说，

$$x_A + x_B = 1$$

所以

$$p = p°(1 - x_B) = p° - p° x_B \quad \Delta p = p° x_B \tag{1-9}$$

即在一定温度下，难挥发非电解质稀溶液的蒸气压下降值与溶质的物质的量分数即溶质

的粒子数成正比，而与溶质的本性无关。

二、溶液的沸点升高

沸点是指液体的蒸气压等于外界大气压力时的温度。如当水的蒸气压等于外界大气压力（101.325kPa）时，水开始沸腾，此时对应的温度就是水的沸点（100℃，该沸点被称为正常沸点）。可见，液体的沸点与外界压力有关，外界压力降低，液体的沸点将下降。

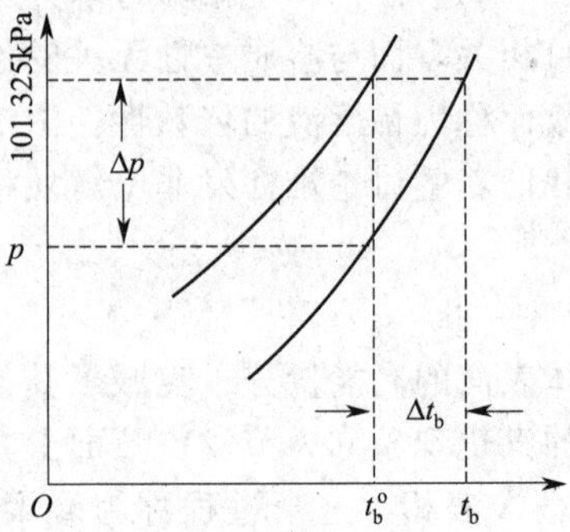

对于水溶液而言，由于溶液的蒸气压总是低于纯溶剂的蒸气压，所以当纯溶剂的蒸气压达到外界压力而开始沸腾时，溶液的蒸气压尚低于外界压力，若要维持溶液的蒸气压也等于外界压力，必须使溶液的温度进一步升高，所以溶液的沸点总是高于纯溶剂的沸点（如图 1-2）。若纯溶剂的沸点为 t_b^0，溶液的沸点为 t_b，t_b^0 与 t_b 的差值即为溶液的沸点升高值 Δt_b。溶液浓度越大，其蒸气压下降越显著，沸点升高也越显著，根据拉乌尔定律可以推导出：

$$\Delta t_b = t_b - t_b^0 = K_b b \quad (1-10)$$

图 1-2 溶液的沸点升高

即难挥发非电解质稀溶液的沸点升高值 Δt_b 与溶质的质量摩尔浓度 b 成正比，而与溶质的本性无关。式中 K_b 是溶剂的沸点升高常数，它只与溶剂的性质有关。K_b 值可以理论推算，也可以实验测定，其单位是 ℃·kg·mol^{-1} 或 K·kg·mol^{-1}。几种常见溶剂的 K_b 值列于表 1-2。

表 1-2 常见溶剂的 K_b 与 K_f

溶剂	沸点/℃	K_b/℃·kg·mol^{-1}	凝固点/℃	K_f/℃·kg·mol^{-1}
水	100	0.512	0	1.86
乙醇	78.5	1.22	−117.3	—
丙酮	56.2	1.71	−95.4	—
苯	80.1	2.53	5.53	5.12
乙酸	117.9	3.07	16.6	3.9
萘	218.0	5.80	80.3	6.94

三、溶液的凝固点降低

由于溶液的蒸气压下降，会使溶液的凝固点降低。凝固点是指固态蒸气压等于其液态蒸气压时系统对应的温度，此时液体的凝固和固体的熔化处于平衡状态。

如图 1-3 所示，图中 A、B、C 分别为固相冰、液相水和溶液的蒸气压随温度变化的曲线。随着温度的降低，液相水的蒸气压下降，当温度降低至 t_f^0 时，A、B 两曲线相交于 a 点，此时两相的蒸气压相等，t_f^0 为纯水的凝固点，水开始凝固。由于溶液的蒸气压低于同温度时水的蒸气压，曲线 C 在 B 的下方，在 t_f^0 时 A、C 曲线不会相交，此时溶液不能凝固，要使溶液凝固，就必须进一步降低溶液的温度，由于冰的蒸气压下降率比水溶液大，当温度降低到 t_f 时，A、C 曲线才能相交于 b 点，溶液和冰两相的蒸气压才

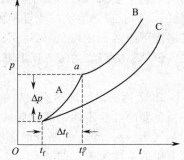

图 1-3 溶液的凝固点降低

相等，此时的温度 t_f 为溶液的凝固点。t_f^0 与 t_f 的差值即为溶液的凝固点降低值 Δt_f。非电解质稀溶液的凝固点降低值 Δt_f 与溶质的质量摩尔浓度 b 成正比，而与溶质的本性无关。即

$$\Delta t_f = t_f^0 - t_f = K_f b$$

式中，K_f 叫溶剂的凝固点降低常数，K_f 也只与溶剂的性质有关。其单位是℃·kg·mol^{-1} 或 K·kg·mol^{-1}。一些常见溶剂的 K_f 值列于表 1-2 中。

应用溶液的蒸气压下降、沸点升高和凝固点降低可以测定溶质的摩尔质量，但在实际应用中常用溶液的凝固点降低进行测定，因为溶液的凝固点可以准确测定，而且溶剂的凝固点降低常数比沸点升高常数大，测定结果的准确度高。

【例 1-4】 取 0.749g 某氨基酸溶于 50.0g 水中，测得其凝固点为 -0.188℃。试求该氨基酸的摩尔质量。

解 设该氨基酸的摩尔质量为 $M_{溶质}$

$$\Delta t_f = t_f^° - t_f = 0℃ - (-0.188)℃ = 0.188℃$$

$$m_{溶质} = 0.749g \quad m_{溶剂} = 50.0g$$

$$b = \frac{m_{溶质}}{M_{溶质} m_{溶剂}} = \frac{\Delta t_f}{K_f} \quad M_{溶质} = \frac{K_f m_{溶质}}{\Delta t_f m_{溶剂}}$$

代入已知数据，该氨基酸的摩尔质量为：

$$M_{溶质} = \frac{1.86℃·kg·mol^{-1} \times 0.749g}{0.188℃ \times 50.0g} = 0.1482 kg·mol^{-1} = 148.2 g·mol^{-1}$$

【例 1-5】 将 2.6g 尿素[CO(NH$_2$)$_2$]溶于 100.0 g 水中，计算此溶液在标准压力下的沸点和凝固点。

解 尿素的摩尔质量 $M = 60.0 g·mol^{-1}$

尿素的质量摩尔浓度 $b = \dfrac{m[CO(NH_2)_2]}{M[CO(NH_2)_2]·m(H_2O)} = \dfrac{2.6g}{60.0 g·mol^{-1} \times 100.0g}$

$$= 0.000433 mol·g^{-1} = 0.433 mol·kg^{-1}$$

溶液的沸点升高　　$\Delta t_b = 0.512℃·kg·mol^{-1} \times 0.433 mol·kg^{-1} = 0.22℃$

溶液的沸点　　　　$t_b = 100℃ + 0.22℃ = 100.22℃$

溶液的凝固点降低　$\Delta t_f = 1.86℃·kg·mol^{-1} \times 0.433 mol·kg^{-1} = 0.81℃$

溶液的凝固点　　　$t_f = 0.00℃ - 0.81℃ = -0.81℃$

溶液的凝固点降低和蒸气压下降还可以用于解释植物的防寒抗旱功能。研究表明，当外界气温发生变化时，植物细胞内会强烈地生成可溶性糖类，从而使细胞液浓度增大，凝固点降低，保证了在一定的低温条件下细胞液不致结冰，表现了相当的防寒功能；另外，细胞液浓度的增大，有利于其蒸气压的降低，从而使细胞内水分的蒸发量减少，蒸发过程变慢，因此在较高的气温下能保持一定的水分而不枯萎，表现了相当的抗旱功能。此外，在清除道路上的积雪时，撒些盐使雪融化，冬季汽车水箱中常加的防冻液，用于降温的制冷剂等都是凝固点降低的应用。有机化学实验中也常常用测定化合物的熔点或沸点的办法来检验化合物的纯度。把含有杂质的化合物当作溶液，则其熔点比纯化合物的低，沸点比纯化合物的高，而且熔点的降低值和沸点的升高值与杂质含量有关。

四、溶液的渗透压

在如图 1-4 所示的容器中，左边盛纯水，右边盛蔗糖水，中间用一半透膜（一种只允许小分子通过而不允许大分子通过的物质，如动物肠衣、细胞膜、火棉胶等）隔开，并使两端液面高度相等。经过一段时间以后，可以观察到左端纯水液面下降，右端蔗糖水液面升高，说明纯水中一部分水分子通过半透膜进入了溶液，这种溶剂分子通过半透膜向溶液中扩散的过程称为渗透。渗透现象产生的原因可粗略地解释为：溶液的蒸气压小于纯溶剂的蒸气压，所以纯水分子通过半透膜进入溶液的速率大于溶液中水分子通过半透膜进入纯水的速率，故使蔗糖水体积增大，液面升高。随着渗透作用的进行，右端水柱逐渐增高，水柱产生的静水压使溶液中的水分子渗出速率增加,当水柱达到一定的高度时,静水压恰好使半透膜两边水分子的渗透速率相等,渗透达到平衡。在一定温度下,为了阻止渗透作用的进行而必须向溶液施加的最小压力称为渗透压,用符号 π 表示。

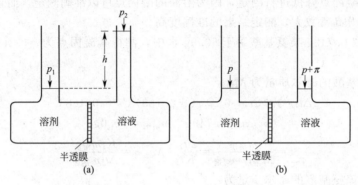

图 1-4 渗透压示意图

1886 年,荷兰物理学家范特霍夫(Vant Hoff)在前人实验的基础上,得出了稀溶液的渗透压定律:

$$\pi V = nRT \quad 或 \quad \pi = \frac{n}{V}RT = cRT \tag{1-11}$$

式中,π 为溶液的渗透压;T 为热力学温度;V 为溶液的体积;n 为溶质的物质的量;R 为摩尔气体常数;c 为溶质的物质的量浓度。如果水溶液浓度很稀,则 $c \approx b$,上式可写为:

$$\pi = bRT$$

即在一定温度下,非电解质稀溶液的渗透压与溶质的质量摩尔浓度成正比,而与溶质的本性无关。溶液的渗透压也可用于测定溶质的摩尔质量,尤其适用于测定高分子化合物的摩尔质量。

【例 1-6】 20℃时,将 1.00g 血红素溶于水中,配制成 100mL 溶液,测得其渗透压为 0.366kPa。(1)求血红素的摩尔质量;(2)计算说明能否用其他依数性测定血红素的摩尔质量。

解 (1) 设血红素的摩尔质量为 M。

$$\pi = \frac{n}{V}RT = \frac{mRT}{MV}$$

$$M = \frac{mRT}{\pi V} = \frac{1.00\text{g} \times 8.314\text{kPa} \cdot \text{L} \cdot \text{K}^{-1} \cdot \text{mol}^{-1} \times 293\text{K}}{0.366\text{kPa} \times 100 \times 10^{-3}\text{L}}$$
$$= 6.66 \times 10^4 \text{g} \cdot \text{mol}^{-1}$$

(2) 利用沸点升高和凝固点降低也可以测定血红素的摩尔质量。

$$c = \frac{\pi}{RT} = \frac{0.366\text{kPa}}{8.314\text{kPa} \cdot \text{L} \cdot \text{K}^{-1} \cdot \text{mol}^{-1} \times 293\text{K}} = 1.50 \times 10^{-4} \text{mol} \cdot \text{L}^{-1}$$

$$b \approx c = 1.50 \times 10^{-4} \text{mol} \cdot \text{kg}^{-1}$$

$$\Delta t_b = K_b b = 0.512℃ \cdot \text{kg} \cdot \text{mol}^{-1} \times 1.50 \times 10^{-4} \text{mol} \cdot \text{kg}^{-1}$$
$$= 7.68 \times 10^{-5} ℃$$

$$\Delta t_f = K_f b = 1.86℃ \cdot \text{kg} \cdot \text{mol}^{-1} \times 1.50 \times 10^{-4} \text{mol} \cdot \text{kg}^{-1}$$
$$= 2.79 \times 10^{-4} ℃$$

比较以上计算结果,Δt_b、Δt_f 的值都相当小,很难测准,只有渗透压的数据相对较大,容易测准。所以当被测化合物的相对分子质量较大时,采用渗透压法准确度最高。

在图 1-4 所示的装置中,如果半透膜一端不是纯水而是浓度较稀的蔗糖水溶液,渗透现象也可以发生,此时水分子由稀溶液进入浓溶液,即由渗透压低的部位移向渗透压高的部位。渗透压高的溶液称为高渗溶液,渗透压低的溶液称为低渗溶液,如果溶液的渗透压相等,则称为等渗溶液。渗透压是溶液的一种性质,它的产生有两个条件:一是有半透膜存在,二是半透膜两侧溶液的浓度不同。

渗透现象和生命科学有着密切的联系,它广泛存在于动植物的生理活动中。如动植物体内的体液和细胞液都是水溶液,通过渗透作用,水分可以从植物的根部被输送到几十米高的顶部。医院给病人配制的静脉注射液必须和血液等渗,因为浓度过高,水分子则从红细胞中渗出,导致红细胞干瘪;浓度过低,水分子渗入红细胞,导致红细胞胀裂;同样的原因淡水鱼不能在海水中养殖;盐碱地不利于植物生长;给农作物施肥后必须立即浇水,否则会引起局部渗透压过高,导致植物枯萎。工业上常用"反渗透"技术进行海水的淡化或浓缩一些特殊要求的溶液。"反渗透"是指在溶液一方加上比其渗透压还要大的压力,迫使溶剂从高浓度溶液中渗出的过程。

在讨论难挥发非电解质稀溶液的依数性时要注意,浓溶液和电解质溶液也存在蒸气压下降、沸点升高、凝固点降低和渗透压,但对浓溶液和电解质溶液而言,由于溶质分子或离子之间作用力很复杂,以上的定量公式不能完全适用,会出现较大的偏差,必须加以校正,不过仍可作一些定性的比较。

【例 1-7】 按沸点从高到低的顺序排列下列各溶液。

(1) $0.1 \text{mol} \cdot \text{L}^{-1}$ HAc (2) $0.1 \text{mol} \cdot \text{L}^{-1}$ NaCl (3) $1 \text{mol} \cdot \text{L}^{-1}$ 蔗糖

(4) $0.1 \text{mol} \cdot \text{L}^{-1}$ $CaCl_2$ (5) $0.1 \text{mol} \cdot \text{L}^{-1}$ 葡萄糖

解 在一定体积的溶液中,粒子数目越多,即粒子浓度越大,沸点越高。电解质的粒子数目较相同浓度的非电解质多,强电解质的粒子数较相同浓度的弱电解质多,因此,粒子浓度由大到小的顺序为:(3)>(4)>(2)>(1)>(5),沸点顺序与此相同。

强电解质溶液理论简介

难挥发非电解质稀溶液的四个依数性都能很好地符合拉乌尔定律,其实验测定值和计算值基本相符。但电解质溶液的依数性却极大地偏离了拉乌尔定律,参见表 1-3。

表 1-3 几种电解质稀溶液的 Δt_f

电解质	$b/\text{mol} \cdot \text{kg}^{-1}$	Δt_f(计算值)/℃	Δt_f(实验值)/℃	$i=\dfrac{\text{实验值}}{\text{计算值}}$
KCl	0.1	0.186	0.346	1.86
	0.01	0.0186	0.0361	1.94
K_2SO_4	0.1	0.186	0.454	2.44
	0.01	0.0186	0.0521	2.80
KNO_3	0.2	0.372	0.664	1.78
$MgCl_2$	0.1	0.186	0.519	2.79

根据表 1-3 所示,电解质溶液凝固点降低的实验值均比计算值大,而且校正系数 i 随着浓度的减小而增大。随溶液浓度的变小,i 值渐趋近于某一限值,像 HCl、KCl 这种由一价

阳离子和阴离子组成的 AB 型电解质 i 值以 2 为极限；而由一价阳离子和二价阴离子组成的 A_2B 型电解质，i 的极限值为 3。

1884 年瑞典化学家阿仑尼乌斯（Arrhenius）依据以上实验事实，提出了电解质溶液的电离学说，用于解释电解质溶液对拉乌尔定律的偏差行为。他认为电解质溶于水后可以电离成阴、阳两种离子，而使溶液中溶质的粒子总数增加，导致了校正系数 i 总是大于 1。从理论上说，强电解质在水溶液中 100% 的解离，校正系数 i 应该等于强电解质溶质粒子增加的倍数。比如在 $c(KCl)=0.1 \text{mol} \cdot \text{kg}^{-1}$ 溶液中，带电粒子总浓度应该等于 $0.2 \text{mol} \cdot \text{kg}^{-1}$，$i$ 应该等于 2，其 ΔT_f 应该等于 $0.372℃$，显然这些理论推算与表 1-3 所示的实验数据不符。如果将表中的实验值 ΔT_f 代入有关公式计算，则溶质粒子总浓度为 $0.186 \text{mol} \cdot \text{kg}^{-1}$，说明电解质溶液的"表观浓度"与其真实浓度不同，我们将"表观浓度"称为活度，规定用 a 表示，活度与浓度的关系可用下式表示：

$$a = \gamma c$$

式中，γ 称为活度系数，表示溶液中离子之间的互相牵制作用，离子浓度越大，离子电荷越高，离子间的牵制作用越强，γ 越小；当离子浓度趋近于 0 时，离子间的牵制作用很弱，γ 趋于 1。

1923 年，德拜（Debye）和休克尔（Huckel）首先提出了关于强电解质溶液的理论。他们认为，强电解质在溶液中是完全电离的，强电解质溶液与理想溶液的偏差，主要是由于正、负离子之间的静电引力所引起的。他们分析离子间静电引力和离子热运动的关系，提出了强电解质溶液中的"离子氛"模型。可以这样设想：正、负离子之间的静电吸引要使离子像在晶格中那样有规则地排列，但离子在溶液中的热运动又要使离子混乱地分布。由于热运动不足以抵消静电引力的影响，所以在溶液中离子虽然不能完全有规则地排列，但势必形成这样的情况：在一个正离子周围，负离子出现的概率要比正离子大；同理，在一个负离子周围，正离子出现的概率要比负离子大。也就是说，在强电解质溶液中，每一个离子的周围，以统计力学的观点来分析，带相反电荷的离子有相对的集中，因此反电荷过剩，形成了一个反电荷的氛围，称为"离子氛"。每一个离子都作为"中心离子"而被带有相反电荷的离子氛包围；同时，每一个离子又对构成另一个或若干个电性相反的中心离子外围离子做出贡献。

在没有外加电场作用时，离子氛球形对称地分布在中心离子周围，离子氛的总电量与中心离子电量相等。如图 1-5 所示。

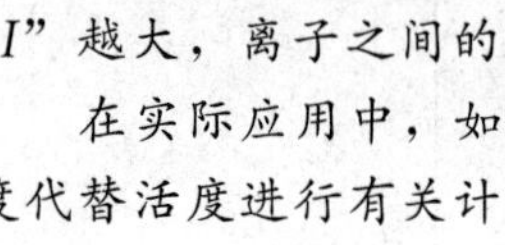

德拜-休克尔理论借助离子氛模型，成功地把电解质溶液中众多离子之间错综复杂的相互作用主要地归结为各中心离子与其周围离子氛的静电引力作用，从而使电解质溶液的理论分析得以大大简化。

图 1-5 离子氛示意图

他们认为，强电解质溶液中存在着大量的带电粒子，异号离子之间的静电吸引力使离子在溶液中的行动不能完全自由，因此离子的"表观浓度"即活度总是低于其浓度。溶液中离子浓度越大、离子电荷越高，即离子强度"I"越大，离子之间的互相牵制作用就越强，活度与浓度的差异就越大。

在实际应用中，如果离子浓度不是太大，或者对结果的准确度要求不是很高时，常用浓度代替活度进行有关计算。

习 题

1. 有两种溶液在同一温度时结冰，已知其中一种溶液为 1.5g 尿素溶于 200g 水中，另一种溶液为 42.8g 某未知物溶于 100.0g 水中，求该未知物的相对分子质量（尿素的相对分子质量为 60）。

2. 溶解 3.24g 硫于 40g 苯中，测得此苯溶液的沸点升高值为 0.81K，已知苯的 K_b=2.53，求硫在苯溶液中的分子是由几个硫原子组成的？

3. 烟草中的有害成分尼古丁的实验式为 C_5H_7N，今有 0.60g 尼古丁溶于 12.0g 水中，所得溶液在 101kPa 的沸点是 373.31 K，求尼古丁的分子式。

4. 临床应用的葡萄糖等渗溶液的冰点降低值为 0.543K，求该葡萄糖溶液的质量分数和血液的渗透压是多少？（血液温度为 310K）

5. 浓度均为 1%（质量分数）的葡萄糖（$C_6H_{12}O_6$）、蔗糖（$C_{12}H_{22}O_{11}$）和甘油（$C_3H_8O_3$）三种溶液，其渗透压是否相同？为什么？

6. 为防止水在仪器中结冰，可加入甘油降低凝固点，如需冰点降至 271K，在 100g 水中应加入甘油多少克？（甘油的相对分子质量为 92）

7. 在 100mL 水（密度为 $1.0g \cdot mL^{-1}$）中溶解 17.1g 蔗糖（$C_{12}H_{22}O_{11}$），溶液的密度为 $1.0638g \cdot mL^{-1}$，试求：
(1) 溶液的质量分数；
(2) 溶液的物质的量浓度；
(3) 溶液的质量摩尔浓度；
(4) 蔗糖和水的物质的量分数。

8. 将血红素 1.00g 溶于适量水中，配成 100mL 溶液，此溶液的渗透压为 0.366kPa（293K 时）。试计算：
(1) 溶液的物质的量浓度；
(2) 血红素的摩尔质量；
(3) 此溶液的沸点升高和凝固点降低值。

9. 计算 98% 浓硫酸（M=98.07g·mol^{-1}）（d=1.84g·mL^{-1}）的 c。

10. 计算 38.0% 盐酸（M=36.46g·mol^{-1}）溶液的 b。

11. 将下列各题的正确答案填在横线上。

(1) 在纯水以及浓度均为 0.1mol·kg^{-1} 的 KCl、K_2SO_4、蔗糖（$C_{12}H_{22}O_{11}$）、NaAc 溶液中，沸点最高的是 _____，沸点最低的是 _____，凝固点最高的是 _____，凝固点最低的是 _____。

(2) 比较下列溶液渗透压的大小：
0.10mol·L^{-1} $C_6H_{12}O_6$ _____ 0.010mol·L^{-1} $C_{12}H_{22}O_{11}$
1.0% 的 $C_{12}H_{22}O_{11}$ _____ 1.0% 的 $C_3H_6O_3$

(3) 比较下列水溶液的渗透压：
0.1mol·kg^{-1} C_2H_5OH _____ 0.1mol·kg^{-1} $C_{12}H_{22}O_{11}$ _____ 0.1 mol·kg^{-1} HCl

(4) 难挥发非电解质稀溶液的依数性表现为蒸气压下降，沸点上升，凝固点下降和渗透压。其中蒸气下降的数学表达式为 _____，沸点上升的数学表达式为 _____。0.1mol·kg^{-1} 乙醇水溶液（K_f=1.86）的凝固点下降为 _____。

(5) 300K，0.1mol·L^{-1} 葡萄糖水溶液的渗透压约为 _____ kPa。

12. 选择正确答案的序号填入括号里。
(1) 将难挥发的非电解质溶于溶剂后，将会引起（　　）。
A 沸点下降　　　B. 凝固点升高　　　C. 渗透压下降　　　D. 蒸气压下降
(2) 易挥发溶质溶于溶剂之后可能会引起（　　）。
A. 沸点上升　　　B. 凝固点降低　　　C. 蒸气压上升　　　D. 渗透压下降
(3) 100g 水溶解 20g 非电解质的溶液，经实验测得该溶液在 −5.85℃ 凝固，该溶质的相对分子质量为（　　）。（已知水的 K_f=1.86K·kg·mol^{-1}）
A. 33　　　B. 50　　　C. 67　　　D. 64

第二章 表面化学与胶体化学

第一节 表面化学

我们周围的各种物质,在一定条件下可以形成气、液、固三态。在各相之间存在的界面,共有气-液、气-固、液-液、液-固、固-固等五类相间的界面。由于人们的眼睛看不见气相,因而过去将气-液、气-固界面称为表面,而其余的相界面都称为界面。

相界面并不是简单的几何面,而是从一个相到另一个相的过渡层,具有一定厚度,约几个分子厚;它的性质与相邻的两个体相的性质不同,通常称为表面相。表面相的性质由两个相邻体相所含的物质的性质所决定。表面自由能或表面张力是描述表面状态的主要物理量。

表面现象是自然界中普遍存在的基本现象,在生产、科研和生活中可经常遇到。例如水滴、汞滴会自动呈球形;脱脂棉易于被水润湿;固体表面能自动吸附其他物质;微小的晶体易于溶解和微小的液滴易于蒸发等皆属于表面现象。产生这些现象的主要原因是处在表面层中的分子和内部分子存在着能量上的差异。例如在一定的温度和压力下,用粉碎机将大块固体物料粉碎成小颗粒,粉碎机就要对物料做功,机器做功所消耗的能量,将部分转变为物质的表面能而储藏在物料的表面层中。对一定量的物料来说,粉碎程度或分散程度(简称分散度)愈高,其表面积就愈大。通常用比表面 A_s 表示物质的分散程度。比表面的定义为:单位体积的物质所具有的表面积,即

$$A_s = \frac{A}{V} \tag{2-1}$$

式中,A 代表体积为 V 的物质所具有的表面积。对于边长为 l 的立方体颗粒,其比表面可用下式计算:

$$A_s = \frac{A}{V} = \frac{6l^2}{l^3} = \frac{6}{l} \tag{2-2}$$

例如将一个体积为 $10^{-6}\,m^3$ ($1cm^3$)的立方体,分割成边长为 $10^{-9}\,m$ 的小立方体时,其表面积增加 10^7 倍。表 2-1 列出,随分割程度的增加,其比表面的变化情况。

表 2-1　$1cm^3$ 的立方体分散为小立方体时比表面的变化

立方体边长 l /m	微粒数	微粒的总表面积 A/m^2	比表面(分散度) A_s/m^{-1}
10^{-2}	1	6×10^{-4}	6×10^2
10^{-3}	10^3	6×10^{-3}	6×10^3
10^{-4}	10^6	6×10^{-2}	6×10^4
10^{-5}	10^9	6×10^{-1}	6×10^5
10^{-6}	10^{12}	6×10^0	6×10^6
10^{-7}	10^{15}	6×10^1	6×10^7
10^{-8}	10^{18}	6×10^2	6×10^8
10^{-9}	10^{21}	6×10^3	6×10^9

对于松散的聚集体或多孔性物质,其分散度常用单位质量所具有的表面积 A_W 来表示,

对于边长为 l 的立方体颗粒则

$$A_W = \frac{A}{m} = \frac{6l^2}{\rho l^3} = \frac{6}{\rho l} \tag{2-3}$$

式中，ρ 为密度，$kg \cdot m^{-3}$；l 为立方体每边的长度，m。

由此可见，对于一定量的物质，颗粒愈小，总表面就愈大，系统的分散度就愈高。只有高度分散的系统，表面现象才能达到可以觉察的程度。

一、表面能与表面张力

1. 表面能

分子在体相内部与在界面上所处的环境不同。如图 2-1 所示，在液相内部的分子 A，它周围的其他分子对它的吸引力是对称的（如图中箭头所示）。因此分子在液相内部移动，无需做功。但是在表面上分子 B，它与周围分子间的吸引力是不对称的。因为表面层内分子的密度是从液相的密度转变为气相的密度，所以液相内部分子对它的吸引力较大，而气相内部分子对它的吸引力要小得多。结果产生了表面分子受到向液相内部的拉力，所以表面层分子比液相内部的分子相对地不稳定，它有向液相内部迁移的趋势，故液相表面积有自动缩小的倾向。从能量上来看，要将液相内

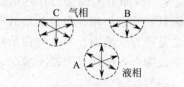

图 2-1 相界面与相内的
分子受力情况

部的分子移到表面，需要对它做功。这就说明，要使体系的表面积增加，必然要增加它的能量，所以体系就比较不稳定。为了使体系处于稳定状态，其表面积总是要取可能的最小值。所以对一定体积的液滴来说，在不受外力的影响下，它的形状总是以取球形为最稳定。这就是水滴、汞滴会自动呈球形的原因。

由于表面层的分子受到指向内部的拉力，所以要把液体分子从液体内部转移到表面层，在增大表面时，就必须克服指向液体内部的引力而对物系做功。在一定的温度与压力下，对一定的液体来说，扩展表面所需消耗的功 W 应与增加的表面积 ΔS 正比。即

$$W = -\sigma \Delta S \tag{2-4}$$

由上式可看出，σ 的物理意义是：在恒温恒压下增加单位表面积所引起的系统能量的增量。σ 也就是单位表面积上的分子比相同数量的内部分子多余的能量，因此称 σ 为比表面能或比表面自由焓，单位 $J \cdot m^{-2}$。

2. 表面张力

现在再从另一个角度来考虑 σ 的物理意义。在观察气液界面的一些现象时，可以明显地觉察到在表面上处处存在着使液面张紧的力，称为表面张力。如图 2-2 所示，在一定条

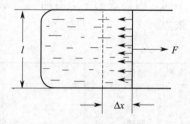

图 2-2 作表面功示意图

件下，将金属框蘸上肥皂液，然后再缓慢地（即可逆地）将金属框在力 F 的作用下移动距离 Δx，使肥皂膜的表面积增加 A。因为在金属框的两面具有两个表面，所以共增加表面积为：

$$A = 2l\Delta x$$

在此过程中环境对液体所做的表面功为：

$$-W = F\Delta x$$

该能量储藏在液膜的表面，成为表面能，即

$$-W = F\Delta x = \sigma A = \sigma 2l\Delta x$$

所以

$$F = 2l\sigma$$

移项得

$$\sigma = \frac{F}{2l} \tag{2-5}$$

可见，比表面能 σ 在数值上等于：在液体的表面上，垂直作用于单位长度线段上的表面紧缩力，故称为表面张力。对于平液面来说，表面张力的方向与液面平行；对于曲面来说，表面张力的方向应与界面切线方向一致。通过下列实验，可更清楚地看到表面张力的作用。如图 2-3 所示，把一个系有细丝圈的金属环，有肥皂液中浸一下，然后取出，这时金属环中便有液膜形成，它很像一张拉紧了的橡皮膜。细丝圈则保持最初的偶然形状，如图 2-3(a) 所示。若用烧热的针刺破细线圈内的液膜，由于细线圈上任一点两边的作用力不再平衡，所以立即弹开而呈圆形，如图 2-3(b) 所示，箭头指的方向，就是细线圈上表面张力作用的方向。应当指出，在液体的表面上处处存在使液面绷紧的力，但只有垂直作用在单位长度线段上的力才称为表面张力。对于平液面来说，表面张力的方向总是平行于液面。对于弯曲液面来说，表面张力的方向总是在弯曲液面切面上。表面张力的单位为 $N \cdot m^{-1}$（牛顿·米$^{-1}$），故从量纲上看，比表面能、表面张力是一致的，即

$$J \cdot m^{-2} = N \cdot m \cdot m^{-2} = N \cdot m^{-1}$$

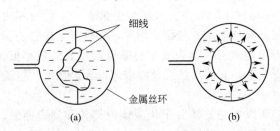

图 2-3 表面张力的作用

3. 影响表面张力的因素

表面张力与物质的本性有关，不同的物质，分子间相互作用力不同，相互作用力愈大，相应的表面张力也愈大。纯液体的表面张力，通常是指液体与饱和了本身蒸气的空气接触时的表面张力。

物质的表面张力，还和与它相接触的另一相物质的性质有关，故确切些应称为界面张力。这是因为同一种物质和不同性质的其他物质相接触时，由于表面层的分子所处的力场不同，因而表面张力有明显的差别。表 2-2 列出几种常见体系的表面张力，以及与水的界面张力。

表 2-2 表面张力 σ 和水的界面张力 σ_i（298K）　　　　单位：$mN \cdot m^{-1}$

液体	σ	σ_i	液体	σ	σ_i
水	72.8	—	乙醇	22.3	—
苯	28.9	35.0	正丁醇	27.5	8.5
醋酸	27.6	—	正己烷	18.4	51.1
丙酮	23.7	—	正辛烷	21.8	50.8
四氯化碳	26.8	45.1	汞	485	375

同一种物质的表面张力因温度不同而不同。当温度升高时引起物质的膨胀，增大了分子间的距离，使分子间的吸引力减弱。所以当温度升高时，大多数物质的表面张力都是逐渐减小的。

热力学告诉我们，在恒温恒压的条件下，任何物系都有向吉布斯函数减小的方向自动进行的趋势。因此在恒温恒压下，凡是使物系的表面积缩小，或者是表面张力降低的过程，都是能够自动进行的过程。因而，可用表面自由焓或表面张力，来解释润湿、吸附等许多界面现象。

在固体表面上的表面能与表面张力有所不同。因为许多固体是各向异性的，它们的物理

性质与方向有关,例如:压缩、伸长、传热、导电、透光等;同样地,表面张力也随着方向而不同。因此若要从力学角度来分析固体表面上的问题时,对于各向异性的固体,就要考虑到不同方向的表面张力不等同这一事实。

二、润湿现象

液体对固体表面的润湿作用是界面现象的一个重要方面,它主要是研究液体对固体表面的亲和状况。例如,水能润湿玻璃,但不能润湿石蜡。荷叶上的水珠可以自由滚动,说明水不能润湿荷叶。一般说来液体若能润湿固体表面,则如图 2-4(a) 所示,呈凸透镜状,若不能润湿,则如图 2-4(b) 所示,呈椭球状。

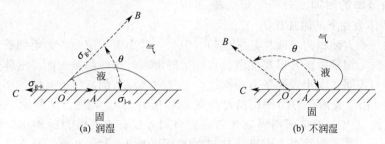

图 2-4　接触角与各界面张力的关系

图 2-4 为气 (g)、液 (l)、固 (s) 三个相界面的投影图,图中 O 点为三个相界面投影的交点。润湿的程度可用接触角(或润湿角)来衡量。所谓接触角就是固液界面与气液界面在 O 点的切线的夹角 θ。接触角 θ 愈小愈易润湿,一般以 $\theta=90°$ 为分界线,$\theta<90°$ 为能润湿,$\theta=0°$ 为完全润湿;$\theta>90°$ 为不润湿,$\theta=180°$ 为完全不润湿。

接触角 θ 为三个界面张力 σ_{g-s}、σ_{g-l} 和 σ_{l-s} 相互作用的平衡状态。这三个界面张力同时作用在 O 点的液体上:σ_{g-s} 力图将 O 点的液体拉向左方〔见图 2-4(a)〕,以覆盖界面而使之缩小;σ_{l-s} 则力图将 O 点的液体向右拉,以缩小 l-s 界面;σ_{g-l} 则将 O 点向切线 $\overline{OB}$ 方向拉,以缩小界面。在固体表面为光滑平面的情况下,上述三个力达平衡时,有

$$\sigma_{g-s} = \sigma_{l-s} + \sigma_{g-l}\cos\theta$$

或

$$\cos\theta = \frac{\sigma_{g-s} - \sigma_{l-s}}{\sigma_{g-l}} \tag{2-6}$$

上式即为表示界面张力与接触角关系的杨氏(Young)方程。由此式可知:

(1) 当 $\sigma_{g-s} - \sigma_{l-s} < 0$,则 $\cos\theta < 0$,即 $\theta > 90°$,不润湿。因过程总是向着表面能减小的方向进行,现在 $\sigma_{g-s} - \sigma_{l-s} < 0$,因而液体覆盖(润湿)g-s 界面而代之以 l-s 界面,则会引起总表面能增大。所以,当 σ_{g-l} 一定时,若与 σ_{l-s} 相比,σ_{g-s} 愈小,则液体愈不易润湿(覆盖)固体表面(g-s 界面),故液体趋向缩得更圆一些,即 θ 更大一些,其平衡极限 $\theta=180°$,则为完全不润湿。如果再考虑到 σ_{g-l} 的影响,由此式可知,σ_{g-l} 愈小则上述效应就愈显著。

(2) 当 $\sigma_{g-s} - \sigma_{l-s} > 0$,则 $\cos\theta > 0$,即 $\theta < 90°$,能润湿。就是说,与 σ_{l-s} 相比,若 σ_{g-s} 愈大,则液体愈趋向于多润湿 g-s 界面,而代之以 l-s 界面,这样才能使总表面能减少得更多一些。即当 σ_{g-l} 一定时,σ_{g-s} 比 σ_{l-s} 愈大,则 θ 愈小,愈易润湿,当 σ_{g-s} 增大到 $\theta=0°$ 时,达到平衡的极限,这是为完全润湿。

这里说 σ_{g-s} 大到使 $\theta=0°$ 为平衡的极限,即杨氏方程的适用极限。这时杨氏方程化为:

$$\sigma_{g-s} - \sigma_{l-s} - \sigma_{g-l} = 0$$

如果能通过加入适当的表面活性物质,使 σ_{g-s} 与 σ_{l-s} 相比的极限还要大一些,那么,三个表面张力失去平衡,杨氏方程不能适用。这时,液体将完全平铺于固体表面上,称为铺展。

上式左边的代数和称为铺展系数 φ。可见铺展的条件为 $\varphi>0$，即

$$\varphi=\sigma_{g\text{-}s}-\sigma_{l\text{-}s}-\sigma_{g\text{-}l}>0$$

在杨氏方程的适用范围内，$\varphi\leqslant 0$。

润湿作用在实际中得到广泛的应用。例如，棉布易被水润湿，但经表面处理后，可以增大 $\sigma_{l\text{-}s}$，使 $\theta>90°$，这时水滴在布面上呈球形，不易进入毛细管而易脱落，故可制成雨具。杀虫药液喷洒到植物上，希望能润湿叶片和虫体，则应加入适当的表面活性物质使之通过改变各界面张力来减小 θ，以达到 $\theta<90°$。改变各个 σ 后，若使 $\varphi>0$，则在叶片或虫体上能发生铺展就更理想。

三、弯曲液面的附加压力和毛细现象

1. 弯曲液体表面下的附加压力

通常我们遇到大面积的水面总是平坦的。但是一些小面积液面，如毛细管中的液面、砂子或黏土之间的毛细缝液面，以及气泡、水珠上的液面，这些都是曲面。液体曲面下的压力与平面下的压力不同。由于表面张力的作用，在弯曲表面下的液体或气体，不仅承受环境的压力 p，还承受由于表面张力的作用而产生的附加压力 Δp。如图 2-5 所示，在凸起的液面上任取一个截面 ABC，沿截面周界以外的表面对周界线有表面张力的作用。表面张力的作用点在周界线上，其方向垂直于周界线且与液体表面相切。对于凸液面整个截面的周界线上表面张力的合力不等于零，其方向指向液体内部，该合力力图使液体表面积缩小，这个收缩力使表面内的液体承受大于表面外的压力，表面内外的压力差值 Δp 称作附加压力，如图 2-5(a) 所示。对于凹液面，附加压力的方向则指向液体的外部，结果是减少大气对液面内液体的压力，这时附加压力 Δp 为负值，如图 2-5(b) 所示。因此由于表面张力的作用，整个液面像具有弹性的橡皮膜一样，随膜的曲率不同，而对膜内液体产生附加的正压力或负压力。

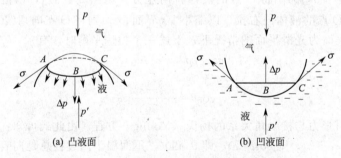

(a) 凸液面　　　　　　　　(b) 凹液面

图 2-5　弯曲液面下的附加压力示意图

如果是平液面，由于表面张力都在平面上，表面收缩力是沿着平面作用的，对界面两侧都无作用，所以，附加压力为零。

在一定温度下，对于同一种液体由于液面曲率半径的不同，附加压力可不相同；对于不同的液体，在液面曲率半径一定的情况下，由于表面张力的不同，附加压力也不相同。

$$\Delta p=\frac{2\sigma}{R}^{\text{❶}} \qquad (2\text{-}7)$$

此式只适用于曲率半径 R 为定值的弯曲液面附加压力的计算。可以看出：在一定温度下，

---

❶ 此式为液体内气泡的附加压力。对于空气中的气泡，如肥皂泡内的附加压力则为上式的二倍，这是因为此种气泡有内外两个表面，即 $\Delta p=\dfrac{4\sigma}{R}$。

弯曲液面的附加压力与其表面张力成正比，与液面的曲率半径成反比。对于气泡（凹液面），曲率半径为负，则附加压力 Δp 为负值，其方向指向气泡的中心；对于圆球形液滴（凸液面），曲率半径为正，则 Δp 为正值，其方向指向液滴的中心；对于平液面，因为平液面的曲率半径可视为无穷大，故 $\Delta p=0$，即平液面不具有附加压力。

2. 毛细现象

把半径为 r 的毛细管插入某液体中，液体若能润湿管壁，管中的液面将呈现凹形，即润湿角 $\theta<90°$，如图 2-6 所示。由于附加压力（又叫毛细压力）的作用，凹液面下的液体所承受的压力，将小于管外水平液面下液体所承受的压力，所以液体将被压入管内使液柱上升，直至上升液柱所产生的静压力 $\rho g h$ 与附加压力在数值上相等时，才可达到平衡，即

$$\Delta p = \frac{2\sigma}{R} = \rho g h$$

式中，ρ 为液体的密度，$kg \cdot m^{-3}$；h 为液柱上升的高度，m；g 为重力加速度，$9.80 N \cdot kg^{-1}$。

由图 2-6 可看出：毛细管的半径 r 与液面的曲率半径 R 的关系为：

$$\cos\theta = \frac{r}{R}$$

代入上式则得

$$h = \frac{2\sigma\cos\theta}{r\rho g} \tag{2-8}$$

由此可看出：在一定温度下，对于一定的液体来说，毛细管的半径愈小，润湿角 θ 愈小，则液体在毛细管内上升得愈高。

【例 2-1】 已知毛细管的半径 $r=1.20\times10^{-4}m$，水对该毛细管完全润湿（$\cos\theta=1$），20℃时水的表面张力 $\sigma=72.25\times10^{-3}N \cdot m^{-1}$，水的密度 $\rho=1\times10^3 kg \cdot m^{-3}$，试求在 20℃ 时，上述毛细管垂直插入水中，管内水面上升的高度为多少？

解 当 $\cos\theta=1$ 时，

$$h=\frac{2\sigma\cos\theta}{r\rho g}=\frac{2\times72.25\times10^{-3}N \cdot m^{-1}\times1}{1.20\times10^{-4}m\times1\times10^3 kg \cdot m^{-3}\times9.80 m \cdot s^{-2}}=0.124 m$$

若液体对毛细管不润湿（$\theta>90°$），管内液面呈凸形，附加压力为正，管内液面将低于管外的液平面，液面下降的深度也可用式 $h=\frac{2\sigma\cos\theta}{r\rho g}$ 计算。用毛细管法测定液体的表面张力，就是根据这个原理。

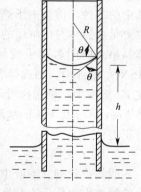

图 2-6 毛细管现象

通过上述讨论可知，表面张力的存在，是弯曲液面产生附加压力的根本原因。而毛细现象则是弯曲液面具有附加压力的必然结果。掌握这些基本知识，可以解释许多现象。例如，农业上锄地，不但可以铲除杂草，而且可破坏土壤中存在的毛细管，防止土壤中的水分沿毛细管上升到地表面而被蒸发掉。

四、固体表面上的吸附作用

固体表面有吸附气体或吸附溶液中溶质的特性。如在充满溴蒸气的玻璃瓶中，加入一些活性炭，红棕色的溴蒸气将逐渐消失，说明活性炭的表面有富集溴分子的能力。这种在一定条件下，一种物质的分子、原子或离子能自动地吸附着在某固体表面上的现象，或者，某物质在界面层中，浓度能自动发生变化的现象，皆称为吸附。我们把具有吸附作用的物质称为吸附剂。被吸附的物质称为吸附质。如活性炭吸附溴分子，活性炭是吸附剂，溴是吸附质。

固体常能或多或少地把周围介质内的分子、原子或离子吸附到自己的表面上，这是因为

处在固体表面上的质点，受到相内质点的拉力，所处的力场是不平衡的，具有过剩的能量，即表面自由焓。这些不平衡力场由于吸附作用可得到某种程度的补偿，从而使固体的表面自由焓降低。所以在一定的温度和压力下，固体表面可自动地吸附那些能降低其表面自由焓（即界面张力）的物质。

显然，在一定的温度和压力下，当吸附剂和吸附质的种类一定时，被吸附物质的量将随着吸附表面的增加而加大，因此，为了提高吸附能力，必须尽可能地增大吸附剂的表面。所以只有那些比表面很大的物质，才能是良好的吸附剂。

吸附作用可以发生在各种不同的相界面上。如气-固、液-固、气-液、液-液等界面上均可发生吸附作用。在生产和科学实验中吸附作用应用很广，例如用活性炭吸附糖水溶液中的杂质使之脱色；用硅胶吸附气体中的水气使之干燥；用分子筛吸附混合气体中某一组分使之分离等都是吸附作用的应用。溶胶的形成正是与固体表面的吸附作用有着密切的关系。

固体在溶液中的吸附，简单讲，可以分为两种不同类型，即选择吸附和离子交换吸附。

1. 选择吸附

固体在溶液中的吸附比较复杂，被吸附的物质可以是溶质，也可以是溶剂。溶剂被吸附得愈多，对溶质的吸附就愈少。一般规律是：固体吸附剂优先选择吸附与其极性和结构相似的物质，即"相似相吸"。例如：活性炭对色素水溶液的脱色比对色素苯溶液的脱色要好，这是因为非极性的活性炭对极性水分子的吸附很少，故吸附非极性的色素强；而对色素的苯溶液，由于活性炭对非极性的苯吸附得多，故对色素的吸附就少，脱色效果就不好。

如果溶质是电解质，由于电解质的电离，溶液中存在正、负离子，发生的是离子吸附，离子吸附常常是不可逆的。固体对阴、阳离子的吸附能力也是不相同的，吸附剂常优先吸附其中的一种，称为离子选择吸附。固体在什么情况下吸附阳离子，什么情况下吸附阴离子，主要是由固体与电解质的种类及性质来决定。一般可以认为：固体吸附剂常常是优先吸附固体晶格上的同名离子或化学成分相近，结晶结构相似的物质的离子。例如：固体 AgI 在 $AgNO_3$ 溶液中，则选择吸附同名离子 Ag^+，使固体表面带正电荷，NO_3^- 留在溶液中；若在 KI 溶液中，则选择吸附 I^- 而使固体表面带负电荷，带正电荷的 K^+ 留在溶液中，又如固体 $Fe(OH)_3$ 在 $FeCl_3$ 水溶液中，就很容易吸附 $FeCl_3$ 水解产生的与其结构相似的 FeO^+ 而带正电荷。

2. 离子交换吸附

固体吸附剂从溶液中选择吸附某种离子后，溶液中的部分反离子受到带电固体表面足够大的静电引力作用而紧靠固体表面形成一个吸附层，由于这部分反离子与固体表面的吸附离子结合较不牢固，可以被其他同电荷离子等量地取代下来，这种吸附称为离子交换吸附。离子交换吸附是可逆过程，遵循化学平衡原理，浓度大的离子可以交换浓度小的离子。除此之外，离子的交换能力还与离子带的电荷数及离子半径有关。离子带的电荷数越多，交换能力越强，例如：

$$Ti^{4+} > Al^{3+} > Ca^{2+} > K^+$$

同价离子半径越大，离子交换能力越强，例如一价碱金属离子交换能力的顺序为：

$$Cs^+ > Rb^+ > K^+ > Na^+ > Li^+$$

对于一价阴离子，实践证明 CNS^- 较卤素离子交换能力强，其交换能力顺序为：

$$CNS^- > I^- > Br^- > Cl^-$$

离子交换吸附在工农业生产以及科学研究中应用极为广泛。在化工生产及化学实验室里，常常应用离子交换树脂做吸附剂来净化水和分离提纯某些电解质。离子交换树脂是人工合成的高分子有机化合物，一般分为阳离子交换树脂和阴离子交换树脂两大类，阳离子交换树脂分子结构中，一般都含有—SO_3H、—$COOH$ 等基团，基团上的 H^+ 可与水中的阳离子进行交换；阴离子交换树脂分子结构中一般都含有—NH_2、—$N^+(CH_3)_3$ 等基团，在水中能形成羟胺—NH_3OH、—$N(CH_3)_3OH$，基团上的—OH 能与水中的阴离子进行交换，其过程可以表示如下：

$$R—SO_3H + M^+ \longrightarrow R—SO_3M + H^+$$
$$R—N(CH_3)_3OH + X^- \longrightarrow R—N(CH_3)_3X + OH^-$$

例如去离子水的制取，就是先将天然水通过装有阳离子交换树脂的交换柱，水中的阳离子被交换吸附在树脂上，交换出来的 H^+ 进入水中，而后再通过装有阴离子交换树脂的交换柱，水中的阴离子被交换吸附在后一树脂上，交换出来的 OH^- 进入水中并与水中交换下来的 H^+ 等量地结合成水分子，便可得到无杂质的去离子水。在实验室里，去离子水可以代替蒸馏水使用。离子交换树脂在使用过程中，会逐渐失去交换能力，但可通过化学处理，即阳离子交换树脂用强酸洗涤，阴离子交换树脂用氢氧化钠溶液洗涤，可以再生。

$$R—SO_3M + H^+ \longrightarrow R—SO_3H + M^+$$
$$R—N(CH_3)_3X + OH^- \longrightarrow R—N(CH_3)_3OH + X^-$$

聚焦 2007 诺贝尔化学奖：二维表面化学

在化学中，二维比三维好，因为限制在表面上的化学反应比溶液中的反应，其细节更容易被观测到。Gerhard Ertl 最近被授予 2007 年的诺贝尔化学奖，以表彰他对表面化学（Surface Chemistry）的多项贡献。Ertl 是柏林马普学会弗里茨-哈伯研究所（Fritz Haber Institute of the Max Planck Society）的一位退休教授，他多年来致力于研究在以物体表面为媒介的化学反应，这种反应对于大气科学（Atmospheric Science）和工业界意义重大，其中包括清理汽车尾气中的有毒气体。这些研究中有三篇重要的文章自 1985 年起刊登于《物理评论快报》上。

Gerhard Ertl 及其同事发现的在铂金的表面富含一氧化碳的区域（图中明亮的部位）和富含氧气的区域（图中暗的部位）的不同分布，他们还找到了如何控制其分布的方法。

来自加拿大哈利法克斯（Halifax，Canada）的达尔豪西大学（Dalhousie University）的 Harm Rotermund 曾和 Ertl 一起合作过几个项目，他认为"Ertl 的工作是非常基础性的"。据 Rotermund 说，Ertl 的好奇心驱使他使用所有可以获得的工具甚至自己开发新的工具去研究复杂的问题。他的研究涉及几项真实的应用，包括在铁颗粒上固化氮（Ozone-Deplet）以制造肥料、在冰晶（Ice Crystal）上吸收臭氧，以及用于汽车上的催化式排气净化器将有毒的一氧化碳转化为二氧化碳。

Ertl 从 20 世纪 80 年代早期就致力于研究一氧化碳氧化过程。早在此前十年左右的时间研究者们就发现在铂（Platinum）表面发生的一氧化碳氧化过程中，反应的速率并不是恒定的，而是随着时间上下振荡。虽然已经知道在液体中的反应速率同样会振荡，但这是第一次在表面反应中第一次观察到这种现象。来自汉诺威大学的 Ronald Imbihl 说："没有人知道在振荡着的表面反应中发生了什么"，因此 Ertl 通过将反应物放在超高真空（Ultra-High Vacuum）环境中，并且只放置了一个铂晶体，从而简化了问题。他和他的同事们，其中包括 Imbihl，利用低能电子衍射（Low Energy Electron Diffraction，LEED）发现铂金表面会重组其结构以容纳吸附在其表面的一氧化碳分子。这种表面结构重组增加了可以被俘获在表面上的氧气的含量，从而提高反应速率。当越来越多的一氧化碳分子被转化成二氧化碳时，一氧化碳的覆盖率逐渐下降，铂金的表面结构重新恢复到最初的形态，并开始下一轮的循环。

Ertl 对于表面反应振荡现象的解释发表于 1985 年，在这篇文章中 Ertl 提出，铂金表面的部分区域会主要被一氧化碳覆盖，而其他的一些区域则主要被氧气分子覆盖。为了证实这一点，Ertl 和 Rotermund 等人设计了光子发射电子显微镜（Photon-Emission Electron Microscope，PEEM）以观测铂金表面的亚微米（Sub-Micron）结构。紫外光从铂金表面打出的电子形成图像。图像中的明暗点分别对应于铂金表面富含一氧化碳和富含氧气的区域，这是因为从富氧区域打出的电子所带的能量较小。Rotermund 说："我记得当我们第一次获得图像的时候我一下子被震惊了。"他们 1990 年发表的文章中写道：有明暗区域形成行波（Traveling Wave）、转动着的螺旋花纹（Rotating Spiral）甚至是混沌图案（Chaotic Pattern）。

这些图案是非线性系统（如天气演化、星系形成和心脏心律不齐等，在大多数情况下这些系统不具有可预测性）的特征。在接下来的工作中，Ertl 将铂金表面作为他的标准工作平台来探测甚至控制一氧化碳氧化过程中的非线性性质，这些研究被作为例子写入他于 2004 年发表的文章中。这种细致的研究在三维溶液中是无法完成的，它们是 Ertl 善于构建简化模型以解释复杂反应的一个例子，Imbihl 说："他认为自然是简单的。"

（摘自 http://www.qiji.cn/eprint/abs/3557.html）

第二节 胶体化学

一、分散系统

自然界中所遇到的实际物系，严格讲均为一种或几种物质分散在另一种物质中的分散系统，例如地壳、海洋、大气、人体、生物体、工业原料及其产品等，无一不是分散系统，分散系统如此广泛地存在，因此研究它的性质及其有关规律是十分重要的。

1. 分散系统的分类及其主要特征

分散系统的分类有许多方法，最基本的是以被分散物质粒子的大小来划分。

如被分散的物质以分子、原子或离子的大小均匀地分散在分散介质中，形成的物系称为溶液，溶液又分为固态溶液、液态溶液和气态溶液（即混合气体）。通常所说的溶液就是指液态溶液，溶液中溶质的质点很小（在 1nm 以下），不能形成相的界面，故为均相物系；其主要特征为：透明、不发生光散射、溶质和溶剂均可透过半透膜。在一定条件下，溶质不会自动与溶剂分离开，为热力学稳定系统。

然而，自然界中和生产中更常遇到的分散系统，则是被分散的物质以比分子大得多的颗粒分散在介质中而形成的分散系统。这种被分散的物质因每个粒子中包含有许多个分子、原子或离子,所以与分散介质间有明显的界面,每个粒子自成一相,称为分散相。如水滴分散在空气中形成的云雾,油滴分散在水中形成的乳浊液(如牛奶),染料分散在油中形成的油墨、油漆等。显然,这类物质为非均相系统或称为多相系统,通常说的分散系统就是指这种多相分散系统。在多相分散系统中,分散相的直径大于100nm的称为粗分散系统。因分散相颗粒较大,所以粗分散系统表现为:不透明、浑浊、分散相不能透过滤纸,普通显微镜即可看到分散粒子,容易发生沉降而与分散介质分开等特征;多相分散系统中,分散相粒子直径介于1～100nm之间者,则为高度分散系统,称为胶体。

胶体系统由于分散粒子很小,比表面积很大,比表面自由焓很高,因此系统处于热力学不稳定状态,小粒子能够自发地相互聚结成大粒子,大粒子易于沉降而与分散介质分离(称为聚沉);然而,也正是由于高的比表面自由焓,所以在一定条件下,粒子也能自发地、选择性地吸附某种离子(稳定剂),而形成相对稳定的溶剂化的双电层,因而保护了相互碰撞的粒子而不发生聚结。由于胶体粒子比分子大得多,所以溶胶粒子具有如扩散慢、不能透过半透膜、渗透压低等特点。又由于胶体粒子比粗分散系统小得多,所以它又具有比粗分散系统动力学稳定性强、散射光明显等特点。

总之,多相性,高度分散和热力学不稳定性是胶体的主要特征,又是产生其他性质的依据。所以,研究胶体以及其形成、稳定与破坏,均须从这些基本特征出发。

胶体分散系统也可以按分散相与分散介质的聚集状态分类,并常以分散介质的聚集态命名,如分散介质为液态者就叫做液溶胶,分散介质为固态的叫做固溶胶,分散介质为气态的叫做气溶胶。液溶胶简称溶胶,是胶体物系的典型代表。

粗分散系统也可按分散介质之聚集状态来分类,例如以液体为分散介质的有泡沫(分散相为气体),乳浊液(分散相为液体)和悬浮液(或称悬浮体,分散相为固体);以气体为分散介质的有悬浮在空气中的粉尘、烟、雾等,这些往往是多级分散系统,既有大粒子的粗分散系统,又有小粒子的胶体分散系统。

还有这样一类物质,例如蛋白质、淀粉、纤维等,它们的分子大小已经达到胶体粒子的范围,这类物质的溶液既具有真溶液的性质,如溶液为均相的,不会自动发生聚沉属于热力学稳定系统;同时又具某些胶体的性质,如分子不能渗过半透膜,扩散慢等。历史上人们发现这类物质与分散介质之间亲和力很强,曾被称为亲液溶胶,相对而言,一般的溶胶则称为憎液溶胶,然而通过胶体稳定性和胶体粒子结构的研究,发现这类物质与溶胶有本质上的不同,因此亲液溶胶这个词已被高分子溶液所取代,但由于习惯的原因,憎液溶胶一词被沿用着。

将分散系统的分类及其主要特征列于表2-3、表2-4中。

表2-3 按分散相的颗粒大小分类

类型	分散相粒子半径/nm	分散相	性质	举例
低分子分散系统	<1	原子、离子、小分子[①]	均相,热力学稳定系统,扩散快,能透过半透膜,形成真溶液	氯化钠,蔗糖的水溶液,混合气体等
高分子溶液	1～100	高(大)分子	均相,热力学稳定系统,扩散慢,不能透过半透膜,形成真溶液	聚乙烯醇水溶液
胶体分散系统(溶胶)	1～100	胶粒(原子或分子的聚集体)	多相,热力学不稳定系统,扩散慢,不能透过半透膜,形成胶体	金溶胶,氢氧化铁溶胶
粗分散系统	>100	粗颗粒	多相,热力学不稳定系统,扩散慢或不扩散,不能透过半透膜及滤纸,形成悬浮液或乳状液	浑浊泥水,牛奶,豆浆

① 原子、分子、离子溶液和混合气体为均相系统,这里仅是为了便于比较也将原子、分子、离子等作为分散相看待,实际上单个分子、原子不能成为一相。

表 2-4 按分散相和分散介质的聚集状态分类

分散相	分散介质	名称	实例
气	液	泡沫	肥皂泡沫
液	液	乳状液	牛奶
固	液	悬浮体,液溶胶	泥浆,金溶胶
气	固	固溶胶	浮石,泡沫玻璃, 珍珠,某些矿石, 某些合金
液	固		
固	固		
气	气	气溶胶	—
液	气		雾
固	气		烟

2. 研究胶体化学的意义

从格莱姆系统地研究胶体开始至今,胶体化学得到了很大的发展,其原因就是它与人类的生活有着极其密切的联系。广而言之,地球就可视为一个固态分散系统,花岗岩、沙岩等皆为固态分散系统。因此地壳中胶体的学说就成了现代地质科学的一个重要分支,如利用胶体化学的原理来识别矿物胶体的性质及其在不同条件下发生的变化过程的研究等。江河湖海,工业废水是广泛的液溶胶系统,为了保护水源,净化水质,提取重金属元素,变废为宝,就要研究胶体系统的形成与破坏。

大气层是由微尘、水滴和分散介质所组成的气溶胶,研究气溶胶的性质,对环境保护、耕耘、播雨具有重要意义。

人体各部分的组织是含水的胶体,因此要了解生理机构,病理原因,药物疗效等都要根据胶体化学的研究成果,而人类所不可缺少的衣(丝、毛皮、棉和合成纤维),食(淀粉、糖类、脂肪、蛋白质及烹调和消化),住(木材、水泥、砖瓦、陶瓷等建筑材料),行(钢铁、合金、橡胶等制成的交通工具),无一不与胶体有关,当然与之有关的化学工业、纺织工业、冶金工业、食品工业中的若干工艺过程也均离不开胶体化学的基本原理,因此胶体科学已成为自然科学的一个重要分支。

二、胶团结构

可以认为胶团是由胶核和周围的扩散双电层所构成。扩散双电层又分内外两层,内层叫吸附层,外层叫扩散层。我们把构成胶粒的分子和原子的聚集体,称为胶核,一般情况具有晶体的结构。它是胶团的核心部分,固体微粒可以从周围的介质中选择性地吸附某种离子,或者通过表面分子的电离而使之成为带电体。带电的胶核与介质中的反离子存在着静电引力作用,使一部分反离子紧靠在表面,与电势离子牢固地结合在一起,形成吸附层。另一部分反离子则呈扩散状态分布在介质中,即为扩散层。吸附层与扩散层的分界面就称为滑动面,滑动面所包围的带电体,称为胶粒。溶胶在外加电场作用下,胶粒向某一电极移动;而扩散层的反离子与介质一起则向另一电极移动。胶粒和扩散层结合在一起就形成电中性的胶团。

以 AgI 溶胶为例,当 $AgNO_3$ 的稀溶液与 KI 的稀溶液作用时,假如其中有任何一种适当过量,就能制成稳定的 AgI 溶胶。实验表明:胶核由 m 个 AgI 分子所构成,当 $AgNO_3$ 过量时,它的表面就吸附 Ag^+,可制得带正电的 AgI 胶体粒子;而当 KI 过量时,它的表面就吸附 I^-,得到带负电的 AgI 胶体粒子。这两种情况的胶团结构可用图 2-7 表示。

式中,m 表示胶核中物质的分子数,一般为很大的数目;n 表示胶核所吸附的离子数,n 的数字要小得多;$n-x$ 是包含在吸附层中的过剩反离子数。这种胶团的结构示意图可用图 2-8 来表示。

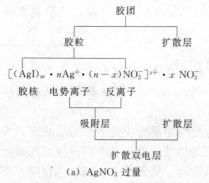
(a) AgNO₃ 过量

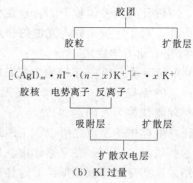
(b) KI 过量

图 2-7　AgI 胶团结构

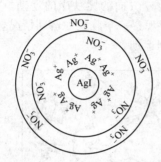
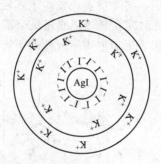

图 2-8　AgI 溶胶胶团的结构

图中的小圆表示胶核，第二个圆表示由核和吸附层所组成的粒子，最外面的圆表示扩散层的范围与整个胶团。m 是一个不等的数值，即同一种溶胶的胶核也有不同的大小。

再如硅酸的溶胶。这种溶胶粒子的电荷不是因吸附离子，而是由于胶核本身的表面层的电离而形成的。胶核表面的 SiO_2 分子与水分子作用先生成 H_2SiO_3，它是弱酸，能按下列方式电离：

$$H_2SiO_3 \longrightarrow SiO_3^{2-} + 2H^+$$

电离产物 SiO_3^{2-} 部分地固定在 SiO_2 微粒表面上形成带负电荷的胶粒，成为反离子。形成的胶团可表示如下：

$$[(SiO_2)_m \cdot nSiO_3^{2-} \cdot 2(n-x)H^+]^{2x-} \cdot 2xH^+$$

三、溶胶的性质

溶胶的性质包括光学性质、动力学性质和电学性质三个方面。

1. 溶胶的光学性质

溶胶的光学性质是胶体高分散性和多相性特征的反映，通过对胶体光学性质的研究，可帮助我们理解胶体系统的性质，观察胶体粒子的运动和测定其大小及形状等问题。

在暗室中，如果让一束聚集的光线通过溶胶，在入射光的垂直方向可看到一个浑浊发亮的光锥，这种现象是英国物理学家丁达尔（Tyndall）于1869年发现的，故称为丁达尔效应（如图2-9）。

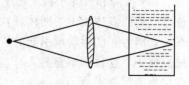

图 2-9　丁达尔效应

丁达尔效应与分散相粒子的大小及投射光线的波长有关。当分散相粒子的直径大于入射光的波长时，光投射在粒子上起反射作用。例如粗分散系统的粒子直径大于100nm（一般 $10^{-6} \sim 10^{-5}$m），比可见光的波长（$4 \sim 7.6) \times 10^{-7}$m 要大，因此只看到反射光。如果粒子直径小于入射光的波长，光波可以绕过粒子而向各方向传播，这就是光的散射作用，散射出来的光,叫做乳光。胶体粒子的直径在 1~100nm(10^{-9}~10^{-7}m)之间,比可见光的波长要小。因此,对于溶胶来说,光散射作用(即丁达尔效应)最明显。

2. 溶胶的动力学性质

(1)布朗运动 1872年植物学家布朗(Brown)在显微镜下看到悬浮在水中的花粉颗粒作永不停息的无规则的运动。以后还发现其他微粒(如矿石、金属和炭等)也有同样的现象,这种现象就称为布朗运动。

悬浮在液体中的质点之所以能不断地运动是因为周围介质分子处于热运动状态,而不断地撞击这些质点的缘故。在悬浮体中,比较大的质点每秒钟可以从各个方面受到几百万次的撞击,结果这些碰撞都互相抵消,这样就看不到布朗运动。如果质点小到胶体程度,那么它所受到的撞击次数比大质点所受到的要小得多,因此从各方面撞击而彼此完全抵消的可能性很小。由于这些原因,各个质点就发生了不断改变方向的无秩序的运动,如图2-10(a)。图2-10(b)是每隔相等时间在显微镜或超显微镜中观察一个胶粒的运动情况,它是质点的空间运动在平面上的投影,近似地表示胶粒的不规则运动。

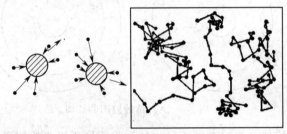

(a) 胶粒受介质分子冲击示意图   (b) 超显微镜下胶粒的布朗运动

图 2-10 布朗运动

布朗运动是溶胶动力稳定性的一个原因,由于布朗运动的存在,胶粒从周围分子不断获得动能,从而抗衡重力作用而不发生聚沉,但是事物是一分为二的,布朗运动同时有可能使胶粒因相互碰撞而聚集,颗粒由小变大而沉淀。如何克服布朗运动不利的一方面,将在胶体电学性质中讨论。

(2)扩散 扩散现象是微粒的热运动(或布朗运动)在有浓度差时发生的物质迁移现象。胶体质点的半径和质量要比真溶液的分子的半径和质量大很多倍。因此,胶体质点的扩散速度比真溶液中的溶质分子要小得多。这就是说,质点愈大,热运动速度愈小,扩散速度也愈小。

(3)沉降和沉降平衡 对于质量比较大的胶粒来说,重力作用是不可忽视的。悬浮在流体(气体或液体)中的固体颗粒下降而与流体分离的过程称为沉降。但是对于分散度较高的系统,因为布朗运动所引起的扩散作用与沉降的方向相反,所以扩散成了阻碍沉降的因素。质点愈小,这种影响愈显著,当沉降速度与扩散速度相等时,系统就达到了平衡状态,这种现象称为沉降平衡。

3. 溶胶的电学性质

溶胶具有较高的表面能,是热力学不稳定系统,粒子有自动聚结变大的趋势。但事实上很多溶胶可以在相当长的时间内稳定存在而不聚结。经研究表明,这与胶体粒子带电有直接关系,粒子带电是溶胶稳定的重要原因。

(1)电泳 在外电场影响下,胶体粒子在分散介质中定向移动的现象称为电泳。中性粒子不可能在外加电场中定向移动,所以电泳现象的存在,说明胶体粒子是带电的。

图 2-11 是一种示意的电泳实验装置，若于 U 形管内装入棕红色的 $Fe(OH)_3$ 溶胶，其上放置无色的 NaCl 溶胶，要求两液间有清楚的分界面，通电一段时间后，便能看到棕红色的 $Fe(OH)_3$ 溶胶的界面阳极端下降而阴极端上升，证明 $Fe(OH)_3$ 溶胶粒向阴极移动，带正电。

胶体粒子的电泳速度与粒子所带的电量及外加电位梯度成正比，而与介质黏度及粒子的大小成反比。溶胶的粒子要比离子大得多，而实验表明溶胶电泳的速度与离子的迁移速度数量级基本相同，由此可以证明溶胶粒子所带电荷的数量是相当大的。

(2) 电渗 电渗与电泳现象相反，将固相粒子固定不动，而使液体介质在电场中发生定向移动的现象称为电渗。把溶胶充满在具有多孔性物质如棉花或凝胶中，使胶体粒子被吸附而固定，用如图 2-12 所示的电渗仪，在多孔性物质两侧施加电压之后，可以观察到电渗现象。如果固体带正电而液体介质带负电，则液体向正极所在一侧移动。观察侧面的刻度毛细管中液面的升或降，就可清楚地分辨出液体移动的方向。工程上利用电渗使泥土脱水。

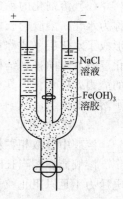

图 2-11 电泳装置

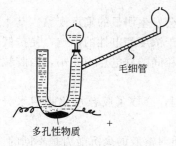

图 2-12 电渗仪

电泳和电渗现象是胶粒带电的最好证明。胶粒带电是溶胶能保持长期稳定的重要因素之一。

胶粒带电的主要原因有两种情况，一是溶胶系统是高度分散的多相系统，具有巨大的表面积，界面自由能很高。系统除了有自动缩小界面的能力外，还能选择地吸附溶液中的某些物质，以降低界面张力，而使系统的界面自由能降到最低。因此胶粒有选择吸附介质中某种离子，从而使胶粒周围带上一层电荷。另一种情况是有些胶粒与分散介质接触时，固体表面分子会发生电离，电离后的正离子或负离子分布到液体中去，结果两相就分别带有数量相等而符号相反的电荷。

四、溶胶的稳定性和聚沉

在工业生产和科学实验中常常遇到胶体系统。有时需形成稳定的胶体，例如照相用的底片，需涂一层含有很细的 AgBr 胶粒的明胶；染色过程的有机染料，大多以胶体状态分散于水中；在许多催化剂的制备过程中，为了得到活性高的催化剂，亦常常要使物料成为稳定的胶体。但有时却不希望产生溶胶，例如在定量分析中，用 $AgNO_3$ 滴定 Cl^- 时，为了防止生成 AgCl 溶胶，就需加入其他电解质（如 HNO_3）；在净化水时就要破坏泥沙形成的胶体；在蔗糖的生产中，蔗汁的澄清需要除去硅酸溶胶、果胶及蛋白质等。因此只有了解溶胶稳定的原因，才能选择适当条件，使胶体稳定或破坏。

1. 溶胶的稳定

根据胶体的各种性质，溶胶稳定的原因可归纳为：

(1) 溶胶的动力稳定性 胶粒因颗粒很小，布朗运动较强，由它产生的扩散作用能够克服重力影响不下沉，而保持均匀分散。这种性质称为溶胶的动力稳定性。影响溶胶的动力稳定性的主要因素是分散度。分散度越大，胶粒越小，布朗运动越剧烈，扩散能力越强，动力稳定性就越大，胶粒越不易下沉。此外分散介质黏度越大，胶粒与分散介质的密度差越小，胶粒越难下沉，溶胶的动力稳定性也越大。

(2) 胶粒带电的稳定作用 胶粒表面都带有相同电荷，由于同种电荷之间的排斥作用，可阻止胶粒相互碰撞而聚结成大颗粒沉淀。胶粒所带的电荷愈多，溶胶愈稳定。

（3）溶剂化的稳定作用　物质与溶剂之间所起的化合作用称为溶剂化。溶剂如为水，则称为水化。溶胶的胶核都是憎水的，但它吸附的离子和反离子都是水化的，这样在胶粒周围形成了水化层（或称水化外壳），即在胶粒周围形成了一层牢固的水化薄膜。实验证明，水化层具有定向排列结构，当胶粒接近时，水化层被挤压变形，因此有力图恢复定向排列结构的能力，使水化层具有弹性，成为胶粒接近时的机械阻力，即阻止胶粒相互接触，从而防止了溶胶的聚沉。

2. 溶胶的聚沉

溶胶中分散相颗粒相互聚结，颗粒变大，以致最后发生沉降的现象称为聚沉。

溶胶能在相当长时间内保持稳定，是由于胶粒带电和溶剂化层的存在。但当粒子间的静电斥力不足以阻止粒子间的碰撞，变薄了的溶剂化层亦不能防止粒子相互聚结，此时胶粒就会由小变大。

胶粒越大，扩散越困难，沉降速度也就越快。当颗粒聚结到足够大并达到粗分散状态时，在重力的作用下，就会从分散介质中沉降下来，即发生聚沉。

造成溶胶聚沉的因素很多，如浓度和温度的影响，光的作用，搅拌和外加电解质等，其中以外加电解质和溶胶的相互作用更为重要。

（1）电解质的作用　在溶胶中加入适量的强电解质时，就会发生明显的聚沉现象。其主要原因是电解质的加入会使分散介质中的反离子浓度增大，由于浓度和电性的影响，使扩散层中一些反离子被挤入吸附层中，中和了胶粒的部分电荷，胶粒间的静电斥力变小，当胶粒相互碰撞时就易合并成大颗粒而下沉。

其次是加入电解质后，由于加入的电解质离子的水化作用，夺取了胶粒水化膜的水分子，使胶粒水化膜变薄，因而有利于胶体的聚沉。

所有电解质达到某一浓度时，都能使溶胶聚沉。不同电解质对溶胶的聚沉能力是不同的。对于一定量的溶胶，在一定的时间内明显聚沉所需要电解质的最低浓度，称为该电解质的聚沉值，单位常用 $mmol \cdot L^{-1}$。聚沉值是衡量电解质聚沉能力大小的尺度，电解质的聚沉值越小，聚沉能力越强；电解质的聚沉值越大，聚沉能力越小。电解质的聚沉能力一般有如下的规律。

① 电解质中能使溶胶聚沉的离子是胶粒电荷相反的反离子，随反离子价数的增高，聚沉能力迅速增加。一般地说，一价反离子的聚沉值约在 $25\sim150\ mmol \cdot L^{-1}$ 之间，二价反离子的聚沉值在 $0.5\sim2\ mmol \cdot L^{-1}$ 之间，三价反离子的聚沉值约在 $0.01\sim0.1\ mmol \cdot L^{-1}$ 之间。这就是叔采-哈迪（Schulze-Hardy）规则。

② 相同价数离子的聚沉能力不同。例如取同一种阴离子（NO_3^-）的各种一价盐，其阳离子对带负电荷的溶胶的聚沉能力顺序为：

$$H^+ > Cs^+ > Rb^+ > NH_4^+ > K^+ > Na^+ > Li^+$$

同一种阳离子的各种盐，其阴离子交换对正电荷的溶胶的聚沉能力顺序为：

$$F^- > Cl^- > Br^- > I^- > CNS^- > OH^-$$

这种将价数相同的阳离子或阴离子按聚沉能力排成的顺序称为感胶离子序。它和离子水化半径从小到大的排列次序大致相同。因此聚沉能力的差别可能是水化离子半径大小的影响。

利用加入电解质使溶胶产生聚沉的例子很多。例如，豆浆是蛋白质的负电胶体，在豆浆中加卤水，豆浆就变为豆腐，这是由于卤水中的 Na^+、Ca^{2+}、Mg^{2+} 等离子加入后，破坏了蛋白质负电胶体的稳定性，而使其聚沉的结果。

（2）溶胶的相互聚沉　将带有相反电荷的溶胶互相混合，也会发生聚沉，溶胶的这种聚沉现象称为相互聚沉。发生相互聚沉的原因是由于带有相反电荷的两种溶胶混合后，不同电性的胶粒之间相互吸引，胶粒中的电荷互相中和所致，此外，两种胶体中的稳定剂也可能相互发生反应从而破坏了胶体的稳定性。然而与电解质的聚沉作用不同之处在于两种溶胶的用量应恰能使其所带的总电荷量相同时,才会完全聚沉,否则可能不完全聚沉,甚至不聚沉。

明矾净水的原理就是胶体的相互聚沉。明矾在水中水解产生带正电的 $Al(OH)_3$ 胶体及 $Al(OH)_3$ 沉淀,而水中的污物主要是带负电的黏土及 SiO_2 等胶体,二者发生相互聚沉,使胶体污物下沉;另外,由于 $Al(OH)_3$ 絮状沉淀有吸附作用,两种作用结合就能将污物清除,达到净化水的目的。

(3) 高分子溶液对溶胶稳定性的影响　在溶胶中加入少量高分子化合物,有时会降低溶胶的稳定性,甚至发生聚沉,这种现象称为高分子的敏化作用。产生敏化作用的原因主要是加入高分子化合物所带的电荷少,附着在带电的胶粒表面上可以中和胶粒表面的电荷,胶粒间的斥力降低而更易发生聚沉,另外,具有长链形的高分子化合物可同时吸附在许多胶粒上,把许多个胶粒联在一起变成较大的聚集体而聚沉。高分子化合物的加入,还可脱去胶粒周围的溶剂化膜,使溶胶更易聚沉。

但在溶胶中加入足够量的高分子化合物,就能降低溶胶对电解质的敏感性而提高溶胶的稳定性,高分子化合物的这种作用称为对溶胶的保护作用。

产生保护作用的原因是高分子物质被附着在胶粒表面,把胶粒包住而使胶粒不易聚结。这种现象在动植物的生理过程中具有重要意义,例如健康人血液中的 $CaCO_3$、$MgCO_3$、$Ca_3(PO_4)_2$ 等难溶盐都是以溶胶的状态存在并被血清蛋白等高分子化合物保护着,若保护物质减少就可能使这些溶胶在身体的某些部分聚沉下来成为结石。

五、高分子化合物溶液

高分子化合物又称大分子化合物或高聚物。它的相对分子质量高达几千到几百万(而一般有机化合物相对分子质量约在 500 以下),根据来源可分为天然高分子化合物和合成高分子化合物。

高分子化合物在适当的溶剂中能自动地分散为溶液。由于高分子化合物分子的大小,是在胶体范围之内,所以它们的溶液,虽然与低分子溶液有某些相似的性质,但又与低分子溶液的性质有所不同,而且具有胶体的某些特征,例如,扩散很慢,不能透过半透膜等。与憎液溶胶有所不同的是高分子化合物溶液是热力学稳定系统。它们的这种稳定性,不是由于粒子的电性质,而是由于高分子化合物的亲液性质,即由于它们和溶剂之间的溶剂化作用。高分子化合物的这种性质使它们与憎液溶胶有根本区别,为了便于比较将两者主要性质的异同归纳于表 2-5 中。

表 2-5　高分子化合物溶液和憎液溶胶性质的比较

项目	高分子化合物溶液	憎液溶胶
相同的性质	1. 分子大小达到 1~100nm 范围 2. 扩散慢 3. 不能透过半透膜	1. 胶团大小达到 1~100nm 范围 2. 扩散慢 3. 不能透过半透膜
不相同的性质	1. 溶质和溶剂有强的亲和力(能自动分散成溶液),有一定的溶解度 2. 稳定系统,不需要第三组分作稳定剂,稳定的原因是溶剂化 3. 对电解质稳定性较大。将溶剂蒸除去后,成为干燥的高分子化合物。再加入溶剂,又能自动成为高分子化合物溶液,即具有可逆性 4. 平衡体系,可用热力学函数来描述 5. 均相系统,丁达尔效应微弱 6. 黏度大	1. 分散相和分散介质间没有或只有很弱的亲和力(不分散,需用分散法或凝聚法制备),没有一定的溶解度 2. 不稳定系统,需要第三组分作稳定剂,稳定的原因主要是胶粒带电 3. 加入微量电解质就会聚沉,沉淀物经过加热或加溶剂等处理,不会复原成胶体溶液,为不可逆性 4. 不平衡体系,只能进行动力学研究 5. 多相系统,丁达尔效应强 6. 黏度小(和溶剂相似)

前面曾讨论过电解质对于憎液溶胶（主要指水溶胶）的聚沉作用。溶胶对电解质是很敏感的，但对于高分子溶液来说，加入少量电解质时，它的稳定性并不会受到影响，到了等电点也不会聚沉，直到加入更多的电解质，才能使它发生聚沉。将高分子溶液的这种现象称为盐析。

离子在水溶液中都是水化的。当大量电解质加入高分子化合物溶液时，由于离子发生强烈水化作用的结果，致使原来高度水化的高分子化合物去水化，因而发生聚沉作用。可见发生盐析作用的主要原因应为去水化作用。

六、表面活性物质和乳浊液

1. 表面活性物质

凡是加入少量就能显著降低溶液表面张力的物质，称为表面活性物质，或表面活性剂。表面活性物质都是一些分子结构不对称的线型分子，整个分子是由极性基团和非极性基团两部分组成。极性基团（又称亲水基团）如—OH、—CHO、—COOH、—NH_2、—SO_3H等，它们对水的亲和力很强；非极性基团（又称憎水基团）如脂肪烃基（—R）、芳香烃基（—Ar）等，它们对油性物质亲和力较强，因而是憎水的。

表面活性物质种类繁多，有天然物质如磷脂、蛋白质、皂苷等，还有人工合成物质如硬脂酸盐（肥皂 $C_{17}H_{35}COONa$）、磺酸盐（R—SO_3Na）、胺盐（R—NH_2HCl）等。

当表面活性物质溶于水后，表面活性物质分子中的极性部分力图钻入水中，而非极性的憎水基团则力图逃出水面而钻入非极性的有机相（油）或空气中，结果表面活性物质便浓集于油水互相排斥的界面上，形成有规则的定向排列，即形成一层定向排列的单分子膜，这样一方面可以使表面活性物质的分子稳定，另一方面使界面上的不饱和力场得到某种程度的补偿，从而降低了水的表面张力。

表面活性物质具有广泛的用途，可以作为润湿剂、渗透剂、分散剂、起泡剂、消泡剂、洗涤剂等。

2. 乳浊液

一种液体以细小液滴的形式分散在另一种与它不互溶的液体之中所形成的粗分散系统称为乳浊液。

人类生产及生活中常会遇到乳浊液，如含水石油、煤油厂废水、乳化农药、动植物的乳汁等。人们根据需要，有些乳浊液必须设法破坏，以实现分离的目的，如石油脱水、废水净化；有些乳浊液则应设法使之稳定，如乳化农药、牛奶、化妆品、乳液涂料等。因此，乳浊液研究也有两方面的任务，即乳浊液的稳定和破坏。

有这样的经验，将两种纯的不互溶的液体（如油和水）放在一起振荡，静置后很快就分为两层，即得不到稳定的乳浊液。这是因为当液体分散成许多小液滴后，系统内两液体之间的界面变大，界面自由能增高，是热力学不稳定系统，必然自发地趋于自由能的降低，即小液滴相碰发生聚结成为大液滴，最后分成两层。

要想得到稳定的乳浊液，必须有第三种物质存在，它能形成保护膜，并能显著地降低界面自由能，这种物质称为乳化剂。乳化剂使乳浊液稳定的作用称为乳化作用。乳化剂对形成稳定的乳浊液是极为重要的。常用的乳化剂有三类：①表面活性物质，如肥皂、洗涤剂等；②具有亲水性质的大分子化合物，如明胶、蛋白质、树胶等；③不溶性固体粉末，如铁、铜、黏土、炭黑等。

在乳浊液中，一种液相多半是水，用字母 W 表示，另一液相为有机物，如苯、苯胺、煤油等，习惯上统称为"油"，用字母 O 表示。任何一相均可能作为分散相或者分散介质。因此，乳浊液分为两种类型：一是油分散在水中，称为水包油型，用符号 O/W 表示；另一种是水分散于油中，称为油包水型，用符号 W/O 表示。两种溶液究竟形成何种类型乳浊液，与乳化剂的性质有关。

例如，水溶性的一价金属皂，其亲水基一端比亲油基一端的横截面要大，因而亲水部分被拉入水相而将油滴包住形成 O/W 型乳浊液，如图 2-13(a) 所示。而高价金属皂，其亲水基一端比具有两三个碳链的亲油基一端横截面小，分子的大部分进入油相而将水滴包住，形成了 W/O 型乳浊液，如图 2-13(b) 所示。

乳浊液也有类似于溶胶的聚沉过程。由分散度较高的液珠很快地结合起来，成为一个较大的液滴，这种过程称为聚结。使乳浊液破坏称为破乳或去乳化。

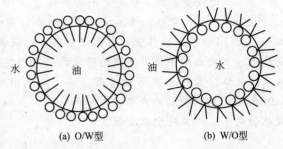

图 2-13　不同乳化剂对乳浊液类型的影响

去乳化是一个很重要而又比较复杂的问题，目前还没有一个普遍规律可遵循，乳浊液稳定的原因主要是由于乳化剂的作用，因此在去乳化中，必须消除或减退原乳化剂的保护能力。常用的方法如下。①用不能生成牢固膜的表面活性物质来代替原乳化剂。例如用异戊醇，它的表面活性很强，但因碳氢链太短无法形成牢固的界面膜。②用试剂来破坏乳化膜。例如，用无机酸来消除肥皂膜的作用（无机酸使脂肪酸析出）。③加入类型相反的乳化剂来破坏乳化作用。此外，如升高温度降低乳化剂的吸附性，减小系统的黏度，增加液珠相互碰撞的机会以达到去乳化作用；加入电解质以促进聚结；用机械搅拌来破坏稳定薄膜；用离心机法来浓缩乳浊液（如奶油分离器）以及电泳法加速液珠的聚结等均可使乳浊液发生去乳化作用。

什么是胶体金

胶体金溶液是指分散相粒子直径在 1~150nm 之间的金溶胶，属于多相不均匀体系，颜色呈橘红色到紫红色。胶体金作为标记物用于免疫组织化学始于 1971 年，Faulk 等应用电镜免疫胶体金染色法（IGS）观察沙门菌，此后他们把胶体金与多种蛋白质结合。1974 年 Romano 等将胶体金标记在第二抗体（马抗人 IgG）上，建立了间接免疫胶体金染色法。1978 年 Geoghega 发现了胶体金标记物在光镜水平的应用。胶体金在免疫化学中的这种应用，又被称为免疫金。之后，许多学者进一步证实胶体金能稳定又迅速地吸附蛋白质，而蛋白质的生物活性无明显改变。它可以作为探针进行细胞表面和细胞内多糖、蛋白质、多肽、抗原、激素、核酸等生物大分子的精确定位，也可以用于日常的免疫诊断，进行免疫组织化学定位，因而在临床诊断及药物检测等方面的应用已受到广泛的重视。目前电镜水平的免疫金染色（IGS），光镜水平的免疫金银染色（IGSS），以及肉眼水平的斑点免疫金染色技术日益成为科学研究和临床诊断的有力工具。

胶体金颗粒大小多在 1~100nm，微小金颗粒稳定地、均匀地、呈单一分散状态悬浮在液体中，成为胶体金溶液。胶体金因而具有胶体的多种特性，特别是对电解质的敏感性。电解质能破坏胶体金颗粒的外周永水化层，从而打破胶体的稳定状态，使分散的单一金颗粒凝聚成大颗粒，而从液体中沉淀下来。某些蛋白质等大分子物质有保护胶体金、加强其稳定性的作用。

胶体金微小颗粒胶体呈红色，但不同大小的胶体呈色有一定的差别。最小的胶体金（2～5nm）是橙黄色的，中等大小的胶体金（10～20nm）是酒红色的，较大颗粒的胶体金（30～80nm）则是紫红色的。根据这一特点，用肉眼观察胶体金的颜色可粗略估计金颗粒的大小。近10多年来胶体金标记已经发展为一项重要的免疫标记技术。胶体金免疫分析在药物检测、生物医学等许多领域的研究已经得到发展，并越来越受到相关研究领域的重视。光吸收性胶体金在可见光范围内有一单一光吸收峰，这个光吸收峰的波长（λ_{max}）在510～550nm范围内，随胶体金颗粒大小而变化，大颗粒胶体金的λ_{max}偏向长波长，反之，小颗粒胶体金的λ_{max}则偏向于短波长。

（摘自 http//zhidao.baidu.com/question/13248355.html）

气凝胶：固体也能轻如烟

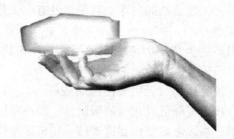

最轻的固体：气凝胶

美国国家宇航局研制出的一种新型气凝胶，由于密度只有3mg/cm^3，目前已经作为"世界上密度最低的固体"正式入选《吉尼斯世界纪录》。

这种气凝胶呈半透明淡蓝色，重量极轻，因此人们也把它称为"固态烟"。

新型气凝胶是由美国国家宇航局下属的"喷气推进实验室"材料科学家史蒂芬·琼斯博士研制的。它的主要成分和玻璃一样也是二氧化硅，但因为它99.8%都是空气，所以密度只有玻璃的千分之一。

别看这种气凝胶貌似"弱不禁风"，其实非常坚固耐用。它可以承受相当于自身质量几千倍的压力，在温度达到1200℃时才会熔化。此外它的导热性和折射率也很低，绝缘能力比最好的玻璃纤维还要强39倍。由于具备这些特性，气凝胶便成为航天探测中不可替代的材料，俄罗斯"和平"号空间站和美国"火星探路者"探测器都用它来进行热绝缘。

气凝胶在航天中的应用远不止这些，美国国家宇航局的"星尘"号飞船正带着它在太空中执行一项十分重要的使命——收集彗星微粒。科学家认为，彗星微粒中包含着太阳系中最原始、最古老的物质，研究它可以帮助人类更清楚地了解太阳和行星的历史。2006年，"星尘"号飞船将带着人类获得的第一批彗星星尘样品返回地球。

但收集彗星星尘并不是件容易的事，它的速度相当于步枪子弹的6倍，尽管体积比沙粒还要小，可是当它以如此高速接触其他物质时，自身的物理和化学组成都有可能发生改变，甚至完全被蒸发。如今科学家有了气凝胶，这个问题就变得很简单了。它就像一个极其柔软的棒球手套，可以轻轻地消减彗星星尘的速度，使它在滑行一段相当于自身长度200倍的距离后慢慢停下来。在进入"气凝胶手套"后，星尘会留下一段胡萝卜状的轨迹，由于气凝胶几乎是透明的，科学家可以按照轨迹轻松地找到这些微粒。

习 题

1. 什么是界面张力？什么是界面能？
2. 弯曲液面产生附加压力的原因是什么？
3. 什么是毛细现象？
4. 固体在溶液中的吸附可分为哪两种类型？
5. 为什么说溶胶是热力学不稳定系统，而实际上又常能相当稳定地存在？
6. 破坏溶胶的方法有哪些？其中哪些方法最有效？
7. 胶粒为什么会带电？在什么情况下带正电，在什么情况下带负电？为什么？
8. 在 $Al(OH)_3$ 溶胶中加入 KCl，其最终浓度为 $80\ mmol \cdot L^{-1}$ 时恰能完全聚沉，加入 $K_2C_2O_4$，浓度为 $0.4\ mmol \cdot L^{-1}$ 时也恰能完全聚沉。问：(1) $Al(OH)_3$ 胶粒的电荷符号是正还是负？(2) 为使该溶胶完全聚沉，大约需要 $CaCl_2$ 的浓度为多少？
9. 在两个充有 $0.001\ mol \cdot L^{-1}$ KCl 溶液的容器之间是一个 AgCl 多孔塞，塞中细孔道充满了 KCl 溶液，在多孔塞两侧放入两个电极，接以直流电源。问溶液将向什么方向移动？当以 $0.1\ mol \cdot L^{-1}$ KCl 溶液代替 $0.001\ mol \cdot L^{-1}$ KCl 溶液时，溶液在相同电压下流动速度变快还是变慢？如果用 $AgNO_3$ 溶液代替 KCl 溶液，液体流动方向又如何？
10. $Cu_2[Fe(CN)_6]$ 溶液的稳定剂是 $K_4[Fe(CN)_6]$，试写出胶团结构式及胶粒的电荷符号。
11. 写出下列条件下制备的溶胶的胶团结构：(1) 向 $25\ mL\ 0.1\ mol \cdot L^{-1}$ KI 溶液中加入 $70\ mL\ 0.005\ mol \cdot L^{-1}$ 的 $AgNO_3$ 溶液；(2) 向 $25\ mL\ 0.01\ mol \cdot L^{-1}$ KI 溶液中加入 $70\ mL\ 0.005\ mol \cdot L^{-1}$ 的 $AgNO_3$ 溶液。
12. 将下列各题的正确答案填在横线上。

(1) $100\ mL\ 0.008\ mol \cdot L^{-1}$ $AgNO_3$ 和 $100\ mL\ 0.005\ mol \cdot L^{-1}$ KI 制得 AgI 溶胶，写出该溶胶的胶团结构式为_____，$MgSO_4$、$K_3[Fe(CN)_6]$ 和 $[Co(NH_3)_6]Cl_3$ 三种电解质对该溶胶聚沉能力最强的是_____。

(2) 在制备 AgI 胶体过程中，若 KI 过量，则胶核优先吸附_____而带负电荷。整个胶团结构可以表示为_____。

(3) 由 $FeCl_3$ 水解所制得的 $Fe(OH)_3$ 溶胶的胶团结构式为_____，在电泳中胶粒向_____极移动，NaCl、Na_2SO_4、$CaCl_2$ 中对其聚沉能力较大的是_____。

(4) 由 $FeCl_3$ 水解制得的 $Fe(OH)_3$ 溶胶的胶团结构式为_____，由于胶粒带_____电荷，因此当加入等量的 NaCl 和 Na_2SO_4 使它聚沉时，_____聚沉能力强。加入动物胶溶液，再加电解质，溶胶不聚沉，是因为_____。

(5) 从结构上看，表面活性物质分子中都包含有_____和_____，在制备乳浊液时，常常要加入表面活性物质，其作用是_____。

(6) 将 $12\ mL\ 0.01\ mol \cdot L^{-1}$ $AgNO_3$ 溶液和 $100\ mL\ 0.005\ mol \cdot L^{-1}$ KCl 溶液混合以制备 AgCl 溶胶，则胶团结构式为_____。

(7) 向 $25\ mL\ 0.1\ mol \cdot L^{-1}$ KI 溶液中加入 $10\ mL\ 0.005\ mol \cdot L^{-1}$ $AgNO_3$ 溶液所得到的 AgI 溶胶的胶团结构为_____，该溶胶的胶粒带_____电荷。如果 $NaNO_3$ 对该溶胶的聚沉值为 $60\ mmol \cdot L^{-1}$，$Ca(NO_3)_2$ 对该溶胶的聚沉值为 $0.4\ mmol \cdot L^{-1}$，则 $Na_2C_2O_4$ 对该溶胶的聚沉值大约为_____ $mmol \cdot L^{-1}$。使溶胶稳定的三大因素是_____，使溶胶聚沉的三种主要方法是_____。

13. 选择正确答案的序号填入括号里。

(1) 表面张力 σ 是物质的一种表面性质，σ 的数值与很多因素有关，但是它与（　　）无关。

A. 温度　　B. 压力　　C. 组成　　D. 表面积大小　　E. 另一相的物质种类

(2) 江水、河水中的泥沙悬浮物，在出海口附近会沉淀下来。与胶体化学有关的原因是（　　）。

A. 盐析作用　　B. 电解质聚沉作用　　C. 溶胶互沉作用　　D. 破乳作用　　E. 触变作用

(3) 我国自古以来就有用明矾净水的作法。这主要利用了（　　）。
A. 电解质对溶胶的聚沉作用　　　　B. 溶胶的相互聚沉作用
C. 高分子的敏化作用　　　　　　　D. 溶胶的特性吸附作用

(4) 在 H_3AsO_3 的稀溶液中通入过量的 H_2S 得到 As_2S_3 溶胶，其胶团结构式为（　　）。
A. $[(As_2S_3)_m \cdot nHS^-]^{n-} \cdot nH^+$
B. $[(As_2S_3)_m \cdot nH^+]^{n+} \cdot nHS^-$
C. $[(As_2S_3)_m \cdot nHS^- \cdot (n-x)H^+]^{x-} \cdot xH^+$
D. $[(As_2S_3)_m \cdot nH^+ \cdot (n-x)HS^-]^{x+} \cdot xHS^-$

(5) 在外电场的作用下，溶胶粒子向某个电极移动的现象称为（　　）。
A. 电泳　　　　B. 电渗　　　　C. 布郎运动　　　　D. 丁达尔效应

第三章 原子结构和元素周期表

物质在不同条件下表现出来的各种性质，不论是物理性质还是化学性质，都与其原子内部结构有关。为了掌握物质性质及其变化规律，人们早就开始探索物质的结构。长期的研究表明，原子是由带正电荷的原子核和带负电荷并在核外高速运动的电子所组成的。在化学反应中，原子核并没有发生变化，只是核外电子的运动状态发生变化。电子属于微观粒子，微观粒子的运动规律不能用经典理论而只能用量子力学理论来描述。

本章着重介绍原子核外电子的运动规律及元素的性质随原子结构变化呈周期性变化的规律。

第一节 核外电子的运动状态

一、氢原子光谱和玻尔模型

当一束白光通过棱镜时，不同频率的光由于折射率不同，经过棱镜投射到屏上，可得到红、橙、黄、绿、青、蓝、紫连续分布的带状光谱。这种光谱称为连续光谱。

各种气态原子在高温火焰、电火花或电弧作用下，气态原子也会发光，但产生不连续的线状光谱，这种光谱称为原子光谱。不同的原子具有自己特征的谱线位置。

最简单的原子光谱是氢原子光谱。它是由低压氢气放电管中发出的光通过棱镜后得到的光谱，如图 3-1 所示。在可见光区可观察到四条分立的谱线，分别是 H_α、H_β、H_γ、H_δ，并称之为巴尔麦线系。以后发现氢原子在红外区和紫外区也存在若干线系。从谱线的位置可以确定发射光的波长和频率，从而确定发射光的能量。

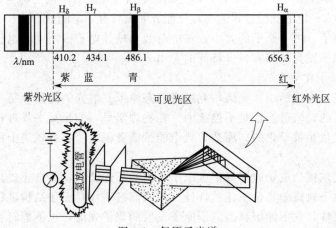

图 3-1 氢原子光谱

对于氢原子光谱为线状光谱的实验事实，经典的电磁学理论无法合理解释。氢原子光谱的规律性引起了人们的关注，推动了原子结构理论的发展。

1990 年，德国物理学家普朗克（M. Plank）首先提出了能量量子化概念，他认为，物质吸收或辐射的能量是不连续的，这个最小的基本量被称为能量子或量子。量子的能量与辐射的频率成正比。

$$E = h\nu$$

式中，E 为量子的能量；ν 为频率；h 为普朗克常数，其数值为 6.626×10^{-34} J·s。

物质吸收或辐射的能量为：

$$E = nh\nu \tag{3-1}$$

式中，n 为正整数，$n = 1, 2, 3, \cdots$。

1913 年，丹麦物理学家玻尔（N. Bohr）在前人工作的基础上，运用普朗克能量量子化的概念，提出了关于原子结构的假设，即玻尔原子模型，对氢原子光谱的产生和现象给予了很好的说明。其基本内容如下。

1. 定态轨道概念

氢原子中电子是在氢原子核的势能场中运动，其运动轨道不是任意的，电子只能在以原子核为中心的某些能量（E_n）确定的圆形轨道上运动。这些轨道的能量状态不随时间改变，称为定态轨道。

2. 轨道能级的概念

电子在不同轨道运动时，电子的能量是不同的。离核越近的轨道上，电子被原子核束缚越牢，能量越低；离核越远的轨道上，能量越高。轨道的这些不同的能量状态，称为能级。在正常状态下，电子尽可能处于离核较近、能量较低的轨道上，这时原子（或电子）所处的状态称为基态。在高温火焰、电火花或电弧作用下，原子中处在基态的电子因获得能量，能跃迁到离核较远、能量较高的空轨道上去运动，这时原子（或电子）所处的状态称为激发态。

3. 激发态原子发光的原因

激发态原子由于具有较高的能量，所以它是不稳定的。处在激发态的电子随时都有可能从能级较高（$E_{较高}$）的轨道跃入能级较低（$E_{较低}$）的轨道（甚至使原子恢复为基态）。这时释放出的能量为：

$$\Delta E = E_{较高} - E_{较低} = h\nu$$

这份能量以光的形式释放出来（$\Delta E = h\nu$，ν 即为发射光的频率），故激发态原子能发光。由于各轨道的能量都有不同的确定值，各轨道间的能级差也就有不同的确定值，所以电子从一定的高能量轨道跃入一定的低能量轨道时，只能放射出具有固定能量、波长、频率的光来。

不同元素的原子，由于原子的大小、核电荷数和核外电子数不同，电子运动轨道的能量就有差别，所以原子发光时都有各自特征的光谱。

4. 轨道能量量子化概念

原子光谱都是不连续的线状光谱，亦即激发态原子发射光的能量值是不连续的，轨道间能量差值是不连续的，轨道能量是不连续的。在物理学里，如果某一物理量的变化是不连续的，就说这一物理量是量子化的。那么，轨道能量或者说电子在各轨道上所具有的能量就是量子化的。

由此可见，玻尔模型成功地解释了氢原子光谱的不连续性，而且还提出了原子轨道能级的概念，明确了原子轨道能量量子化的特性。但人们进一步对原子结构进行研究发现，玻尔模型还存在着局限性，它不能解释多电子原子发射的原子光谱，也不能解释氢原子光谱的精细结构等。究其原因，在于玻尔模型虽然引入了量子化的概念，但未能摆脱经典力学的束缚。因为微观粒子的运动规律已不再遵循经典力学的运动规律，它除了能量量子化外，还具有波粒二象性的特征，在描述其运动状态时，应运用量子力学的运动规律。

二、核外电子运动的波粒二象性

光在传播的过程中会产生干涉、衍射等现象，具有波的特性；而光在与实物作用时所表现的特性,如光的吸收、发射等又具有粒子的特性,这就是光的波粒二象性。

1924年德布罗依(Louis de Broglie)在光的波粒二象性的启发下,大胆地预言了微观粒子的运动也具有波粒二象性。并导出了德布罗依关系式

$$\lambda = \frac{h}{p} = \frac{h}{mv} \tag{3-2}$$

式中,波长 λ 代表物质的波动性;动量 P、质量 m、速率 v 代表物质的粒子性。德布罗依关系式通过普朗克常数将物质的波动性和粒子性定量地联系在一起。

1927年戴维逊(C. J. Devisson)和盖末(L. H. Germer)用电子衍射实验证实了德布罗依的设想:当电子射线通过晶体粉末,投射到感光胶片时,如同光的衍射一样,也会出现明暗相间的衍射环纹(图3-2),说明电子运动时确有波动性。后来还发现,质子、中子等射线都有衍射现象,从而证实了粒子运动的确具有波动性。一般将实物粒子产生的波称为物质波或德布罗依波。当然实物粒子的波动性不同于经典力学中波的概念。

那么物质波究竟是一种怎样的波呢?

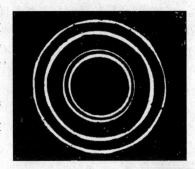

图3-2 电子衍射图

电子衍射实验表明,用较强的电子流可在短时间内得到电子衍射环纹;若用很弱的电子流,只要时间足够长,也可以得到衍射环纹。假设用极弱电流进行衍射实验,电子是逐个通过晶体粉末的,在屏幕上只能观察到一些分立的点,这些点的位置是随机的。经过足够长时间,有大量的电子通过晶体粉末后,在屏幕上就可以观察到明暗相间的衍射环纹。

由此可见,实物粒子的波动性是大量粒子统计行为形成的结果,它服从统计规律。在屏幕衍射强度大的地方(明条纹处),波的强度大,电子在该处出现的机会多或概率高;衍射强度小的地方(暗条纹处),波的强度小,电子在该处出现的机会少或概率低。因此实物粒子的波动性实际上是统计规律上呈现的波动性,又称为概率波。

三、核外电子运动状态的近代描述

1. 薛定谔方程

1926年,奥地利物理学家薛定谔(E. Schrodinger)根据波粒二象性的概念提出了一个描述微观粒子运动的基本方程——薛定谔方程。它是量子力学的基本方程,是一个二阶偏微分方程,它的形式如下:

$$\frac{\partial^2 \Psi}{\partial^2 x} + \frac{\partial^2 \Psi}{\partial^2 y} + \frac{\partial^2 \Psi}{\partial^2 z} + \frac{8\pi^2 m}{h^2}(E-V)\Psi = 0 \tag{3-3}$$

式中,Ψ 为波函数;E 为系统的总能量;V 为系统的势能;h 为普朗克常数;m 为微粒的质量;x、y、z 为微粒的空间坐标。对氢原子体系来说,波函数 Ψ 是描述氢核外电子运动状态的数学表示式,是空间坐标的函数 $\Psi = f(x,y,z)$;E 为电子的总能量;V 为电子的势能(亦即核对电子的吸引能);m 为电子的质量。所谓解薛定谔方程就是解出其中的波函数 Ψ 和与之对应的能量 E,以了解电子运动的状态和能量的高低。由于具体求薛定谔方程的过程涉及较深的数理知识,超出了本课程的要求,在本书不做详细的介绍,只是定性地介绍用量子力学讨论原子结构的思路。解一个体系(例如氢原子体系)的薛定谔方程,一般可以同时得到一系列的波函数 Ψ_{1s}、Ψ_{2s}、Ψ_{2p_x}、$\cdots$、Ψ_i 和相应的一系列能量值 E_{1s}、E_{2s}、E_{2p_x}、$\cdots$、E_i。方程式的每一个合理的解 Ψ_i 就代表体系中电子的一种可能的运动状态。由此可见,在量子力学中是用波函数和与其对应的能量来描述微观粒子运动状态的。

为求解方便,需要把直角坐标(x,y,z)变换为极坐标(r,θ,φ)。并令:$\Psi(r,\theta,\varphi)=R(r)Y(\theta,\varphi)$,即把含有三个变量的偏微分方程分离成两个较易求解的方程的乘积。

2. 波函数和原子轨道

(1) 波函数 Ψ 与原子轨道的关系　既然波函数 Ψ 是描述电子运动状态的数学表达式,而且又是空间坐标 $r、\theta、\varphi$ 的函数,那么,如果绘制出 Ψ 的空间图像的话,这个空间图像就是所谓原子轨道。亦即波函数的空间图像就是原子轨道;原子轨道的数学表达式就是波函数。为此,波函数与原子轨道常作同义语混用。

(2) 波函数的径向分布和角度分布　波函数表示式为 $\Psi(r,\theta,\varphi)=R(r)Y(\theta,\varphi)$,其中 $R(r)$ 称为波函数 Ψ 的径向分布部分,与离核的远近有关;$Y(\theta,\varphi)$ 称为波函数 Ψ 的角度分布部分。从径向分布与角度分布这两方面去研究波函数的图像,比较容易且有实际意义。在此只介绍波函数 Ψ 的角度分布——原子轨道的角度分布图。将波函数 Ψ 的角度分布 Y 随 $\theta、\varphi$ 变化作图,所得的图像就称为原子轨道的角度分布图。薛定谔的贡献之一,就是将 100 多种元素的原子轨道的角度分布图归纳为 4 类,用光谱学的符号可表示为 s、p、d、f (图3-3)。f 原子轨道角度分布图较复杂,在此不作介绍。

图中的"+"、"-"号不表示正、负电荷,而是表示 Y 是正值还是负值(或者说表示原子轨道角度分布图的对称关系:符号相同,表示对称性相同;符号相反,表示对称性不同或反对称)。这类图形的正、负号在讨论到化学键的形成时有意义。

3. 概率密度和电子云

(1) $|\Psi|^2$ 值表示电子出现的概率密度　在原子内核外某处空间电子出现的概率密度(ρ)是和电子波函数在该处的强度的绝对值平方成正比的:$\rho \propto |\Psi|^2$,但在研究 ρ 时,有实际意义的只是它在空间各处的相对密度,而不是其绝对值本身,故作图时可不考虑 ρ 与 $|\Psi|^2$ 之间的比例常数,因而电子在原子内核外某处出现的概率密度可直接用 $|\Psi|^2$ 来表示。

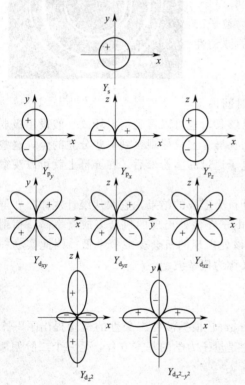

图 3-3　s、p、d 原子轨道角度分布图

(2) $|\Psi|^2$ 的空间图像即为电子云　前面提及,如果以小黑点疏密来表示概率密度大小的话,所得的图像就叫电子云。而现在知道概率密度 $\rho \propto |\Psi|^2$,所以,若以 $|\Psi|^2$ 作图,应得到电子云的近似图像。电子云的图像常常也是分别从角度分布和径向分布两方面去表达。

(3) 电子云角度分布图　将 $|\Psi|^2$ 的角度分布部分 Y^2 随 $\theta、\varphi$ 变化作图,所得的图像就称为电子云角度分布图 (图3-4)。

从图3-4可以看出,电子云的角度分布图与相应的原子轨道角度分布图基本相似,但有两点不同:①原子轨道分布图带有正、负号,而电子云角度分布图均为正值(习惯不标出正号);②电子云角度分布图比原子轨道角度分布图要"瘦"些,这是因为 Y 值是小于 1 的,所以 Y^2 值就更小些。

从以上介绍可以看出,目前各种原子轨道和电子云的空间图像,既不是通过实验,更不是直接观察得到的，而是根据量子力学的计算得到的数据绘制出来的。

4. 量子数

要描述地球上一件物体的位置，只要知道物体所处的经度、纬度和海拔高度就可以了。但是，要描述原子中各电子的运动状态（例如电子云或原子轨道离核远近、形状、方位等），却需要主量子数、副量子数、磁量子数和自旋量子数这四个量子数才能确定。

（1）主量子数（n） 如前所述轨道能量是量子化的概念，可以推理出核外电子是按能级的高低分层分布的，这种不同能级的层次习惯上称为电子层。若用统计观点来说，电子层是按电子出现概率较大的区域离核的远近来划分的。主量子数正是描述电子层能量的高低次序和电子云离核远近的参数。

主量子数的取值范围为除零以外的正整数，例如$n=1,2,3,4\cdots$等正整数。$n=1$表示能量最低、离核最近的第一电子层，$n=2$表示能量次低、离核次近的第二电子层，其余类推。在光谱学上另用一套拉丁字母表示电子层，其对应关系为：

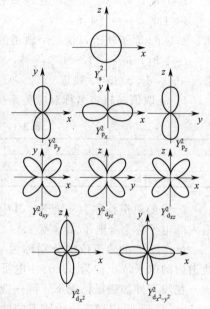

图 3-4　s、p、d 电子云角度分布图

主量子数（n）	1	2	3	4	5	6…
电子层	K	L	M	N	O	P…

一般来说，值越大，电子云离核平均距离越远，电子层能级越高。

（2）副（角）量子数（l） 在分辨力较高的分光镜下，可以观察到一些元素原子光谱的一条谱线往往是由两条、三条或更多的非常靠近的细谱线构成的。这说明在某一个电子层内电子的运动状态和所具有的能量还稍有所不同，或者说在某一电子层内还存在着能量差别很小的若干个亚层。因此，除主量子数外，还要多用一个量子数来描述核外电子的运动状态和能量，这个量子数称为副（角）量子数。

副量子数的取值范围为$l=0,1,2,\cdots,n-1$的正整数。例如$n=1$，$l=0$；$n=2$，$l=0,1$。其余类推。l的每一个数值表示一个亚层。l与光谱学规定的亚层符号之间的对应关系为：

副量子数（l）	0	1	2	3	4	5…
亚层符号	s	p	d	f	g	h…

如$l=0$表示 s 亚层，$l=1$表示 p 亚层等。

另外，l的每一个数值还可以表示一种形状的电子云。$l=0$表示圆球形的 s 电子云；$l=1$表示哑铃形的 p 电子云；$l=2$表示花瓣形的 d 电子云等。

（3）磁量子数（m） 实验发现，激发态原子在外磁场作用下，原来的一条谱线会分裂成若干条，这说明在同一亚层中往往还包含着若干个空间伸展方向不同的原子轨道。磁量子数就是用来描述原子轨道或电子云在空间的伸展方向的。

磁量子数的取值范围是$m=0,\pm1,\pm2,\cdots,\pm l$的整数。例如$l=0$，$m=0$；$l=1$，$m=0,\pm1$，其余类推。

m的每一个数值表示具有某种空间方向的一个原子轨道。一个亚层中，m有几个可能的取值，这亚层就只能有几个不同伸展方向的同类原子轨道。例如：

$l=0$ 时，$m=0$。表示 s 亚层只有一个轨道，即 s 轨道。

$l=1$ 时，$m=-1,0,+1$ 三个取值，表示 p 亚层有三个分别以 y、z、x 轴为对称轴的 p_y、p_z、p_x 原子轨道，这三个轨道的伸展方向相互垂直。

$l=2$ 时，$m=-2,-1,0,+1,+2$ 五个取值，表示 d 亚层有五个不同伸展方向的 d_{xy}、d_{yz}、d_{z^2}、d_{xz}、$d_{x^2-y^2}$ 轨道。

l、m 取值与轨道名称对应关系见表 3-1。

表 3-1　l、m 取值与轨道名称对应关系

l	0	1	1	2	2	2
m	0	0	± 1	0	± 1	± 2
原子轨道名称	s	p_z	p_x、p_y	d_{z^2}	d_{xz}、d_{yz}	$d_{x^2-y^2}$、d_{xy}

$l=0$ 的轨道都称为 s 轨道，其中按 $n=1,2,3,4\cdots$ 依次称为 1s、2s、3s、4s $\cdots$ 轨道。s 轨道内的电子称为 s 电子。

$l=1,2,3$ 的轨道依次分别称为 p、d、f 轨道，其中按 n 值分别称为 np、nd、nf 轨道。轨道内的电子依次称为 p、d、f 电子。

在没有外加磁场情况下，同一亚层的原子轨道，能量是相等的，叫等价轨道。

n、l、m 可以确定原子轨道的能量和形状，故常用这 3 个量子数作 Ψ 的脚标以区别不同的波函数。例如，Ψ_{100} 表示 $n=1$、$l=0$、$m=0$ 的波函数。

(4) 自旋量子数（m_s）　实验证明，电子除绕核运动外，还有绕自身的轴旋转的运动，称自旋。为描述核外电子的自旋状态，引入第四个量子数——自旋量子数（m_s）。根据量子力学的计算规定，m_s 值只可能是两个数值，即 $+\frac{1}{2}$ 和 $-\frac{1}{2}$。其中每一个数值表示电子的一种自旋方向，即顺时针和逆时针方向。

综上所述，要描述原子中每个电子的运动状态，量子力学认为需要用四个量子数才能完全表达清楚。例如，若已知核外某电子的四个量子数为：$n=2$，$l=1$，$m=-1$，$m_s=+\frac{1}{2}$。那么，就可以指在第二电子层 p 亚层 p_y 轨道上自旋方向以（$+\frac{1}{2}$）为特征的那一个电子。

研究表明，在同一原子中不可能有运动状态完全相同的电子存在。也就是说，在同一原子中，各个电子的四个量子数不可能完全相同。按此推论，每一个轨道只能容纳两个自旋方向相反的电子。

第二节　原子核外电子排布和元素周期表

一、核外电子排布原理

多电子原子的核外电子，是如何排布在由四个量子数所确定的各种可能的运动状态中的呢？根据原子光谱实验的结果和对元素周期律的分析，归纳、总结出核外电子排布的一般规律。

1. 泡利（Pauli）不相容原理

在同一原子中，不可能有四个量子数完全相同的电子存在。每一个轨道内最多只能容纳两个自旋方向相反的电子。

2. 能量最低原理

多电子原子处在基态时，核外电子的排布在不违反泡利不相容原理的前提下，总是尽可能先占有能量最低的轨道。只有当能量最低的轨道占满后，电子才依次进入能量较高的轨

道。这就是所谓能量最低原理。

3. 洪德（Hund）规则

原子中在同一亚层的等价轨道上排布电子时，将尽可能单独分占不同的轨道，而且自旋方向相同（或称自旋平行）。这样排布时，原子的能量较低，体系较稳定。

那么，哪些轨道能量较高，哪些轨道能量较低呢？这就需要进一步了解原子的能级。

二、多电子原子轨道的能级

在讲玻尔原子模型时，已经有了轨道能级的初浅概念；在讲四个量子数时，更进一步了解到原子轨道的能量主要与主量子数（n）有关。对多电子原子来说，原子轨道的能量还与副量子数（l）有关。

原子中各原子轨道能级的高低主要根据光谱实验确定，但也有从理论上去推算的。原子轨道能级的相对高低情况，如果用图示法近似表示，这就是近似能级图。1939年鲍林对周期系中各元素原子的原子轨道能级进行分析、归纳，总结出多电子原子中原子轨道能级图〔无机化学中比较实用的是鲍林（Pauling）近似能级图〕，以表示各原子轨道之间能量的相对高低顺序（图3-5）。

图中每一个小圆圈代表一个原子轨道。每个小圆圈所在的位置的高低就表示这个轨道能量的高低（但并未按真实比例绘出）。图中还根据各轨道能量大小的相

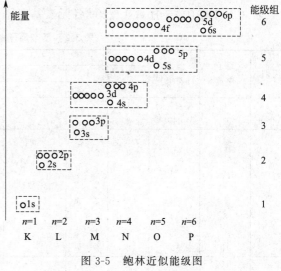

图 3-5 鲍林近似能级图

互接近情况，把原子轨道划分为若干个能级组（图中虚线方框内各原子轨道的能量较接近，构成一个能级组）。以后会了解"能级组"与元素周期表的"周期"是相对应的。

从图3-5中可以看出，同一原子同一电子层内，各亚层能级的相对大小为：

$$E_{ns} < E_{np} < E_{nd} < E_{nf}$$

同一原子不同电子层的同类型亚层之间，能级相对大小为：

$$E_{1s} < E_{2s} < E_{3s} < E_{4s} < E_{5s} < E_{6s} < \cdots$$
$$E_{2p} < E_{3p} < E_{4p} < E_{5p} < E_{6p} < \cdots$$
$$E_{3d} < E_{4d} < E_{5d} < \cdots$$
$$E_{4f} < E_{5f} < \cdots$$

同一原子内，不同类型的亚层之间，有能级交错现象。例如：

$$E_{4s} < E_{3d} < E_{4p}, \; E_{5s} < E_{4d} < E_{5p}, \; E_{6s} < E_{4f} < E_{5d} < E_{6p}$$

三、核外电子的排布和元素周期律

1. 核外电子填入轨道的顺序

核外电子的分布是客观事实，本来不存在人为地向核外原子轨道填入电子以及填充电子的先后次序问题。核外电子排布作为研究原子核外电子运动状态的一种科学假想，对了解原子电子层的结构是非常有益的。

多电子原子的核外电子遵循泡利不相容原理、洪德规则和能量最低原理，按照近似能级图依次分布在各个原子轨道上。例如 ^{21}Sc 原子的电子排布式为：

$$1s^2 2s^2 2p^6 3s^2 3p^6 3d^1 4s^2$$

在书写电子排布式时，注意按主量子数从左到右、依次增加的次序，把 n 相同的能级写在一起使电子排布式呈现按 n 分层的形式。基态原子的电子分布式除了用上述电子排布式表示以外，还可用该元素前一周期的稀有气体元素符号加方括号代替相应的电子分布部分，例如：^{3}Li 可写成 [He]$2s^1$，^{16}S 可写成 [Ne]$3s^2 3p^6$。加方括号的这部分叫做原子实。

根据原子核外电子排布情况，又可归纳出一条特殊规律，就是对于同一电子亚层，当电子排布为全充满（p^6、d^{10}、f^{14}）、半充满（p^3、d^5、f^7）和全空（p^0、d^0、f^0）时，原子结构是比较稳定的。亚层全充满排布的例子如 ^{29}Cu，它的电子排布式是 [Ar]$3d^{10}4s^1$，而不是 [Ar]$3d^9 4s^2$；亚层半充满排布的例子如 ^{24}Cr，它的电子排布式是 [Ar]$3d^5 4s^1$，而不是 [Ar]$3d^4 4s^2$。

2. 核外电子的排布

表 3-2 列出了原子序数 1～109 各元素基态原子内的电子分布。

表 3-2 基态原子的电子分布

周期	原子序数	元素符号	电子层 K	L		M			N				O				P			Q
			1s	2s	2p	3s	3p	3d	4s	4p	4d	4f	5s	5p	5d	5f	6s	6p	6d	7s
一	1	H	1																	
	2	He	2																	
二	3	Li	2	1																
	4	Be	2	2																
	5	B	2	2	1															
	6	C	2	2	2															
	7	N	2	2	3															
	8	O	2	2	4															
	9	F	2	2	5															
	10	Ne	2	2	6															
三	11	Na	2	2	6	1														
	12	Mg	2	2	6	2														
	13	Al	2	2	6	2	1													
	14	Si	2	2	6	2	2													
	15	P	2	2	6	2	3													
	16	S	2	2	6	2	4													
	17	Cl	2	2	6	2	5													
	18	Ar	2	2	6	2	6													
四	19	K	2	2	6	2	6		1											
	20	Ca	2	2	6	2	6		2											
	21	Sc	2	2	6	2	6	1	2											
	22	Ti	2	2	6	2	6	2	2											
	23	V	2	2	6	2	6	3	2											
	24	Cr	2	2	6	2	6	5	1											
	25	Mn	2	2	6	2	6	5	2											
	26	Fe	2	2	6	2	6	6	2											
	27	Co	2	2	6	2	6	7	2											
	28	Ni	2	2	6	2	6	8	2											
	29	Cu	2	2	6	2	6	10	1											
	30	Zn	2	2	6	2	6	10	2											
	31	Ga	2	2	6	2	6	10	2	1										
	32	Ge	2	2	6	2	6	10	2	2										
	33	As	2	2	6	2	6	10	2	3										
	34	Se	2	2	6	2	6	10	2	4										
	35	Br	2	2	6	2	6	10	2	5										
	36	Kr	2	2	6	2	6	10	2	6										

续表

周期	原子序数	元素符号	电子层															
			K	L		M			N				O				P			Q
			1s	2s	2p	3s	3p	3d	4s	4p	4d	4f	5s	5p	5d	5f	6s	6p	6d	7s
五	37	Rb	2	2	6	2	6	10	2	6			1							
	38	Sr	2	2	6	2	6	10	2	6			2							
	39	Y	2	2	6	2	6	10	2	6	1		2							
	40	Zr	2	2	6	2	6	10	2	6	2		2							
	41	Nb	2	2	6	2	6	10	2	6	4		1							
	42	Mo	2	2	6	2	6	10	2	6	4		2							
	43	Tc	2	2	6	2	6	10	2	6	5		2							
	44	Ru	2	2	6	2	6	10	2	6	7		1							
	45	Rh	2	2	6	2	6	10	2	6	8		1							
	46	Pd	2	2	6	2	6	10	2	6	10		0							
	47	Ag	2	2	6	2	6	10	2	6	10		1							
	48	Cd	2	2	6	2	6	10	2	6	10		2							
	49	In	2	2	6	2	6	10	2	6	10		2	1						
	50	Sn	2	2	6	2	6	10	2	6	10		2	2						
	51	Sb	2	2	6	2	6	10	2	6	10		2	3						
	52	Te	2	2	6	2	6	10	2	6	10		2	4						
	53	I	2	2	6	2	6	10	2	6	10		2	5						
	54	Xe	2	2	6	2	6	10	2	6	10		2	6						
六	55	Cs	2	2	6	2	6	10	2	6	10		2	6			1			
	56	Ba	2	2	6	2	6	10	2	6	10		2	6			2			
	57	La	2	2	6	2	6	10	2	6	10		2	6	1		2			
	58	Ce	2	2	6	2	6	10	2	6	10	1	2	6	1		2			
	59	Pr	2	2	6	2	6	10	2	6	10	3	2	6			2			
	60	Nd	2	2	6	2	6	10	2	6	10	4	2	6			2			
	61	Pm	2	2	6	2	6	10	2	6	10	5	2	6			2			
	62	Sm	2	2	6	2	6	10	2	6	10	6	2	6			2			
	63	Eu	2	2	6	2	6	10	2	6	10	7	2	6			2			
	64	Gd	2	2	6	2	6	10	2	6	10	7	2	6	1		2			
	65	Tb	2	2	6	2	6	10	2	6	10	9	2	6			2			
	66	Dy	2	2	6	2	6	10	2	6	10	10	2	6			2			
	67	Ho	2	2	6	2	6	10	2	6	10	11	2	6			2			
	68	Er	2	2	6	2	6	10	2	6	10	12	2	6			2			
	69	Tm	2	2	6	2	6	10	2	6	10	13	2	6			2			
	70	Yb	2	2	6	2	6	10	2	6	10	14	2	6			2			
	71	Lu	2	2	6	2	6	10	2	6	10	14	2	6	1		2			
	72	Hf	2	2	6	2	6	10	2	6	10	14	2	6	2		2			
	73	Ta	2	2	6	2	6	10	2	6	10	14	2	6	3		2			
	74	W	2	2	6	2	6	10	2	6	10	14	2	6	4		2			
	75	Re	2	2	6	2	6	10	2	6	10	14	2	6	5		2			
	76	Os	2	2	6	2	6	10	2	6	10	14	2	6	6		2			
	77	Ir	2	2	6	2	6	10	2	6	10	14	2	6	7		2			
	78	Pt	2	2	6	2	6	10	2	6	10	14	2	6	9		1			
	79	Au	2	2	6	2	6	10	2	6	10	14	2	6	10		1			
	80	Hg	2	2	6	2	6	10	2	6	10	14	2	6	10		2			
	81	Tl	2	2	6	2	6	10	2	6	10	14	2	6	10		2	1		
	82	Pb	2	2	6	2	6	10	2	6	10	14	2	6	10		2	2		
	83	Bi	2	2	6	2	6	10	2	6	10	14	2	6	10		2	3		
	84	Po	2	2	6	2	6	10	2	6	10	14	2	6	10		2	4		
	85	At	2	2	6	2	6	10	2	6	10	14	2	6	10		2	5		
	86	Rn	2	2	6	2	6	10	2	6	10	14	2	6	10		2	6		

续表

周期	原子序数	元素符号	电子层																
			K	L		M			N				O				P			Q
			1s	2s	2p	3s	3p	3d	4s	4p	4d	4f	5s	5p	5d	5f	6s	6p	6d	7s
七	87	Fr	2	2	6	2	6	10	2	6	10	14	2	6	10		2	6		1
	88	Ra	2	2	6	2	6	10	2	6	10	14	2	6	10		2	6		2
	89	Ac	2	2	6	2	6	10	2	6	10	14	2	6	10		2	6	1	2
	90	Th	2	2	6	2	6	10	2	6	10	14	2	6	10		2	6	2	2
	91	Pa	2	2	6	2	6	10	2	6	10	14	2	6	10	2	2	6	1	2
	92	U	2	2	6	2	6	10	2	6	10	14	2	6	10	3	2	6	1	2
	93	Np	2	2	6	2	6	10	2	6	10	14	2	6	10	4	2	6	1	2
	94	Pu	2	2	6	2	6	10	2	6	10	14	2	6	10	6	2	6		2
	95	Am	2	2	6	2	6	10	2	6	10	14	2	6	10	7	2	6		2
	96	Cm	2	2	6	2	6	10	2	6	10	14	2	6	10	7	2	6	1	2
	97	Bk	2	2	6	2	6	10	2	6	10	14	2	6	10	9	2	6		2
	98	Cf	2	2	6	2	6	10	2	6	10	14	2	6	10	10	2	6		2
	99	Es	2	2	6	2	6	10	2	6	10	14	2	6	10	11	2	6		2
	100	Fm	2	2	6	2	6	10	2	6	10	14	2	6	10	12	2	6		2
	101	Md	2	2	6	2	6	10	2	6	10	14	2	6	10	13	2	6		2
	102	No	2	2	6	2	6	10	2	6	10	14	2	6	10	14	2	6		2
	103	Lr	2	2	6	2	6	10	2	6	10	14	2	6	10	14	2	6	1	2
	104	Rf	2	2	6	2	6	10	2	6	10	14	2	6	10	14	2	6	2	2
	105	Db	2	2	6	2	6	10	2	6	10	14	2	6	10	14	2	6	3	2
	106	Sg	2	2	6	2	6	10	2	6	10	14	2	6	10	14	2	6	4	2
	107	Bh	2	2	6	2	6	10	2	6	10	14	2	6	10	14	2	6	5	2
	108	Hs	2	2	6	2	6	10	2	6	10	14	2	6	10	14	2	6	6	2
	109	Mt	2	2	6	2	6	10	2	6	10	14	2	6	10	14	2	6	7	2

从表 3-2 中可看出两点。

(1) 原子的最外电子层最多只能容纳 8 个电子（第一电子层只能容纳 2 个电子） 根据泡利原理，1 个 s 轨道和 3 个 p 轨道一共能容纳 8 个电子。若 $n \geq 4$，随着原子序数的增加，电子在填满 $(n-1)s^2(n-1)p^6$ 后，根据近似能级图，只能先填入 ns 轨道，然后才填入 $(n-1)d$ 轨道，这时已开辟了一个新的电子层。即使 $(n-1)d$ 轨道填入电子，第 $(n-1)$ 电子层内的电子总数大于 8，但这时第 $(n-1)$ 电子层已经不再是最外层电子层，而成了次外电子层了。由此说明原子的最外电子层上的电子数是不会超过 8 个的。

(2) 次外电子层最多只能容纳 18 个电子 若 $n \geq 6$，随着原子序数的增加，电子在填入 $(n-2)f$ 轨道之前，根据近似能级图，只能先填入 ns 轨道，这时又多开辟了一个新的电子层。即使 $(n-2)f$ 轨道填入电子，第 $(n-2)$ 电子层上的电子总数大于 18，但这时第 $(n-2)$ 电子层已经不再是最外层电子层，而变为外数第三电子层了。由此说明原子的次外电子层上的电子数不会超过 18 个。

以上电子层结构的两个特点，都是由于原子轨道能级交错的结果。

3. 元素周期律与核外电子排布的关系

(1) 原子序数 由原子的核电荷数或者核外电子总数而定。

(2) 周期 各周期内所包含的元素数目与相应能级组内轨道所能容纳的电子数是相等的。另外，元素在周期表中的周期数等于该元素原子的电子层数（Pd 除外）。

(3) 区 根据元素原子外围电子构型的不同，可以把周期表中的元素所在的位置分成 s、p、d、ds 和 f 五个区（见表 3-3）。

表 3-3 周期表中元素的分区

周期	ⅠA					
一		ⅡA			ⅢA~ⅦA	ⅧA
二			ⅢB~ⅧB	ⅠB ⅡB		
三						
四	s区		d区	ds区	p区	
五	$ns^{1\sim2}$		$(n-1)d^{1\sim10}ns^{0\sim2}$	$(n-1)d^{10}ns^{1\sim2}$	$ns^2np^{1\sim6}$	
六						
七						

镧系元素	f区
锕系元素	$(n-2)f^{0\sim14}(n-1)d^{0\sim2}ns^2$

各区元素原子核外电子层排布的特点,以及各区元素原子发生化学反应时有可能失去电子的亚层,如表 3-4 所示。

表 3-4 各区元素原子核外电子排布特点

区	原子外围电子构型	最后填入电子的亚层	化学反应时可能参与成键的电子层	包括哪些元素
s	$ns^{1\sim2}$	最外层的 s 亚层	最外层的 s 亚层	ⅠA、ⅡA
p	$ns^2np^{1\sim6}$	最外层的 p 亚层	最外层	ⅢA~ⅦA
d	$(n-1)d^{1\sim10}ns^{0\sim2}$	一般为次外层的 d 亚层	最外层的 s 亚层 次外层的 d 亚层	ⅢB~ⅧB (过渡元素)
ds	$(n-1)d^{10}ns^{1\sim2}$	一般为次外层的 d 亚层	最外层的 s 亚层 次外层的 d 亚层	ⅠB、ⅡB
f	$(n-2)f^{0\sim14}(n-1)d^{0\sim2}ns^2$	一般为外数第三层的 f 亚层(有个别例外)	最外层的 s 亚层 次外层的 d 亚层 外数第三层的 f 亚层	镧系元素 锕系元素 (内过渡元素)

(4) 族 如表 3-4 所示,如果元素原子最后填入电子的亚层为 s 或 p 亚层的,该元素便属主族元素;如果最后填入电子的亚层为 d 或 f 亚层的,该元素便属副族元素,又称过渡元素(其中填入 f 亚层的又称内过渡元素)。书写时,以 A 表示主族元素,以 B 表示副族元素。

由此可见,元素在周期表中的位置(周期、区、族),是由该元素原子核外电子的排布所决定的。

四、屏蔽效应和钻穿效应

对于多电子原子来说,核外某电子 i 不但受到原子核的引力,还受到其他电子的斥力。这种由于其他电子的斥力存在,使得原子核对某电子的吸引力减弱的现象叫做屏蔽效应。例如 ^{19}K 的原子核有 19 个质子,其 $4s^1$ 价电子受到的核电荷引力约为 2.2 个正电子所带电荷,其余 16.8 个电荷均为内层电子所屏蔽。屏蔽效应的大小,可以用屏蔽常数(σ)表示,其定义式为:

$$Z^* = Z - \sigma \tag{3-4}$$

式中,Z^* 为有效核电荷数;Z 为核电荷数。由式(3-4),屏蔽常数可理解为被抵消了的那一部分核电荷数。

对于离核近的电子层内的电子,其他电子层对其屏蔽作用小(Z^* 大),受核场引力较大,故势能较低;而对外层电子而言,由于 σ 大,Z^* 小,故势能较高。因此,对于 l 值相同的电子来说,n 值越大,能量越高。例如:

$$E_{1s} < E_{2s} < E_{3s} < E_{4s} < E_{5s} < E_{6s}$$

在同一电子亚层中,屏蔽常数(σ)的大小与原子轨道的几何形状有关,其大小次序为 s<p<d<f。因此,若 n 值相同,l 值越大的电子,其能量越高。例如:

$$E_{3s} < E_{3p} < E_{3d}$$

屏蔽效应造成能级分裂，使 n 相同的轨道能量不一定相同，只有 n 与 l 的值都相同的轨道才是等价的。

外层电子有机会出现在原子核附近的现象叫做钻穿。同一电子层的电子，钻穿能力的大小次序是 s＞p＞d＞f。例如，4s 电子的钻穿能力＞4p 电子＞4d 电子＞4f 电子。钻穿能力强的电子受到原子核的吸引力较大，因此能量较低。例如：

$$E_{3s} < E_{3p} < E_{3d}$$
$$E_{4s} < E_{4p} < E_{4d} < E_{4f}$$

由于钻穿而使电子的能量发生变化的现象叫做钻穿效应。

第三节 元素性质的周期性

原子电子层结构的周期性，决定了原子半径、电离能、电子亲和能和电负性等元素性质的周期性。

一、原子半径（r_A）

根据量子力学的原子模型可知核外电子的运动是按概率分布的，由于原子本身没有鲜明的界面，因此，原子核到最外电子层的距离，实际上是难以确定的。通常所说的原子半径，是根据该原子存在的不同形式来定义的。常用的有以下三种。

① 共价半径　两个相同原子形成共价键时，其核间距离的一半，称为该原子的共价半径。如把 Cl—Cl 分子的一半（99pm）定为 Cl 原子的共价半径。

② 金属半径　金属单质的晶体中，两个相邻金属原子核间距离的一半，称为金属原子的金属半径。如把金属铜中两个相邻 Cu 原子核间距的一半（128pm）定为 Cu 原子的半径。

③ 范德华半径　在分子晶体中，分子之间是以范德华力（即分子间力）结合的。例如稀有气体晶体，相邻分子核间距的一半，称为该原子的范德华半径。例如氖（Ne）的范德华半径为 160pm。

表 3-5 列出了元素的原子半径（金属原子取金属半径，非金属原子取共价半径，稀有气体原子取范德华半径）。

表 3-5　元素的原子半径　　　　　　　　单位：pm

H 28																	He 54
Li 134	Be 90											B 80	C 77	N 55	O 60	F 71	Ne 71
Na 154	Mg 136											Al 118	Si 113	P 95	S 94	Cl 99	Ar 98
K 196	Ca 174	Sc 144	Ti 132	V 122	Cr 118	Mn 117	Fe 117	Co 116	Ni 115	Cu 117	Zn 125	Ga 126	Ge 122	As 120	Se 108	Br 114	Kr 112
Rb 216	Sr 191	Y 162	Zr 145	Nb 134	Mo 130	Tc 127	Ru 125	Rh 125	Pd 128	Ag 134	Cd 148	In 144	Sn 141	Sb 140	Te 130	I 133	Xe 131
Cs 235	Ba 198	La 169	Hf 144	Ta 134	W 130	Re 128	Os 126	Ir 127	Pt 130	Au 134	Hg 149	Tl 148	Pb 147	Bi 146	Po 146	At 145	Rn

Ce	Pr	Nd	Pm	Sm	Eu	Gd	Tb	Dy	Ho	Er	Tm	Yb	Lu
165	165	164	163	162	185	161	159	159	158	157	156		156
Th	Pa	U	Np	Pu	Am	Cm	Bk	Cf	Es	Fm	Md	No	Lw
165		142											

从中可看出各元素的原子半径在周期和族中变化的大致情况。

原子半径在周期中的变化：同一周期的主族元素，从左向右过渡时，核的最外电子层每增多一个电子，核中相应地增多一个单位正电荷。核电荷的增多，外层电子因受核的引力增强而有向核靠近的倾向；但外层电子的增多又加剧了电子之间的相互排斥而有离核的倾向。两者相比之下，由于核对外层电子引力增强的因素起主导作用，因此同一周期的主族元素，自左向右，随着核电荷数增多，原子半径变化的总趋势是逐渐减小的。

同一周期的 d 区过渡元素，从左向右过渡时，新增加的电子填入次外层的 $(n-1)d$ 轨道上，部分地抵消了核电荷对外层电子 ns 的引力，因此，随着核电荷的增加，原子半径只是略有减小。而且，从ⅠB族元素起，由于次外层的 $(n-1)d$ 轨道已经全充满，较为显著地抵消核电荷对外层 ns 电子的引力，因此，原子半径反而有所增大。

同一周期的 f 区内过渡元素，从左向右过渡时，由于新增加的电子填入外数第三层的 $(n-2)f$ 轨道上，其结果与 d 区元素基本相似，只是原子半径减小的平均幅度更小。例如镧系元素从镧（La）到镥（Lu），中间经历了 13 种元素，原子半径只收缩了约 13pm 左右，这个变化叫做镧系收缩。镧系收缩的幅度虽然很小，但它收缩的影响却很大，使镧系后面的过渡元素铪（Hf）、钽（Ta）、钨（W）的原子半径与其同族相应的锆（Zr）、铌（Nb）、钼（Mo）的原子半径极为接近，造成 Zr 与 Hf、Nb 与 Ta、Mo 与 W 的性质十分相似，在自然界往往共生，分离时比较困难。

原子半径在族中的变化：主族元素从上往下过渡时，尽管核电荷数增多，但是电子层数增多的因素起主导作用，因此原子半径是显著增大。但副族元素除钪（Sc）外，从上往下过渡时，一般增大幅度较小，尤其是第五周期和第六周期的同族元素之间，原子半径非常接近。

原子半径越大，核对外层电子的吸引越弱，原子就越易失去电子；相反，原子半径越小，核对外层电子的引力越强，原子就越易得到电子。但必须注意，原子难失去电子，不一定就容易得到电子。例如，稀有气体得失电子都不容易。

综上所述，除稀有气体外，一般来说，如果有效核电荷数越少，原子半径越大，最外层电子数越少，原子核对外层电子吸引力越弱，原子就越容易失去电子，元素的金属性也就越强；反之，如果核电荷数越多，原子半径越小，最外层电子数越多，原子核对外层电子吸引力越强，原子越容易得到电子，元素的非金属性就越强。

同一周期的元素，从左向右过渡时，随着有效核电荷数逐渐增多，原子半径逐渐减小，最外层电子数逐渐增多，元素的金属性逐渐减弱，非金属性逐渐增强。但其中副族元素原子最外层电子数只有 1~2 个，都是金属元素，从左向右过渡时，由于原子半径只是略为减小，因此金属性减弱的变化极为微小。

同一族的元素，最外层的电子数一般都是相同的，从上往下过渡时，尽管核电荷数是增多的，但原子半径增大的因素起主要作用，因此，元素金属性一般都是增强的。但其中副族元素从上往下过渡时，由于原子半径变化幅度较小，尤其是第五、六周期元素的原子半径更为接近因此元素的金属性强弱变化不明显。

二、电离能和电子亲和能

原子失去电子的难易可用电离能（I）来衡量，结合电子的难易可用电子亲和能（Y）来定性地比较。

1. 电离能（I）

气态原子要失去电子变为气态阳离子（即电离），必须克服核电荷对电子的引力而消耗能量，这种能量称为电离能（I），其单位 $kJ \cdot mol^{-1}$。

从基态（能量最低的状态）的中性气态原子失去一个电子形成+1 价气态阳离子所需要的能量，称为原子的第一电离能（I_1）；由+1 价气态阳离子再失去一个电子形成+2 价气态阳离子所需要的能量，称为原子的第二电离能（I_2）；其余依次类推。例如：

$$Mg(g) - e \longrightarrow Mg^+(g)$$
$$I_1 = \Delta H_1 = 737.7 \text{kJ} \cdot \text{mol}^{-1}$$
$$Mg^+(g) - e \longrightarrow Mg^{2+}(g)$$
$$I_2 = \Delta H_2 = 1450.7 \text{kJ} \cdot \text{mol}^{-1}$$
$$\cdots$$

镁的电离能数据如表 3-6 所示。

表 3-6　镁的电离能数据

第 n 电离能	I_1	I_2	I_3	I_4	I_5	I_6	I_7	I_8
$I_n/\text{kJ} \cdot \text{mol}^{-1}$	737.7	1450.7	7732.8	10540	13628	17995	21704	25656

从表 3-6 可以看出：

① $I_1 < I_2 < I_3 < I_4 < I_5 < \cdots$

这是由于随着离子的正电荷增多，对电子的吸引力增强，因而外层电子更难失去的缘故。

② $I_1 < I_2 < I_3 \ll I_4 < \cdots$

这是因为电离头二个电子是镁原子最外层的 3s 电子，而从第三个电子起，都是内层电子，不易失去，这也是为什么镁形成 Mg^{2+} 的缘故。

显然，元素原子的电离能越小，原子就越易失去电子，该元素的金属性就越强；反之，元素原子的电离能越大，原子越难失去电子，该元素的金属性越弱。这样，就可以根据原子的电离能来判断原子失去电子的难易程度，进而比较元素金属性的相对强弱。一般情况下，只要应用第一电离能数据即可达到目的。因此，通常说的电离能，如果没有特别说明，指的就是第一电离能。

元素原子的电离能，可以通过实验测出。表 3-7 为各元素原子第一电离能。

表 3-7　元素原子的第一电离能　　　　　　　　　　单位：$\text{kJ} \cdot \text{mol}^{-1}$

H 1312																	He 2372
Li 520	Be 900											B 801	C 1086	N 1402	O 1314	F 1681	Ne 2081
Na 496	Mg 738											Al 578	Si 786	P 1012	S 1000	Cl 1251	Ar 1520
K 419	Ca 590	Sc 631	Ti 658	V 650	Cr 653	Mn 717	Fe 759	Co 758	Ni 737	Cu 746	Zn 906	Ga 578	Ge 762	As 944	Se 940	Br 1140	Kr 1351
Rb 403	Sr 550	Y 616	Zr 660	Nb 664	Mo 685	Tc 702	Ru 711	Rh 720	Pd 805	Ag 731	Cd 868	In 558	Sn 708	Sb 832	Te 869	I 1008	Xe 1170
Cs 376	Ba 503	La 538	Hf 654	Ta 761	W 770	Re 760	Os 840	Ir 880	Pt 870	Au 890	Hg 1007	Tl 589	Pb 716	Bi 703	Po 812	At 917	Rn 1037
Fr 386	Ra 509	Ac 490															

Ce 528	Pr 523	Nd 530	Pm 536	Sm 543	Eu 547	Gd 592	Tb 564	Dy 572	Ho 581	Er 589	Tm 597	Yb 603	Lu 524
Th 590	Pa 570	U 590	Np 600	Pu 585	Am 578	Cm 581	Bk 601	Cf 608	Es 619	Fm 627	Md 635	No 642	Lw

从表 3-7 可看出，同一周期主族元素，从左向右过渡时，电离能逐渐增大。这是由于同一周期从左向右过渡时，元素的核电荷数逐渐增多，原子半径逐渐减小，核对外层电子的吸引力逐渐增强，失去电子从容易逐渐变得困难的缘故。这表明同一周期从左向右过渡，元素的金属性逐渐减弱。副族元素从左向右由于原子半径减小的幅度很小，核对外层电子的吸引力略为增强，因而电离能总的看只是稍微增大，而且个别处变化还不十分规律，造成副族元素金属性强弱的变化不明显。

同一主族元素从上往下过渡时，电离能逐渐减小。这是由于从上往下核电荷数虽然增多，但电子层数也相应增多，原子半径增大的因素起主要作用，使核对外层电子的吸引力减弱，因而逐渐容易失去电子的缘故。这表明同一主族元素从上往下元素的金属性逐渐增强。副族元素从上往下原子半径只是略为增大，而且第五、六周期元素的原子半径又非常接近，核电荷数增多的因素起了作用，第四周期与第六周期同族元素的电离能相比较，总的趋势是增大的，但其间的变化没有较好的规律。

值得注意，电离能的大小只能衡量气态原子失去电子变为气态离子的难易程度，至于金属在溶液中发生化学反应形成阳离子的倾向，还是应该根据金属的电极电势来进行估量。

2. 电子亲和能（Y）

与电离能恰好相反，电子亲和能是指一个基态的气态原子得到一个电子形成 -1 价阴离子所释放出来的能量。按结合电子数目，有一、二、三电子亲和能之分。例如，氧原子的 $Y_1 = -141 kJ \cdot mol^{-1}$，$Y_2 = 780 kJ \cdot mol^{-1}$，这是由于 O^- 对再结合的电子有排斥作用。第一电子亲和能（Y_1）的代数值越小，表示元素原子结合电子的能力越强，即元素的非金属性越强。由于电子亲和能的测定比较困难，所以目前测得的数据较少，有些数据还只是计算值，故应用受到限制，表 3-8 提供了一些元素原子的电子亲和能数据。

表 3-8 一些元素原子的电子亲和能[①]   单位：$kJ \cdot mol^{-1}$

							He
H							(+20)
-72.0							
Li	B	C	N	O	F		Ne
-59.8	-23	-122	0	-141	-322		(+29)
Na	Al	Si	P	S	Cl		Ar
-52.9	-44	-120	-74	-200	-348		(+35)
K	Ga	Ge	As	Se	Br		Kr
-48.4	-36	-116	-77	-195	-324		(+39)
Rb	In	Sn	Sb	Te	I		Xe
-46.9	-34	-121	-101	-183	-295		(+40)
Cs	Tl	Pb	Bi	Po	At		Rn
-45.5	-48	-100	-100	(-174)	(-270)		(+20)

① 括号中的数字是计算值。

从表 3-8 可以看出，无论是在周期或族中，电子亲和能的代数值一般都是随着原子半径的增大而增加的。这是由于随着原子半径增加，核对电子的引力逐渐减小的缘故。故电子亲和能在周期中从左向右过渡时，总的变趋势是增大的，表明元素的非金属性逐渐增强；主族元素从上往下过渡时，总的变化趋势是减小的，表明元素的非金属性逐渐减弱。

三、电负性

前面已经提及，某原子难失去电子，不一定就容易得到电子；反之，某原子难得到电子，也不一定就容易失去电子。因此，严格来说，电离能只能应用来衡量元素金属性的相对强弱，电子亲和能只能应用来定性地比较元素非金属性的相对强弱。为了能比较全面地描述不同元素原子在分子中吸引电子的能力，鲍林提出了元素电负性的概念。所谓元素的电负性是指分子中元素原子吸引电子的能力。他指定最活泼的非金属元素氟的电负性值 $\chi_F = 4.0$，然后通过计算得到其他元素的电负性值（表3-9）。

表 3-9　元素的电负性（L. Pauling）

H 2.1																
Li 1.0	Be 1.5										B 2.6	C 2.5	N 3.0	O 3.5	F 4.0	
Na 0.9	Mg 1.2										Al 1.5	Si 1.8	P 2.1	S 2.5	Cl 3.0	
K 0.8	Ca 1.0	Sc 1.3	Ti 1.5	V 1.6	Cr 1.6	Mn 1.5	Fe 1.8	Co 1.9	Ni 1.9	Cu 1.9	Zn 1.6	Ga 1.6	Ge 1.8	As 2.0	Se 2.4	Br 2.8
Rb 0.8	Sr 1.0	Y 1.2	Zr 1.4	Nb 1.6	Mo 1.8	Tc 1.9	Ru 2.2	Rh 2.2	Pd 2.2	Ag 1.9	Cd 1.7	In 1.7	Sn 1.8	Sb 1.9	Te 2.1	I 2.5
Cs 0.7	Ba 0.9	La~Lu 1.0~1.2	Hf 1.3	Ta 1.5	W 1.7	Re 1.9	Os 2.2	Ir 2.2	Pt 2.2	Au 2.4	Hg 1.9	Tl 1.8	Pb 1.8	Bi 1.9	Po 2.0	At 2.2
Fr 0.7	Ra 0.9	Ac 1.1	Th 1.3	Pa 1.4	U 1.4	Np~No 1.4~1.3										

根据元素的电负性，可以衡量元素金属性和非金属性的相对强弱。元素的电负性值越大，表示该元素的非金属性越强，金属性越弱；元素的电负性值越小，表示该元素的非金属性越弱，金属性越强。从表3-9中可见，元素的电负性呈周期性变化。同一周期从左向右电负性逐渐增大，表示元素的金属性逐渐减弱，非金属性逐渐增强。在同一主族中，从上往下电负性逐渐减小，表示元素的非金属性逐渐减弱，金属性逐渐增强。至于副族元素，电负性变化不甚规律，以至金属性的变化也没有明显的规律。

需要说明两点：电负性是一个相对值，本身没有单位；自从1932年鲍林提出电负性概念以后，有不少人对这个问题进行探讨，由于计算方法不同，现在已经有几套元素电负性数据，因此，使用数据时要注意出处，并尽量采用同一套电负性数据。

四、价电子和价电子层结构

元素原子参加化学反应时，通常通过得失电子或共用电子等方式达到最外层为2、8或18个电子的较稳定结构。

在化学反应中参与形成化学键的电子称为价电子。价电子所在的亚层统称为价层。原子的价电子层结构是指价层的电子排布式，它能反映出该元素原子的电子层结构的特征。但价层上的电子并不一定都是价电子，例如，^{29}Cu 的价电子层结构为 $3d^{10}4s^1$，其中10个3d电子并不都是价电子。有时价电子层结构的表示形式会与外围电子构型不同，例如，^{35}Br 的价电子层结构为 $4s^24p^5$，而其外围电子构型为 $3d^{10}4s^24p^5$。

价电子的数目取决于原子的外围电子构型。对于 s 区、p 区元素来说，外围电子构型为 $ns^{1\sim2}$、$ns^2np^{1\sim6}$ ［或 $(n-1)d^{10}ns^2np^{1\sim6}$］，它们次外电子层已经排满，所以，最外层电子是价电子。对于 d 区元素，外围电子构型为 $(n-1)d^{1\sim10}ns^{1\sim2}$，未充满的次外层 d 电子也可能是价电子。

关于原子结构模型的演变历程

最早的模型可以追溯到德莫克利特的原子模型,他提出这个模型纯粹基于想象。他认为物质是由不可再分的名为"原子"的小颗粒组成,而且原子有不同的形态,如被冻伤时就是锐利的冷原子作用在皮肤上的结果。但同时期的以亚里士多德为代表的哲学家都不赞成他,他们推崇的是"元素说",即世间万物都是由气、火、水、土四种元素构成的而且物质是可以无限再分割的。德莫克利特因此受到迫害,为了坚持原子说,不被假象所迷惑,他挖掉了自己的双眼。

"元素说"占统治地位长达十余个世纪,直到 1803 年道尔顿的原子模型提出,人们才开始再次重视到"原子"这一微小而神秘的颗粒。

道尔顿提出原子模型虽然多半处于想象,但也有符合科学研究基本原则的地方,所以是合理的想象。他在喝茶时发现,茶香可以自由飘散到整个屋子,于是很自然地可以联想到,茶香中其实含有无数的茶分子,这样才可能飘散。于是他提出的原子模型如下:原子是构成物质的基本粒子,它非常小,不可再分,内部没有任何结构,就像一个小球一样。

到了 1904 年,汤姆生做了加热金属丝的实验,他发现金属丝经加热后释放出带负电的小颗粒,可以使荧光物质发光。这种带电的小颗粒不可能是原子,因为按照道尔顿的模型,原子是不带电的。但这种粒子又显然来自金属原子,这说明应该存在一种更小的粒子,汤姆生将其命名为电子。

汤姆生的原子模型是:原子由带正电荷的主体和带负电荷的电子组成,电子像镶嵌在蛋糕中的葡萄干那样处于正电荷的"海洋"中。这个模型中电子与正电荷的分布是处于想象的,因为没有实验证明。

但是,1911 年,卢瑟夫用一个放射源发射带正电的 α 粒子轰击金箔,发现大多数 α 粒子一穿而过,少量 α 粒子发生偏转,个别 α 粒子甚至反向"弹"回。这与汤姆生的模型矛盾:因为如果原子内正电荷是均匀分布的,那么 α 粒子受的库仑力应该是均衡的,不会出现偏转和弹回。这说明原子内部一定有一个带正电荷的、几乎占原子全部质量的体积很小的核。

卢瑟夫的原子模型是:原子由带正电的原子核和带负电的电子构成,原子核集中了原子的绝大多数质量和全部的正电荷,电子在原子核外绕原子核转动。

1913 年,玻尔对卢瑟夫的模型进行了修正,认为电子在原子核外按一定轨道排列,就像太阳系中行星的轨道一样。这个模型和我们在初中化学课上学的原子模型基本相同。我们也可以揣测这个模型是怎样得出的:在化学反应过程中,每种原子似乎总是得到(或失去)一定数量的电子,而这些电子数量比原子本身具有的电子数量少得多,这说明原子外的电子似乎是分层排列的,反应时最先失去的是最外层的电子。

随着量子力学的提出,原有的原子结构也开始受到挑战。当人们通过理论推导和电子衍射实验后开始认识到,电子和光子一样,既是波又是粒子。而且根据测不准原理,不可能同时知道电子的位置和速度,电子以接近光速的速度在原子核外高速运动,并无确定的圆周轨道可循。电子在原子核外好像是一层云雾,即"电子云",电子云"浓"的地方说明电子在此处出现的概率大,反之则说明电子出现的概率小。这就是 1935 年提出的电子云模型。至此,人类对原子结构的认识算是有了一个比较满意的答案。

(摘自 http://zhidao.baidu.com/question/21386902.html)

习 题

1. 解释下列各名词和概念。
(1) 基态原子和激发态原子　　(2) 能级和电子层　　(3) 波粒二象性和不确定关系
(4) 概率和概率密度　　(5) 波函数 Ψ 和原子轨道　　(6) 概率密度和电子
(7) 量子数和量子化　　(8) s 区和 p 区　　(9) d 区和 ds 区

2. 量子数 $n=4$ 的电子层，有几个分层？各分层有几个轨道？第四个电子层最多能容纳多少电子？

3. 下列各组量子数哪些不合理？为什么？

量子数	n	l	m
(1)	2	2	0
(2)	2	2	-1
(3)	3	0	$+1$
(4)	2	0	-1

4. 某一元素，其原子序数为 24，问：(1) 该元素原子的电子总数为多少？(2) 该原子有几个电子层，每层电子数为多少？(3) 写出该原子的价电子层结构。(4) 写出该元素所在的周期、族和区。

5. 将下列各题的正确答案填在横线上。
(1) O 原子的电子排布式为_____。
(2) 写出下列原子或离子的核外电子排布式。
^{26}Fe：_____；Fe^{3+}：_____；
^{29}Cu：_____；Cu^{2+}：_____；
^{24}Cr：_____；Cr^{3+}：_____。
(3) 具有下列电子构型的元素位于周期表中哪一区？
A. ns^2 _____；B. $ns^2 np^5$ _____；
C. $(n-1)d^5 ns^2$ _____；D. $(n-1)d^{10} ns^1$ _____。

6. 选择正确答案的序号填入括号里。
(1) 如果一个原子电子层的主量子数是 3，则它（　　）。
A. 有 s 轨道和 p 轨道　　B. 有 s 轨道　　C. 有 s，p 和 d 轨道
D. 有 s，p，d，和 f 轨道　　E. 只有 p 轨道
(2) 下列量子数中不合理的是（　　）。
A. $n=1, l=0, m=0, m_s=-1/2$　　B. $n=2, l=1, m=1, m_s=+1/2$
C. $n=4, l=3, m=0, m_s=+1/2$　　D. $n=3, l=0, m=-1, m_s=-1/2$
(3) 下列电子的各套量子数 (n, l, m, m_s)，可能存在的是（　　）。
A. 3, 2, 2, $+1/2$　　B. 3, 0, -1, $+1/2$
C. 2, -1, 0, $+1/2$　　D. 2, 2, 1, $-1/2$
(4) 第三周期只有 8 个元素的原因是（　　）。
A. $E_{3d} > E_{4s}$　　B. $E_{3p} > E_{4s}$　　C. $E_{3d} < E_{4s}$　　D. $E_{3p} < E_{4s}$　　E. 以上原因都不是

第四章 化学键与分子结构

自然界中的所有物质都能以分子或晶体形式存在。在研究物质结构的过程中，必然会涉及有关化学键方面的问题。分子或晶体中相邻原子（或离子）间强烈的吸引作用，被称作化学键。1916 年，美国化学家 Lewis 和德国化学家 Kossel 根据稀有气体具有稳定性质的事实，分别提出共价键和离子键理论。共价键理论认为像 H_2、CH_4 这样的分子是通过原子之间共用电子对而形成稳定结构的。而离子键理论认为像 NaCl 这样的分子是靠原子间价电子的转移形成具有稀有气体原子结构的正、负离子，并以两种离子间的静电作用而构成的。后来，科学家又提出了金属键理论。因此，到目前为止，化学键可大致分成离子键、共价键、金属键三种基本类型。另外，分子之间还会存在一种较弱的分子间力（范德华力）和氢键。

第一节 离 子 键

大多数盐类、碱及一些金属氧化物有一些共同的特点，一般它们以晶体的形式存在，熔、沸点较高，在固态下几乎不导电，熔融状态或溶于水成溶液状态时能产生带电荷的粒子，即离子，从而可以导电，在这类化合物中，正、负离子通过静电作用结合在一起，即形成所谓的离子键，这类化合物称为离子化合物。

一、离子键的形成

离子键理论是由德国化学家 Kossel（科塞尔）在 1916 年根据稀有气体原子具有稳定结构的事实提出的，离子键的本质是正负离子间的静电引力。

当活泼金属原子和活泼非金属原子在一定条件下相互作用时，都有达到稀有气体稳定结构的倾向，活泼金属原子失去电子成为阳离子，活泼非金属原子获得电子成为阴离子，两者分别具有稀有气体的稳定电子构型，之后阴离子和阳离子靠静电作用（离子键）而相互结合。

以 NaCl 为例，离子键的形成过程可表示如下：

$$n\mathrm{Na}(3s^1) - ne \longrightarrow n\mathrm{Na}^+(2s^2 2p^6)$$
$$n\mathrm{Cl}(3s^2 3p^5) + ne \longrightarrow \mathrm{Cl}^-(3s^2 3p^6)$$

Na^+ 和 Cl^- 分别达到 Ne 和 Ar 的稀有气体原子的结构，形成稳定离子。这些稳定离子既可以是单离子，如 Na^+、Cl^-；也可以是原子团，如 SO_4^{2-}，NO_3^- 等。

由离子键形成的化合物叫做离子化合物。通常碱金属和碱土金属（除 Be 外）的氧化物和氟化物及某些氯化物等是典型的离子化合物。

二、离子键的本质与特点

离子键是由原子得失电子形成的正、负离子之间通过静电引力作用结合在一起形成的化学键，为了分析简便，可以将离子化合物中的正负离子的电荷分布看作是球形对称的，根据库仑定律，两个带相反电荷的离子键的静电引力 F 可用下式表示：

$$F = -\frac{q^+ q^-}{r^2}$$

式中，q^+、q^- 代表正负离子所带电荷；r 代表正负离子的核间距。

可以看出，离子电荷越高，离子键距离越短，所形成的离子键的强度越大。

离子键没有方向性和饱和性。由于离子键是由正负离子通过静电引力形成的，正负离子都可以看成是电荷均匀分布的球体，所以可以从任意方向吸引带相反电荷的离子，不存在特定的最有利的方向。这就形成了离子键没有方向性的特点；并且只要空间允许，每一个粒子可以吸引尽可能多的带相反电荷的离子，形成尽可能多的离子键，从而在三维空间上无限伸展，形成巨大的离子晶体。但事实上，一种离子周围所能结合的异号电荷离子的数目并不是任意的，而是有固定数目的。如 NaCl 晶体中每个 Na^+ 周围等距离地排列着 6 个相反电荷的 Cl^-，同样，每个 Cl^- 周围也等距离地排列着 6 个相反电荷的 Na^+，但并不是说每个 Na^+（Cl^-）吸引 6 个 Cl^-（Na^+）就饱和了，正负离子相互吸引的具体情况是由正负离子的半径的相对大小及所带电荷数量决定的，事实上，在 Na^+ 吸引了 6 个 Cl^- 后，还可以与更远的若干个 Na^+ 和 Cl^- 产生相互排斥作用或吸引作用，只是因为静电引力会随距离增大而相对较弱，说明离子键没有饱和性。

由于离子键的这些特点，所以离子晶体中没有单个的分子，我们只能把整个晶体看成一个大分子。如氯化钠晶体，不存在单个的氯化钠分子，而平常我们用来表示氯化钠的化学式 NaCl 只是表示在整个晶体中两种离子的数目最简比为 1∶1，并不是氯化钠的分子式。

三、离子的特征

离子的三个主要特征为：离子的半径、离子的电荷以及离子的电子构型。离子的这些性质是决定离子化合物性质的重要因素。

1. 离子的半径

离子的半径是离子的重要性质。离子没有严格意义上的半径，通常是将离子晶体中的正负离子近似地看成相互接触的球体，相邻两核间距 d 就是正负两离子的半径之和，核间距 d 的大小可以由晶体的 X 射线衍射分析测定，如果已知其中一个离子的半径，就可以算出另一个相邻离子的半径了。1926 年哥德尔施密特（Goldschmidt）以光学法测得 F^-、O^{2-} 的半径分别为 133pm 和 32pm，并在此基础上，利用晶体实验数据，推出了 80 多种离子的半径。目前，推算离子半径的方法很多，但使用最多的是 1927 年鲍林从核电荷数和屏蔽常数等因素推出的半经验公式得到的一整套比较齐全有效的离子半径（鲍林离子半径），如表 4-1 所示。

表 4-1　常见离子半径（鲍林离子半径）

离子	半径/pm	离子	半径/pm	离子	半径/pm
Li^+	60	Cr^{3+}	64	Hg^{2+}	110
Na^+	95	Mn^{2+}	80	Al^{3+}	50
K^+	133	Fe^{2+}	76	Sn^{2+}	102
Rb^+	148	Fe^{3+}	64	Sn^{4+}	71
Cs^+	169	Co^{2+}	74	Pb^{2+}	120
Be^{2+}	31	Ni^{2+}	72	O^{2-}	140
Mg^{2+}	65	Cu^+	96	S^{2-}	184
Ca^{2+}	99	Cu^{2+}	72	F^-	136
Sr^{2+}	113	Ag^+	126	Cl^-	181
Ba^{2+}	135	Zn^{2+}	74	Br^-	196
Ti^{4+}	68	Cd^{2+}	97	I^-	216

从表 4-1 中可以看出，离子半径也呈规律性变化，变化的规律主要有以下几点。

（1）负离子半径较大（约 130~250pm），且大于相应原子半径；正离子半径较小（10~170pm），且小于相应原子半径。

（2）同周期电子层结构相同的正离子的半径随核电荷数的增加而减小，负离子半径随核电荷数的增加而增大。如：$Na^+ > Mg^{2+}$，$O^{2-} > F^-$。

(3) 由同一元素形成的几种不同电荷的正离子，离子所带电荷越高半径越小。如：$Sn^{2+} > Sn^{4+}$。

(4) 同主族元素具有相同电荷的离子，半径一般随电子层数的增加依次增加。如：$Li^+ < Na^+ < K^+ < Rb^+$，$F^- < Cl^- < Br^- < I^-$。

离子半径的大小是决定离子键强弱的重要因素之一，离子半径越小，离子间引力越大，离子键越牢固，相应的离子化合物的熔沸点就越高。离子半径的大小还对离子的氧化还原性能及溶解性有重要影响。

2. 离子的电荷

离子的电荷数是指原子在形成离子化合物过程中，失去或获得的电子数。在离子化合物中，正离子的电荷通常为+1、+2、+3，最高为+4，负离子的电荷一般为-1、-2，含氧酸根或配离子的电荷可以达到-3或-4。相同离子半径的离子，所带电荷越大，形成的静电引力就越大，即离子键越牢固。离子的电荷越大，则相应的离子化合物的熔沸点就越高。离子的电荷数除了影响相应离子化合物的物理性质外，还会影响其化学性质。如：Fe^{2+}水合离子为还原性浅绿色离子，而Fe^{3+}的水合离子则为氧化性棕色离子。

3. 离子的电子构型

一般原子形成负离子时，会得到电子形成同周期稀有气体的8电子稳定结构。而原子形成正离子时就会有以下几种不同的构型：

2电子构型，如Li^+、Be^{2+}；

8电子构型，如Na^+、K^+、Ca^{2+}；

18电子构型，如Cu^+、Ag^+、Zn^{2+} $[(n-1)s^2(n-1)p^6(n-1)d^{10}]$；

(18+2)电子构型，如Sn^{2+}、Pb^{2+} $[(n-1)s^2(n-1)p^6(n-1)d^{10}ns^2]$；

(9~17)电子构型，如Fe^{2+}、Fe^{3+}、Mn^{2+} $[(n-1)s^2(n-1)p^6(n-1)d^{1~9}]$。

当其他条件相同时，不同电子构型的正离子与负离子的结合能力是不同的，一般具有8电子稳定结构的正离子与负离子的结合能力较弱，而具有2、18或18+2电子构型的正离子与负离子的结合能力较强。

离子的电子构型对化合物的键型及物理性质都有很大影响。如NaCl和CuCl，Na^+属于8电子稳定构型，而Cu^+为18电子构型，两种化合物在熔沸点、溶解性、反应性方面都有很大差异，这些都与电子构型有关。

四、离子键的强度

离子键强度决定了离子化合物的性质，在离子晶体中，离子键的强度通常用晶格能(Lattice Energy，U)表示。晶格能U越大，离子键强度越大，离子化合物越稳定。晶格能是指单位物质的量的气态正、负离子结合生成1mol离子晶体的过程所释放的能量的绝对值。常用单位是$kJ \cdot mol^{-1}$。

晶体类型相同时，晶格能与正负离子电荷数呈正比，与核间距成反比。因此，离子电荷数大，离子半径小的离子晶体晶格能大，相应的表现为熔点高、硬度大等性能，如表4-2所示。

表4-2 离子电荷、半径对晶格能与晶体熔点、硬度的影响

NaCl型离子晶体	z_1	z_2	r_+/pm	r_-/pm	U/kJ·L^{-1}	熔点/℃	硬度
NaF	1	1	95	136	920	992	3.2
NaCl	1	1	95	181	770	801	2.5
NaBr	1	1	95	195	773	747	<2.5

续表

NaCl 型离子晶体	z_1	z_2	r_+/pm	r_-/pm	U/kJ·L^{-1}	熔点/℃	硬度
NaI	1	1	95	216	683	662	<2.5
MgO	2	2	65	140	4147	2800	5.5
CaO	2	2	99	140	3557	2576	4.5
SrO	2	2	113	140	3360	2430	3.5
BaO	2	2	135	140	3091	1923	3.3

第二节 价 键 理 论

1916 年美国化学家路易斯（G. N. Lewis）提出了经典的共价键理论，他认为共价键是成键原子各提供一些电子组成共用电子对而形成的，成键后每个提供电子的原子其最外电子层结构都达到稀有气体元素原子的最外电子层结构，因此稳定。但是，对于有些稳定的分子，如 BF_3 分子，B 原子与 F 原子形成稳定的 BF_3 分子后，B 原子的电子层结构并没有达到稀有气体元素原子的电子层组态形式。又如 PCl_5 分子，中心原子 P 的最外层电子数超过了 8 个。这些分子都能够稳定存在，但却不能用 G. N. Lewis 提出的理论进行解释。同时，G. N. Lewis 提出的理论也不能说明共价键的方向性，更不能说明分子的其他一些性质如空间构型、稳定性、磁性等。

1927 年德国化学家 Heitler 和 Lowdon 应用量子力学处理 H_2 分子的结构。在此研究的基础上，Pauling 和 Slater 等人提出了现代价键理论和杂化轨道理论。1932 年美国化学家 R. S. Muiliken 和德国化学家 F. Hund 又提出了分子轨道理论。现代价键理论和分子轨道理论的建立，形成了两种现代共价键理论。

一、价键理论

（一）共价键的形成与本质

1. 量子力学处理氢分子的结果

1927 年海特勒和伦敦首次求解薛定谔方程，用量子力学的方法处理 H_2 分子的成键，并假设当两个氢原子相距较远时，彼此间的作用力可以忽略不计，体系能量定为相对零点。用这种方法计算氢分子体系的波函数和能量，得到了 H_2 的电子云分布的能量（E）与核间距离（r）的关系曲线。如图 4-1 所示，如果两个氢原子的电子自旋方向相反，当这两个原子相互靠近时，随着核间距 r 的减小，两个氢原子中的电子会分别受到自身核的引力及对方核的引力，两个 1s 原子轨道发生重叠（波函数相加），即核间形成一个电子概率密度较大区域。系统能量比两个氢原子单独存在时低，当核间距离 r_0 为 74pm 时，吸引力和排斥力达到平衡，体系能量达到最低点，这就是氢分子形成的过程。两个氢原

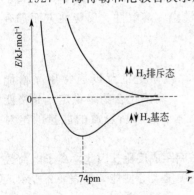

图 4-1 氢分子的能量曲线

子在平衡距离 r_0 形成稳定的氢分子的这种状态为 H_2 的基态。如图 4-1 所示，如果两个氢原子中的电子自旋方向相同，当它们靠近时，两个原子轨道异号叠加（波函数相减），核间电子概率密度减小，增大了两核之间的排斥力，使体系能量高于两个单独存在的氢原子的能量之和，且它们越靠近体系能量越升高，此时 H_2 的能量曲线没有最低点，说明它们不能形成

稳定的氢分子，这种不能成键的不稳定状态称为 H_2 的排斥态。

量子力学方法处理氢分子结构的结果揭示了共价键的本质、结构等问题，即共价键的本质是不同于正负离子之间的静电引力的电性作用力，形成共价键时，成键原子的电子云发生最大重叠，使两核间电子云密度最大。但这并不意味着共用电子对只存在于两核间，只是表明共用电子对在两核间出现概率较大。

综上所述，共价键的本质是原子轨道重叠，核间局部电子概率密度大，吸引原子核而成键。

2. 价键理论基本要点与共价键的特点

1930 年鲍林和斯莱脱等人将量子力学处理 H_2 分子的研究结果推广应用于其他双原子分子和多原子分子，建立了现代价键理论，其基本要点如下。

(1) 电子配对成键原理　A、B 两个原子各有 1 个自旋相反的未成对电子时，它们之间可以相互配对形成稳定的共价单键，这对电子为 2 个原子共有。若 A、B 两个原子各有两个甚至 3 个自旋相反的未成对电子时，则自旋相反的单电子可以两两配对成键，在两原子间形成共价双键或三键。比如，氮原子有 3 个 2p 轨道的单电子，2 个氮原子中自旋相反的单电子之间就可以两两配对形成共价三键。如果 A 原子有 2 个或 3 个单电子，B 原子只有 1 个单电子，则 1 个 A 原子就可以和 2 个或 3 个 B 原子形成 AB_2 或 AB_3 型分子。如：氧原子有 2 个 2p 轨道的单电子，氢原子有 1 个 1s 轨道的单电子，因此，1 个氧原子能和 2 个氢原子结合成 H_2O 分子，同理，有 3 个 2p 轨道单电子的氮原子可以和氢原子形成 NH_3 分子。

如果两个原子中没有单电子或虽有成单电子但自旋方向相同，则它们都不能形成共价键，如：氦原子有一对 1s 电子，就不能形成 He_2 分子。

(2) 原子轨道最大重叠原理及对称性匹配　两原子形成化学键时，未成对电子的原子轨道一定要发生相互重叠，从而使成键两原子之间形成电子云较密集的区域。原子轨道重叠的部分越大，两核间的电子概率密度越大，所形成的共价键越稳定，分子能量越低。因此成键时未成对电子的原子轨道尽可能按最大程度的重叠方式进行重叠，即遵循原子轨道最大重叠原理。并且成键的自旋相反的单电子的原子轨道波函数符号必须相同，原子轨道对称性匹配，相互靠近时核间电子云密集，此时系统的能量最低，可形成稳定化学键。

价键理论最重要的成就是它运用量子力学的观点和方法，为共价键的成因提供了理论基础，阐明了共价键形成的主要原因是价电子占用的原子轨道因相互重叠而产生的加强性相干效应。形成的共价键通过自旋相反的电子配对和原子轨道的最大重叠来使体系达到能量最低状态。

根据价键理论，原子在形成共价键时，没有发生电子的转移，而是通过共用电子对结合在一起，所以它具有与离子键不同的特征，因此共价键有如下特点。

① 饱和性　所谓共价键的饱和性是指每个原子成键的总数或以单键连接的原子数目是一定的。共价键形成的一个重要条件是成键原子必须具有未成对电子，由于一个原子的一个单电子只能与另一个原子的一个单电子配对形成共价单键，而每个原子的未成对的单电子数是一定的，因此所形成的共用电子对即共价键数目就是一定的。如两个氢原子 1s 轨道的一个电子相互配对形成共价键后，每个氢原子就不再具有单电子，不能再和第三个氢原子的 1s 单电子继续结合形成 H_3 分子。即已键合的电子不能再形成新的化学键。

② 方向性　共价键的方向性是指一个原子与周围原子形成的共价键之间有一定的角度。根据原子轨道最大重叠原理，原子间成键总是尽可能沿着使原子轨道发生最大重叠的方向成键。轨道重叠越多，电子在两核间出现的概率密度越大，形成的共价键也就越稳定。除 s 轨道呈球形对称外，p 轨道、d 轨道、f 轨道在空间都有特定的伸展方向。因此在形成共价键

时，s 轨道与 s 轨道在任何方向上都能形成最大重叠，其他原子轨道之间一定要沿着特定的方向重叠，才能形成稳定化学键，这样所形成的化学键就有方向性。如氯化氢分子的形成，氢原子的 1s 电子的原子轨道与氯原子的 $3p_x$ 轨道沿键轴（x 轴）进行重叠时，可能的重叠方式有三种。如图 4-2 所示。但 HCl 分子只有采用（a）重叠方式形成共价键才是最有效的。

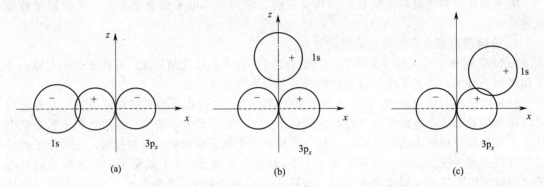

图 4-2　H 原子的 1s 轨道与 Cl 原子的 $3p_x$ 轨道的重叠方式

（二）共价键的类型

1. σ 键和 π 键

由于原子轨道的形状不同，它们可以不同方式重叠。根据重叠方式的不同，共价键可以分为 σ 键和 π 键。

两原子原子核的连线称为键轴。原子轨道沿两核间连线方向（键轴方向）进行同号重叠（头碰头）形成的键，称为 σ 键，如图 4-3(a) 所示。σ 键的特点是原子轨道重叠部分沿键轴成圆柱形对称。由于原子轨道在轴方向上能发生最大程度的重叠，所以 σ 键的键能大且稳定性高，如 Cl_2 中的 p-p 重叠，HCl 中的 s-p 重叠。

两原子轨道垂直核间连线并相互平行进行同号重叠（肩并肩）形成的键，称为 π 键，如图 4-3(b) 所示。π 键的特点是轨道重叠部分对通过键轴的一个平面成镜面反对称。由于 π 键中的电子云不能像 σ 键那样集中在两核连线上，距核较远，原子核对 π 电子的束缚力较小，电子的流动性较大，且 π 键中原子轨道的重叠程度要比 σ 键中的小，所以一般 π 键没有 σ 键牢固，易发生断裂而进行各种化学反应。

N 原子的外层电子构型为 $2s^2 2p^3$，N_2 分子以 3 对共用电子把两个 N 原子结合在一起，

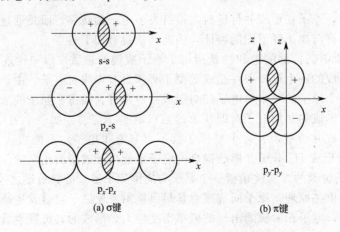

图 4-3　σ 键（a）和 π 键（b）示意图

成键时用的是 2p 轨道上的 3 个未成对电子，若两个 N 原子沿着 x 方向接近时，p_x 和 p_x 轨道形成 σ 键，而两个 N 原子垂直于 p_x 轨道的 p_y-p_y、p_z-p_z 轨道，只能在核间连线两侧重叠形成两个垂直的 π 键，如图 4-4 所示。

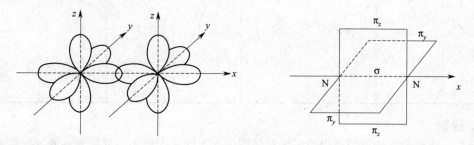

图 4-4 N_2 分子中的 σ 键和 π 键

三键中有一个共价键是 σ 键，另两个都是 π 键；对单键来说，成键的时候轨道通常都是沿核间联线方向达成最大重叠，所以都是 σ 键。

2. 正常共价键和配位共价键

按成键原子提供共用电子对方式的不同，可以将共价键分为正常共价键和配位共价键。正常的共价键是成键两原子各提供一个电子形成共用电子对，但如果成键原子一方有孤对电子，另一方有空轨道，则形成的共价键的共用电子对由有孤对电子的一方提供，这样形成的共价键称为配位共价键，简称配位键（见第八章）。其中，提供电子对的原子称为电子对给予体，接受电子对的原子称为电子对接受体。如 CO 分子中氧原子的两个 2p 单电子与碳原子的两个 2p 单电子形成一个 σ 键和一个 π 键后，氧原子的一对 2p 孤对电子还可以和碳原子的一个 2p 空轨道形成一个配位键。配位键可用箭头"→"表示，而正常共价键用"—"表示，以做到区分的效果。箭头的方向是从电子对给予体指向电子对接受体。例如：

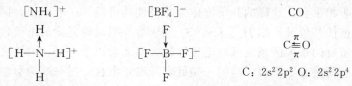

（三）几种重要的键参数

表征化学键性质的物理量统称为键参数。重要的键参数有以下几种。

1. 键能

键能是表征化学键性质的最重要参数，它表示键的牢固程度。用 E 表示，单位为 kJ·mol^{-1}。对于双原子分子，键能就等于分子的解离能（D）。对于多原子分子，键能与解离能不相等。例如，在 100kPa，298K 下，将 1mol 气态双原子分子 AB 解离成理想气态原子 A 和 B 所需要的能量，称为 AB 的解离能。

$$AB(g) \longrightarrow A(g) + B(g) \qquad E = D$$

又如 H_2O 分子解离分两步进行：

$$H_2O(g) \longrightarrow H(g) + OH(g) \qquad D_1 = 501.87 \text{kJ} \cdot \text{mol}^{-1}$$
$$OH(g) \longrightarrow H(g) + O(g) \qquad D_2 = 423.38 \text{kJ} \cdot \text{mol}^{-1}$$

O—H 键的键能是两个 O—H 键的解离能的平均值：$E(\text{O—H}) = 462.62 \text{kJ} \cdot \text{mol}^{-1}$

平均键能是一种近似值，需注意的是双键或三键的键能不等于相应单键键能的简单倍数。通常键能越大，共价键强度越大。一些双原子分子的键能和某些键的平均键能见表 4-3。

表 4-3　一些双原子分子的键能和某些键的平均键能 E　　　单位：$kJ \cdot mol^{-1}$

分子名称	键能	分子名称	键能	共价键	平均键能	共价键	平均键能
H_2	436	HF	565	C—H	413	N—H	391
F_2	165	HCl	431	C—F	460	N—N	159
Cl_2	247	HBr	366	C—Cl	335	N=N	418
Br_2	193	HI	299	C—Br	289	N≡N	946
I_2	151	NO	286	C—I	230	O—O	143
N_2	946	CO	1071	C—C	346	O=O	495
O_2	943			C=C	610	O—H	463
				C≡C	835		

2. 键长

键长是指形成共价键的两个原子的核间距。在不同化合物中，同样两种原子间的键长也有差别。键长的大小与键的稳定性有很大的关系，共价键的键长越短，键能也越高，键越牢固。通常而言，相同两个原子形成的共价键，单键键长＞双键键长＞三键键长。例如 C—O 键长为 143pm，C=O 键长为 121pm，C≡O 键长为 113pm。

3. 键角

键角是分子中键与键之间的夹角。键角是反映分子空间构型的重要因素之一，它表明了分子在形成时原子在空间的相对位置。所以根据键角和键长的数据可以确定分子的空间构型。例如，CO_2 分子中 O—C—O 键角是 180°，表明 CO_2 为直线型构型，CH_4 分子中 C—H 键之间的夹角都是 109°28′，每个 C—H 键的键长都是 109.1pm，因此可以确定 CH_4 是正四面体构型。

4. 键的极性

键的极性是由形成化学键的元素的电负性所决定的。当形成化学键的元素电负性相同时，核间电子云密度最大区域正好位于两核的中间位置，成键两原子核的正电荷重心和成键电子的负电荷重心相重合，这样的共价键称为非极性共价键。一般来说，同种元素两原子间的共价键都是非极性共价键，如 H_2、O_2、S_8、P_5 等。当成键元素的电负性不同时，两个原子核之间电子云密度的最大区域就偏向电负性较大的元素原子一端，两核之间的正电荷重心与成键电子的负电荷重心不重合，键的一端就表现出正电性，另一端为负电性，这样的共价键称为极性共价键。一般来说，键的极性大小决定于成键元素电负性的相对大小。电负性差值愈大，键的极性就愈强。当电负性相差很大时，成键电子就完全偏离到电负性较大的原子上，原子变成了离子，形成离子键。

二、杂化轨道理论与分子的几何构型

价键理论通过电子配对的概念阐明了共价键的形成和本质，成功解释了共价键的方向性和饱和性等特点，但无法解释某些分子的空间构型。如水分子，根据价键理论，氧原子应该用两个相互垂直的 2p 轨道分别和两个氢原子的 1s 轨道形成两个相互垂直的共价键，但近代实验测定结构表明：水分子中的两个 H—O 键的夹角为 104°45′。为了解释这类分子的成键情况，1931 年鲍林（Pauling）在价键理论的基础上提出了杂化轨道理论，杂化轨道理论成功地解释了共价分子的空间构型。

1. 杂化轨道理论要点

（1）成键时能级相近的价电子轨道改变原来的状态，混合杂化重新组合成一组新轨道，这一过程称为杂化，形成新的价电子轨道即杂化轨道。

（2）杂化前后轨道数目不变。即杂化轨道的数目等于参加杂化的原子轨道的数目。杂化轨道的类型由形成它的原子轨道的种类和数目决定，且杂化轨道伸展方向、形状发生改变。

(3) 杂化轨道的成键能力比原来的原子轨道成键能力强。因为杂化轨道的电子云分布更集中，更有利于和其他原子发生最大程度的重叠，从而能形成更稳定的共价键，不同类型的杂化轨道成键能力不同，由大到小的顺序为：$sp^3 > sp^2 > sp$。

(4) 杂化轨道成键是要满足化学键间最小排斥原则。键间的排斥力大小取决于键的方向，即取决于杂化轨道间的夹角。当键与键夹角越大时，化学键间的排斥力最小。因此，杂化轨道会随着不同的杂化类型形成不同的键间夹角，同时使所形成的分子具有不同的空间构型。

(5) 杂化轨道分为等性和不等性杂化轨道两种。

2. 杂化轨道类型与分子的几何构型

根据杂化时原子轨道的种类和数目不同，杂化轨道主要有以下类型。

(1) sp 杂化　原子在形成分子时，由同一原子的 1 个 ns 轨道与 1 个 np 轨道进行杂化的过程叫做 sp 杂化，可形成两个 sp 杂化轨道，每个杂化轨道中含 1/2s 和 1/2p 成分。其形状仍然是一头大，一头小，而以较大的一头成键。如实验测得气态 $BeCl_2$ 分子的结构为直线型分子，键角∠ClBeCl=180°，如图 4-5 所示。Be 原子的基态价层电子构型为 $2s^2$，成键时，Be 原子的 1 个 2s 电子激发到 2p 轨道上，成为激发态 $2s^1 2p^1$。与此同时，Be 原子的 2s 轨道与一个 2p 轨道（有一个电子占据）进行 sp 杂化，形成 2 个能量相等的 sp 杂化轨道，这 2 个 sp 杂化轨道的夹角为 180°，其轨道杂化过程可表示如下：

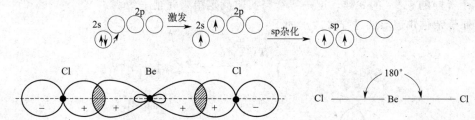

图 4-5　$BeCl_2$ 分子的形成及空间构型示意图

成键时，2 个 sp 杂化轨道都以比较大的一头与 Cl 原子的 3p 轨道（有一个电子占据）重叠，形成两个 σ 键。因而 $BeCl_2$ 分子为直线形。

(2) sp^2 杂化　原子在形成分子时，由同一原子的 1 个 ns 轨道与 2 个 np 轨道进行杂化的过程叫做 sp^2 杂化，可形成 3 个 sp^2 杂化轨道，每个杂化轨道中含 1/3s 和 2/3p 成分。杂化轨道的夹角为 120°，呈平面三角形。

如实验测得 BF_3 分子的结构为平面三角形，键角∠FBF=120°。中心原子 B 的基态价层电子构型为 $2s^2 2p^1$，仅有 1 个未成对电子，按价键理论无法形成 3 个等同的键，杂化轨道理论认为，当硼与氟反应时，硼原子的 1 个 2s 电子被激发到 1 个空的 2p 轨道中，成为激发态 $2s^1 2p^2$。同时，硼原子的 1 个 2s 轨道和 2 个 2p 轨道进行杂化，形成了 3 个新的能量成分相等的 sp^2 杂化轨道，如图 4-6(a) 所示。这 3 条杂化轨道在同一平面，夹角为 120°。B 原子的这 3 个 sp^2 杂化轨道分别与 3 个 F 原子的 3p 轨道重叠，形成具有平面三角结构的 BF_3 分子。如图 4-6(b) 所示。

B 原子形成杂化轨道过程可表示如下：

(3) sp^3 杂化　原子在形成分子时，由同一原子的 1 个 ns 轨道与 3 个 np 轨道进行杂化的过程叫做 sp^3 杂化，可形成 4 个 sp^3 杂化轨道，每个杂化轨道中含 1/4s 及 3/4p 成分，4

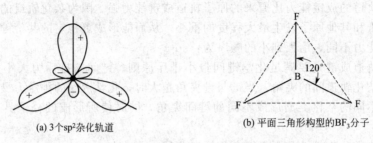

(a) 3个sp²杂化轨道　　　　　(b) 平面三角形构型的BF₃分子

图 4-6　sp² 杂化轨道及 BF₃ 分子的空间构型示意图

个杂化轨道的能量都是一样。这类杂化类型的空间构型为正四面体，轨道夹角为 $109°28'$。

以 CH_4 分子为例，实验测得其分子构型为正四面体，键角 $\angle HCH = 109°28'$。

C 原子的基态价层电子构型为 $2s^2 2p^2$，2p 轨道有 2 个未成对电子，按照价键理论似乎应形成 2 个键，可事实上形成的是 4 个等同的键，按照杂化轨道理论，在形成甲烷分子时，碳原子的 2s 轨道中的一个电子被激发到空的 2p 轨道，激发后成为 $2s^1 2p^3$。其中 2s 轨道和 3 个 2p 轨道杂化，从而形成 4 个新的能量相等、成分相同的 sp^3 杂化轨道，如图 4-7(a) 所示。杂化轨道在空间成正四面体分布，碳原子位于正四面体的中心，杂化轨道之间的夹角为 $109°28'$，如图 4-7(b) 所示，这 4 个杂化轨道分别与 4 个氢原子的 1s 轨道沿键轴方向重叠，形成 4 个等同的 sp^3-s 的 σ 键。这一解释与实验测定结果完全一致。

C 原子杂化轨道形成过程可表示如下：

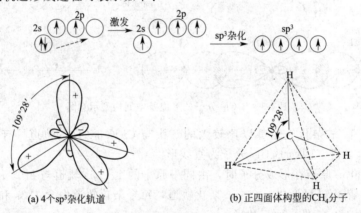

(a) 4个sp³杂化轨道　　　　　(b) 正四面体构型的CH₄分子

图 4-7　sp³ 杂化轨道形成示意图和 CH₄ 分子的构型

(4) 不等性 sp^3 杂化　以上讨论的 3 种类型的 s-p 杂化，每种杂化类型形成的杂化轨道都具有相同的能量，所含的 s 及 p 成分相同，成键能力也相同，这样的杂化称为等性杂化，形成的杂化轨道称为等性杂化轨道。

如果 s-p 杂化之后，形成的杂化轨道的能量不完全相等，所含的 s 及 p 成分也不相同，这样的杂化就称为不等性杂化，形成的杂化轨道称为不等性杂化轨道。例如，NH_3 和 H_2O 分子中的 N、O 原子就是以不等性 sp^3 杂化轨道成键的。

① NH_3 分子　实验测得 NH_3 分子的空间构型为三角锥形，键角为 $107°18'$。N 原子的基态价层电子构型为 $2s^2 2p^3$，在形成 NH_3 分子时，N 原子的 1 个具有孤对电子的 2s 轨道和 3 个具有单电子的 2p 轨道进行 sp^3 不等性杂化，形成 4 个 sp^3 杂化轨道，杂化过程可表示如下：

其中 1 个 sp³ 杂化轨道上填充了 1 对电子，含有较多的 2s 轨道成分，能量稍低。另外 3 个 sp³ 杂化轨道上各填充 1 个电子，含有较多的 2p 轨道成分，能量稍高。3 个具有单电子的 sp³ 杂化轨道分别与 3 个 H 原子的具有单电子的 1s 轨道重叠，形成 3 个 N—H σ 键。具有孤对电子的未成键的 sp³ 杂化轨道电子云则密集于 N 原子周围。由于 sp³ 杂化轨道上未参与成键的孤对电子对 N—H 键成键电子的较强的排斥作用，使 3 个 N—H 键键角缩小为 107°18′，小于 109°28′。所以，NH₃ 分子的空间构型为三角锥形，如图 4-8 所示。NF₃ 分子和 NH₃ 分子具有相同的杂化过程和空间构型。

② H₂O 分子 实验测得 H₂O 分子的空间构型为 V 形，键角为 104°45′。O 原子的基态价层电子构型为 $2s^2 2p^4$，有两对孤对电子。在形成 H₂O 分子时，O 原子也采取了 sp³ 不等性杂化，形成 4 个 sp³ 杂化轨道，有 2 个 sp³ 轨道上各填充了 1 对电子，另 2 个 sp³ 杂化轨道各填充了 1 个电子，杂化过程可表示如下：

2 个具有单电子的 sp³ 杂化轨道分别与 H 原子的具有单电子的 1s 轨道重叠形成 2 个 O—H σ 键，另外 2 个含有孤对电子的 sp³ 杂化轨道没有成键，它们对 O—H 键有更强的排斥作用，使 O—H 键键角变得更小，为 105°45′，所以，H₂O 分子的空间构型为 V 型，如图 4-9 所示。

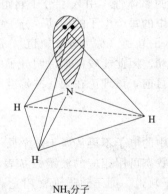
图 4-8 NH₃ 分子的空间构型示意图

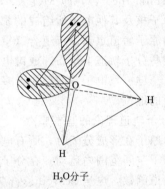
图 4-9 H₂O 分子的空间构型示意图

由于键合的原子不同，也可以引起中心原子的不等性杂化。例如，CHCl₃ 分子中，C 原子进行 sp³ 杂化，与 Cl 原子键合的 3 个 sp³ 杂化轨道，每个含 s 成分为 0.258，而与 H 原子键合的 1 个 sp³ 杂化轨道的 s 成分为 0.226，所以分子中 C 原子是不等性 sp³ 杂化。

(5) sp³d 杂化和 sp³d² 杂化 杂化轨道是原子在成键时为适应成键需要而形成的，除了上述 ns、np 可以进行杂化外，d 轨道也可参与杂化，形成 sp³d 杂化（三角双锥），如图 4-10；sp³d² 或 d²sp³ 杂化（正八面体），如图 4-11 所示。

PCl₅ 形成过程中中心原子 P 采用了 sp³d 杂化轨道，由 1 个 ns 和 3 个 np 及 1 个 nd 轨道组合而形成 5 个杂化轨道，其中 3 个杂化轨道互成 120°位于同一个平面上，另外 2 个杂化轨道垂直于这个平面，夹角 90°，空间构型为三角双锥（如图 4-10）。

SF₆ 形成过程中，中心原子 S 采用了 sp³d² 杂化轨道，由 1 个 ns 和 3 个 np 及 2 个 nd 轨道组合而形成 6 个杂化轨道。6 个 sp³d² 轨道指向正八面体的 6 个顶点，杂化轨道间的夹角

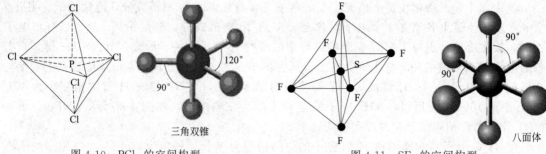

图 4-10　PCl_5 的空间构型　　　　　图 4-11　SF_6 的空间构型

为 90°或 180°，空间构型为正八面体（如图 4-11）。

三、分子轨道理论

前面所讨论的价键理论可以直接利用原子的电子层结构简要地说明共价键的形成和特性，以及共价键的本质，方法直观，易于接受。但由于价键理论在讨论共价键时，只考虑了未成对电子，而且只是自旋方向相反的电子两两配对才能形成稳定的共价键，将成键电子定域在两个成键原子之间，这些不足使价键理论对许多分子的结构和性质难以解释。例如用价键理论来处理 O_2 分子，由于 O 原子有两个未成对的 2p 电子，分子中应配对形成一个 σ 键和一个 π 键，不应有未成对电子存在，将 O_2 分子置于磁场中，应呈反磁性，但事实上，O_2 分子却是顺磁性物质，这说明 O_2 分子一定存在未成对电子。1932 年，美国化学家 R. S. Mulliken 和德国化学家 F. Hund 提出了一种新的共价键理论——分子轨道理论（molecular orbital theory），即 MO 法。该理论注意了分子的整体性，引入了分子轨道的概念，在所有原子核及其他电子所组成的统一势场中考虑分子中的每个电子的运动，分子中的所有相对应的原子轨道重新进行组合（重叠），产生一系列新的轨道（称为分子轨道），所有的电子都在这些分子轨道上排布，成键电子在整个分子内运动。因此能较好地说明分子中电子对键、单电子键、三电子键的形成及多原子分子的结构。目前，该理论在现代共价键理论中占有很重要的地位。

1. 分子轨道理论的基本要点

（1）原子在形成分子时，所有电子都有贡献，分子中的电子不再从属于某个原子，而是在整个分子空间范围内运动。在分子中电子的空间运动状态可用相应的波函数 ψ 表示，ψ 称为分子轨道函数，也是 Schrödinger 方程的解，简称分子轨道。原子轨道通常用光谱符号 s、p、d、f 等表示，分子轨道则常用对称符号 σ、π、δ... 符号表示，在分子轨道的符号的右下角表示形成分子轨道的原子轨道名称。分子轨道和原子轨道的主要区别在于：在原子中，电子的运动只受 1 个原子核的作用，原子轨道是单核系统；而在分子中，电子则在所有原子核势场作用下运动，分子轨道是多核系统。

（2）分子轨道可以由分子中原子轨道波函数的线性组合而得到。几个原子轨道可组合成几个分子轨道，其中有一半分子轨道分别由正负符号相同的两个原子轨道叠加而成，两核间电子的概率密度增大，其能量较原来的原子轨道能量低，有利于成键，称为成键分子轨道，如 σ、π 轨道；另一半分子轨道分别由正负符号不同的两个原子轨道叠加而成，两核间电子的概率密度很小，其能量较原来的原子轨道能量高，不利于成键，称为反键分子轨道，如 σ^*、π^* 轨道。

（3）为了有效地组合成分子轨道，要求成键的各原子轨道必须符合下述三条原则，也就是组成分子轨道的三原则。

① 对称性匹配原则　只有对称性相同的原子轨道才能有效组合成分子轨道，这称为对

称性匹配原则。从原子轨道的角度分布函数的几何图形可以看出，它们对于某些点、线、面等有着不同的空间对称性。根据两个原子轨道的角度分布图中波瓣的正、负号相对于键轴（设为 x 轴）或相对于键轴所在的某一平面的对称性可决定其对称性是否匹配。对称性匹配的两原子轨道组合成分子轨道时，波瓣符号相同（即＋＋重叠或－－重叠）的两原子轨道组合成成键分子轨道；波瓣符号相反（即＋－重叠）的两原子轨道组合成反键分子轨道。

② 能量相近原则 在对称性匹配的原子轨道中，只有能量相近的原子轨道才能组合成有效的分子轨道，而且能量越相近越有利于组合，若两个原子轨道的能量相差很大，则不能组合成有效的分子轨道。

③ 轨道最大重叠原则 对称性匹配的两个原子轨道进行线性组合时，其重叠程度越大，则组合成的分子轨道的能量愈低，所形成的化学键愈牢固，这称为轨道最大重叠原则。

在上述三条原则中，对称性匹配原则是首要的，它决定原子轨道有无组合成分子轨道的可能性。能量相似原则和轨道最大重叠原则是在符合对称性匹配原则的前提下，决定分子轨道组合效率的问题。

（4）电子在分子轨道上排布时，遵循能量最低原理、泡利不相容原理和洪德规则。分子的总能量等于各电子能量之和。

（5）在分子轨道理论中，用键级来表示键的牢固程度。键级的定义为：

$$键级＝1/2（成键轨道上的电子数－反键轨道上的电子数）。$$

一般说来，键级越大，键能越高，键越牢固，分子也越稳定，键级为零，表明分子不能存在。因此可以用键级值的大小，近似定量地比较分子的稳定性。

2. 分子轨道的形成

量子力学认为，分子轨道由组成分子的各原子轨道组合而成。分子轨道总数等于组成分子的各原子轨道数目的总和。分子轨道的形状可以通过原子轨道的重叠，分别近似地描述。

（1）s-s 原子轨道的组合 一个原子的 ns 原子轨道与另一个原子的 ns 原子轨道组合成两个分子轨道的情况，如图 4-12 所示。

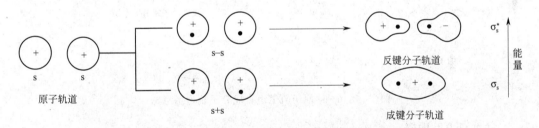

图 4-12 s-s 原子轨道组合成分子轨道示意图

由图 4-12 所得到的两个分子轨道的形状可以看出：若电子进入上面那种分子轨道，其电子云的分布偏于两核外侧，在核间的分布稀疏，不能抵消两核之间的斥力，对分子的稳定不利，对分子中原子的键合会起反作用，因此上一种分子轨道称为反键分子轨道（简称反键轨道）；若电子进入下面那种分子轨道，其电子云在核间的分布密集，对两核的吸引能有效地抵消两核之间的斥力，对分子的稳定有利，使分子中原子间发生键合作用，因此下面那种分子轨道称为成键分子轨道（简称成键轨道）。

由 s-s 原子轨道组合而成的这两种分子轨道，其电子云沿键轴（两原子核间的连线）对称分布，这类分子轨道称为 σ 分子轨道。为了进一步把这两种分子轨道区别开来，图 4-12 中上面那种称为 σ_{ns}^* 反键分子轨道，图中下面那种称为 σ_{ns} 成键分子轨道。通过理论计算和实验测定可知，σ_{ns}^* 分子轨道的能量比组合该分子轨道的 ns 原子轨道的能量要高。σ_{ns} 分子轨道

的能量则比 ns 原子轨道的能量要低。电子进入 σ_{ns}^* 反键轨道会使体系能量升高，电子进入 σ_{ns} 成键轨道则会使体系能量降低，在 σ 轨道上的电子称为 σ 电子。

（2）p-p 原子轨道的组合　一个原子的 p 原子轨道和另一个原子的 p 原子轨道组合成分子轨道，可以有"头碰头"和"肩并肩"两种组合方式。

① σ 分子轨道　当一个原子的 np 原子轨道与另一个原子的 np 原子轨道沿键轴方向相互接近（头碰头），如图 4-13 所示，所形成的两个分子轨道，其电子云沿键轴对称分布，其中一个称 σ_{np_x} 成键分子轨道，另一个称 $\sigma_{np_x}^*$ 反键分子轨道。$\sigma_{np_x}^*$ 分子轨道的能量比组合该分子轨道的 np 原子轨道的能量要高，而 σ_{np_x} 分子轨道的能量比组合该分子轨道的 np 原子轨道的能量要低。

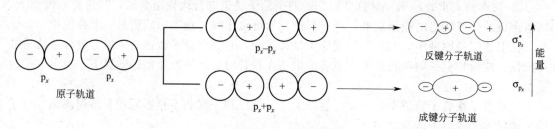

图 4-13　p_x-p_x 原子轨道组合成分子轨道示意图

② π 分子轨道　当两个原子的 np_z 原子轨道沿着 x 轴的方向相互接近（肩并肩），如图 4-14 所示，也可以组合成两个分子轨道，其电子云的分布有一对称面，此平面通过 x 轴，电子云则对称地分布在此平面的两侧，这类分子轨道称为 π 分子轨道。在这两个 π 分子轨道中，能量比组合该分子轨道的 np 原子轨道高的称 $\pi_{np_z}^*$ 反键分子轨道；而能量比组合该分子轨道的 np 原子轨道低的，称 π_{np_z} 成键分子轨道。

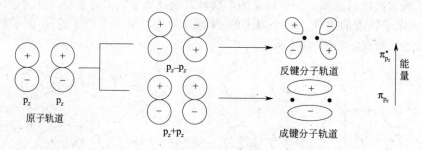

图 4-14　p_z-p_z 原子轨道组合成分子轨道示意图

3. 分子轨道的能级

分子轨道的能量可以通过光谱实验来确定。图 4-15 列出了第一、二周期元素形成的同核双原子分子的分子轨道能级次序。其中图 4-15（a）是 O_2、F_2 分子的分子轨道能级顺序。即

$$\sigma_{1s} < \sigma_{1s}^* < \sigma_{2s} < \sigma_{2s}^* < \sigma_{2p_x} < \pi_{2p_y} = \pi_{2p_z} < \pi_{2p_y}^* = \pi_{2p_z}^* < \sigma_{2p_x}^*$$

而图 4-15（b）是 N 元素及 N 之前的第一、二周期元素形成同核双原子分子的分子轨道能级顺序。即

$$\sigma_{1s} < \sigma_{1s}^* < \sigma_{2s} < \sigma_{2s}^* < \pi_{2p_y} = \pi_{2p_z} < \sigma_{2p_x} < \pi_{2p_y}^* = \pi_{2p_z}^* < \sigma_{2p_x}^*$$

4. 分子轨道理论的应用

分子轨道理论可以较好地解释一些分子的形成，比较不同分子稳定性的相对大小，判断分子是否具有磁性，推测一些双原子分子或离子能否存在。

例如，用分子轨道理论分析 N_2 分子和 O_2 分子的结构，比较两种分子稳定性的大小，

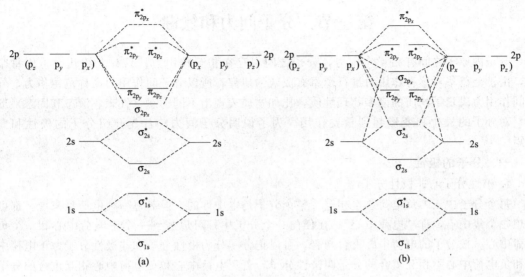

图 4-15 同核双原子的分子轨道的两种能级顺序图

解释 O_2 分子具有顺磁性的原因。

N 原子的电子构型为 $1s^2 2s^2 2p^3$，两个 N 原子共 14 个电子，根据电子排布三原则，按照图 4-15(b) 的能级填充电子，N_2 分子的分子轨道式为：

$$N_2[(\sigma_{1s})^2(\sigma_{1s}^*)^2(\sigma_{2s})^2(\sigma_{2s}^*)^2(\pi_{2p_y})^2(\pi_{2p_z})^2(\sigma_{2p_x})^2]$$

由于 N_2 分子的 σ_{1s} 轨道和 σ_{1s}^* 轨道是由 N 原子的内层原子轨道组合而成的，且电子都已填满，σ_{1s} 轨道的能量降低和 σ_{1s}^* 轨道能量升高相同，相互抵消，可以认为内层电子对 N_2 分子的形成没有贡献，所以 $(\sigma_{1s})^2$ 和 $(\sigma_{1s}^*)^2$ 可用 KK 表示，则

$$N_2[KK(\sigma_{2s})^2(\sigma_{2s}^*)^2(\pi_{2p_y})^2(\pi_{2p_z})^2(\sigma_{2p_x})^2]$$

其中，$(\sigma_{2s})^2$ 和 $(\sigma_{2s}^*)^2$ 能量降低和升高相同，相互抵消，不能成键；$(\sigma_{2p_x})^2$ 形成 1 个 σ，$(\pi_{2p_y})^2$ 和 $(\pi_{2p_z})^2$ 分别形成 2 个 π 键。所以，N_2 分子中含有共价三键，键级为 $(8-2)/2=3$。由于形成三键的电子都排布在成键分子轨道上，且 π 轨道的能量较低，使体系能量大为降低，所以 N_2 分子很稳定。由于 N_2 分子中没有成单电子，所以 N_2 分子是抗磁性物质。

O 原子的电子构型为 $1s^2 2s^2 2p^4$，两个 O 原子共 16 个电子。O_2 分子的分子轨道式为：

$$O_2[KK(\sigma_{2s})^2(\sigma_{2s}^*)^2(\sigma_{2p_x})^2(\pi_{2p_y})^2(\pi_{2p_z})^2(\pi_{2p_y}^*)^1(\pi_{2p_z}^*)^1]$$

其中 $(\sigma_{2p_x})^2$ 形成 1 个 σ 键，$(\pi_{2p_y})^2$ 和 $(\pi_{2p_y}^*)^1$、$(\pi_{2p_z})^2$ 和 $(\pi_{2p_z}^*)^1$ 分别形成 3 电子 π 键。所以，在 O_2 分子中有 1 个 σ 键和 2 个三电子 π 键，键级为 $(8-4)/2=2$，由于 O_2 的分子轨道中有两个单电子，所以 O_2 分子是顺磁性物质。

比较 O_2 分子和 N_2 分子的键级可知，N_2 比 O_2 稳定。

例如，推测氢分子离子 H_2^+ 和 Be_2 分子能否存在。

H_2^+ 中只有 1 个电子，按照分子轨道理论，其分子轨道式为：$[(\sigma_{1s})^1]$，键级为 1/2。由于 $(\sigma_{1s})^1$ 可形成 1 个单电子键，使体系能量降低，所以 H_2^+ 可以存在，但不稳定。

Be 分子中有 8 个电子，其分子轨道式为：$Be[KK(\sigma_{2s})^2(\sigma_{2s}^*)^2]$，键级为 $(2-2)/2=0$。由于进入成键轨道和反键轨道的电子数相等，净成键作用为零，所以，可以推测 Be_2 分子不能存在。

第三节 分子间力和氢键

分子内原子之间有相互作用力,分子之间也存在相互作用力,只有大约几十千焦每摩尔,由于范德华对这种作用力进行了卓有成效的研究,所以分子间作用力又称范德华力,分子间作用力决定了物质的诸多物理性质,比如物质表现出不同物态(气态、液态和固态)形式,对分子的极化和变形起到重要作用。为了说明分子间力,首先介绍分子的极性和偶极矩。

一、分子的极性

1. 极性分子与非极性分子

每个分子中正、负电荷总量相等,整个分子是电中性的。但对每一种电荷量来说,都可设想一个集中点,称"电荷中心"。在任何一个分子中都可以找到一个正电荷中心和一个负电荷中心。按分子的电荷中心重合与否,可以把分子分为极性分子和非极性分子。正电荷中心和负电荷中心不相互重合的分子叫极性分子,若正电荷中心和负电荷中心相互重合的分子叫非极性分子。在简单双原子分子中,如果是两个相同的原子,由于电负性相同,两原子所形成的化学键为非极性键,这种分子是非极性分子,如 H_2、O_2 等。如果两个原子不相同,其电负性不等,所形成的化学键为极性键,分子中正负电荷中心不重合,这种分子就为极性分子,如 HCl、HBr、HF 等,由极性键组成的双原子分子,键的极性越大,分子的极性也越大。对复杂的多原子分子来说,若组成的原子相同(如 S_8、P_4 等),原子间的化学键一定是非极性键,这种分子是非极性分子(O_3 除外,它有微弱的极性)。如果组成的原子不相同(如 CH_4、SO_2、CO_2 等),其分子的极性不仅取决于元素的电负性(或键的极性),而且还决定于分子的空间构型。如 CO_2 是非极性分子,SO_2 是极性分子。

2. 分子偶极矩(μ)

分子的极性大小和方向可以用偶极矩 μ 来度量,偶极矩是各键矩的矢量和,$\mu = qd$,d 为偶极长(正负电荷重心之间的距离),q 为正负电荷中心上的电荷量,单位是库·米(C·m),它的方向是由正到负,μ 可用实验测定。偶极矩越大,分子的极性越大。若某分子 $\mu = 0$ 则为非极性分子,$\mu \neq 0$ 为极性分子。μ 越大,极性越强,因此可用 μ 比较分子极性的强弱。如 $\mu(HCl) = 3.50 \times 10^{-30}$ C·m,$\mu(H_2O) = 6.14 \times 10^{-30}$ C·m。

偶极矩是表示物质性质和推测分子构型的重要物理量。常被用来验证和判断一个分子的空间结构。如 NH_3 和 $BeCl_3$ 都是四原子分子,$\mu(NH_3) = 4.94 \times 10^{-30}$ C·m,$\mu(BeCl_3) = 0$ C·m,说明 NH_3 是极性分子为三角锥形,$BeCl_3$ 为非极性分子为平面三角形的构型。

表 4-4 列出了一些物质分子偶极矩的实验数据。

表 4-4 一些物质分子的偶极矩 μ　　　　　　单位:$\times 10^{-30}$ C·m

分子式	偶极矩	分子式	偶极矩
H_2	0	SO_2	5.33
N_2	0	H_2O	6.17
CO_2	0	NH_3	4.90
CS_2	0	HCN	9.85
CH_4	0	HF	6.37
CO	0.40	HCl	3.57
$CHCl_3$	3.50	HBr	2.67
H_2S	3.67	HI	1.40

3. 分子的极化

当分子在外界电场的作用下结构及电荷分布发生的变化称为极化。由于极性分子的正负电荷中心不重合，分子中会始终存在一个正极和一个负极，极性分子的这种固有的偶极叫固有偶极或永久偶极。当极性分子受到外电场作用时，分子本身的偶极会按电场的方向定向排列，即正极一端转向电场的负极，负极一端转向电场的正极，如图 4-16 所示。这一过程称为分子的定向极化；同时，在电场的影响下，极性分子也会变形而产生诱导偶极。所以，极性分子的极化是分子的取向和变形的总结果。

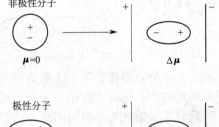

非极性分子在外电场的作用下，分子中带正电荷的核被吸引向负极，而电子云被吸引向电场的正极，结果导致分子中正负电荷的重心发生了相对位移，分

图 4-16 分子在电场中的极化

子的外形发生了改变，分子出现偶极，如图 4-16 所示，这种在外电场影响下产生的偶极叫诱导偶极，其对应的偶极矩叫诱导偶极矩。诱导偶极的大小与外电场的强度和分子的变形性成正比，当外界电场消失时，诱导偶极也会消失。

总之，在外电场的影响下，非极性分子可以产生偶极，极性分子的偶极会增大。

二、分子间作用力（范德华力）

化学键的结合能一般在 1.0×10^2 kJ·mol^{-1} 数量级，是原子间较强的相互作用力，除此之外，分子之间还存在着一种较弱的相互作用，即分子间作用力，又称范德华力，分子间力的能量只有几个千焦每摩尔。分子间作用力是决定物质物理化学性质如沸点、熔点、表面吸附、溶解度等的一个重要因素。

分子间作用力一般包括以下三种。

（1）取向力　是极性分子之间的永久偶极而产生的相互作用力。它仅存在于极性分子之间。当两个极性分子相互靠近时，由于极性分子有偶极，所以同极相斥，异极相吸，从而使极性分子按一定方向排列，这就叫做取向，如图 4-17 所示。取向力即为在已取向的极性分子间的相互作用力，取向力的本质是静电作用。分子的偶极矩越大，取向力越大；温度越高，取向力越小；分子间距离越大，取向力越小。

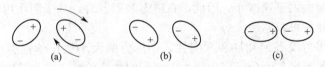

图 4-17　极性分子间取向力示意图

（2）诱导力　在极性分子和非极性分子之间以及极性分子之间都存在诱导力。当极性分子与非极性分子靠近时，非极性分子在极性分子的偶极电场影响下，原来重合的正负电荷重心发生位移，从而产生了诱导偶极，如图 4-18 所示。这种诱导偶极与极性分子的固有偶极之间的作用力为诱导力。极性分子之间相互靠近时，除了会有取向力，也会由于相互的影响，使分子发生变形从而产生诱导偶极，其结果是产生了诱导力。诱导力的本质是静电作用用。极性分子的偶极矩越大，被诱导的分子的变形性越大，诱导力越大，分子间距离越大，诱导力越小，诱导力的大小与温度无关。

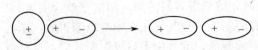

图 4-18　非极性分子和极性分子间诱导力示意图

（3）色散力　任何分子由于电子的不断运

动和原子核的不断振动，正负电荷中心会有瞬间的不重合，从而产生瞬间偶极，如图 4-19 所示。分子间这种由瞬间偶极相互作用而产生的力叫色散力。非极性分子之间只存在色散力，极性分子之间除取向力和诱导力外也存在色散力。必须根据近代量子力学原理才能理解色散力的来源与本质，由于从量子力学导出的色散力的理论公式与光

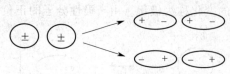

图 4-19 非极性分子间色散力示意图

色散公式相似，因此得名。色散力的大小与分子变形性有关，变形性越大，色散力越大。分子间距离越大，色散力越小。色散力还与分子的电离势有关。

瞬时偶极的产生虽然时间极短，相互间的作用也比较微弱，但其却不断地重复发生，并不断地相互诱导和相互作用，所以，色散力在所有分子之间都始终存在。

综上所述，在极性分子之间同时存在取向力、诱导力和色散力；在极性分子和非极性分子之间，既有诱导力也有色散力；而在非极性分子之间只存在色散力。一些分子间三种作用力大小的比较见表 4-5。

表 4-5 分子间作用力的分配

分子	取向力 /kJ·mol^{-1}	诱导力 /kJ·mol^{-1}	色散力 /kJ·mol^{-1}	总和 /kJ·mol^{-1}
Ar	0.000	0.000	8.49	8.49
CO	0.0029	0.0084	8.74	8.75
HI	0.025	0.1130	25.86	26.00
HBr	0.686	0.502	21.92	23.11
HCl	3.305	1.004	16.82	21.13
NH$_3$	13.31	1.548	14.94	29.80
H$_2$O	36.38	1.929	8.996	47.31

分子间作用力有如下特点。

(1) 它是永远存在于分子或离子间的作用力。在一般分子中色散力往往是主要的，只有对极性很大的分子取向力才占主要部分。除 NH$_3$、H$_2$O、HF 外，一般分子的体积或相对分子质量越大，分子的变形性越大，分子间作用力就越大。

(2) 分子间作用力通常表现为近距离的吸引力，作用范围很小（约为 300～500pm），且随分子间距离的增大而迅速减小。因此，在液态和固态时，分子间作用力比较明显，气态时，分子间作用力往往可以忽略。

(3) 分子间作用力没有饱和性和方向性，作用力的大小比化学键能小 1～2 个数量级，一般为几到几十千焦每摩尔。分子间作用力主要影响物质的熔、沸点等物理性质，而化学键主要影响物质的化学性质。如分子间作用力小的物质熔、沸点都低，一般为气体。

(4) 它不具有方向性和饱和性。

物质的一些物理性质如沸点、熔点、密度、溶解度、表面张力等都与分子间作用力有关。一般说来，分子间作用力越强，物质的熔点、沸点越高。例如，CF$_4$、CCl$_4$、CBr$_4$、Cl$_4$ 都是非极性分子，分子间只存在色散力。由于色散力随它们的相对分子质量依次增大而递增，所以，它们的沸点依次递增。溶解度的大小也受分子间作用力大小的影响，所谓"相似相溶"，就是指溶剂分子和溶质分子的极性相似时，溶质更容易溶解，溶解度就会更大。

在生产上利用分子间力的地方很多。例如，有的工厂用空气氧化甲苯制取苯甲酸，未起反应的甲苯随尾气逸出，可以用活性炭吸附回收甲苯蒸气，空气则不被吸附而放空。这可以联系甲苯、氧和氮分子的变形性来理解。甲苯（C$_7$H$_8$）分子比 O$_2$ 或 N$_2$ 分子大得多，变形

性显著。在同样的条件下，变形性愈大的分子愈容易被吸附，利用活性炭分离出甲苯就是根据这一原理。防毒面具滤去氯气等有毒气体而让空气通过，其原理是相同的。近年来生产和科学实验中广泛使用的气相色谱，就是利用了各种气体分子的极性和变形性不同，而被吸附的情况不同，从而分离、鉴定气体混合物中的各种成分。

三、氢键

对于由分子构成的物质而言，若结构相似，则相对分子质量越大，熔沸点越高。比如 H_2O、H_2S、H_2Se 和 HF、HCl、HBr、HI 及 NH_3、PH_3、AsH_3，以上每一组物质，结构相似，相对分子质量逐渐增大，熔、沸点应逐渐增大，但 H_2O、HF、NH_3 的相对分子质量在组内都是最小，熔、沸点在每一组中都是最高。这是因为 H_2O、HF、NH_3 分子间除分子间作用力外，还存在着一种特殊作用，这种作用比化学键弱，但比分子间作用力强，是一种特殊的分子间作用力——氢键。水的物理性质十分特殊，除熔沸点高外，水的比热容较大，而且水结成冰后密度变小，这可以用氢键予以解释。

1. 氢键的形成

氢键是指分子中与电负性很大的原子 X 以共价键相连的氢原子，和另一分子中（或分子内）一个电负性原子很大的 Y 之间所形成的一种静电作用，可表示为：X—H⋯Y。X、Y 均是电负性大、半径小的原子，可以相同或不同，最常见的有 F、O、N 原子。例如，当 H 和 F、O、N 以共价键结合时，成键的共用电子对强烈地偏向于 F、O、N 原子一边，使得 H 几乎成为"赤裸"的质子，又由于它体积很小，所以正电荷密度很大，它不被其他原子的电子云所排斥，能与另一 F、O 或 N 原子上的孤对电子相互吸引形成氢键。

2. 氢键的特点和种类

氢键键能在 $10\sim 40 kJ\cdot mol^{-1}$ 之间，比化学键弱得多，但比分子间作用力稍强，属于一种较强的分子间作用力。判断氢键的强弱，应从氢键的本质着手分析。如果与氢键直接相连原子的吸电子能力越强，氢核裸露程度越大，氢原子上的正电荷就越高；与氢邻近原子孤电子对电子云密度越高，与裸露氢核之间的静电作用力就越大；这样的氢键就越强。分子中容易形成氢键的元素有 F、O、N、S、Cl，氢键的强弱一般顺序是 F—H⋯F＞O—H⋯O＞O—H⋯N＞N—H⋯N＞O—H⋯Cl＞O—H⋯S。

氢键具有方向性和饱和性。氢键中 X、H、Y 三原子一般在一条直线上，因为 H 原子体积很小，为了减少 X 和 Y 两个带负电原子之间的斥力，要使它们尽量远离，键角接近 180°，排斥力最小。这就是氢键的方向性，而范德华力是没有方向性的。又由于氢原子的体积很小，它与体积较大的 X、Y 靠近后，另一个体积较大的 Y 就会受到 X—H⋯Y 中的 X、Y 的排斥，这种排斥力要比它和氢原子的结合力强，所以 X—H⋯Y 中的氢原子只能与一个 Y 形成氢键，这就是氢键的饱和性。

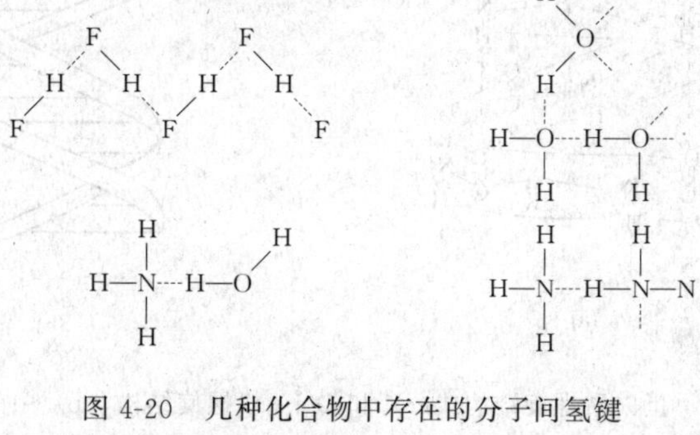

图 4-20 几种化合物中存在的分子间氢键

氢键可分为两种类型，一种是分子间氢键，即一个分子的 X—H 键和另一个分子的原子 Y 相结合而成的氢键。同种分子间和异种分子间都可以形成分子间氢键。如水与水、氨与氨之间的氢键为同种分子间氢键，氨与水、甲醇与水之间形成的氢键为异种分子间氢键，如图 4-20 所示。

一个分子内部也可以形成氢键，如一个分子的 X—H 键与它内部的原子 Y 相结合而成的氢键，则称为分子内氢键，如图 4-21 所示。苯酚的邻位上有—CHO、—COOH、—OH 和—NO_2 等基团时，即可形成分子内氢键。分子内氢键常常不在一条直线上。某些无机分子也存在分子内氢键，如 HNO_3。

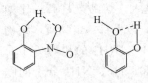

图 4-21　分子内氢键

3. 氢键对物质性质的影响

分子间产生了氢键，就会使物质的熔点、沸点升高。这是因为当固体熔化和液体汽化时，需要克服分子间力外，还要破坏氢键，消耗的能量增多。HF、H_2O、NH_3 分子就是因为分子间存在着氢键，它们的熔点、沸点才异常地高。碳族元素的氢化物中，如 CH_4，其中 C 原子电负性小，半径大，不能形成氢键。

若溶质分子与溶剂分子之间能形成氢键，则溶质在溶剂中的溶解度就会增加。例如 NH_3，易溶于水中，就是 NH_3 与 H_2O 形成氢键的缘故。

液体分子间若有氢键存在，其黏度一般较大。例如甘油、磷酸、浓硫酸，都是因为分子间有氢键存在，通常为黏稠状的液体。

若形成分子内氢键，因减弱了分子之间的氢键作用，一般会使化合物沸点、熔点降低，汽化热、升华热减小，也会使物质在极性溶剂中的溶解度下降，如邻位硝基苯酚由于存在分子内氢键，它比间位、对位硝基苯酚在水中的溶解度要小，而更易溶于非极性溶剂中。酸分子内氢键的存在常使其酸度增加。生物体内的蛋白质和 DNA 分子内或分子间存在大量的氢键，它们是由羰基上的氧和氨基上的氢形成的，这极大地增强了螺旋结构的稳定性。

总之，氢键普遍地存在于许多化合物与溶液之中，虽然氢键键能不大，但它对物质的酸碱性、密度、介电常数、熔点、沸点等物理化学性质有各种不同的影响，在各种生化过程中也起着十分重要的作用。

生物体内也广泛存在氢键，如蛋白质分子、核酸分子中均有分子内氢键。在蛋白质的 α 螺旋结构中，螺旋之间羰基上的氧和亚胺基上的氢形成分子内氢键，如图 4-22(a) 所示。又

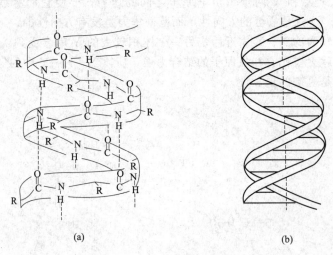

图 4-22　蛋白质螺旋结构式(a) 和 DNA 双螺旋结构 (b) 中的氢键

如脱氧核糖核酸（DNA），它是由磷酸、脱氧核糖和碱基组成的具有双螺旋结构的生物大分子，两条链通过碱基间氢键配对而保持双螺旋结构，维系并增强其稳定性，如图 4-22(b) 所示，一旦氢键遭到破坏，分子双螺旋结构也将发生变化，生物活性也将丧失或改变。因此，氢键在生物化学、分子生物学和医学生理学的研究方面有着重要意义。

价层电子对互斥理论

一个分子的中心原子究竟采取哪种类型的轨道杂化，直接可以预测整个分子的空间构型。杂化轨道理论成功地解释了部分共价分子杂化与空间构型关系，但是，仅用杂化轨道理论预测有时是难以确定的。1940 年美国的 Sidgwick NV 等人相继提出了价层电子对互斥理论，简称 VSEPR 法，该法适用于主族元素间形成的 AB_n 型分子或离子。该理论认为，一个共价分子或离子中，中心原子 A 周围所配置的原子 B（配位原子）的几何构型，主要决定于中心原子的价电子层中各电子间的相互排斥作用。这些电子对在中心原子周围按尽可能互相远离的位置排布，以使彼此间的排斥能最小。所谓价层电子对，指的是形成 σ 键的电子对和孤对电子。孤对电子的存在，增加了电子对间的排斥力，影响了分子中的键角，会改变分子构型的基本类型。价层电子对理论预测分子空间构型步骤如下。

1. 确定中心原子中价层电子对数

中心原子的价层电子数和配体所提供的共用电子数的总和除以 2，即为中心原子的价层电子对数。规定：(1) 作为配体，卤素原子和 H 原子提供 1 个电子，氧族元素的原子不提供电子；(2) 作为中心原子，卤素原子按提供 7 个电子计算，氧族元素的原子按提供 6 个电子计算；(3) 对于复杂离子，在计算价层电子对数时，还应加上负离子的电荷数或减去正离子的电荷数；(4) 计算电子对数时，若剩余 1 个电子，亦当作 1 对电子处理。(5) 双键、三键等多重键作为 1 对电子看待。

2. 判断分子的空间构型

根据中心原子的价层电子对数，从表 4-6 中找出相应的价层电子对构型后，再根据价层电子对中的孤对电子数，确定电子对的排布方式和分子的空间构型。

表 4-6　电子对数与空间构型

电子对数	2	3	4	5	6
结构形式	直线形	平面三角形	四面体	三角双锥	八面体

实例分析 1：

试判断 PCl_5 分子的空间构型。

解：P 离子的正电荷数为 5，中心原子 P 有 5 个价电子，Cl 原子各提供 1 个电子，所以 P 原子的价层电子对数为 (5+5)/2=5，其排布方式为三角双锥。因价层电子对中无孤对电子，所以 PCl_5 为三角双锥型。

实例分析 2：

试判断 H_2O 分子的空间构型。

解：O 是 H_2O 分子的中心原子，它有 6 个价电子，与 O 化合的 2 个 H 原子各提供 1 个电子，所以 O 原子价层电子对数为 (6+2)/2=4，其排布方式为四面体，因价层电子对中有 2 对孤对电子，所以 H_2O 分子的空间构型为 V 形。

实例分析 3：

判断 HCHO 分子和 HCN 分子的空间构型

解：分子中有 1 个 C=O 双键，看作 1 对成键电子，2 个 C—H 单键为 2 对成键电子，C 原子的价层电子对数为 3，且无孤对电子，所以 HCHO 分子的空间构型为平面三角形。

HCN 分子的结构式为 H—C≡N：，含有 1 个 C≡N 三键，看作 1 对成键电子，1 个 C—H 单键为 1 对成键电子，故 C 原子的价层电子对数为 2，且无孤对电子，所以 HCN 分子的空间构型为直线。

因此，根据此价层电子对互斥理论，只要知道分子或离子中的中心原子上的价层电子对数，就能比较容易而准确地判断 AB_n 型共价分子或离子的空间构型。

（摘自 http//www.quantumchemistry.net/Foundation/SpecialTopics/ValenceBondTheo/200601/1000.html）

习 题

1. 指出下列分子哪些是极性分子，哪些是非极性分子：Ne、Br_2、HF、NO、CS_2、$CHCl_3$、NF_3、C_2H_4（乙烯）、C_2H_5OH（乙醇）、$C_2H_5OC_2H_5$（乙醚）、C_6H_6（苯）。

2. 下面分子间存在哪些作用力（色散力，取向力，诱导力，氢键）。
（1）C_6H_6（苯）和 CCl_4 （2）CH_3OH（甲醇）和 H_2O （3）He 和 H_2O （4）H_2S 和 NH_3

3. 指出下列哪些分子之间能够形成氢键：（1）H_2O 与 H_2S （2）CH_4 与 NH_3 （3）$C_2H_5OC_2H_5$（乙醚）和 H_2O （4）C_2H_5OH（乙醇）和 HF。

4. 填写下表（CN 分子中，假定 C 和 N 的各原子轨道能级近似相等）。

分子式	分子轨道式	键级	分子能否存在	分子有无磁性
H_2^+				
B_2				
Be_2				
O_2^-				
CN				

5. 将下列各题的正确答案填在横线上。

（1）共价键类型有 _____ 和 _____。其中键能较大的是 _____ 键。

（2）同一原子中，由一个 ns 轨道和两个 np 轨道发生的杂化，叫做 _____ 杂化。杂化后组成了 _____ 个完全相同的杂化轨道。

（3）CH_4 分子中 C 原子的杂化轨道类型为 _____，其分子的空间构型为 _____。

（4）NH_3 中 N 原子采取不等性 sp^3 杂化，NH_3 分子的空间构型为 _____，NH_4^+ 中 N 原子采取 杂化，NH_4^+ 的空间构型为 _____。

（5）O_2^+ 的分子轨道排布式是 _____，其中有 _____ 个未成对电子，键级为 _____。

6. 选择正确答案的序号填入括号里。

（1）下列化合物属极性共价化合物的是（ ）。
A. KCl　　　B. NaCl　　　C. CCl_4　　　D. HCl　　　E. CH_4

（2）PH_3 的分子构型是（ ）。
A. 正四面体　　　B. 平面三角形　　　C. 三角锥形　　　D. 不能确定

（3）下列物质分子间存在氢键的是（ ）。

A. NaCl   B. CO_2 C. HF   D. H_2S E. CS_2

(4) N_2 的键级是（   ）。

A. 2   B. 2.5   C. 3   D. 3.5

(5) 下列组分之间只存在色散力的是（   ）。

A. 氨和水   B. 二氧化碳气体   C. 溴化氢气体   D. 甲醇和水

(6) 在苯和 H_2O 分子间存在着（   ）。

A. 色散力和取向力
B. 取向力和诱导力
C. 色散力和诱导力
D. 色散力，取向力和诱导力

第五章　化学反应基本理论

物质分子的组成或结构的变化是通过化学反应来实现的。研究化学反应、掌握化学反应的规律是化学研究的主要任务。而化学热力学和化学动力学是研究化学反应的两个十分重要的组成部分。化学热力学是从宏观的角度去考察化学反应的进行，并不涉及物质的微观结构及变化过程的细节。在给定的条件下，反应物能否自动发生反应，转化为预期的产物（化学反应进行的方向）；如果能反应，按照反应式进行反应所能得到的最大产率是多少（反应进行的程度），反应进行时能量的变化情况；以及外界条件的改变对反应方向和限度的影响等都属于化学热力学研究的范畴。而化学动力学研究的是化学反应进行的快慢和反应的历程等问题。它需要经过热力学已确定了在给定条件下反应可以进行为前提条件，在此基础上研究反应物是如何转化为产物的，转化所需要的时间，以及影响转化过程的因素，同时还对物质的结构、性质与反应性能的关系等加以探讨。

在实际应用时，化学热力学和化学动力学是相辅相成的。若某一化学反应经热力学研究表明是在任何条件下都不可能进行的，则不必要再去研究其反应速率等问题。综合考虑化学热力学和化学动力学对化学反应的影响，可以帮助我们用科学的方法合理地选择和控制反应的条件，减少副反应的发生，提高产品的产率和质量，对理论研究和实际生产都具有很好的指导作用。

本章首先介绍化学热力学的一些基本概念，然后从焓、熵和吉布斯函数等概念了解化学反应的方向和限度及影响因素，同时对化学反应速率及相关理论加以阐述。

第一节　化学热力学初步

化学热力学利用热力学原理研究物质体系中的化学现象和规律，根据物质体系的宏观可测性质和热力学函数关系来判断体系的稳定性、变化方向和变化的程度。21世纪的热点研究领域有生物热力学和热化学，如细胞生长过程的热化学、蛋白质的定点切割反应热力学、生物膜分子的热力学等；另外，非线性和非平衡态的化学热力学与化学统计学，分子体系的热化学（包括分子力场、分子与分子的相互作用）等也是重要方面。应用热力学基本原理来研究物质的物理变化及化学变化的方向、限度等问题的学科就是化学热力学。为了便于应用热力学的基本原理研究化学反应的能量转化规律，首先需要了解热力学中的几个常用术语。

一、基本概念和术语

1. 系统和环境

化学上为了研究问题的方便，常常把研究的对象从周围环境划分出来。当以一定种类和质量的物质所组成的整体作为研究对象时，这个整体就称为系统。环境即系统的环境，是系统以外与之相联系的那部分物质。例如，研究烧杯中溶液所进行的化学反应，烧杯中的反应物称为系统，烧杯和外界的空气等物质称为环境。需要指出的是：系统与环境之间的界面可以是实际存在的，也可以是假想的实际上并不存在的。

系统与环境之间的联系包括两者之间的物质交换和能量交换（热和功）。依照系统和环境之间物质和能量传递的不同情况，可将系统分为三种类型。

(1) 敞开系统　系统与环境间既有能量传递，也有物质传递。
(2) 封闭系统　系统与环境间有能量传递，但无物质传递。
(3) 孤立系统　系统与环境间既无能量传递，也无物质传递。

2. 系统的状态和状态函数

系统的宏观可测的性质，如体积、压力、温度、质量、黏度、表面张力等所描述的状态称为系统的状态，只要系统所有的性质都是一定的，系统的状态就是确定的，而其中任何一个性质发生了变化，系统的状态也随之发生变化。这些用来描述系统的状态的物理量就叫做状态函数。对于系统的某一状态来说，其状态函数之间是相互关联的。例如，处于某一状态下的纯水，若温度和压力一定，其密度、黏度等就有一定的数值。

状态函数的特征就是当系统从一种状态（始态）变化到另一种状态（终态）时，状态函数的变化值仅取决于系统的始态和终态，与系统状态变化的途径无关。

3. 过程和途径

对于液体的蒸发、固体的溶解、化学反应、气体的膨胀或压缩等，系统的状态发生了变化，我们说系统变化经历了一个过程。系统从某一个状态变化到另一个状态的经历，称为过程。过程前的状态称为始态，过程后的状态称为末态或终态。实现这一变化的具体步骤称为途径。

实现同一始末态的过程可以有不同的途径，并且一个途径可以由一个或几个步骤所组成。如 1mol 理想气体，由始态（100kPa，298K）变化到终态（300kPa，398K），可采取两种不同途径：①先恒压升温，再等温升压到达终态。即从 100kPa，298K 变化到 100kPa，398K；再由此变化到 300kPa，398K。②先等温升压，再恒压升温到达终态。即从 100kPa，298K 变化到 300kPa 和 298K，再变化到 300kPa 和 398K。虽然经历了两条不同路线，但系统发生的却是同一过程。在系统这一变化过程中，$\Delta T = T_{终} - T_{始} = 398 - 298 = 100K$，$\Delta p = p_{终} - p_{始} = 300 - 100 = 200 kPa$。

根据过程进行的特定条件，主要有恒温过程（$T = T_{环境} =$ 定值）、恒压过程（$p = p_{环境} =$ 定值）、恒容过程（$V =$ 定值）、绝热过程（系统与环境无热交换）、循环过程（系统从始态出发经一系列步骤又回到始态的过程）等。

4. 热和功

热和功是系统的状态发生变化时，系统和环境之间能量转换的两种不同的形式。如果系统和环境存在着温度差，则两者间交换或传递的能量就叫做热，常用符号 Q 表示，单位为 J。若系统从环境吸热，$Q>0$；若系统向环境放热，$Q<0$。

除热之外，系统与环境之间以其他形式交换或传递的能量称为功（辐射除外），常用符号 W 表示，单位为 J。若系统对环境做功，$W<0$；若环境对系统做功，$W>0$。功有不同种类，如机械功、电功、表面功、体积功（膨胀功）等。化学上把体积功以外的其他功都称为非体积功。所谓体积功就是指系统对抗外压、体积膨胀时所做的功，用符号 W_v 来表示。

$$W_v = -p_{外} \Delta V$$

式中，$p_{外}$ 为外压；ΔV 为系统的体积变化。如果外压小于系统的压力（$p_{内}$），即 $p_{外} < p_{内}$，则系统发生体积膨胀，$\Delta V > 0$，此时，体积功 $W_v < 0$，系统对环境做功；如果 $p_{外} > p_{内}$，则系统的体积被压缩，$\Delta V < 0$，此时，$W_v > 0$，环境对系统做功。

热和功都不是状态函数，它们的数值不仅决定于系统状态变化的始态和终态，还决定于变化的途径，因此热和功是非状态函数。

5. 热力学能（又称内能）

热力学能，也称为内能，符号为 U，单位为 J。它是系统内部能量的总和，包括分子运动的平动能、转动能、电子及核的能量，以及分子与分子之间相互作用的势能等，但不包括系统整体运动的动能和系统整体处于外力场中所具有的势能。

热力学能 U 是状态函数。系统的状态一定，热力学能也一定；系统的状态改变，热力学能也随之变化，且变化值只与系统的始态和终态有关，与变化的过程无关。

由于物质内部分子、原子、电子等的运动及相互作用很复杂，人们对物质内部各种运动形式的认识有待深入，热力学能的绝对值还无法确定。但是当系统从始态变化到终态时，可以通过环境的变化来衡量系统热力学能的变化值 ΔU。

二、热力学第一定律和热化学

1. 热力学第一定律

热力学第一定律就是能量守恒定律，即能量既不能自生，也不会消失，只能从一种形式转化为另一种形式，而在转化和传递的过程中能量的总值是不变的。

在封闭系统中，系统与环境之间只有热和功的交换，如果环境对其做功 W，系统从环境吸收热 Q，则系统的能量必有增加。根据能量守恒与转化定律，增加的这部分能量等于 W 与 Q 之和。

$$\Delta U = Q + W \tag{5-1}$$

式中，ΔU 为系统的热力学能，为状态函数。式(5-1)就是热力学第一定律的数字表达式，它表明当系统经历变化时，系统从环境吸收的热除用于对环境做功外，其余全部用于增加了系统的热力学能。例如，在某一变化中，系统放出热量 50J，环境对系统做功 30J，则系统内能变化为：

$$\Delta U = (-50)J + 30J = -20J$$

负值表示系统内能净减少 20J。

在第一定律确定之前，有人幻想制造一种不消耗能量而能不断做功的机器，这就是第一类永动机。要使机器能连续工作，就要求系统不断循环。根据热力学第一定律，循环过程因系统回到始态。$\Delta U = 0$，故有 $-W = Q$。可见，若要系统对外界作功 $-W > 0$，故必然系统要从环境吸收相等数量的热。由此看来，不消耗能量而不断做功的机器是不可能制造出来的。因此，热力学第一定律还可以表述为：第一类永动机是不可能造成的。

由热力学第一定律可知，系统经由不同途径发生同一过程时，不同途径中的功和热不一定相同，但热和功的代数和却只与过程有关，与途径无关。另外，式(5-1)只适用于封闭系统，不适用于敞开系统，因为敞开系统和环境之间有物质交换，物质包括能量，此时系统本身发生变化，热和功传递的系统不太明确。

2. 反应热和焓的概念

反应热的定义：当系统发生化学变化后，使生成物的温度回到反应前的温度（即等温过程），系统放出或吸收的热量就叫做这个反应的反应热。

(1) **恒容反应热** 恒容反应热是系统在恒容且只做体积功的情况下与环境交换的热，用符号 Q_v 表示。因为系统只做体积功，且系统的变化是在定容下进行，故 $\Delta V = 0$，体积功 $W = 0$，所以

$$\Delta U = Q_v \tag{5-2}$$

式(5-2)表明恒容反应热在量值上等于过程的热力学能变。虽然热不是状态函数，但是在特定的条件下，恒容反应热只与过程的始终态有关，与途径无关。

(2) **恒压反应热** 若系统在变化过程中保持作用于系统的外压力恒定，此时系统与环境交换的热称为恒压反应热，用符号 Q_p 表示。

如果系统的变化是在恒压下进行，即 $p_{始} = p_{终} = p$，$W = -p\Delta V$，由热力学第一定律

可得
$$Q_p = \Delta U - W = \Delta U + p\Delta V$$
$$= (U_2 - U_1) + p(V_2 - V_1)$$
$$= (U_2 + pV_2) - (U_1 + pV_1) \tag{5-3}$$

将 ($U+pV$) 合并起来，定义一个新的状态函数——焓，并用符号 H 表示，即
$$H = U + pV \tag{5-4}$$

因为一定状态下不能得到系统 U 的绝对值，所以该状态下的焓的绝对值也无法确定。但可以从系统和环境之间热量的传递来衡量系统的焓的变化值，从式(5-3) 可知：
$$Q_p = H_2 - H_1 = \Delta H \tag{5-5}$$

即在不做非体积功的条件下，系统在恒压过程中所吸收的热量全部用来使焓值增加。由于 U、p、V 都是状态函数，所以焓也是状态函数，焓的变化只与系统变化的始态和终态有关，与变化的过程无关。焓具有能量的单位。

焓的变化值（焓变）对研究化学反应中能量的变化是十分重要的。由式(5-5) 可知，恒压反应热就等于化学反应的焓变，用符号 $\Delta_r H$（下标是化学反应 reaction 的缩写）来表示。
$$\Delta_r H = Q_p$$

3. 热化学

化学反应过程中，经常伴随有吸热或放热现象，对这些以热的形式放出或吸收的能量的研究，是化学热力学中的一个分支，称为热化学。

大量的化学反应是在敞开的容器、基本恒定的大气压力下进行的。当产物温度与反应物温度相同，反应过程中系统只做体积功，且反应在恒压条件下进行时，此时的反应热称为恒压反应热。热力学第一定律已证明，恒压过程中系统吸收或放出的热等于化学反应的焓变，即 $Q_p = \Delta H$。在恒压反应热的概念中，强调反应后的产物必须使之恢复到反应物起始状态的温度，是因为产物的温度升高或降低所引起的热量变化并不是真正化学反应过程中的热量，所以不能计入化学反应的反应热。

（1）化学计量数　将任一化学反应方程式
$$a\text{A} + b\text{B} \longrightarrow c\text{C} + d\text{D}$$
写作
$$0 = -a\text{A} - b\text{B} + c\text{C} + d\text{D}$$
并表示为：
$$0 = \sum_B \nu_B B$$

式中，B 表示化学反应中的分子、原子或离子，而 ν_B 则为保留下来 B 的化学计量数，其量纲为 1。因 $\nu_A = -a$，$\nu_B = -b$，$\nu_C = c$，$\nu_D = d$，可知反应物 A、B 的化学计量数为负，产物 C、D 的化学计量数为正。这和化学反应过程中反应物减少、产物增多相一致。

同一化学反应，方程式写法不同，则同一物质的化学计量数不同。例如，合成氨反应，方程式写作：
$$\text{N}_2(g) + 3\text{H}_2(g) \longrightarrow 2\text{NH}_3(g)$$
即
$$0 = -\text{N}_2(g) - 3\text{H}_2(g) + 2\text{NH}_3(g)$$
$\nu(\text{N}_2) = -1$，$\nu(\text{H}_2) = -3$，$\nu(\text{NH}_3) = 2$。若写作：
$$\frac{1}{2}\text{N}_2(g) + \frac{3}{2}\text{H}_2(g) \longrightarrow \text{NH}_3(g)$$
则 $\nu(\text{N}_2) = -\frac{1}{2}$，$\nu(\text{H}_2) = -\frac{3}{2}$，$\nu(\text{NH}_3) = 1$。

（2）反应进度　化学反应是一个过程，在过程中放热或吸热多少及焓的变化值都与反应进行的程度有关。因此，需要有一个物理量来表示反应进行的程度，这个物理量就是反应进

度,用符号 ξ 表示。对于反应 $0=\sum_B \nu_B B$,反应进度的定义式为:

$$d\xi = dn_B/\nu_B \tag{5-6}$$

式中,n_B 为反应方程式中任一物质 B 的物质的量,ν_B 为该物质在方程式中的化学计量数。任一确定化学反应的反应进度与选用哪种物质表示无关。反应进度的单位以 mol 表示。

若规定反应开始时进度 $\xi_0 = 0$ 时,则

$$\xi = \Delta n_B/\nu_B \tag{5-7}$$

对于同一反应,物质 B 的 Δn_B 一定时,因化学反应方程式写法不同,ν_B 不同,反应进度 ξ 也不同。

例如,当 $\Delta n(N_2) = -1$ 时,对反应

$$N_2(g) + 3H_2(g) \longrightarrow 2NH_3(g)$$

$\Delta \xi = \Delta n(N_2)/\nu(N_2) = -1\text{mol}/(-1) = 1\text{mol}$;而对反应

$$\frac{1}{2}N_2(g) + \frac{3}{2}H_2(g) \longrightarrow NH_3(g)$$

$\Delta \xi = \Delta n(N_2)/\nu(N_2) = -1\text{mol}/(-0.5) = 2\text{mol}$

所以在应用反应进度时,必须指明化学反应方程式。

(3) 反应的摩尔焓变 在恒压只作体积功时,系统吸收或放出的热等于化学反应的焓变。由于 ΔH 与参加反应的物质的量多少有关,热化学中引入反应的摩尔焓变概念。

反应焓变与反应进度的变化之比,即为反应的摩尔焓变:

$$\Delta_r H_m = \Delta_r H/\Delta \xi \tag{5-8}$$

"$\Delta_r H_m$"就是按照所给的反应式完全反应,即反应进度 $\xi = 1\text{mol}$ 时的焓变,简称为反应的摩尔焓。符号 $\Delta_r H_m$ 下标小写的"r"代表化学反应之意,"m"指反应进度 $\xi = 1\text{mol}$。反应的摩尔焓 SI 单位为"$J \cdot \text{mol}^{-1}$",习惯常用"$kJ \cdot \text{mol}^{-1}$"。例如,氢气和氧气在常压及 298K 条件下完全反应:

$$H_2(g) + \frac{1}{2}O_2(g) \longrightarrow H_2O(g) \quad \Delta_r H_m = -241.84 \text{kJ} \cdot \text{mol}^{-1}$$

上式表示在指定温度和压力下,氢气和氧气按上面的反应方程式进行反应,当反应进度为 1mol 时,系统的焓减少了 241.84kJ。

根据反应进度的定义式可知,$\Delta_r H_m$ 的数值与反应方程式的写法有关。例如,在相同条件下,上述反应的摩尔焓变可表示为:

$$2H_2(g) + O_2(g) \longrightarrow 2H_2O(g) \quad \Delta_r H_m = -483.68 \text{kJ} \cdot \text{mol}^{-1}$$

所以,在给出 $\Delta_r H_m$ 时,必须同时指明反应式,以明确反应系统的始态和终态各是什么物质,还要注明各物质所处的状态,即用热化学方程式表示反应热。

(4) 热化学方程式 热化学方程式是表示化学反应及其热效应关系的化学方程式。因为同一种物质,在不同的温度、压力下,性质是有差异的,或者说,物质的一些热性质与物质所处的状态有关,为了研究方便,对物质的状态做统一规定,即化学热力学中常用的标准状态,简称标准态。根据国际上的共识及我国的国家标准,标准状态是在温度 T 和标准压力 $p^\ominus$(100kPa)下物质的状态,简称标准态。对具体物质而言:

理想气体物质的标准态是指气体在指定温度 T,该气体处于标准压力 $p^\ominus$ 下的状态。混合理想气体中任一组分的标准态是指该气体组分的分压为 $p^\ominus$ 的状态。

纯液体和纯固体物质的标准态,分别是指定温度 T、标准压力 $p^\ominus$ 时纯液体和纯固体的状态。

溶液中溶质的标准态,是指在温度 T 和标准压力 $p^\ominus$ 下,质量摩尔浓度 $b = b^\ominus$ 时溶质的状态(标准质量摩尔浓度 $b^\ominus = 1\text{mol} \cdot \text{kg}^{-1}$)。由于压力对液体、固体的体积影响很小,故

通常可忽略不计。在很稀的水溶液中，质量摩尔浓度与物质的量浓度相差很小，可将溶质的标准质量摩尔浓度改用标准摩尔浓度 $c^{\ominus}=1\text{mol}\cdot\text{L}^{-1}$ 代替。

应当注意，在规定标准态时只规定压力为 $p^{\ominus}$ 而没有指定温度。对于在标准压力 $p^{\ominus}$ 下的各种物质，如果改变温度它就有很多标准状态。不同的国家和组织选取不同的参考温度，我国通常选取 298K。若在指定温度下，参加反应的各种物质（包括反应物和生成物）均处于标准态，则称反应在标准状态下进行。标准状态下反应的摩尔焓变称为标准摩尔焓变，用 $\Delta_r H_{m(T)}^{\ominus}$ 表示，单位为 $\text{kJ}\cdot\text{mol}^{-1}$。

书写热化学方程式时应注意以下几点。

① 注明参加反应的各物质的状态，以 aq 表示水合离子状态，气、液、固分别用 g、l、s 表示，对于固体还要注明其晶型。例如硫则有 S（单斜）、S（斜方）。例如：

(1) $\qquad 2H_2(g)+O_2(g)\longrightarrow 2H_2O(g) \qquad \Delta_r H_m^{\ominus}=-483.68\text{kJ}\cdot\text{mol}^{-1}$

(2) $\qquad 2H_2(g)+O_2(g)\longrightarrow 2H_2O(l) \qquad \Delta_r H_m^{\ominus}=-571.66\text{kJ}\cdot\text{mol}^{-1}$

② 注明温度和压力。同一化学反应在不同的温度下进行时，其热效应是不同的。压强对热效应也有影响，但是不大，故在一般情况下不一定注明压力大小。如 $\Delta_r H_{m(T)}^{\ominus}$，如果温度为 298K，可以不注明。

③ 明确写出该反应的化学计量方程式。因反应进度 ξ 的表示方法与反应方程式的书写形式有关，同一反应，由于反应式的写法不同，$\Delta_r H_m^{\ominus}$ 值也不同。如：

(1) $\qquad H_2(g)+\frac{1}{2}O_2(g)\longrightarrow H_2O(g) \qquad \Delta_r H_m^{\ominus}=-241.84\text{kJ}\cdot\text{mol}^{-1}$

(2) $\qquad 2H_2(g)+O_2(g)\longrightarrow 2H_2O(g) \qquad \Delta_r H_m^{\ominus}=-483.68\text{kJ}\cdot\text{mol}^{-1}$

虽然化学反应热效应可用实验方法直接测出，但要准确测定某些化学反应的热效应仍比较困难：在测量时不能完全避免热辐射及热传导作用；测量时搅拌对水温度变化亦有影响；反应是否完全以及可能的副反应等因素都会给测量带来误差；同时测量者对各种因素的控制也各不相同，所以测的数据很难一致。因此各种手册列出的某些热化学数据就有差异，有的还相差较大。故在查阅热化学数据时应尽可能选用公认的手册或数据表，并尽可能选用同一手册或数据表的数据。

(5) 标准摩尔生成焓　为了计算标准摩尔反应焓变，引入了化合物的标准摩尔生成焓，用符号 $\Delta_f H_m^{\ominus}$ 表示，"f"表示生成的意思。其定义为：在恒温和标准态下，由指定的稳定单质生成 1mol 纯物质的反应焓变称为该物质的标准摩尔生成焓。根据定义，指定的稳定单质的标准摩尔生成焓等于零。但碳的单质有石墨和金刚石两种，指定石墨的 $\Delta_f H_m^{\ominus}$（石墨）=0，而金刚石 $\Delta_f H_m^{\ominus}$ 的不等于零。又如：

$$H_2(g)+\frac{1}{2}O_2(g)\longrightarrow H_2O(g) \qquad \Delta_f H_m^{\ominus}=-241.84\text{kJ}\cdot\text{mol}^{-1}$$

$$H_2(g)+\frac{1}{2}O_2(g)\longrightarrow H_2O(l) \qquad \Delta_f H_m^{\ominus}=-285.83\text{kJ}\cdot\text{mol}^{-1}$$

在一定温度下，各种物质的 $\Delta_f H_m^{\ominus}$ 是个常数值，可以从手册中查出。本书在附录三中列出了 298.15K 时常见化合物的 $\Delta_f H_m^{\ominus}$ 值。

在定义了物质的标准摩尔生成焓以后，很容易从一定温度下反应物及产物的标准摩尔生成焓计算在该温度下反应的标准摩尔反应焓变。

$$\Delta_r H_m^{\ominus}=\sum_B \nu_B \Delta_f H_m^{\ominus}(B) \tag{5-9}$$

式中，ν_B 为化学计量数，对反应物 ν_B 取"一"；对生成物 ν_B 取"＋"。

此式表明，在一定温度下化学反应的标准摩尔反应焓变，等于同样温度下反应前后各物质的标准摩尔生成焓与其化学计量数的乘积之和。

【例 5-1】 计算 298K 下反应 $CO(g)+H_2O(g)\longrightarrow CO_2(g)+H_2(g)$ 的热效应？

解 查附录三得

	CO_2	H_2	CO	H_2O
$\Delta_f H_m^\ominus(B,298K)/kJ\cdot mol^{-1}$	-393.51	0	-110.52	-241.83

$$\Delta_f H_m^\ominus(298K)=-393.51kJ\cdot mol^{-1}+0+(-110.52)kJ\cdot mol^{-1}\times(-1)+$$
$$(-241.83)kJ\cdot mol^{-1}\times(-1)$$
$$=-41.16kJ\cdot mol^{-1}$$

(6) **盖斯定律及其应用** 1880 年，盖斯（G. H. Hess）在研究了大量的实验事实后，总结出一条规律：化学反应不管是一步完成的，还是多步完成的，其热效应都是相同的。即化学反应的热效应只决定于反应物的始态和生成物的终态，与反应经历的过程无关。这就是盖斯定律。

C 和 O_2 化合成 CO 的反应，因为难以控制使 C 燃烧只变 CO 而不变成 CO_2，所以反应

$$C(石墨,s)+\frac{1}{2}O_2(g)\longrightarrow CO(g) \qquad (a)$$

的反应热无法直接测量，但是可以通过以下两个反应间接求得

$$CO(g)+\frac{1}{2}O_2(g)\longrightarrow CO_2(g) \qquad (b)$$

$$C(石墨,s)+O_2(g)\longrightarrow CO_2(g) \qquad (c)$$

从 $C(石墨,s)+O_2(g)$ 出发，在同样温度下通过两种不同途径达到 $CO_2(g)$，如图 5-1。

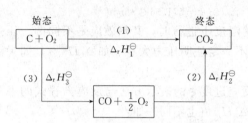

图 5-1 由 $C+O_2$ 转变成 CO_2 的两种途径

因为方程式 (a)=(c)-(b)，所以根据盖斯定律可得

$$\Delta_r H_1^\ominus=\Delta_r H_2^\ominus+\Delta_r H_3^\ominus$$
$$\Delta_r H_3^\ominus=\Delta_r H_1^\ominus-\Delta_r H_2^\ominus$$
$$=-393.5kJ\cdot mol^{-1}-(-283.0)kJ\cdot mol^{-1}=-110.5kJ\cdot mol^{-1}$$

用盖斯定律计算反应热时，利用反应式之间的代数关系进行计算更为方便。必须指出，在计算过程中，把相同物质项消去时，不仅物质种类必须相同，而且状态（即物态、温度、压力）也要相同，否则不能消去。

【例 5-2】 已知

(1) $\qquad 4NH_3(g)+3O_2(g)\longrightarrow 2N_2(g)+6H_2O(l) \qquad \Delta_r H_1^\ominus=-1523kJ\cdot mol^{-1}$

(2) $\qquad H_2(g)+\frac{1}{2}O_2(g)\longrightarrow H_2O(l) \qquad \Delta_r H_2^\ominus=-287kJ\cdot mol^{-1}$

试求反应 $N_2(g)+3H_2(g)\longrightarrow 2NH_3(g)$ 的 $\Delta_r H^\ominus$。

解 $3\times(2)-\frac{1}{2}\times(1)$ 得 $N_2(g)+3H_2(g)\longrightarrow 2NH_3(g)$

$$\Delta_r H^\ominus=3\Delta_r H_2^\ominus-\frac{1}{2}\Delta_r H_1^\ominus=3\times(-287)kJ\cdot mol^{-1}-\frac{1}{2}\times(-1523)kJ\cdot mol^{-1}=-99kJ\cdot mol^{-1}$$

三、化学反应的方向

在自然界里，一切变化都有一定的方向性。如水会自动地从高处流向低处，物体的温度会自动地从高温降至低温。这些过程都是自发进行的，无需借助外力。这种不需借助外力，能自动进行的过程称为自发过程。自发过程的逆过程叫做非自发过程。非自发过程需要借助外力的帮助才能进行。如用抽水机做功可把水从低处引向高处；通过加热才能使物体的温度从低温升高到高温。因此，自发过程具有一定的方向性，且它们不会自动逆转。

水之所以能够自发地从高处流向低处，是因为存在着水位差，整个过程中势能是降低

的。同样，物体的温度从高温降到低温的过程中，热能也在散失。通常的物理自发变化的方向，有使系统能量降低的倾向，而且能量越低，系统的状态就越稳定。因此有人曾提出，既然放热可使系统的能量降低，那么自发进行的反应应该是放热的。即以反应的焓变小于零（$\Delta_r H<0$）作为化学反应自发性的判据。实验表明，许多 $\Delta_r H<0$ 的反应确实可以自发进行，例如：

$$2H_2(g)+O_2(g)\longrightarrow 2H_2O(g) \quad \Delta_r H_m^{\ominus}=-483.68 kJ\cdot mol^{-1}$$

$$2Fe(s)+\frac{3}{2}O_2(g)\longrightarrow Fe_2O_3(s) \quad \Delta_r H_m^{\ominus}=-824.2 kJ\cdot mol^{-1}$$

这些反应都是能够自发进行的放热反应。

但是有些吸热的反应过程也是可以自发进行的。比如，硝酸钾晶体溶解在水中的过程是吸热的；N_2O_5 在常温下进行自发分解的过程也是吸热的。这些说明，只用反应的热效应来判断化学反应的自发性是不全面的，一定还有其他的因素在起作用。

1. 熵的概念

硝酸钾溶解在水中和 N_2O_5 分解反应的共同点就是变化之后系统的粒子数目增多，混乱程度增大。在 KNO_3 晶体中 K^+ 和 NO_3^- 是有规则地排列着的，然而溶于水后，K^+ 和 NO_3^- 形成水合离子分散在水中，并做无规则的热运动，使系统的混乱程度明显增大。同样，KNO_3 固体分解变成气体后，系统的粒子数增多，气体分子运动的混乱程度更大。据此，又有人以系统的混乱程度增加作为导致自发变化发生的判据。

我们把物质中一切微观粒子在相对位置和相对运动方面的不规则程度称为混乱度，并且引入了"熵"这个概念来衡量系统混乱度的大小。熵用符号 S 来表示。熵值越大，系统的混乱度就越大。

过程的熵变 ΔS，只取决于系统的始态和终态，而与途径无关。等温过程的熵变可以由下式计算：

$$\Delta S=\frac{Q_r}{T}$$

Q_r（下标 r 代表"可逆"）是可逆过程的热效应，T 为热力学温度。关于该式的推导，已超出本课程的范围，但我们可以这样粗略地理解：对于一种处于 0K 温度下的晶体，因完全有序，系统熵值最小；当晶体受热时，由于晶格上质点的热运动（振动），使一些分子取向混乱，系统熵值增加了，传入的热量越多，晶体越混乱，可见系统的 ΔS 值正比于传入系统的热量。ΔS 值反比于系统的温度，因为一定的热量传入一个低温系统（如接近 0K 的系统），则系统从几乎完全有序变成一定程度的混乱，混乱度有一个较显著的变化。如果相同的热量传入一个高温系统，因系统原来已相当混乱，传入一定的热量后仅使混乱度变得稍高一些，相对来说，混乱度只有较小的变化，所以 ΔS 与系统的温度成反比。

在反应或过程中系统混乱度的增加就用系统熵值的增加来表达。系统内物质微观粒子的混乱度是与物质的聚集状态有关的。在绝对零度时，理想晶体内分子的热运动（平动、转动和振动等）可认为完全停止，物质微观粒子处于完全整齐有序的情况。热力学中规定：在绝对零度时，任何纯物质完美晶体的熵等于零。

若知道某一物质从绝对零度到指定温度下的一些热化学数据如热容等，就可以求出此温度时的熵值，称为这一物质的规定熵（与内能和焓不同，物质的内能和焓的绝对值是难以求得的）。单位物质的量的纯物质的规定熵叫做该物质的摩尔熵，以 S_m 表示，单位为 $J\cdot mol^{-1}\cdot K^{-1}$。标准状态下物质 B 的摩尔熵称为该物质的标准摩尔熵，以 $S_m^{\ominus}(B)$ 表示。本书附录三中也列出了一些单质和化合物在 298.15K 时的标准摩尔熵 $S_m^{\ominus}(298.15K)$ 的数据。

需要指出，水和离子的标准摩尔熵不是绝对值，而是规定标准状态下水和氢离子的熵值为零的基础上求得的相对值。

根据熵的定义，不难看出物质标准摩尔熵大小的一般规律为：

(1) 同一物质，当聚集状态不同时，$S_m^{\ominus}(g) > S_m^{\ominus}(l) > S_m^{\ominus}(s)$。

(2) 同类物质，相对分子质量越大，物质的熵值越大；若相对分子质量相同，则分子结构越复杂，$S_m^{\ominus}$越大。

(3) 气态多原子分子的标准摩尔熵大于单原子的标准摩尔熵，原子数越多，其熵值越大。如：$S_m^{\ominus}(O,g) < S_m^{\ominus}(O_2,g) < S_m^{\ominus}(O_3,g)$。

(4) 同一物质，温度越高，$S_m^{\ominus}$越大。

2. 化学反应的熵变

由于熵是一个状态函数，化学反应的熵变就只与反应的始态和终态有关。反应熵变的计算就与反应焓变的计算类似。在标准态下，按反应式进行反应，当反应进度 $\xi = 1\text{mol}$ 时的反应熵变就是标准摩尔反应熵变，用符号 $\Delta_r S_m^{\ominus}$ 来表示，单位是 $J \cdot \text{mol}^{-1} \cdot K^{-1}$。标准摩尔熵变等于生成物标准摩尔熵与反应物标准摩尔熵与相应化学计量数乘积之和。

对于反应

$$0 = \sum_B \nu_B B$$

$$\Delta_r S_m^{\ominus} = \sum_B \nu_B S_m^{\ominus}(B) \tag{5-10}$$

【例 5-3】 试计算石灰石（$CaCO_3$）热分解反应的 $\Delta_r H_m^{\ominus}(298.15K)$ 和 $\Delta_r S_m^{\ominus}(298.15K)$，并初步分析该反应的自发性？

解 石灰石（$CaCO_3$）热分解反应为：

$$CaCO_3(s) \longrightarrow CaO(s) + CO_2(g)$$

$\Delta_f H_m^{\ominus}(298.15K)/kJ \cdot \text{mol}^{-1}$　　－1206.92　　　－635.09　　　－393.50

$S_m^{\ominus}(298.15K)/J \cdot \text{mol}^{-1} \cdot K^{-1}$　　92.9　　　　　39.75　　　　　213.64

根据式(5-10)，得

$$\Delta_r H_m^{\ominus} = \sum_B \nu_B \Delta_f H_m^{\ominus}(B) = \Delta_f H_m^{\ominus}(CaO,s) + \Delta_f H_m^{\ominus}(CO_2,g) - \Delta_f H_m^{\ominus}(CaCO_3,s)$$

$$= -635.09 \text{kJ} \cdot \text{mol}^{-1} + (-393.50)\text{kJ} \cdot \text{mol}^{-1} + 1206.92\text{kJ} \cdot \text{mol}^{-1}$$

$$= 178.33\text{kJ} \cdot \text{mol}^{-1}$$

根据式(5-10)，得

$$\Delta_r S_m^{\ominus} = \sum_B \nu_B S_m^{\ominus}(B) = S_m^{\ominus}(CaO,s) + S_m^{\ominus}(CO_2,g) - S_m^{\ominus}(CaCO_3,s)$$

$$= 39.75 \text{J} \cdot \text{mol}^{-1} \cdot K^{-1} + 213.64 \text{J} \cdot \text{mol}^{-1} \cdot K^{-1} - 92.9 \text{J} \cdot \text{mol}^{-1} \cdot K^{-1}$$

$$= 160.5 \text{J} \cdot \text{mol}^{-1} \cdot K^{-1}$$

反应的 $\Delta_r H_m^{\ominus}$ 为正值，表明此反应为吸热反应。从系统倾向于取得最低的能量这一因素来看，吸热不利于反应自发进行。但是反应的 $\Delta_r S_m^{\ominus}$ 为正值，表明反应过程中系统的熵值增大。从系统倾向与取得最大的混乱度这一因素来看，熵值增大，有利于反应自发进行。因此，该反应的自发性究竟如何？还需要进一步探讨。

从这个例子可以看出，要探讨反应的自发性，就需要对系统的 ΔH 与 ΔS 所起的作用进行相应的定量比较。在任何化学反应中，由于有新物质生成，系统的焓值一般都会发生改变，而在一定条件下，反应或过程的焓变是可以与系统的熵变联系起来。以下面的物质聚集状态的变化过程为例：在 101.325kPa 和 273.15K 时，冰与水的平衡系统中水可以变成冰而放热，冰也可以变成水而使系统无序度或混乱度增加，冰与水的共存表明这两种相反方向的倾向达到平衡。若适当加热使系统热量增加（系统温度仍维持在273.15K），则平衡就向冰融化成水的方向移动，固态水分子由于吸热使无序度或混乱度突然增加而成为液态水分子。这就是说，冰吸热融化成水，使水分子熵增大。

既然化学反应的自发性的判断不仅与焓变有关，而且与熵变有关，如果仅用系统的混乱度增加来判断反应的自发性也是不全面的。1878年，美国物理化学家吉布斯（J. W. Gibbs）在总结大量实验的基础上，把焓与熵综合在一起，同时考虑了温度的因素，提出了一个新的函数——吉布斯函数，并用吉布斯函数的变化值来判断反应的自发性。

3. 吉布斯函数与化学反应的方向

吉布斯函数用符号 G 来表示，其定义为：

$$G = H - TS \tag{5-11}$$

式中，H、T、S 都是状态函数，所以吉布斯函数 G 也是状态函数。吉布斯函数的单位是能量单位。在恒温、恒压的条件下，化学反应的吉布斯函数变化为：

$$\Delta_r G = \Delta_r H - T \Delta_r S \tag{5-12}$$

吉布斯提出：在恒温、恒压的封闭系统内，系统不做非体积功的条件下，可以用 $\Delta_r G$ 来判断反应的自发性。即

$\Delta_r G < 0$，反应正向自发进行

$\Delta_r G = 0$，反应处于平衡状态

$\Delta_r G > 0$，反应正向非自发，其逆反应自发

表明在恒温、恒压的封闭系统内，系统不做非体积功的条件下，任何自发的反应总是朝着吉布斯函数减少的方向进行。当 $\Delta_r G = 0$ 时，反应达到平衡，系统的吉布斯函数降至最小值。

式(5-12)不仅将反应的吉布斯函数变 $\Delta_r G$ 与焓变 $\Delta_r H$ 和熵变 $\Delta_r S$ 联系起来，而且还表明了温度对 $\Delta_r G$ 的影响。从式(5-12)可见，$\Delta_r G$ 的符号决定于 $\Delta_r H$ 和 $\Delta_r S$ 这两项的大小。下面分别加以讨论。

(1) $\Delta_r S = 0$（此种情况极少）、$\Delta_r H < 0$（放热）时，有 $\Delta_r G < 0$，反应自发地向能量降低的方向进行。

(2) $\Delta_r H = 0$（此种情况极少）、$\Delta_r S > 0$（熵增）时，有 $\Delta_r G < 0$，反应自发地向增加混乱度的方向进行。

(3) $\Delta_r H \neq 0$、$\Delta_r S \neq 0$ 时，$\Delta_r G$ 的正负号需要作具体分析，下面加以讨论。

① 若 $\Delta_r H < 0$、$\Delta_r S > 0$，则 T 取任何值，均有 $\Delta_r G < 0$，说明该反应在任何温度条件下均可自发进行。

② 若 $\Delta_r H > 0$、$\Delta_r S < 0$，则 T 取任何值，均有 $\Delta_r G > 0$，说明该反应在任何温度条件下均为非自发的。

③ 若 $\Delta_r H < 0$、$\Delta_r S < 0$，则只有当 $|\Delta_r H| > |T \Delta_r S|$ 时，$\Delta_r G < 0$，反应才可自发进行，所以温度越低，对这种过程越有利。

④ 若 $\Delta_r H > 0$、$\Delta_r S > 0$，则只有当 $|\Delta_r H| < |T \Delta_r S|$ 时，$\Delta_r G < 0$，反应才可自发进行，所以温度越高，对这种过程越有利。

如果化学反应在恒温、标准状态下进行，且反应进度 $\xi = 1\text{mol}$ 时，则式(5-12)可改写为：

$$\Delta_r G_m^\ominus = \Delta_r H_m^\ominus - T \Delta_r S_m^\ominus \tag{5-13}$$

式中，$\Delta_r G_m^\ominus$ 是标准摩尔反应吉布斯函数变。由此式可以看出，通过计算化学反应的 $\Delta_r H_m^\ominus$ 和 $\Delta_r S_m^\ominus$，可以得到 $\Delta_r G_m^\ominus$ 值。应该注意的是，在恒压下，$\Delta_r H_m^\ominus$ 和 $\Delta_r S_m^\ominus$ 随温度变化产生的变化量是很小的，常可忽略。而 $\Delta_r G_m^\ominus$ 却是一个随温度变化而变化的量，不同的温度条

件下，$\Delta_r G_m^{\ominus}$ 的数值也不相同。

在恒温下，当反应物和生成物都处于标准态时，有

$$\Delta_r G_m = \Delta_r G_m^{\ominus}$$

因此，系统的反应方向可由 $\Delta_r G_m^{\ominus}$ 值的正、负来确定。若是非标准状态，则一定要用来 $\Delta_r G_m$ 判断。

4. 标准摩尔生成吉布斯函数

在恒温和标准态下，由指定的稳定单质生成单位物质的量的某化合物时，反应的标准摩尔吉布斯函数变就称为该化合物的标准摩尔生成吉布斯函数，用符号 $\Delta_f G_m^{\ominus}$ 来表示。显然，热力学稳定单质的标准摩尔生成吉布斯函数等于零。例如，298K 时，下列反应

$$C(石墨,s)+2H_2(g)+\frac{1}{2}O_2(g)\longrightarrow CH_3OH(l)$$

$$\Delta_f G_m^{\ominus}(CH_3OH,l) = -116.4 kJ \cdot mol^{-1}$$

使用标准摩尔生成吉布斯函数 $\Delta_f G_m^{\ominus}$ 计算标准摩尔吉布斯函数变 $\Delta_r G_m^{\ominus}$ 的方法，类似于由标准摩尔生成焓计算标准摩尔反应焓变。

$$\Delta_r G_m^{\ominus} = \sum_B \nu_B \Delta_f G_m^{\ominus}(B) \tag{5-14}$$

即化学反应的标准摩尔吉布斯函数变等于各反应物和产物标准摩尔生成吉布斯函数与相应化学计量数乘积之和。

从附录三可以看出，绝大多数物质的标准摩尔生成吉布斯函数 $\Delta_f G_m^{\ominus}$ 为负值，这意味着由标准状态的单质生成某种物质通常情况下是自发的。但是也有少数物质的 $\Delta_f G_m^{\ominus}$ 为正值，其中引人感兴趣的是 NO 和 NO_2，它们的生成反应分别为：

$$\frac{1}{2}N_2(g)+\frac{1}{2}O_2(g)\longrightarrow NO(g) \quad \Delta_f G_m^{\ominus}(NO,g) = +86.69 kJ \cdot mol^{-1}$$

$$\frac{1}{2}N_2(g)+O_2(g)\longrightarrow NO_2(g) \quad \Delta_f G_m^{\ominus}(NO_2,g) = +51.99 kJ \cdot mol^{-1}$$

这两个反应的 $\Delta_f G_m^{\ominus}$ 均为正值，说明在标准状态下由 $N_2(g)$ 和 $O_2(g)$ 化合成 $NO(g)$ 和 $NO_2(g)$ 的反应均非自发。根据状态函数的性质可知，上述反应的逆反应在此条件下应该是自发的，即 NO 和 NO_2 可以分解成 $N_2(g)$ 和 $O_2(g)$。实际上一氧化氮和二氧化氮在空气中停留的时间很长，是污染空气的主要物质，事实说明它们的分解速率是极其缓慢的。同时也表明，虽然从吉布斯函数变判断该反应可以发生，但由于反应速率太慢，以至于在短期内观察不到反应的进行。

【例 5-4】 计算下列反应在 298K 时的 $\Delta_r G_m^{\ominus}$。

$$C_6H_{12}O_6(s)+6O_2(g)\longrightarrow 6CO_2(g)+6H_2O(l)$$

解 查附录三得各物质的 $\Delta_f G_m^{\ominus}$，代入式(5-14) 可得

$\Delta_r G_m^{\ominus} = [6\Delta_f G_m^{\ominus}(CO_2,g)+6\Delta_f G_m^{\ominus}(H_2O,l)] - [\Delta_f G_m^{\ominus}(C_6H_{12}O_6,s)+\Delta_f G_m^{\ominus}(O_2,g)]$

$= [6\times(-394.4) kJ \cdot mol^{-1}+6\times(-237.2) kJ \cdot mol^{-1}] - [(-910.5) kJ \cdot mol^{-1}+0]$

$= -2879 kJ \cdot mol^{-1}$

$\Delta_r G_m^{\ominus}$ 为负值，表明上述反应在 298K 的标准状态下能自发进行。

当温度变化不太大时，可以近似地把 ΔH、ΔS 看作不随温度而变化的常量。这样，只要求得 298K 时的 $\Delta H_{298}^{\ominus}$ 和 $\Delta S_{298}^{\ominus}$，利用如下近似公式就可以求得 T 时的 $\Delta G_T^{\ominus}$。

$$\Delta G_T^{\ominus} \approx \Delta H_{298}^{\ominus} - T\Delta S_{298}^{\ominus}$$

【例 5-5】 已知

	$C_2H_5OH(l)$	$C_2H_5OH(g)$
$\Delta_f H_m^{\ominus}/kJ \cdot mol^{-1}$	-277.6	-235.3
$S_m^{\ominus}/J \cdot mol^{-1} \cdot K^{-1}$	161	282

求 (1) 在 298K 和标准状态下，$C_2H_5OH(l)$ 能否自发地变成 $C_2H_5OH(g)$？(2) 在 373K 和标准状态下，$C_2H_5OH(l)$ 能否自发地变成 $C_2H_5OH(g)$？(3) 估算乙醇的沸点？

解 (1) 对于过程 $C_2H_5OH(l) \longrightarrow C_2H_5OH(g)$

$$\Delta_r H_m^\ominus = (-235.3) \text{kJ} \cdot \text{mol}^{-1} - (-277.6) \text{kJ} \cdot \text{mol}^{-1} = 42.3 \text{kJ} \cdot \text{mol}^{-1}$$

$$\Delta_r S_m^\ominus = 282 \text{J} \cdot \text{mol}^{-1} \cdot \text{K}^{-1} - 161 \text{J} \cdot \text{mol}^{-1} \cdot \text{K}^{-1} = 121 \text{J} \cdot \text{mol}^{-1} \cdot \text{K}^{-1}$$

$$\Delta_r G_m^\ominus = \Delta_r H_m^\ominus - T\Delta_r S_m^\ominus = 42.3 - 298 \times 121 \times 10^{-3} \approx 6.2 \text{kJ} \cdot \text{mol}^{-1} > 0$$

所以在 298K 和标准状态下，$C_2H_5OH(l)$ 不能自发地变成 $C_2H_5OH(g)$。

(2) 因为 ΔH、ΔS 随温度的变化很小，所以可用 298K 时的 $\Delta H_{298}^\ominus$ 和 $\Delta S_{298}^\ominus$ 来进行计算，即

$$\Delta G_{373}^\ominus \approx \Delta H_{298}^\ominus - T\Delta S_{298}^\ominus \approx 42.3 \text{kJ} \cdot \text{mol}^{-1} - 373 \times 121 \text{J} \cdot \text{mol}^{-1} \cdot \text{K}^{-1} \times 10^{-3} \approx -2.8 \text{kJ} \cdot \text{mol}^{-1} < 0$$

所以在 373K 和标准状态下，$C_2H_5OH(l)$ 能自发地变成 $C_2H_5OH(g)$。

(3) 设在标准压力下乙醇在温度 T 时沸腾，由于处于汽液平衡状态，故 $\Delta G_T^\ominus = 0$

$$\Delta G_T^\ominus \approx \Delta H_{298}^\ominus - T\Delta S_{298}^\ominus$$

$$T = \frac{\Delta H_{298}^\ominus}{\Delta S_{298}^\ominus} = \frac{42.3 \text{kJ} \cdot \text{mol}^{-1}}{121 \text{J} \cdot \text{mol}^{-1} \cdot \text{K}^{-1} \times 10^{-3}} = 350 \text{K}$$

故乙醇的沸点约为 350K（实验值为 351K）。

一个反应无论从自发转变为非自发，或从非自发变为自发，都需经过一个平衡状态（$\Delta G_T^\ominus = 0$），这个由自发反应转变为非自发反应或非自发反应转变为自发反应的转变温度，用符号 $T_{转}$ 表示。$T_{转}$ 的计算式可由下式导出：

$$T = \frac{\Delta_r H_m^\ominus}{\Delta_r S_m^\ominus} \tag{5-15}$$

第二节 化学反应速率

化学反应有些进行得很快，几乎在一瞬间就能完成。例如，酸碱中和反应、炸药的爆炸等；但是，也有些反应进行得很慢，例如，氢和氧的混合气体在室温下可以长久保持不发生显著的变化。即使是同一反应，在不同的条件下反应速率也不相同。例如，钢铁在室温下氧化缓慢，在高温下则迅速被氧化。因此，对化学反应速率的研究，无论对生产实践还是日常生活都是十分重要的。通常人们要采用一些措施，加快需要的反应的速率，以提高生产效率；而对不利的反应，如金属的腐蚀、塑料、橡胶的老化以及在化工生产中对生产不利的副反应等，就要采取适当的办法来抑制这些反应的速率。此外，在化学反应的过程中，反应物分子彼此接近，旧的化学键如何断裂，新的化学键如何形成，最终变成产物，这些都是研究化学动力学最关心的反应历程的问题。

在这一节里我们着重对化学反应速率的概念及其影响因素加以介绍，另外简单地介绍相关的反应速率理论。

一、化学反应的反应速率及表示方法

化学反应速率是衡量化学反应进行的快慢的物理量，它反映了单位时间内反应物或生成物量的变化情况。对于在恒容条件下进行的均相反应，可采用在单位时间内，单位体积中反应物或生成物量的变化来表示反应速率，亦即采用反应物浓度或生成物浓度的变化速率来表示反应速率。反应速率用符号 v 来表示，单位是 $\text{mol} \cdot \text{L}^{-1} \cdot \text{s}^{-1}$。

在具体表示反应速率时，可选择参与反应的任一物质（反应物或生成物），但一定要注明。如反应：

$$2N_2O_5 \longrightarrow 4NO_2 + O_2$$

其反应速率可分别表示为：

$$\bar{v}(N_2O_5) = -\frac{\Delta c(N_2O_5)}{\Delta t} \tag{5-16}$$

$$\bar{v}(NO_2) = \frac{\Delta c(NO_2)}{\Delta t} \tag{5-17}$$

$$\bar{v}(O_2) = \frac{\Delta c(O_2)}{\Delta t} \tag{5-18}$$

式中，Δt 为时间间隔；$\Delta c(N_2O_5)$、$\Delta c(NO_2)$ 和 $\Delta c(O_2)$ 分别表示在 Δt 期间内反应物 N_2O_5 以及生成物 NO_2 和 O_2 的浓度变化。当用反应物浓度变化表示反应速率时，由于其浓度的变化为负值，为保证速率是正值，在浓度变化值前加一负号。

上述反应速率表达式表示的反应速率都是在 Δt 时间间隔内的平均反应速率，而实验结果表明，在化学反应进行的过程中，每一时刻的反应速率都是不同的。因此，真实的反应速率是某一瞬间的反应速率，即瞬时反应速率。时间间隔越短，平均速率越接近真实速率。当 Δt 趋于无限小时，即 $\Delta t \to 0$，反应速率的表达式为：

$$v(N_2O_5) = \lim_{\Delta t \to 0} \frac{-\Delta c(N_2O_5)}{\Delta t} = \frac{-dc(N_2O_5)}{dt} \tag{5-19}$$

$$v(NO_2) = \lim_{\Delta t \to 0} \frac{\Delta c(NO_2)}{\Delta t} = \frac{dc(NO_2)}{dt} \tag{5-20}$$

$$v(O_2) = \lim_{\Delta t \to 0} \frac{\Delta c(O_2)}{\Delta t} = \frac{dc(O_2)}{dt} \tag{5-21}$$

式(5-19)～式(5-21)都是表示同一个化学反应的反应速率，但由于化学计量系数不同，选用不同物质的浓度变化来表示反应速率时，其数值不一定相同。为了统一起见，根据 IUPAC 的推荐和近年我国国家标准的表述，反应速率是反应进度（ξ）随时间的变化率，其符号为 J。对于反应

$$0 = \sum_B \nu_B B$$

当反应系统发生一微小变化时，反应速率也相应地有一微小的变化。

$$d\xi = (1/\nu_B)dn_B$$

在无限小的时间间隔内，则有反应速率

$$J = d\xi/dt = (1/\nu_B)(dn_B/dt) \tag{5-22}$$

即用单位时间内发生的反应进度来定义反应速率。反应速率 J 的单位为 $mol \cdot s^{-1}$。

在恒容、均相的反应条件下，以浓度变化表示的反应速率则为：

$$v = J/V = (1/\nu_B V)(dn_B/dt) = (1/\nu_B)(dc_B/dt) \tag{5-23}$$

用单位时间单位体积内化学反应的反应进度来定义反应速率，单位为 $mol \cdot m^{-3} \cdot s^{-1}$。此定义与用来表示速率的物质 B 的选择无关，但是与化学计量式的写法有关。

应该注意的是，由于反应进度与反应式的写法有关，所以在用反应速率 J 和 v 时，一定要同时给出或注明相应的反应方程式。

二、化学反应速率理论

反应速率理论对研究反应速率的快慢及其影响因素是十分重要的。碰撞理论和过渡态理论是其中两种重要的理论。

1. 碰撞理论

1918 年路易斯（W. C. M. Lewis）在气体分子运动论基础上提出了双分子反应的有效碰

撞理论，其主要内容是：反应物分子间发生碰撞是反应的必要条件。反应物分子间必须碰撞才有可能发生反应，反应物分子碰撞的频率越高，反应速率越快。即反应速率大小与反应物分子碰撞的频率成正比。在一定温度下，反应物分子碰撞的频率又与反应物浓度成正比。

但是事实上并不是每次碰撞都能发生反应，否则所有气相反应都能在瞬间完成。例如碘化氢气体的分解反应

$$2HI(g) \longrightarrow H_2(g) + I_2(g)$$

根据理论计算，温度为 773K，浓度为 10^{-3} mol·L^{-1} 的 HI，如果每次碰撞都能引起反应，反应速率将达到 3.8×10^4 mol·L^{-1}·s^{-1}，但该条件下实际的反应速率为 6×10^{-9} mol·L^{-1}·s^{-1}。两者相差 10^{13} 倍！所以在千万次的碰撞中，只有极少数的碰撞才是有效的。为什么会出现这种现象呢？由于化学反应是旧的化学键的断裂和新的化学键形成的过程。要破坏原有的化学键就需要能量，因而发生有效碰撞的分子一定要有足够大的能量。在一定温度下，气体分子具有一定的平均能量。有些分子的能量高一些；有些分子的能量低一些。那些具有较高能量能够发生有效碰撞的分子称为活化分子，其余的为非活化分子。非活化分子吸收足够的能量后可以转化为活化分子。通常温度恒定时，对某一特定的反应来说，活化分子的分数（活化分子在所有分子中所占的百分数）是一定的。当温度改变时，活化分子的分数将有明显的变化。例如，温度升高时，部分非活化分子吸收能量转化为活化分子后，活化分子的分数将增大。

在一定的温度下，气体分子具有一定的平均动能 ($E_m = \frac{1}{2}kT$)，k 称为波尔兹曼常数。但是各分子的动能并不相同。图 5-2 给出了在某一温度下，气体分子能量分布的情况。图中横坐标代表分子的动能，纵坐标表示具有一定能量的分子占总的分子数目的百分数。E_m 表示分子的平均能量，E_0 表示活化分子具有的最低能量，E_m^* 是活化分子的平均能量。从能量分布曲线可以看出，大部分的分子的能量在平均能量附近，能量很高或很低的分子都比较少。

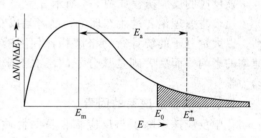

图 5-2 分子能量分布示意图

但是有少数分子的动能比平均能量高很多。曲线下阴影部分表示活化分子所占的百分数（整个曲线下的面积表示分子总数，即 100%）。活化能就是把反应物分子转变成活化分子所需要的能量。由于反应物分子的能量各不相同，活化分子的能量彼此也不一样，因此只能从统计学的角度来比较反应物分子和活化分子的能量。通常将活化能定义为活化分子的平均能量 E_m^* 与反应物分子的平均能量 E_m 之差，用 E_a 表示。

$$E_a = E_m^* - E_m$$

活化能可以看做是化学反应的"能障"，每一个化学反应都有一定的活化能。活化能的大小是影响化学反应速率快慢的重要因素。一定温度下，反应的活化能越大，活化分子所占的百分数就越小，反应速率常数就越小，反应就越慢；反之，活化能越小，活化分子所占的百分数就越大，反应速率常数就越大，反应就越快。

一般化学反应的活化能约在 $40 \sim 400$ kJ·mol^{-1} 之间，大部分在 $60 \sim 250$ kJ·mol^{-1} 之间。活化能小于 40 kJ·mol^{-1} 的反应，其反应速率很大，如中和反应的活化能只有 $13 \sim 25$ kJ·mol^{-1}，反应可很快完成。活化能大于 400 kJ·mol^{-1} 的反应，其反应速率非常小，几乎觉察不到。这是因为活化分子百分数与活化能成指数关系：$f = e^{\frac{-E_a}{RT}}$（f 是活化分子百分数）。

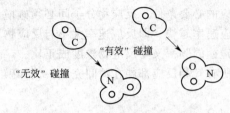

图 5-3　分子碰撞的不同取向

有一些反应，特别是结构比较复杂的分子之间的反应，在考虑了能量因素后人们发现，反应速率计算值与实验值还是相差很大。这个事实说明，影响反应速率还有其他的因素。碰撞时分子间的取向就是一个非常重要的因素。例如反应

$$NO_2(g) + CO(g) \longrightarrow NO(g) + CO_2(g)$$

只有当 CO 中的 C 原子与 NO_2 中的 O 原子迎头相碰撞才有可能发生反应（图 5-3），而其他方位的碰撞都是无效碰撞。

因此，只有反应物中的活化分子进行有效的定向碰撞才能发生化学反应。

2. 过渡态理论

过渡态理论是在量子力学和统计力学的基础上提出来的，从分子的内部结构与运动去研究反应速率问题。过渡态理论认为：反应物分子相互碰撞时，首先形成一个过渡状态——活化配合物。活化配合物的能量高，不稳定，寿命短（约为 10～100fs 之间），一经形成很快就转变成产物分子。

例如反应

$$NO_2(g) + CO(g) \longrightarrow NO(g) + CO_2(g)$$

其反应过程为：

$$NO_2(g) + CO(g) \longrightarrow O-\underset{\text{过渡状态}}{[N\cdots O\cdots C-O]} \longrightarrow NO(g) + CO_2(g)$$

该反应的反应历程如图 5-4 所示。

比较碰撞理论和过渡态理论，前者是以有效碰撞的次数为基础，主要考虑分子的外部运动，以大量分子的统计行为来解释各种因素对化学反应速率的影响。而后者则是从分子的层次上来研究反应的动力学。

三、影响反应速率的因素

化学反应速率除了与反应物自身的性质有关外，还受外界条件如浓度、压力、温度及催化剂的影响。

1. 浓度或分压对反应速率的影响

实验证明，在一定温度下，反应物浓度越大，反应速率就越快；反之，浓度越低，反应速率就越慢。例如，物质在纯氧中的燃烧速率就比在空气中要快得多。通常随着反应时间的延长，反应物浓度不断减少，反应速率也相应减慢。

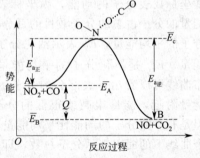

图 5-4　反应过程的势能

这是因为对某一化学反应来讲，活化分子的数目与反应物浓度和活化分子分数有关：

$$活化分子数目 = 反应物浓度 \times 活化分子分数$$

而在一定温度下，反应物的活化分子分数是一定的，所以增加反应物浓度，活化分子数目增加，单位时间内有效碰撞的次数也随之增多，因而反应速率加快。相反，若反应物浓度降低，活化分子数目减少，反应速率减慢。由于气体的分压与浓度成正比，因而增加气态反应物的分压，反应速率加快；反之则减慢。

为了定量地描述反应速率与反应物浓度之间的关系，可用动力学方程式进行表述。

化学动力学根据反应历程把化学反应分为基元反应和非基元反应。所谓基元反应就是反应物分子经碰撞后直接一步转化为产物的反应。若反应不是一步碰撞就完成，而是经过两步或两步以上的过程才能完成，这样的反应就叫非基元反应。非基元反应是由若干个基元反应组成的。

（1）基元反应及其动力学方程式——质量作用定律　大量的实验事实证明：基元反应的

反应速率与反应物浓度幂（以反应方程式中反应物前的计量系数为方次）的乘积成正比，即对任一个基元反应

$$aA + bB \longrightarrow 产物$$

其反应速率为：

$$v = kc^a(A)c^b(B) \tag{5-24}$$

这就是质量作用定律，又称基元反应的速率方程式或动力学方程式。式中为反应速率常数。由式(5-24)可以看出，反应速率常数代表各有关浓度均为单位浓度时的反应速率。同一温度下，比较几个反应的 k，可以大概知道它们反应能力的大小，k 越大，则反应越快。k 是反应的本性，它与浓度或压力无关，但与温度有关。当温度一定时，k 为一定值；温度变化时，k 值也随之变化。不同的反应有不同的速率常数，k 值可通过实验测定。

例如，对于基元反应

$$NO_2 + CO \longrightarrow NO + CO_2$$

其动力学方程式为：

$$v = kc(NO_2)c(CO)$$

目前人们已确认的基元反应为数不多，大多数反应都是非基元反应。由于质量作用定律只适用于基元反应，对非基元反应，则不能根据总反应方程式写出其动力学方程式。

（2）非基元反应及其动力学方程式　非基元反应的总反应方程式标出的只是反应物与最终产物。非基元反应的速率方程式要通过实验才能确定。由实验获得有关数据后，通过数学处理，求得反应级数，才能确定速率方程。

由实验确定反应级数的方法很多，在这里介绍一种比较简单的方法——改变物质数量比例法。例如对于反应

$$aA + bB \longrightarrow cC + dD$$

可以先假设其速率方程为：

$$v = kc^x(A)c^y(B)$$

然后通过实验确定 x 和 y 值。实验时在一组反应物中保持 A 的浓度不变，而将 B 的浓度加大一倍，若其反应速率比原来加大一倍，则可以确定 $y=1$。在另一组反应物中设法保持 B 的浓度不变，而将 A 的浓度加大一倍，若反应速率增加到原来的 4 倍，则可确定 $x=2$。这种方法特别适用于比较复杂的反应。

【例 5-6】　在碱性溶液中，次磷酸根离子（$H_2PO_2^-$）分解为亚磷酸根离子（HPO_3^{2-}）和氢气，反应式为：

$$H_2PO_2^-(aq) + OH^-(aq) \longrightarrow HPO_3^{2-}(aq) + H_2(g)$$

在一定的温度下，实验测得下列数据：

实验编号	$c(H_2PO_2^-)/mol \cdot L^{-1}$	$c(OH^-)/mol \cdot L^{-1}$	$v/mol \cdot L^{-1} \cdot s^{-1}$
1	0.10	0.10	5.30×10^{-9}
2	0.50	0.10	2.67×10^{-8}
3	0.50	0.40	4.25×10^{-7}

试求：(1) 反应级数；(2) 速率常数 k。

解　(1) 设 x 和 y 分别为对于 $H_2PO_2^-$ 和 OH^- 的反应级数，则该反应的速率方程为：

$$v = kc^x(H_2PO_2^-)c^y(OH^-)$$

把三组数据代入，得

$$5.30 \times 10^{-9} = k(0.10)^x(0.10)^y \tag{1}$$

$$2.67\times10^{-8}=k(0.50)^x(0.10)^y \tag{2}$$
$$4.25\times10^{-7}=k(0.50)^x(0.40)^y \tag{3}$$

式(2)除式(1)得
$$\frac{2.67\times10^{-8}}{5.30\times10^{-9}}=\left(\frac{0.50}{0.10}\right)^x$$
$$5=5^x \quad x=1$$

式(3)除式(2)得
$$\frac{4.25\times10^{-7}}{2.67\times10^{-8}}=\left(\frac{0.40}{0.10}\right)^y$$
$$16=4^y \quad y=2$$

所以，反应级数为3，对 $H_2PO_2^-$ 来说是一级，对 OH^- 来说是二级，其速率方程为：
$$v=kc(H_2PO_2^-)c^2(OH^-)$$

(2) 将表中任意一组数据代入速率方程式，可以求得 k 值。现取第一组数据代入
$$k=\frac{5.30\times10^{-9}}{0.10\times(0.10)^2}=5.3\times10^{-6} L^2\cdot mol^{-2}\cdot s^{-1}$$

在表述反应速率方程时，应注意以下几点。

① 如果有固体和纯液体参加反应，因固体和纯液体本身为标准态，即单位浓度，因此不必列入反应速率方程式。如：
$$C(s)+O_2(g)\longrightarrow CO_2(g)$$
$$v=kc(O_2)$$

② 如果反应物中有气体，在速率方程中可以用气体的分压代替浓度，故上述反应的速率方程也可以写成
$$v=k'p(O_2)$$

③ 对于非基元反应，从反应方程式中不能给出速率方程，它必须通过实验。

④ 反应级数。反应速率方程式中反应物浓度幂的方次之和称为该反应的反应级数，用 n 来表示。对于速率方程
$$v=kc^x(A)c^y(B)\cdots$$

反应级数 $n=x+y+\cdots$，此反应称为 n 级反应。而对于组分 A、B…来讲，分别是 x、y…级反应。

反应级数既适用于基元反应，也适用于非基元反应。只是基元反应的反应级数都是正整数，而非基元反应的级数则有可能不是正整数。

2. 温度对化学反应速率的影响——阿伦尼乌斯公式

温度对反应速率的影响要比浓度的影响大，绝大多数化学反应的速率都随着温度的升高而显著增大。在浓度一定时，温度升高，反应物分子具有的能量增加，活化分子百分数也随着增加，所以有效碰撞次数增大，因而加快了反应速率。温度的变化对反应速率的影响主要表现在对速率常数 k 的影响，下面主要讨论温度对反应速率常数 k 值的影响。

(1) 范特霍夫规则 范特霍夫 (J. H. Vant Hoff) 根据实验结果总结出了一个经验规则：一般情况下，在一定温度范围内，温度每升高 10℃，反应速率大约增加到原来的 2～4 倍，即
$$k_{T+10K}/k_T\approx 2\sim 4 \tag{5-25}$$

式中，k_T 为温度 T 时的速率常数，k_{T+10K} 为同一化学反应在温度 $T+10K$ 时的速率常数。此比值也称为反应速率的温度系数。范特霍夫规则虽然并不准确，但是当缺少数据时，用它作粗略估算，仍是有益的。

(2) 阿伦尼乌斯方程 1889 年阿伦尼乌斯 (S. A. Arrhenius) 在总结大量实验事实的基

础上，提出了反应速率常数与温度的定量关系式：

$$k = Ae^{-\frac{E_a}{RT}}$$

或
$$\ln k = -\frac{E_a}{RT} + \ln A \tag{5-26}$$

式中，E_a 为反应的活化能；R 为摩尔气体常量；A 称为"指前因子"，对指定反应来说为一常数，e 为自然对数的底（e=2.718）。由式(5-26)可见，k 与温度 T 成指数关系，温度微小的变化将导致 k 值较大的变化。

若温度变化范围不大，E_a 可以作为常数，设温度 T_1 时的速率常数为 k_1，温度为 T_2 时的速率常数为 k_2，则得到阿伦尼乌斯方程的定积分式：

$$\ln \frac{k_2}{k_1} = -\frac{E_a}{R}\left(\frac{1}{T_2} - \frac{1}{T_1}\right) \tag{5-27}$$

根据此式可以由已知数据计算所需的 E_a、T 或 k。

3. 催化剂对化学反应速率的影响

催化剂是一种能改变化学反应速率，而本身质量和组成保持不变的物质。能加快反应速率的催化剂称为正催化剂；减慢反应速率的催化剂称为负催化剂。一般我们所说的催化剂是指正催化剂，负催化剂则被称为抑制剂。例如：H_2 和 O_2 作用生成 H_2O 的反应中使用的 Pt，SO_2 氧化为 SO_3 反应中使用的 V_2O_5，$KClO_3$ 分解制备 O_2 的反应中使用的 MnO_2 等。

催化剂加快反应速率的原因主要是改变了反应途径，降低了反应的活化能。如反应：A+B⟶AB 在无催化剂时，反应按照图 5-5 中途径Ⅰ进行，活化能为 E_a；当加入催化剂 K 以后，反应按照图 5-5 中的途径Ⅱ分两步进行：

(1)　　　　　A+K ⟶ AK
(2)　　　　　AK+B ⟶ AB+K
(3)　　　　　A+B+K ⟶ AB+K

反应式(1)的活化能为 E_1，反应式(2)的活化

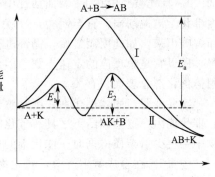

图 5-5　催化剂改变反应途径示意图

能为 E_2，总反应为式(3)。从图 5-5 中可以看出，途径Ⅱ的两步活化能 E_1 和 E_2 远远小于途径Ⅰ的活化能为 E_a，所以反应速率加快。从图 5-5 中还可以看出，催化剂仅仅起了一个改变反应途径和降低活化能加快反应速率的作用，而不能改变反应的始态与终态，即不能改变反应的方向。热力学证明不能发生的反应，试图寻找催化剂去实现，那是徒劳的。催化剂在加快正反应速率的同时，也加快了逆反应的速率，因为在降低了正反应活化能的同时也降低了逆反应的活化能。

在催化反应中，催化剂一般用量很少，就可大幅度地提高反应速率，催化剂对反应速率的影响远远大于浓度和温度的影响，这叫做催化剂的高效性。如反应

$$2N_2O(g) \longrightarrow 2N_2(g) + O_2(g)$$

使用金做催化剂时，反应的活化能由 245kJ·mol^{-1} 降至 121kJ·mol^{-1}，利用阿伦尼乌斯方程式可计算出在 25℃时使用催化剂后反应速率可提高 5.40×10^{21} 倍。

催化剂还有一个重要特性，就是它具有很高的选择性。不同的反应需要选用不同的催化剂；如 V_2O_5 只能催化 SO_2 的氧化反应。同一反应，如果选用不同的催化剂可以得到不同的产物。如在 250℃时，乙烯在空气中的氧化，使用银做催化剂得到环氧乙烷，使用氯化铅和氯化铜作为催化剂则得到乙醛。

催化反应可分为单相催化和多相催化。催化剂与反应物都在一个相里为单相催化，或称均相催化。例如，酯的水解，加入酸或碱则反应速率加快，就是单相催化。若催化剂在反应系统中自成一相，则为多相催化，或称非均相催化。例如，用固体催化剂来加速液相或气相反应，就是多相催化。多相催化中，尤以气-固相催化应用最广。例如，用铁催化剂将氢或氮合成氨，或用铂催化剂将氨氧化制硝酸，就是气-固相催化反应。

均相催化反应机理可以用"中间产物"理论来解释。如在 791K 下反应

$$CH_3CHO(g) \longrightarrow CH_4(g) + CO(g)$$

在无催化剂时，该反应的活化能高达 190kJ·mol^{-1}，反应速率很小；在反应体系中通入 I_2 蒸气后，反应的活化能降低到 136kJ·mol^{-1}，反应速率大大增加。人们认为该反应的催化机理是 I_2(g) 首先与 CH_3CHO(g) 作用生成中间产物 CH_3I 和 HI，然后中间产物 CH_3I 和 HI 相互作用生成 CH_4，并释放出催化剂 I_2。

由于催化剂与反应物生成中间产物的反应往往是总反应的定速步骤，因此，均相催化反应的速率不仅与反应物的浓度有关，还与催化剂的浓度有关。

多相催化机理可用"吸附活性中心"理论解释。如 H_2 和 N_2 在 Fe 的催化下生成 NH_3 的反应。不加催化剂时，该反应的活化能为 326.4kJ·mol^{-1}，活化能很大，反应极慢，以至觉察不到反应的进行。加入 Fe 催化剂后，活化能降至 176kJ·mol^{-1}，反应速率大大增加。N_2 首先被吸附在 Fe 表面活性中心部位，N 与活性中心的 Fe 产生了一定的结合力，N_2 内部化学键被削弱，直至断裂，N 就与气相中的反应物 H_2 结合生成 NH_3，从催化剂 Fe 表面解吸出来，如此周而复始，循环进行。通常反应物被吸附在固体催化剂表面的反应过程最慢，所以它是总反应的定速步骤。因此，多相催化反应的速率不仅与反应物浓度有关，还与固体催化剂总表面积有关。

实验证明，固体催化剂并不是整个表面都有催化能力，只有一小部分凹凸不平的地方才有催化能力，这些凹凸不平具有催化能力的部位称为吸附活性中心。当吸附活性中心被反应物中某些少量杂质占据时，催化剂的催化能力将大大减弱甚至完全丧失，这种现象称为催化剂"中毒"。在合成氨生产中，硫化物、一氧化碳等杂质可以使催化剂中毒，从而使铁失去催化能力。

知识拓展

热力学三大定律及其应用

一、热力学第一定律

对于组成不变的封闭体系，内能的改变只能是体系与环境之间通过热和功的交换来体现。即一个热力学系统的内能增量等于外界向它传递的热量与外界对它做功的和。（如果一个系统与环境孤立，那么它的内能将不会发生变化。）

表达式：
$$\Delta U = W + Q$$

热力学第一定律（即能量守恒定律）是 19 世纪自然科学中三大发现之一，也庄重宣告了第一类永动机幻想的彻底破灭。能量守恒定律是认识自然、改造自然的有力武器，这个定律将广泛的自然科学技术领域联系起来。

二、热力学第二定律

1. 克劳修斯表述

热量可以自发地从较热的物体传递到较冷的物体,但不可能自发地从较冷的物体传递到较热的物体;

2. 开尔文-普朗克表述

不可能从单一热源吸取热量,并将这热量变为功,而不产生其他影响。

3. 熵表述

在孤立体系中,自发变化的方向总是从较有序的状态向较无序的状态变化,即从微观状态数少的状态向微观状态数多的状态变化,从熵值小的状态向熵值大的状态变化。

热力学第二定律的每一种表述,揭示了大量分子参与的宏观过程的方向性,使人们认识到自然界中进行的涉及热现象的宏观过程都具有方向性。一切自然过程总是沿着分子热运动的无序性增大的方向进行。热力学第二定律表明了第二类永动机(只从单一热源吸收热量,使之完全变为有用的功而不引起其他变化的热机)不可能制成。因为第二类永动机效率为100%,虽然它不违法能量守恒定律,但大量事实证明,在任何情况下,热机都不可能只有一个热源,热机要不断地把吸取的热量变成有用的功,就不可避免地将一部分热量传给低温物体,因此效率不会达到100%。第二类永动机违法了热力学第二定律。

三、热力学第三定律

通常表述为绝对零度时,所有纯物质的完美晶体的熵值为零。或者绝对零度($T=0K$)不可达到。R. H. 否勒和 E. A. 古根海姆还提出热力学第三定律的另一种表述形式:任何系统都不能通过有限的步骤使自身温度降低到 0K,称为 0K 不能达到原理。

在统计物理学上,热力学第三定律反映了微观运动的量子化。在实际意义上,第三定律并不像第一、二定律那样明白地告诫人们放弃制造第一种永动机和第二种永动机的意图,而是鼓励人们想方法尽可能接近绝对零度,目前使用绝热去磁的方法已达到 10.6K,但永远达不到 0K。

(摘自 http//baike.baidu.com/view/7819.htm)

第三节 化学平衡

我们不仅要知道化学反应进行的快慢,还应了解在一定条件下化学反应可能进行到什么程度,以及预期产物的产率是多少?如何提高产率?这就涉及化学平衡问题。

一、可逆反应与化学平衡

化学反应可分为可逆反应和不可逆反应。不可逆反应是在一定条件下几乎完全进行到底的反应,如 MnO_2 作为催化剂的 $KClO_3$ 的分解,但这类反应很少。大多数化学反应都是可逆反应,即在一定条件下,既能向正方向进行又能向逆方向进行的反应。例如反应

$$CO(g) + H_2O(g) \rightleftharpoons H_2(g) + CO_2(g)$$

在高温下 CO 与 H_2O 能反应生成 H_2 和 CO_2,同时 H_2 和 CO_2 也能反应生成 CO 和 H_2O。如果分别在几个密闭容器中均加入 CO、H_2O (g)、CO_2 和 H_2,但是量不同,把容器都加热到某一温度(如 673K),并且保持该温度,则反应进行到一定程度,容器中各物质的含量或浓度不再改变,表面上看就像反应停止了一样,其实,反应仍然在进行,只不过是正向反应速率与逆向反应速率相等,也就是说反应达到了平衡状态(化学反应正逆反应速率相等的状态称为化学平衡状态),化学平衡是动态平衡。若在反应条件不改变,这种平衡可以一直持续下去,然而一旦条件发生变化,平衡便被破坏,直至建立新的平衡。

二、平衡常数

1. 实验平衡常数

对反应：
$$CO(g)+H_2O(g) \rightleftharpoons H_2(g)+CO_2(g)$$

各物质平衡时的含量可以用分析方法测定。实验数据表明：在一定温度下达到平衡时，生成物浓度幂的乘积与反应物浓度幂的乘积的比值可以用一个常数 K_c 来表示。对于上述反应

$$K_c = \frac{[H_2][CO_2]}{[CO][H_2O]}$$

对于一般的可逆反应 $bB+dD \rightleftharpoons eE+fF$

$$K_c = \frac{[E]^e[F]^f}{[B]^b[D]^d} \tag{5-28}$$

这个常数 K_c 称为浓度平衡常数。[E]、[F]、[B]、[D] 分别代表物质 E、F、B、D 的平衡浓度。单位为 $mol \cdot L^{-1}$。浓度平衡常数值越大，表明反应达到平衡时生成物浓度的幂的乘积越大，反应物浓度的幂的乘积越小，所以反应进行的程度越高。

对气体参加的反应，由于温度一定时，气体的分压与浓度成正比，因此可用平衡时气体的分压代替气态物质的浓度。这样表示的平衡常数称为压力平衡常数，用符号 K_p 来表示。例如上述生成 CO 和 H_2O 的反应，平衡常数表达式可以写成 K_p，即

$$K_p = \frac{p(H_2)p(CO_2)}{p(CO)p(H_2O)} \tag{5-29}$$

浓度平衡常数和压力平衡常数都是由实验测定得出的，因此又将它们合称实验平衡常数或经验平衡常数。实验平衡常数是有量纲的，其单位由平衡常数的表达式来决定，但在使用时，通常只给出数值，不标出单位。

2. 标准平衡常数

根据热力学函数计算得出的平衡常数称为标准平衡常数，又称热力学平衡常数，用符号 $K^{\ominus}$ 来表示。其表示方式与实验平衡常数相同，只是相关物质的浓度要用相对浓度 ($c^{\ominus}/c$)、分压要用相对分压 ($p_B/p^{\ominus}$) 来代替，其中 $c = 1 mol \cdot L^{-1}$，$p^{\ominus} = 100 kPa$。

对于任一可逆化学反应

$$bB+dD \rightleftharpoons eE+Ff$$

(1) 溶液中的反应

$$K^{\ominus} = \frac{\{[E]/c^{\ominus}\}^e \{[F]/c^{\ominus}\}^f}{\{[B]/c^{\ominus}\}^b \{[D]/c^{\ominus}\}^d} = \frac{[E]^e[F]^f}{[B]^b[D]^d}\left(\frac{1}{c^{\ominus}}\right)^{\Sigma \Delta \nu} = K_c \left(\frac{1}{c^{\ominus}}\right)^{\Sigma \Delta \nu} \tag{5-30}$$

式中，$\Delta \nu = (e+f)-(b+d)$，即 $\Delta \nu$ 为生成物计量系数之和与反应物计量系数之和的差值。

(2) 气体反应

$$K^{\ominus} = \frac{(p_E/p^{\ominus})^e(p_F/p^{\ominus})^f}{(p_B/p^{\ominus})^b(p_D/p^{\ominus})^d} = \frac{(p_E)^e(p_F)^f}{(p_B)^b(p_D)^d}\left(\frac{1}{p^{\ominus}}\right)^{\Sigma \Delta \nu} = K_p \left(\frac{1}{p^{\ominus}}\right)^{\Sigma \Delta \nu} \tag{5-31}$$

(3) 对于多相反应　多相反应是指反应系统中存在两个以上相的反应。例如：
$$CaCO_3(s)+2H^+(aq) \rightleftharpoons Ca^{2+}(aq)+CO_2(g)+H_2O(l)$$

由于固相和纯液相的标准态就是它本身的纯物质，故固相和纯液相均为单位浓度，即 $c=1$，在平衡常数的表达式中不必列入。故上述反应的标准平衡常数表达式为：

$$K^{\ominus} = \frac{([Ca^{2+}]/c^{\ominus})[p(CO_2)/p^{\ominus}]}{\{[H^+]/c^{\ominus}\}^2} \tag{5-32}$$

与经验平衡常数不同的是，标准平衡常数是无量纲的。

平衡常数是衡量化学反应进行的程度的特征常数。对于同一类型的反应，在温度相同

时,平衡常数越大,表示反应进行得越完全。在一定的温度下,不同的可逆反应有不同的平衡常数的数值。平衡常数的数值与温度有关,与浓度、压力无关。

在应用标准平衡常数表达式时,应注意以下几点。

① $K^\ominus$ 表达式中各物质的相对浓度和相对压力必须是反应达到平衡时的数值。

② 平衡常数表达式中,各物质的浓度(分压)均为平衡时的浓度(分压)。若固体、纯液体参加反应,或在很稀的水溶液中发生反应,则固体、液体以及溶剂水都不出现在反应商中。

③ $K^\ominus$ 的表达式及数值与化学反应方程式的写法有关。例如 298K 下的合成氨反应

$$N_2(g) + 3H_2(g) \longrightarrow 2NH_3(g)$$
$$\Delta_r G_m^\ominus(298K) = -33 \text{kJ} \cdot \text{mol}^{-1}$$
$$\ln K^\ominus(298K) = -\Delta_r G_m^\ominus(298K)/RT = 13.32$$
$$K^\ominus(298K) = 6.1 \times 10^5$$

若反应式写作

$$2N_2(g) + 6H_2(g) \longrightarrow 4NH_3(g)$$

则

$$\Delta_r G_m^\ominus(298K) = -66 \text{kJ} \cdot \text{mol}^{-1}$$
$$\ln K^\ominus(298K) = -\Delta_r G_m^\ominus(298K)/RT = 26.64$$
$$K^\ominus(298K) = (6.1 \times 10^5)^2 = 3.7 \times 10^{11}$$

一般来说,若化学反应式中各型体的化学计量系数均变为原来写法的 n 倍,则对应的标准平衡常数等于原标准平衡常数的 n 次方。

3. 标准平衡常数与 Gibbs 函数的关系

用 $\Delta_r G_m^\ominus$ 来判断化学反应在标准状态下能否自发进行,但是通常我们遇到的反应系统都是为非标准状态下的反应系统,真正处于标准状态是非常罕见的。对于非标准态的反应,应该用 $\Delta_r G_m$ 来判断反应的方向。那么,$\Delta_r G$ 如何求得呢?范特霍夫化学反应等温方程式给出了 $\Delta_r G_m$ 的计算式。对于任一化学反应

$$b\text{B} + d\text{D} \longrightarrow e\text{E} + f\text{F}$$

化学反应等温方程式为:

$$\Delta_r G_m = \Delta_r G_m^\ominus + RT\ln Q \tag{5-33}$$

式(5-33)称为范特霍夫方程式。式中,$\Delta_r G_m$ 是非标准态时的摩尔反应吉布斯函数变;Q 为反应商,其数学式与标准平衡常数表达式相同,但其中气体分压或溶质浓度值均为非平衡状态时气体的分压或溶质的浓度($Q = K^\ominus$ 时例外)。

当反应达到平衡时,$\Delta_r G_m = 0$,$Q = K^\ominus$,式(5-33)为:

$$0 = \Delta_r G_m^\ominus + RT\ln K^\ominus$$

或

$$\Delta_r G_m^\ominus = -RT\ln K^\ominus \tag{5-34}$$

由此可见,通过式(5-34)可从热力学函数计算出反应的标准平衡常数。有一些反应的平衡常数难以直接通过实验测定,就可利用热力学函数计算得到。

将式(5-34)代入式(5-33),可得到 $\Delta_r G_m$、$K^\ominus$、Q 之间的关系式:

$$\Delta_r G_m = RT\ln \frac{Q}{K^\ominus} \tag{5-35}$$

4. 有关平衡常数的计算

【例 5-7】 求 298K 时反应 $2SO_2(g) + O_2(g) \longrightarrow 2SO_3(g)$ 的 $K^\ominus$。已知 $\Delta_f G_m^\ominus(SO_2) = 300.4 \text{kJ} \cdot \text{mol}^{-1}$,$\Delta_f G_m^\ominus(SO_3) = -370.4 \text{kJ} \cdot \text{mol}^{-1}$。

解 该反应的 $\Delta_r G_m^\ominus$ 为

$$\Delta_r G_m^\ominus = 2\Delta_f G_m^\ominus(SO_3) - 2\Delta_f G_m^\ominus(SO_2)$$
$$= 2 \times (-370.4 \text{kJ} \cdot \text{mol}^{-1}) - 2 \times (-300.4 \text{kJ} \cdot \text{mol}^{-1}) = -140.0 \text{kJ} \cdot \text{mol}^{-1}$$
$$\ln K^\ominus = \frac{-\Delta_r G_m^\ominus}{RT} = \frac{140.0 \times 10^3 \text{J} \cdot \text{mol}^{-1}}{8.314 \text{J} \cdot \text{mol}^{-1} \cdot \text{K}^{-1} \times 298\text{K}} = 56.5$$
$$K^\ominus = 3.4 \times 10^{24}$$

【例 5-8】 将 1.0mol H_2 和 1.0mol I_2 放入 10L 容器中，使其在 793K 达到平衡。经分析，平衡系统中含 HI 0.12mol，求反应 $H_2(g) + I_2(g) \longrightarrow 2HI(g)$ 在 793K 时的 $K^\ominus$。

解 从反应式可知，每生成 2mol HI 要消耗 1mol H_2 和 1mol I_2。根据这个关系，可求出平衡时各物质的物质的量。

$$\begin{array}{cccc} & H_2(g) & + & I_2(g) \longrightarrow & 2HI(g) \\ \text{起始时物质的量/mol} & 1.0 & & 1.0 & 0 \\ \text{平衡时物质的量/mol} & 1.0-0.12/2 & & 1.0-0.12/2 & 0.12 \end{array}$$

利用公式 $p = nRT/V$，求得平衡时各物质的分压，代入标准平衡常数表达式得

$$K^\ominus = \frac{[n(HI)RT/V]^2}{[n(H_2)RT/V][n(I_2)RT/V]} \left(\frac{1}{p^\ominus}\right)^{\Sigma\Delta\nu} = \frac{n^2(HI)}{n(H_2)n(I_2)} = \frac{(0.12)^2}{(0.94)^2} = 0.016$$

【例 5-9】 已知反应 $CO(g) + H_2O(g) \longrightarrow CO_2(g) + H_2(g)$ 在 1123K 的 $K^\ominus = 1.0$，现将 2.0mol CO 和 3.0mol $H_2O(g)$ 混合，并在该温度下达平衡，试计算 CO 的转化率。

解 设达平衡时 H_2 为 $x$mol，则

$$\begin{array}{cccc} & CO(g) & + & H_2O(g) \longrightarrow & CO_2(g) + H_2(g) \\ \text{起始时物质的量/mol} & 2.0 & & 3.0 & 0 & 0 \\ \text{平衡时物质的量/mol} & 2.0-x & & 3.0-x & x & x \end{array}$$

设反应系统的体积为 V，利用公式 $p = nRT/V$，将平衡时各物质的分压代入 $K^\ominus$ 表达式：

$$K^\ominus = \frac{[n(CO_2)RT/V][n(H_2)RT/V]}{[n(CO)RT/V][n(H_2O)RT/V]} \left(\frac{1}{p^\ominus}\right)^{\Sigma\Delta\nu}$$
$$= \frac{n(CO_2)n(H_2)}{n(CO)n(H_2O)} = \frac{x^2}{(2.0-x)(3.0-x)} = 1.0$$

解方程，得 $x = 1.2$

物质的平衡转化率是指该物质到达平衡时已转化了的量与反应前该物质的总量之比。

$$\text{CO 的转化率} = \frac{1.2}{2.0} = 60\%$$

三、多重平衡规则

化学反应的平衡常数也可以利用多重平衡规则计算获得。如果某反应可以由几个反应相加（或相减）得到，则该反应的平衡常数等于几个反应的平衡常数之积（或商）。这种关系称为多重平衡规则。因为假设反应（1）、反应（2）和反应（3）在温度 T 时的标准平衡常数为 $K_1^\ominus$、$K_2^\ominus$、$K_3^\ominus$，它们的吉布斯自由能分别为 $\Delta_r G_1^\ominus$、$\Delta_r G_2^\ominus$、$\Delta_r G_3^\ominus$。如果反应（3）= 反应（1）+ 反应（2）则

$$\Delta_r G_3^\ominus = \Delta_r G_1^\ominus + \Delta_r G_2^\ominus$$
$$-RT\ln K_3^\ominus = -RT\ln K_1^\ominus + (-RT\ln K_2^\ominus)$$
$$K_3^\ominus = K_1^\ominus K_2^\ominus$$

应用多重平衡规则时，所有平衡常数必须是相同温度时的值，否则不能使用此规则。利用多重平衡规则，可根据几个化学方程式的组合关系及已知平衡常数值，很方便地求出所需反应的平衡常数。

【例 5-10】 已知反应 $NO(g) + \frac{1}{2}Br_2(l) \longrightarrow NOBr(g)$（溴化亚硝酰）在 25℃时的平衡常数 $K_1^{\ominus} = 3.6 \times 10^{-15}$，液态溴在 25℃时的饱和蒸气压为 28.4kPa。求在 25℃时反应 $NO(g) + \frac{1}{2}Br_2(g) \longrightarrow NOBr(g)$ 的平衡常数？

解 已知 25℃时 $NO(g) + \frac{1}{2}Br_2(l) \longrightarrow NOBr(g)$ $K_1^{\ominus} = 3.6 \times 10^{-15}$ (1)

又根据 25℃时液态溴的饱和蒸气压为 28.4kPa，那么液态溴转化为气态溴的平衡常数为：

$$Br_2(l) \longrightarrow Br_2(g) \quad K_2^{\ominus} = \frac{p(Br_2)}{p^{\ominus}} = \frac{28.4kPa}{100kPa} = 0.284 \quad (2)$$

$$\frac{1}{2}Br_2(l) \longrightarrow \frac{1}{2}Br_2(g) \quad K_3^{\ominus} = \sqrt{K_2^{\ominus}} = 0.533 \quad (3)$$

由反应式(1) 减反应式(2) 得 $NO(g) + \frac{1}{2}Br_2(g) \longrightarrow NOBr(g)$

$$K^{\ominus} = \frac{K_1^{\ominus}}{K_3^{\ominus}} = \frac{3.6 \times 10^{-15}}{0.533} = 6.75 \times 10^{-15}$$

四、化学平衡的移动

当一个可逆反应达到平衡时，若改变外界条件，如改变浓度、温度及压力时，由于对正逆反应速率影响程度不同，原有的平衡状态就会受到破坏，各组分的浓度就会发生变化，直至建立起新的平衡，我们把这个过程称为化学平衡的移动。影响化学平衡的因素是浓度、压力、温度。这些因素对化学平衡的影响，可以用 1887 年勒夏特列（H. L. Le Chatelier）提出的平衡移动原理判断：改变平衡系统的条件之一，平衡将向减弱这个改变的方向移动。

1. 浓度（或分压）对化学平衡的影响

化学平衡移动的方向也就是反应自发进行的方向，由体系的 $\Delta_r G_m$ 值决定。在一定温度和压力下，$\Delta_r G_m$ 又由反应商 Q 和平衡常数 $K^{\ominus}$ 决定。在一定温度下，$K^{\ominus}$ 为一常数，浓度的变化引起反应商 Q 变化，所以可根据 $Q/K^{\ominus}$ 的比值判断浓度对化学平衡移动的影响。

根据化学反应等温方程式(5-35)

$$\Delta_r G_m = -RT\ln K^{\ominus} + RT\ln Q = RT\ln \frac{Q}{K^{\ominus}}$$

若 $Q = K^{\ominus}$，则 $\Delta_r G_m = 0$，反应处于平衡状态。如果增大生成物的浓度（或分压），或减少反应物的浓度（或分压），都会使反应商 Q 增大，即 $Q > K^{\ominus}$，结果 $\Delta_r G_m > 0$，平衡只能朝逆反应方向移动，以降低生成物浓度或增加反应物浓度，达到新的平衡，使 Q 重新等于 $K^{\ominus}$；同理，如果减少生成物浓度（或分压），或增大反应物浓度（或分压），会使 Q 减小，使 $Q < K^{\ominus}$，$\Delta_r G_m < 0$，平衡朝正反应移动。

以上讨论可归纳为：

$Q < K^{\ominus}$ 时，则 $\Delta_r G_m < 0$，平衡正向移动；

$Q = K^{\ominus}$，则 $\Delta_r G_m = 0$，反应处于平衡状态；

$Q > K^{\ominus}$，则 $\Delta_r G_m > 0$，平衡逆向移动。

根据浓度（或分压）对化学平衡的影响，在化工生产上，为了提高反应物（原料）的转化率，可按具体情况采用增加或降低某一物质的浓度（或分压）来实现。例如，合成氨反应

$$N_2(g) + 3H_2(g) \Longleftrightarrow 2NH_3(g)$$

为增大 NH_3 的产量，使平衡向右移动，就应该增加原料 N_2 或 H_2 的分压，使反应朝着生成的方向进行。

【例 5-11】 在 830℃时，反应 $CO(g)+H_2O(g) \rightleftharpoons CO_2(g)+H_2(g)$，$K^{\ominus}=1.00$。若起始浓度 $c(CO)=1.00 \text{mol} \cdot \text{L}^{-1}$，$c(H_2O)=2.00 \text{mol} \cdot \text{L}^{-1}$，试计算：(1) 平衡时各物质的浓度；(2) CO 转变成 CO_2 的转化率；(3) 若将平衡体系中 $CO_2(g)$ 的浓度减少 $0.417 \text{mol} \cdot \text{L}^{-1}$，平衡向何方移动？

解 设平衡时生成的 CO_2 浓度为 $x \text{mol} \cdot \text{L}^{-1}$

(1)
	$CO(g)$	$+$ $H_2O(g) \rightleftharpoons$	$CO_2(g)$	$+$ $H_2(g)$
起始浓度/mol·L^{-1}	1.00	2.00	0	0
变化浓度/mol·L^{-1}	$-x$	$-x$	x	x
平衡浓度/mol·L^{-1}	$1.00-x$	$2.00-x$	x	x

$$K^{\ominus}=\frac{([CO_2]/c^{\ominus})([H_2]/c^{\ominus})}{([CO]/c^{\ominus})([H_2O]/c^{\ominus})}$$

$$1.00=\frac{x^2}{(1.00-x)(2.00-x)}$$

$$x=0.667 \text{mol} \cdot \text{L}^{-1}$$

平衡时，$[CO_2]=[H_2]=0.667 \text{mol} \cdot \text{L}^{-1}$；$[CO]=0.33 \text{mol} \cdot \text{L}^{-1}$，$[H_2O]=1.33 \text{mol} \cdot \text{L}^{-1}$

(2) $\quad$ CO 的转化率 $a=\dfrac{0.667}{1.00} \times 100\%=66.7\%$

(3)
	$CO(g)$	$+H_2O(g)$ $\rightleftharpoons$	$CO_2(g)$	$+$ $H_2(g)$
平衡浓度/mol·L^{-1}	0.33	1.33	0.667	0.667
减少后浓度/mol·L^{-1}	0.33	1.33	$0.667-0.417$	0.667

$$Q=\frac{[c(CO_2)/c^{\ominus}][c(H_2)/c^{\ominus}]}{[c(CO)/c^{\ominus}][c(H_2O)/c^{\ominus}]}=\frac{(0.667-0.417) \times 0.667}{0.33 \times 1.33}=0.38$$

$Q<K^{\ominus}$，平衡向正方向移动。

2. 系统总压力的改变对化学平衡的影响

压力的改变对液相、固相反应及溶液中的反应影响很小，可以忽略。这里讨论的主要是压力对有气体参加的反应的影响。对已达平衡的体系，若增加（或减少）总压力时，体系内各组分的分压将同时增大（或减少）相同倍数。总压力的改变对平衡移动的影响讨论如下。

对于一个气相反应 $\quad dD(g)+bB(g) \rightleftharpoons fF(g)+eE(g)$

反应达到平衡时 $\quad K^{\ominus}=\dfrac{(p_E/p^{\ominus})^e(p_F/p^{\ominus})^f}{(p_B/p^{\ominus})^b(p_D/p^{\ominus})^d}$

(1) 对于气体计量系数之和增加的反应，即 $\Delta v>0$。若将体系的总压力增大 x 倍，相应各组分的分压也将同时增大 x 倍，此时反应商为：

$$Q=\frac{(xp_E/p^{\ominus})^e(xp_F/p^{\ominus})^f}{(xp_B/p^{\ominus})^b(xp_D/p^{\ominus})^d}=x^{\Delta v}K^{\ominus}$$

由于 $\Delta v>0$，那么 $x^{\Delta v}>1$，则 $Q>K^{\ominus}$，平衡向逆方向移动，即增大压力平衡向气体计量数之和减少的方向移动。

如果将体系的总压力减少到原来的 $1/y$，那么各组分的分压也变为原来的 $1/y$，同理可以推出：$Q=(1/y)^{\Delta v}K^{\ominus}$。由于 $\Delta v>0$，那么 $(1/y)^{\Delta v}<1$，则 $Q<K^{\ominus}$，平衡向正方向移动。

(2) 对于气体计量系数之和减少的反应，即 $\Delta v<0$。若将体系的总压力增大 x 倍时，同样可以推出 $Q=x^{\Delta v}K^{\ominus}$。由于 $\Delta v<0$，那么 $x^{\Delta v}<1$，则 $Q<K^{\ominus}$，平衡向正方向移动，即增大压力平衡向气体计量数之和减少的方向移动。

例如，合成氨反应

$$N_2(g) + 3H_2(g) \rightleftharpoons 2NH_3(g)$$

增大压力,平衡向有利于生成氨的方向移动,提高了反应的转化率,所以工业上合成氨工业采取增加压力的办法。

(3) 对于反应前后气体计量数系数之和相等的反应,当改变总压力时,平衡不发生移动。

总之,在等温下,增大平衡体系总压力时,平衡向气体计量系数之和减少的方向移动;减小总压力时,平衡向气体计量系数之和增加的方向移动;对于反应前后气体计量系数之和相等的反应,压力的变化不引起平衡的移动。

【例 5-12】 在 308K、100kPa 下,某容器中反应 $N_2O_4(g) \rightleftharpoons 2NO_2(g)$ 达到平衡,$K^{\ominus}=0.315$。各物质的分压分别为 $p(N_2O_4)=58kPa$,$p(NO_2)=43kPa$。计算:(1) 上述反应体系的压力增大到 200kPa 时,平衡向何方移动?(2) 若反应开始时 N_2O_4 为 1.0mol,NO_2 为 0.10mol,在 200kPa 时,反应达平衡时,有 0.155mol N_2O_4 发生了转化,计算平衡后物质的分压为多少?

解 (1) 总压力增加到原来的两倍时,各组分的分压也变为原来的两倍,即
$$p(N_2O_4)=58kPa \times 2=116kPa, \quad p(NO_2)=43kPa \times 2=86kPa$$
$$Q=\frac{[p(NO_2)/p^{\ominus}]^2}{p(N_2O_4)/p^{\ominus}}=\frac{(86kPa/100kPa)^2}{116kPa/100kPa}=0.64$$

$Q>K^{\ominus}$,平衡向逆反应方向移动。

(2) $N_2O_4(g) \rightleftharpoons 2NO_2(g)$
起始时物质的量/mol   1.0   0.10
平衡时物质的量/mol   1.0−0.155   0.10+2×0.155
平衡时总的物质的量 $n_{\text{总}}=(1.0-0.155)+(0.10+2\times 0.155)=1.255mol$

$$p(N_2O_4)=p_{\text{总}} \times \frac{n(N_2O_4)}{n_{\text{总}}}=200kPa \times \frac{(1.0mol-0.155mol)}{1.255mol}=134.7kPa$$

$$p(N_2O_4)=p_{\text{总}} \times \frac{n(NO_2)}{n_{\text{总}}}=200kPa \times \frac{(0.10mol+2\times 0.155mol)}{1.255mol}=65.3kPa$$

若向反应体系中加入不参与反应的惰性气体时,总压力对平衡的影响有以下几种情况。

① 在等温恒容条件下,尽管通入惰性气体总压力增大,但各组分分压不变,Q 值恒等于 $K^{\ominus}$ 值。无论反应前后气体的计量系数之和相等还是不相等,都不引起平衡移动。

② 在等温恒压条件下,反应达到平衡后通入惰性气体,为了维持恒压,必须增大体系的体积,这时各组分的分压下降,平衡要向气体计量系数之和增加的方向移动。对于 $\Delta \upsilon > 0$ 的反应,此时平衡向正反应方向移动;对于 $\Delta \upsilon < 0$ 的反应,此时平衡向逆反应方向移动。

3. 温度对于化学平衡的影响

温度的改变引起平衡常数 $K^{\ominus}$ 的变化,从而使化学平衡发生移动。

从化学反应等温方程式可得
$$\Delta_r G_m^{\ominus} = -RT\ln K^{\ominus}$$

又因为
$$\Delta_r G_m^{\ominus} = \Delta_r H_m^{\ominus} - T\Delta_r S_m^{\ominus}$$

由上面两式可得
$$-RT\ln K^{\ominus} = \Delta_r H_m^{\ominus} - T\Delta_r S_m^{\ominus}$$

$$\ln K^{\ominus} = -\frac{\Delta_r H_m^{\ominus}}{RT} + \frac{\Delta_r S_m^{\ominus}}{R} \tag{5-36}$$

设在温度 T_1 和 T_2 时的平衡常数分别为 $K_1^{\ominus}$ 和 $K_2^{\ominus}$,并假设 $\Delta_r H_m^{\ominus}$ 和 $\Delta_r S_m^{\ominus}$ 不随温度而改变,则
$$\ln K_1^{\ominus} = -\frac{\Delta_r H_m^{\ominus}}{RT_1} + \frac{\Delta_r S_m^{\ominus}}{R} \tag{1}$$

$$\ln K_2^{\ominus} = -\frac{\Delta_r H_m^{\ominus}}{RT_2} + \frac{\Delta_r S_m^{\ominus}}{R} \tag{2}$$

式(2)减去式(1),得

$$\ln \frac{K_2^{\ominus}}{K_1^{\ominus}} = \frac{\Delta_r H_m^{\ominus}}{R}\left(\frac{1}{T_1} - \frac{1}{T_2}\right) \tag{5-37}$$

若反应吸热,$\Delta_r H_m^{\ominus} > 0$,升高温度时,$T_2 > T_1$,有 $K_2^{\ominus} > K_1^{\ominus}$,此时平衡将向正反应方向(向右)移动。

若反应放热,$\Delta_r H_m^{\ominus} < 0$,升高温度时,$T_2 > T_1$,有 $K_2^{\ominus} < K_1^{\ominus}$,此时平衡将向逆反应方向(向左)移动。

由此可以得出结论:升高温度,平衡向吸热反应方向移动;降低温度,平衡向放热反应方向移动。

【例 5-13】 试计算反应 $CO_2(g) + 4H_2(g) \rightleftharpoons CH_4(g) + 2H_2O(g)$ 在 800K 的 $K^{\ominus}$?

解 要利用式(5-36)计算 800K 时的 $K^{\ominus}$,必须知道另一温度时的 $K^{\ominus}$。为此,我们先利用 298K 时的数据计算 $K^{\ominus}(298)$

$$
\begin{array}{lcccc}
 & CO_2(g) + & 4H_2(g) \rightleftharpoons & CH_4(g) + & 2H_2O(g) \\
\Delta_f H_m^{\ominus}/kJ \cdot mol^{-1} & -393.5 & 0 & -74.8 & -241.8 \\
\Delta_f G_m^{\ominus}/kJ \cdot mol^{-1} & -394.4 & 0 & -50.8 & -228.6
\end{array}
$$

$$\Delta_r H_m^{\ominus} = [(-74.8)kJ \cdot mol^{-1} + 2\times(-241.8)kJ \cdot mol^{-1}] - (-393.5)kJ \cdot mol^{-1}$$
$$= -164.9 kJ \cdot mol^{-1}$$

$$\Delta_r G_m^{\ominus} = [(-50.8)kJ \cdot mol^{-1} + 2\times(-228.6)kJ \cdot mol^{-1}] - (-394.4)kJ \cdot mol^{-1}$$
$$= -113.6 kJ \cdot mol^{-1}$$

$$\ln K_{298}^{\ominus} = -\frac{\Delta_r G_m^{\ominus}}{RT} = \frac{113.6 \times 10^3 J \cdot mol^{-1}}{8.314 J \cdot mol^{-1} \cdot K^{-1} \times 298K} = 45.85$$

将数据代入式(5-36)得

$$\ln K_{800}^{\ominus} - 45.85 = \frac{-164.9 \times 10^3 J \cdot mol^{-1}}{8.314 J \cdot mol^{-1} \cdot K^{-1}} \times \left(\frac{800T - 298T}{800T \times 298T}\right) = -41.7$$

$$\ln K_{800}^{\ominus} = 45.85 - 41.7 = 4.15$$

$$K_{800}^{\ominus} = 63.4$$

4. 催化剂对化学平衡的影响

对于可逆反应,催化剂既可使正反应速率大大提高,也可以相同的程度提高逆反应的速率。因此,在平衡系统中,加入催化剂后,正、逆反应的速率仍然相等,不会引起平衡常数的变化,也不会使化学平衡发生移动。但在未达到平衡的反应中,加入催化剂后,由于反应速率的提高,可以大大缩短达到平衡的时间,加速平衡的建立。例如,合成氨的反应中,在使用了铁催化剂后,反应的活化能大大降低,反应速率迅速提高,反应可以在较短的时间内达到平衡,使合成氨的工业化生产得以实现。

5. 平衡移动总规律——勒夏特列原理

综合浓度、压力和温度等条件的改变对化学平衡的影响,1887 年法国科学家勒夏特列(H. L. Le Chatelier)归纳总结出了一条普遍规律:改变平衡条件时,平衡系统将向削弱这一改变的方向移动,这个规律又称为勒夏特列原理或平衡移动原理。

在平衡系统内,增加反应物浓度时,平衡就向使反应物浓度减少的方向移动。减少生成物浓度时,平衡就向使生成物浓度增加的方向移动。

增大平衡系统的总压力时,平衡朝着降低压力(气体分子数减少)的方向移动。降低压力时,平衡朝着增加压力(气体分子数增多)的方向移动。

给平衡系统升温时，平衡朝着降低温度（吸热）的方向移动。降低温度时，平衡朝着升高温度（放热）的方向移动。

勒夏特列平衡移动原理是一条普遍规律。它不仅适用于化学平衡，也适用于物理平衡。但必须强调的是，它只能应用于已达到平衡的系统，而不适用于非平衡体系。

化学振荡反应

有些自催化反应有可能使反应体系中某些物质的浓度随时间（或空间）发生周期性的变化，这类反应称为化学振荡反应。

最著名的化学振荡反应是1959年首先由别诺索夫（Belousov）观察发现，随后柴波廷斯基（Zhabotinsky）继续了该反应的研究。他们报道了以金属铈离子作催化剂时，柠檬酸被$HBrO_3$氧化可发生化学振荡现象；后来又发现了一批溴酸盐的类似反应，人们把这类反应称为B-Z振荡反应。例如丙二酸在溶有硫酸铈的酸性溶液中被溴酸钾氧化的反应就是一个典型的B-Z振荡反应。

1972年，Fiel、Koros、Noyes等人通过实验对上述振荡反应进行了深入研究，提出了FKN机理，反应由三个主过程组成。

过程 A （1） $Br^- + BrO_3^- + 2H^+ \longrightarrow HBrO_2 + HBrO$

（2） $Br^- + HBrO_2 + H^+ \longrightarrow 2HBrO$

过程 B （3） $HBrO_2 + BrO_3^- + H^+ \longrightarrow 2BrO_2 \cdot + H_2O$

（4） $BrO_2 \cdot + Ce^{3+} + H^+ \longrightarrow HBrO_2 + Ce^{4+}$

（5） $2HBrO_2 \longrightarrow BrO_3^- + H^+ + HBrO$

过程 C （6） $4Ce^{4+} + BrCH(COOH)_2 + H_2O + HBrO \longrightarrow 2Br^- + 4Ce^{3+} + 3CO_2 + 6H^+$

过程 A 是消耗 Br^-，产生能进一步反应的 $HBrO_2$，$HBrO$ 为中间产物。

过程 B 是一个自催化过程，在 Br^- 消耗到一定程度后，$HBrO_2$ 才按式（3）、（4）进行反应，并使反应不断加速，与此同时，Ce^{3+} 被氧化为 Ce^{4+}。$HBrO_2$ 的累积还受到式（5）的制约。

过程 C 为丙二酸被溴化为 $BrCH(COOH)_2$，与 Ce^{4+} 反应生成 Br^- 使 Ce^{4+}（蓝色）还原为 Ce^{3+}（红色）。

过程 C 对化学振荡非常重要，如果只有 A 和 B，就是一般的自催化反应，进行一次就完成了，正是 C 的存在，以丙二酸的消耗为代价，重新得到 Br^- 和 Ce^{3+}，反应得以再启动，就会发现溶液一会儿呈红色（产生过量的 Ce^{3+}），一会儿呈蓝色（产生过量的 Ce^{4+}），形成周期性的振荡。

该体系的总反应为：

$$2H^+ + 2BrO_3^- + 3CH_2(COOH)_2 \xrightarrow{Ce^{3+}} 2BrCH(COOH)_2 + 3CO_2 + 4H_2O$$

化学振荡的控制离子是 Br^-。

由上述可见，产生化学振荡需满足三个条件：

（1）反应必须远离平衡态。化学振荡只有在远离平衡态，具有很大的不可逆程度时才能发生。在封闭体系中振荡是衰减的，在敞开体系中，可以长期持续振荡。

（2）反应历程中应包含有自催化的步骤。产物之所以能加速反应，因为是自催化反应，如过程 A 中的产物 $HBrO_2$ 同时又是反应物。

(3) 体系必须有两个稳态存在，即具有双稳定性。

化学振荡体系的振荡现象可以通过多种方法观察到，如观察溶液颜色的变化，测定吸光度随时间的变化，测定电势随时间的变化等。

习　题

1. 已知

	$C_2H_5OH(l)$	$C_2H_5OH(g)$
$\Delta_f H_m^\ominus / kJ \cdot mol^{-1}$	−277.6	−235.3
$S_m^\ominus / J \cdot mol^{-1} \cdot K^{-1}$	161	282

求 (1) 在 298K 和标准态下，$C_2H_5OH(l)$ 能否自发地变成 $C_2H_5OH(g)$？

(2) 在 373K 和标准态下，$C_2H_5OH(l)$ 能否自发地变成 $C_2H_5OH(g)$？

(3) 估算乙醇的沸点。

2. 已知 298K 时有下列热力学数据：

化 合 物	C(s)	CO(g)	Fe(s)	$Fe_2O_3(s)$
$\Delta H_f^\ominus / kJ \cdot mol^{-1}$	0	−110.5	0	−822.2
$S^\ominus / J \cdot K^{-1} \cdot mol^{-1}$	5.74	197.56	27.28	90

假定上述热力学数据不随温度而变化，请估算标准态下 Fe_2O_3 能用 C 还原的温度。

3. 已知 298K 时的数据：

化 合 物	NO(g)	$NO_2(g)$
$\Delta_f G_m^\ominus / kJ \cdot mol^{-1}$	86.6	51.3

现有反应：$2NO(g) + O_2(g) \longrightarrow 2NO_2(g)$

(1) 反应在标准状态下能否自发进行？

(2) 该反应 298K 时的标准平衡常数为多少？

4. CO_2 和 H_2 的混合气体加热至 850℃ 时可建立下列平衡：

$$CO_2(g) + H_2(g) \rightleftharpoons CO(g) + H_2O(g)$$

此温度下 $K_c = 1$，假若平衡时有 99% 氢气变成了水，问 CO_2 和氢气原来是按怎样的物质的量之比例混合的。

5. 将下列各题的正确答案填在横线上。

(1) 如果 $2NO_2 \longrightarrow 2NO + O_2$ 是基元反应，则其化学反应速率方程式为_____，若将 NO_2 浓度增加到原来的 2 倍时，反应速率变为原来的_____倍。

(2) 同一物质所处的聚集状态不同，熵值大小次序是：气态_____液态_____固态。

(3) 在 373K 和 101.3kPa 下，2.0mol 的 H_2 和 1.0mol 的 O_2 反应，生成 2.0mol 的水蒸气，总共放出 484kJ 的热量。则该反应的 ΔH 是_____ $kJ \cdot mol^{-1}$，而 ΔU 是_____ $kJ \cdot mol^{-1}$。

(4) 在一定温度下，可逆反应 $CaCO_3(s) \rightleftharpoons CaO(s) + CO_2(g)$ 达到平衡时，则该反应的化学反应平衡常数的数学表达式为_____。

(5) 在一容器中，反应 $2SO_2(g) + O_2(g) \longrightarrow 2SO_3(g)$ 达到平衡后，加一定量的 N_2 气体，保持总压力及温度不变，平衡将会_____。

(6) 已知下列反应的平衡常数：$H_2(g) + S(s) \longrightarrow H_2S(g)$ K_1；$S(s) + O_2(g) \longrightarrow SO_2(g)$ K_2；则反应 $H_2(g) + SO_2(g) \longrightarrow O_2(g) + H_2S(g)$ 的平衡常数为_____。

(7) 对于 $CO(NH_2)_2(s) + H_2O(g) \longrightarrow CO_2(g) + 2NH_3(g)$ 已知尿素在 25℃ 和 $p^\ominus$ 下分解需吸热 88.8kJ·mol^{-1}，则 1mol 反应的体积功 $W_v =$ _____ $kJ \cdot mol^{-1}$，$\Delta_r U_m^\ominus =$ _____ $kJ \cdot mol^{-1}$，$\Delta_r H_m^\ominus =$ _____ $kJ \cdot mol^{-1}$。如果已知 30℃ 尿素分解反应的标准平衡常数 $K^\ominus = 4.0$，则 25℃ 时，该反

应的标准平衡常数 $K^\ominus =$ _____，$\Delta_r G_m^\ominus =$ _____ kJ·mol^{-1}，$\Delta_r S_m^\ominus =$ _____ kJ·mol^{-1}。

6. 选择正确答案的序号填入括号里。

(1) 给定可逆反应，当温度由 T_1 升至 T_2 时，平衡常数 $K_2^\ominus > K_1^\ominus$，则该反应的（   ）。

A. $\Delta H^\ominus > 0$ B. $\Delta H^\ominus < 0$ C. $\Delta H^\ominus = 0$ D. 无法判断

(2) 下列反应中，表示 $\Delta H^\ominus = \Delta H_f^\ominus(\mathrm{AgBr})(s)$ 的反应是（   ）。

A. $\mathrm{Ag}^+(aq) + \mathrm{Br}^-(aq) \longrightarrow \mathrm{AgBr}(s)$

B. $2\mathrm{Ag}(s) + \mathrm{Br}_2 \longrightarrow 2\mathrm{AgBr}(s)$

C. $\mathrm{Ag}(s) + 1/2\mathrm{Br}_2(l) \longrightarrow \mathrm{AgBr}(s)$

D. $\mathrm{Ag}(s) + 1/2\mathrm{Br}_2(s) \longrightarrow \mathrm{AgBr}(s)$

(3) 据 $\Delta_f G_m^\ominus(\mathrm{NO},g) = 86.5 \mathrm{kJ \cdot mol}^{-1}$，$\Delta_f G_m^\ominus(\mathrm{NO}_2,g) = 51.3 \mathrm{kJ \cdot mol}^{-1}$，判断反应：① $\mathrm{N}_2(g) + \mathrm{O}_2(g) \longrightarrow 2\mathrm{NO}(g)$，② $2\mathrm{NO}(g) + \mathrm{O}_2(g) \longrightarrow 2\mathrm{NO}_2(g)$ 的自发性，结论正确的是（   ）。

A. ②自发①不自发   B. ①和②都不自发

C. ①自发②不自发   D. ①和②都自发

(4) 已知在标准状态下，反应 $\mathrm{N}_2(g) + 2\mathrm{O}_2(g) \longrightarrow 2\mathrm{NO}_2(g)$，$\Delta_r H_m^\ominus = 67.8 \mathrm{kJ \cdot mol}^{-1}$，则 $\mathrm{NO}_2(g)$ 的标准生成焓为（   ） $\mathrm{kJ \cdot mol}^{-1}$。

A. -67.8 B. 33.9 C. -33.9 D. 67.8

(5) 下列诸过程，$\Delta S < 0$ 的是（   ）。

A. $\mathrm{HAc} + \mathrm{H}_2\mathrm{O} \longrightarrow \mathrm{H}_3\mathrm{O}^+ + \mathrm{Ac}^-$

B. $\mathrm{CaCO}_3(s) \longrightarrow \mathrm{CaO}(s) + \mathrm{CO}_2(g)$

C. $\mathrm{H}_2\mathrm{O}(s) \longrightarrow \mathrm{H}_2\mathrm{O}(l)$

D. $\mathrm{CH}_4(g) + 2\mathrm{O}_2(g) \longrightarrow \mathrm{CO}_2(g) + 2\mathrm{H}_2\mathrm{O}(l)$

第六章 溶液中的离子平衡

第一节 酸碱理论

在化学变化中，大量的反应都属于酸碱反应，研究酸碱反应，首先应了解酸碱的概念。人们对于酸碱的认识，经历了一个由浅入深、由低级到高级的认识过程。1884年，瑞典化学家阿伦尼乌斯（S. Arrhenins）在电离学说的基础上提出了酸碱的电离理论。该理论认为：凡在水溶液中能电离出氢离子的化合物叫做酸；凡在水溶液中能电离出氢氧根离子的化合物叫做碱。酸碱电离理论从物质的化学组成上揭示了酸碱的本质，以电离理论为基础去定义酸碱，是人们对酸碱的认识从现象到本质的飞跃，对化学科学的发展起了积极的推动作用，至今仍在化学各领域中被广泛使用。然而，酸碱电离理论也有较大的局限性：它把酸和碱限制在水溶液中，又把碱限制为氢氧化物，按照酸碱电离理论，离开了水溶液，就没有酸、碱，也没有了酸碱反应。事实上，很多化学反应是在非水溶液或在无溶剂系统中进行的，如在无溶剂情况下，$NH_3(g)$ 与 $HCl(g)$ 直接反应也可生成盐（NH_4Cl）。一些不含 H^+ 或 OH^- 的物质亦可显示出酸或碱的性质，如 NaAc 的水溶液显碱性，这些事实都是电离理论无法解释的。为了克服电离理论的局限性，人们先后提出了"质子理论"、"电子理论"等酸碱理论。

一、酸碱的质子理论

1923年布朗斯特（J. N. Bronsted）和劳莱（T. M. Lowrey）同时独立地提出了酸碱的质子理论（简称质子理论），从而扩大了酸碱的范围，更新了酸碱的含义。

1. 酸碱定义

质子理论认为：凡能给出质子（H^+）的物质都是酸；凡是能接受质子的物质都是碱。可用简式表示为：

$$酸 \rightleftharpoons 质子 + 碱$$

例如：

$$HCl \rightleftharpoons H^+ + Cl^-$$

$$NH_4^+ \rightleftharpoons H^+ + NH_3$$

$$H_2PO_4^- \rightleftharpoons H^+ + HPO_4^{2-}$$

$$[Al(H_2O)_6]^{3+} \rightleftharpoons H^+ + [Al(H_2O)_5(OH)]^{2+}$$

质子理论中的酸碱不局限于分子，也可以是离子。所以酸可以是分子酸，如 HCl、H_3PO_4；阳离子酸，如 NH_4^+、$[Al(H_2O)_6]^{3+}$；阴离子酸，如 $H_2PO_4^-$、HCO_3^-。至于碱，也有分子碱，如 NH_3；阳离子碱，如 $[Al(H_2O)_5(OH)]^{2+}$；阴离子碱，如 CO_3^{2-}、$H_2PO_4^-$。既能给出质子又能接受质子的物质称为两性物质，如 H_2O、$H_2PO_4^-$。另外，质子理论中没有盐的概念，因为组成盐的离子在质子理论中被看做是离子酸和离子碱。由此可见，质子理论的酸碱范围要比电离理论广泛。

2. 共轭酸碱对

根据酸碱质子理论，酸和碱不是孤立的，酸给出质子后生成相应的碱，而碱接受质子后就生成相应的酸。酸和碱之间这种关系称为酸碱共轭关系，相应的一对酸碱称为共轭酸碱对，可表示为：

$$酸 \rightleftharpoons 质子 + 碱$$
$$(共轭酸) \qquad (共轭碱)$$

酸给出质子后，生成它的共轭碱；碱接受质子后，生成它的共轭酸。常见的共轭酸碱对见表 6-1。

表 6-1 常见的共轭酸碱对

酸 $\rightleftharpoons$ H^+ + 碱		酸 $\rightleftharpoons$ H^+ + 碱	
$HCl \rightleftharpoons H^+ + Cl^-$ $H_3O^+ \rightleftharpoons H^+ + H_2O$ $H_3PO_4 \rightleftharpoons H^+ + H_2PO_4^-$ $HAc \rightleftharpoons H^+ + Ac^-$ $H_2CO_3 \rightleftharpoons H^+ + HCO_3^-$ $H_2S \rightleftharpoons H^+ + HS^-$	酸性增强 ↓ 碱性增强 ↑	$NH_4^+ \rightleftharpoons H^+ + NH_3$ $HCN \rightleftharpoons H^+ + CN^-$ $HCO_3^- \rightleftharpoons H^+ + CO_3^{2-}$ $H_2O \rightleftharpoons H^+ + OH^-$ $NH_3 \rightleftharpoons H^+ + NH_2^-$	酸性增强 ↓ 碱性增强 ↑

从表 6-1 中可见，处于共轭关系的酸、碱组成一个共轭酸碱对。如 HCl 是 Cl^- 的共轭酸，而 Ac^- 是 HAc 的共轭碱等。酸愈强（即给出质子的能力愈强），它的共轭碱就愈弱（即接受质子能力愈弱）；酸愈弱，它的共轭碱就愈强。例如以 HAc 和 NH_4^+ 来进行比较，HAc 的酸性比 NH_4^+ 的酸性强，而 Ac^- 的碱性则比 NH_3 的碱性弱。

3. 酸碱反应

质子理论认为，酸碱反应的实质是两个共轭酸碱对之间质子的传递过程。

$$酸_1 + 碱_2 \rightleftharpoons 酸_2 + 碱_1$$

式中，酸$_1$、碱$_1$ 表示一对共轭酸碱；酸$_2$、碱$_2$ 表示另一对共轭酸碱。例如氯化氢和氨反应

$$HCl + NH_3 \rightleftharpoons NH_4^+ + Cl^-$$
$$(酸_1)(碱_2) \qquad (酸_2)(碱_1)$$

质子的传递过程并不要求必须在水溶液中进行，也可以在非水溶剂、无溶剂等条件下进行，只要求质子从一种物质传递到另一种物质。

由此可见，酸碱质子理论不仅扩大了酸碱的范围，也扩大了酸碱反应的范围。从质子传递的观点来看，电离理论中的电离作用、中和反应、盐类水解等都属于酸碱反应。

中和反应 $HAc + OH^- \rightleftharpoons H_2O + Ac^-$

$$H_3O^+ + NH_3 \rightleftharpoons NH_4^+ + H_2O$$

酸碱电离 $HAc + H_2O \rightleftharpoons H_3O^+ + Ac^-$

$$NH_3 + H_2O \rightleftharpoons OH^- + NH_4^+$$

盐的水解 $Ac^- + H_2O \rightleftharpoons OH^- + HAc$

$$NH_4^+ + H_2O \rightleftharpoons H_3O^+ + NH_3$$

水合阳离子水解　　$[Cu(H_2O)_4]^{2+} + H_2O \rightleftharpoons H_3O^+ + [Cu(OH)(H_2O)_3]^+$

水的质子自递　　　$H_2O + H_2O \rightleftharpoons OH^- + H_3O^+$

酸碱质子理论虽然扩大了酸碱的含义及酸碱反应的范围，加深了人们对酸碱的认识。但由于质子理论的基本观点是质子的传递，对于无质子参加的酸碱反应则无法解释。因此，质子理论仍有一定的局限性。

二、酸碱的电子理论

酸碱电子理论（简称电子理论）是由路易斯（G. N. Lewis）在1923年提出的，因此又称路易斯酸碱理论。这个理论认为：凡能接受电子对的物质是酸，如 H^+、BF_3、Cu^{2+}、Fe^{3+} 等；凡能给出电子对的物质是碱，如 OH^-、F^-、NH_3 等。酸碱反应的实质是形成配位键，并生成相应的配位化合物（见第八章）。例如：

酸	碱	反应产物	
H^+	+ :OH^-	$\longrightarrow$ H←OH	(H_2O)
H^+	+ :NH_3	$\longrightarrow$ $[H-NH_2-H]^+$	(NH_4^+)
Cu^{2+}	+ 4:NH_3	$\longrightarrow$ $[H_3N \rightarrow Cu \leftarrow NH_3]^{2+}$ (含上下NH₃)	($[Cu(NH_3)_4]^{2+}$)
BF_3	+ :F^-	$\longrightarrow$ $[F-BF_2-F]^-$	(BF_4^-)

由上述反应可见，酸碱的电子理论中，酸碱及酸碱反应的范围要比电离理论、质子理论更加广泛。电子理论没有限定反应介质，反应可以在气、液等相进行，几乎包括了所有的无机反应和有机反应。但电子理论对酸碱的认识过于笼统，且对如何确定酸碱的相对强度没有一个合适的解决方法，故使其推广应用受到了限制。

第二节　弱电解质的电离平衡

各种电解质（如酸、碱、盐）在水中都能发生电离作用（或称解离作用），因而电解质的水溶液都能导电。不同电解质溶液的导电能力相差很大，其主要原因是它们在水中的电离程度差别很大。在水溶液中几乎能完全电离的电解质称为强电解质；在水溶液中只有部分电离的电解质称为弱电解质。

一、弱电解质的电离平衡

1. 一元弱酸、弱碱溶液

（1）电离平衡和电离常数　　一元弱酸或弱碱在水溶液中只发生部分电离成离子，绝大部分仍然以未电离的分子状态存在。在一定条件下，一元弱酸或弱碱的水溶液中存在着已电离的弱电解质的组分离子和未电离的弱电解质分子之间的动态平衡，这种平衡称为电离平衡。例如，HA 型一元弱酸在水溶液中存在着如下的电离平衡：

$$HA \rightleftharpoons H^+ + A^-$$

根据化学平衡的原理，电离平衡的平衡常数表达式为：

$$\frac{([H^+]/c^\ominus)([A^-]/c^\ominus)}{[HA]/c^\ominus} = K^\ominus \tag{6-1}$$

式中，$[H^+]$、$[A^-]$、$[HA]$ 分别表示平衡时 H^+、A^- 和 HA 的平衡浓度，其单位常用 $mol \cdot L^{-1}$。因为标准态浓度 $c^\ominus = 1.0 mol \cdot L^{-1}$，为简便起见，本书后面的各种平衡常数表达式中，浓度单位都用 $mol \cdot L^{-1}$，而且省略 $c^\ominus$ 项。一般以 $K_a^\ominus$ 表示弱酸的电离平衡常数，$K_b^\ominus$ 表示弱碱的电离平衡常数。有时为表明不同弱电解质的电离平衡常数，在 $K^\ominus$ 后面加圆括号注明具体弱电解质的化学式。例如，一元弱酸 HAc 在水溶液中存在着如下平衡：

$$HAc \rightleftharpoons H^+ + Ac^-$$

其电离平衡常数表达式为：

$$K_a^\ominus(HAc) = \frac{[H^+][Ac^-]}{[HAc]} \tag{6-2}$$

同理，对于一元弱碱 $NH_3 \cdot H_2O$ 在水溶液中存在如下的电离平衡：

$$NH_3 \cdot H_2O \rightleftharpoons NH_4^+ + OH^-$$

其电离平衡常数表达式为：

$$K_b^\ominus(NH_3 \cdot H_2O) = \frac{[NH_4^+][OH^-]}{[NH_3 \cdot H_2O]} \tag{6-3}$$

弱电解质的电离平衡常数（$K_a^\ominus$ 和 $K_b^\ominus$）具有一般平衡常数的特征，对于给定的电解质来说，电离平衡常数与浓度无关，与温度有关。但是，由于弱电解质电离过程的热效应不大，当温度变化不大时，可忽略温度对电离平衡常数的影响。在一定温度下，每种弱电解质有一个确定的电离平衡常数。弱电解质的电离平衡常数可以通过实验测得，也可以从热力学数据计算求得。一些常见的弱酸、弱碱的电离平衡常数见表 6-2。

表 6-2 常见弱酸弱碱的电离平衡常数

弱酸或弱碱	分子式	温度/℃	$K_a^\ominus$ 或 $K_b^\ominus$	$pK_a^\ominus$ 或 $pK_b^\ominus$
醋酸	HAc	25	$K_a^\ominus = 1.76 \times 10^{-5}$	4.75
硼酸	H_3BO_3	20	$K_a^\ominus = 5.8 \times 10^{-10}$	9.24
			$K_{a2}^\ominus = 1.8 \times 10^{-13}$	12.74
			$K_{a3}^\ominus = 1.6 \times 10^{-14}$	13.80
碳酸	H_2CO_3	25	$K_{a1}^\ominus = 4.3 \times 10^{-7}$	6.37
			$K_{a2}^\ominus = 4.8 \times 10^{-11}$	10.32
氢氰酸	HCN	25	$K_a^\ominus = 4.93 \times 10^{-10}$	9.31
氢硫酸	H_2S	18	$K_{a1}^\ominus = 9.1 \times 10^{-8}$	7.04
			$K_{a2}^\ominus = 1.1 \times 10^{-12}$	11.96
过氧化氢	H_2O_2	25	$K_a^\ominus = 1.8 \times 10^{-12}$	11.75
甲酸	HCOOH	20	$K_a^\ominus = 1.77 \times 10^{-4}$	3.75
氯乙酸	$ClCH_2COOH$	25	$K_a^\ominus = 1.38 \times 10^{-3}$	2.86
二氯乙酸	$Cl_2CHCOOH$	25	$K_a^\ominus = 5.5 \times 10^{-2}$	1.26
亚硝酸	HNO_2	12.5	$K_a^\ominus = 5.1 \times 10^{-4}$	3.29
磷酸	H_3PO_4	25	$K_{a1}^\ominus = 7.5 \times 10^{-3}$	2.12
			$K_{a2}^\ominus = 6.2 \times 10^{-8}$	7.21
			$K_{a3}^\ominus = 4.8 \times 10^{-13}$	13.32

续表

弱酸或弱碱	分子式	温度/℃	$K_a^{\ominus}$ 或 $K_b^{\ominus}$	$pK_a^{\ominus}$ 或 $pK_b^{\ominus}$
硅酸	H_2SiO_3	30	$K_{a1}^{\ominus}=2.2\times10^{-10}$	9.77
			$K_{a2}^{\ominus}=1.58\times10^{-12}$	11.80
亚硫酸	H_2SO_3	18	$K_{a1}^{\ominus}=1.29\times10^{-2}$	1.89
			$K_{a2}^{\ominus}=6.3\times10^{-8}$	7.20
草酸	$H_2C_2O_4$	25	$K_{a1}^{\ominus}=5.9\times10^{-2}$	1.23
			$K_{a2}^{\ominus}=6.4\times10^{-5}$	4.19
氨水	$NH_3 \cdot H_2O$	25	$K_b^{\ominus}=1.79\times10^{-5}$	4.75

其中 $pK^{\ominus}$ 表示电离平衡常数 $K^{\ominus}$ 的负对数。电离平衡常数 $K_a^{\ominus}$（或 $K_b^{\ominus}$）的大小反映了弱电解质电离程度的大小。在同温度、同浓度下，同类型的弱酸（或弱碱）的 $K_a^{\ominus}$（或 $K_b^{\ominus}$）越大，则其电离度就越大，其溶液的酸性（或碱性）就越强。

(2) 电离度和稀释定律 弱电解质的电离程度也可用电离度来表示。弱电解质在水溶液中达到电离平衡时的电离百分率，称为电离度。实际使用时通常以已电离的弱电解质的浓度百分率来表示：

$$电离度(\alpha)=\frac{平衡时已电离的弱电解质的浓度}{弱电解质的起始浓度}\times100\%$$

电离度和电离平衡常数是两个不同的概念，它们从不同的角度表示弱电解质的相对强弱。在同温度、同浓度的条件下，电离度越小，电解质就越弱。电离度和电离平衡常数都能衡量弱电解质电离程度的大小，它们之间存在一定的关系。现以 HAc 为例说明，设 HAc 的初始浓度为 c mol·L^{-1}，其电离度为 α。

$$HAc \rightleftharpoons H^+ + Ac^-$$

初始浓度/mol·L^{-1} c 0   0

平衡浓度/mol·L^{-1} $c-c\alpha$ $c\alpha$ $c\alpha$

$$\frac{[H^+][Ac^-]}{[HAc]}=\frac{(c\alpha)^2}{c(1-\alpha)}=K_a^{\ominus}(HAc)$$

当 α 很小时，则 $1-\alpha\approx1$，上式可写为：

$$K_a^{\ominus}(HAc)=c\alpha^2$$

$$\alpha=\sqrt{\frac{K_a^{\ominus}(HAc)}{c}} \tag{6-4}$$

同理，对一元弱碱来说，则有

$$\alpha=\sqrt{\frac{K_b^{\ominus}}{c}} \tag{6-5}$$

式(6-4) 和式(6-5) 表示弱电解质电离度、电离常数和溶液浓度之间的定量关系，这种关系称为稀释定律。它表明对某一弱电解质而言，在一定温度下，溶液浓度越稀，电离度越大。如在 298K 时，0.10mol·L^{-1} HAc 溶液的电离度为 1.3%，而 0.010mol·L^{-1} HAc 溶液的电离度则为 4.2%。由此可见，只有在浓度相同的条件下，才能用电离度来比较弱电解质的相对强弱，而电离平衡常数则与浓度无关，因此电离平衡常数能更深刻地反映弱电解质的本性，在实际应用中显得更为重要。

(3) 利用电离平衡常数的计算 实际上，在弱电解质的水溶液中，同时存在着两个电离平衡。以弱酸 HB 为例，一个是弱酸 HB 的电离平衡。

$$HB \rightleftharpoons H^+ + B^- \quad K_a^{\ominus}$$

另一个是溶剂 H_2O 的电离平衡。即

$$H_2O \rightleftharpoons H^+ + OH^- \qquad K_w^\ominus$$

它们都能电离生成 H^+,当弱酸 HB 的 $K_a^\ominus \gg K_w^\ominus$,且其起始浓度 c 不是很小时,可以忽略 H_2O 的电离所产生的 H^+,而只考虑弱酸 HB 的电离。

$$HB \rightleftharpoons H^+ + B^-$$

初始浓度/mol·L^{-1} c 0   0

平衡浓度/mol·L^{-1} $c-[H^+]$ $[H^+]$ $[B^-]$

而 $[H^+] \approx [B^-]$,代入电离平衡常数表达式

$$\frac{[H^+]^2}{c-[H^+]} = K_a^\ominus$$

$$[H^+]^2 + K_a^\ominus[H^+] - K_a^\ominus c = 0$$

解上式,$[H^+]$ 的合理解应为:

$$[H^+] = \frac{-K_a^\ominus + \sqrt{(K_a^\ominus)^2 + 4K_a^\ominus c}}{2} \tag{6-6}$$

式(6-6)是计算一元弱酸溶液中 H^+ 浓度的较为精确的近似公式。

如果 $c/K_a^\ominus \geq 500$ 时,溶液中 $[H^+] \ll c$,$c-[H^+] \approx c$,则

$$K_a^\ominus = \frac{[H^+]^2}{c-[H^+]} = \frac{[H^+]^2}{c}$$

$$[H^+] = \sqrt{K_a^\ominus c} \tag{6-7}$$

$$pH = \frac{1}{2}(pK_a^\ominus + pc) \tag{6-8}$$

式(6-7)和式(6-8)是计算一元弱酸溶液中 $[H^+]$ 和 pH 的最常用的近似公式。对于浓度为 c 的 BOH 型一元弱碱溶液,同理可推导其溶液中 $[OH^-]$ 和 pH 的近似公式为:

$$[OH^-] = \sqrt{K_b^\ominus c} \tag{6-9}$$

$$pOH = \frac{1}{2}(pK_b^\ominus + pc) \tag{6-10}$$

$$pH = 14 - \frac{1}{2}(pK_b^\ominus + pc) \tag{6-11}$$

在计算一元弱酸、弱碱溶液中的 H^+ 或 OH^- 浓度时,一般来说,当 $c_{酸}/K_a^\ominus \geq 500$ 或 $c_{碱}/K_b^\ominus \geq 500$ 或 $\alpha \leq 4.4\%$ 时,可采用近似公式来进行计算,计算结果的相对误差不会大于 2%。当 $c_{酸}/K_a^\ominus < 500$ 或 $c_{碱}/K_b^\ominus < 500$,或 $\alpha > 4.4\%$ 的弱酸或弱碱溶液,其 H^+ 或 OH^- 浓度就应采用精确的近似公式来计算,否则误差就较大。当 $cK_a^\ominus \leq 20K_w$ 或 $cK_b^\ominus \leq 20K_w$ 的弱酸或弱碱溶液,其 H^+ 或 OH^- 浓度就应采用联立方程组的方法来计算。

【例 6-1】 计算 0.01mol·L^{-1} HAc 溶液中的 $[H^+]$、pH 和 HAc 的电离度。

解 (1) 因为 $c/K_a^\ominus = 0.100/(1.76 \times 10^{-5}) = 5.68 \times 10^3 > 500$

所以应用近似公式计算

$$[H^+] = \sqrt{K_a^\ominus c} = \sqrt{1.76 \times 10^{-5} \times 0.100} = 1.33 \times 10^{-3} \text{ (mol·L}^{-1}\text{)}$$

(2) $pH = -\lg[H^+] = -\lg(1.33 \times 10^{-3}) = 2.88$

(3) $\alpha = \dfrac{[H^+]}{c} = \dfrac{1.33 \times 10^{-3} \text{mol·L}^{-1}}{0.100 \text{mol·L}^{-1}} = 1.33\%$

2. 同离子效应和盐效应

弱电解质的电离平衡和其他化学平衡一样,是一种动态平衡,当外界条件发生改变时,会引起电离平衡的移动,其移动的规律同样服从勒夏特列原理。

(1) 同离子效应　在弱酸 HAc 溶液中，存在如下电离平衡：

$$HAc \rightleftharpoons H^+ + Ac^-$$

若在平衡系统中加入与 HAc 含有相同离子（Ac^-）的易溶强电解质 NaAc，由于 NaAc 在溶液中完全电离

$$NaAc \rightleftharpoons Na^+ + Ac^-$$

这样会使溶液中的 $[Ac^-]$ 增大。根据平衡移动的原理，HAc 的电离平衡会向左（生成 HAc 的方向）移动。达到新平衡时，溶液中 $[H^+]$ 要比原平衡的 $[H^+]$ 小，而 [HAc] 要比原平衡中的 [HAc] 大，表明 HAc 的电离度减小了。同理，若在 $NH_3 \cdot H_2O$ 溶液中加入铵盐（如 NH_4Cl），也会使 $NH_3 \cdot H_2O$ 的电离度减小。这种在弱电解质溶液中加入一种含有相同离子（阴离子或阳离子）的易溶强电解质，使弱电解质电离度减小的现象，称为同离子效应。

同离子效应的实质是浓度对化学平衡移动的影响。在科学实验和生产实际中，可以利用同离子效应调节溶液的酸碱性；选择性地控制溶液中某种离子的浓度，从而达到分离、提纯的目的。

(2) 盐效应　若在 HAc 溶液中加入不含相同离子的易溶强电解质（如 NaCl），则溶液中离子的数目增多，不同电荷的离子之间相互牵制作用增强，从而使 H^+ 和 Ac^- 结合成 HAc 分子的概率和速率均减小，结果表现为弱电解质 HAc 的电离度增大了。这种在弱电解质溶液中加入易溶解强电解质使弱电解质电离度增大的现象，称为盐效应。

同离子效应和盐效应是两种完全相反的作用。其实发生同离子效应的同时，必然伴随着盐效应的发生。只是由于同离子效应的影响比盐效应大得多，因此，在一般情况下忽略盐效应的影响。

【例 6-2】　在 $0.100 \text{mol} \cdot L^{-1}$ HAc 溶液中，加入固体 NaAc 使其浓度为 $0.100 \text{mol} \cdot L^{-1}$（忽略加入后体积的变化），求此溶液中 $[H^+]$ 和 HAc 的电离度。

解　NaAc 为强电解质，完全电离后，所提供的 $c(Ac^-) = 0.100 \text{mol} \cdot L^{-1}$，设 HAc 电离的 $[H^+] = x \text{ mol} \cdot L^{-1}$

$$HAc \rightleftharpoons H^+ + Ac^-$$

初始浓度/$mol \cdot L^{-1}$　　　　0.100　　　　　　0.100

平衡浓度/$mol \cdot L^{-1}$　　　$0.100 - x$　　x　　$0.100 + x$

因为 $c/K_a^{\ominus} = 0.100/(1.76 \times 10^{-5}) > 500$，且加上同离子效应的作用，HAc 电离出的 $c(H^+)$ 就更小。故

$0.100 \pm x \approx 0.100$ 代入平衡常数表达式，解之得

$$[H^+] = x = 1.76 \times 10^{-5} \text{ (mol} \cdot L^{-1})$$

$$\alpha = \frac{1.76 \times 10^{-5} \text{mol} \cdot L^{-1}}{0.100 \text{mol} \cdot L^{-1}} = 1.76 \times 10^{-2} \%$$

将以上计算与例 6-1 题计算的结果相比较，α 约为其 1/75，可见，同离子效应的影响非常显著。

3. 多元弱酸（碱）溶液

多元弱酸（碱）在水溶液中的电离是分步进行的，每一步电离都有相应的电离平衡及电离常数。前面讨论的一元弱酸、弱碱的电离平衡的原理，同样适用于多元弱酸（碱）的电离。

现以 H_2S 为例来讨论多元弱酸的电离平衡。H_2S 是二元弱酸，它在水溶液中的电离分两步进行。

第一步电离
$$H_2S \rightleftharpoons H^+ + HS^-$$

$$K_{a1}^\ominus = \frac{[H^+][HS^-]}{[H_2S]} = 9.1 \times 10^{-8} \tag{6-12}$$

第二步电离
$$HS^- \rightleftharpoons H^+ + S^{2-}$$

$$K_{a2}^\ominus = \frac{[H^+][S^{2-}]}{[HS^-]} = 1.1 \times 10^{-12} \tag{6-13}$$

$K_{a1}^\ominus$，$K_{a2}^\ominus$ 的数值表明第二步电离比第一步电离困难得多，其原因有二：一是带两个负电荷的 S^{2-} 对 H^+ 的吸引力比带一个负电荷的 HS^- 对 H^+ 的吸引力强得多；二是第一步电离出来的 H^+ 对第二步电离产生同离子效应，从而抑制了第二步电离的进行。因此，对于多元弱酸，一般均存在 $K_{a1}^\ominus \gg K_{a2}^\ominus \gg K_{a3}^\ominus \cdots$ 的关系。溶液中的 $[H^+]$ 主要来源于第一步电离。在忽略水的电离的条件下，溶液中的 $c(H^+)$ 的计算就类似于一元弱酸，并当 $c/K_{a1} \geqslant 500$ 时，可作近似计算。

$$[H^+] = \sqrt{K_{a1}^\ominus c} \tag{6-14}$$

而溶液中的 S^{2-} 是第二步电离的产物，故计算时要用第二步电离平衡。
$$HS^- \rightleftharpoons H^+ + S^{2-}$$

$$K_{a2}^\ominus = \frac{[H^+][S^{2-}]}{[HS^-]}$$

由于第二步电离非常小，可以认为溶液中 $[H^+] \approx [HS^-]$，则

$$[S^{2-}] = K_{a2} \tag{6-15}$$

多元弱酸在溶液中不仅存在分步电离平衡，也存在着总的电离平衡，将式(6-12) 和式(6-13) 对应的电离方程式相加得
$$H_2S \rightleftharpoons 2H^+ + S^{2-}$$

根据多重平衡规则
$$K_a^\ominus = K_{a1}^\ominus K_{a2}^\ominus = \frac{[H^+]^2[S^{2-}]}{[H_2S]} \tag{6-16}$$

式(6-16) 是总平衡式。它并不表示 H_2S 是按此方程式电离的，更不能就此认为溶液中 $[H^+]$ 为 $[S^{2-}]$ 的两倍。其实溶液中 $[H^+] \gg [S^{2-}]$，这是因为电离是分步进行的，且 $K_{a1}^\ominus \gg K_{a2}^\ominus$。它只说明平衡时，在 H_2S 溶液中，$[H^+]$、$[S^{2-}]$ 和 $[H_2S]$ 三者之间的关系：在一定浓度的 H_2S 溶液中，S^{2-} 浓度与 H^+ 浓度的平方成反比。即

$$[S^{2-}] = \frac{K_a^\ominus [H_2S]}{[H^+]^2} \tag{6-17}$$

因此，调节溶液中 H^+ 的浓度，可以控制溶液中 S^{2-} 的浓度。

【例 6-3】 室温下，H_2S 饱和溶液的浓度为 $0.10 \text{mol} \cdot L^{-1}$，计算该溶液中的 H^+ 和 S^{2-} 的浓度。

解 查表 6-2 知 $K_{a1}^\ominus = 9.1 \times 10^{-8}$，$K_{a2}^\ominus = 1.1 \times 10^{-12}$，$K_{a1}^\ominus \gg K_{a2}^\ominus$，故计算 H^+ 浓度时，可只考虑第一步电离而忽略第二步电离。

设平衡溶液中的 H^+ 浓度为 $x \text{ mol} \cdot L^{-1}$
$$H_2S \rightleftharpoons H^+ + HS^-$$

平衡浓度/mol·L^{-1} $0.10-x$ x x

$$\frac{[H^+][HS^-]}{[H_2S]} = K_{a1}^\ominus$$

$$\frac{xx}{0.10-x} = 9.1 \times 10^{-8}$$

因为 $c(H_2S)/K_{a1}^{\ominus} \geqslant 500$，电离的 H^+ 浓度很小，可忽略。故

$$\frac{x^2}{0.10} \approx 9.1 \times 10^{-8}$$

$$[H^+] = x = 9.54 \times 10^{-5} \ (mol \cdot L^{-1})$$

溶液中 S^{2-} 是第二步电离的产物，根据第二步电离平衡

$$HS^- \rightleftharpoons H^+ + S^{2-}$$

$$\frac{[H^+][S^{2-}]}{[HS^-]} = K_{a2}^{\ominus}$$

又因为 $K_{a1}^{\ominus} \gg K_{a2}^{\ominus}$，$[HS^-] \approx [H^+]$。故

$$[S^{2-}] \approx K_{a2}^{\ominus} = 1.1 \times 10^{-12} \ (mol \cdot L^{-1})$$

通过以上的计算可以看出：

① 多元弱酸溶液，若其 $K_{a1}^{\ominus} \gg K_{a2}^{\ominus} \gg K_{a3}^{\ominus}$，则计算 H^+ 的浓度时，可将多元弱酸当作一元弱酸近似处理。当 $c/K_{a1} \geqslant 500$ 时，可用公式 $c(H^+) = \sqrt{K_a^{\ominus} c}$ 来计算 H^+ 的浓度。

② 对于二元弱酸溶液，酸根离子的浓度近似等于 $K_{a2}^{\ominus}$，而与酸的浓度关系不大。

③ 在多元弱酸溶液中，由于酸根离子的浓度极小，当需要溶液中有大量的酸根离子时应考虑使用其可溶性盐。如当需要溶液中有大量的 S^{2-} 时，应使用 Na_2S。

【例 6-4】 计算 $0.10 \, mol \cdot L^{-1} \, Na_2CO_3$ 溶液的 pH，已知 H_2CO_3 的 $K_{a1}^{\ominus} = 4.3 \times 10^{-7}$，$K_{a2}^{\ominus} = 4.8 \times 10^{-11}$。

解 在 Na_2CO_3 溶液中，CO_3^{2-} 为二元碱，其碱性决定溶液酸碱度。CO_3^{2-} 的电离分两步进行。

第一步电离

$$CO_3^{2-} + H_2O \rightleftharpoons HCO_3^- + OH^- \qquad K_{b1}^{\ominus}$$

第二步电离

$$HCO_3^- + H_2O \rightleftharpoons H_2CO_3 + OH^- \qquad K_{b2}^{\ominus}$$

根据多重平衡规则同样可推导出：

$$K_{b1}^{\ominus} = \frac{K_w^{\ominus}}{K_{a2}^{\ominus}(H_2CO_3)} = \frac{1.0 \times 10^{-14}}{4.8 \times 10^{-11}} = 2.1 \times 10^{-4}$$

$$K_{b2}^{\ominus} = \frac{K_w^{\ominus}}{K_{a1}^{\ominus}(H_2CO_3)} = \frac{1.0 \times 10^{-14}}{4.3 \times 10^{-7}} = 2.33 \times 10^{-8}$$

由上式可见，$K_{b1}^{\ominus} \gg K_{b2}^{\ominus}$，说明 CO_3^{2-} 第一步电离程度比第二步电离程度大得多，溶液中的 OH^- 主要来源于 CO_3^{2-} 的第一步电离，第二步电离产生的 OH^- 可以忽略，可以近似将 CO_3^{2-} 作为一元弱碱处理。

因为 $c/K_{b1}^{\ominus} = 0.1/(2.1 \times 10^{-4}) \geqslant 500$

$$[OH^-] = \sqrt{cK_{b1}^{\ominus}} = \sqrt{\frac{K_w^{\ominus}}{K_{a2}^{\ominus}}c} = \sqrt{2.1 \times 10^{-4} \times 0.10} = 4.6 \times 10^{-3} \ (mol \cdot L^{-1})$$

$$pOH = -lg[OH^-] = -lg(4.6 \times 10^{-3}) = 2.34$$

$$pH = 14 - pOH = 11.66$$

4. 两性物质

既能给出质子又能接受质子的物质称为两性物质，较重要的两性物质有 $NaHCO_3$、NaH_2PO_4、Na_2HPO_4 等，在这些物质的水溶液中，决定溶液的 pH 是 HCO_3^-、$H_2PO_4^-$、HPO_4^{2-} 等物质的电离，在考虑两性物质水溶液的 pH 时，应该根据具体情况进行分析。

如 $NaHCO_3$ 水溶液

作为碱

$$HCO_3^- + H_2O \rightleftharpoons H_2CO_3 + OH^- \qquad K_{b2}^\ominus = \frac{K_w^\ominus}{K_{a1}^\ominus} = 2.33 \times 10^{-8}$$

作为酸

$$HCO_3^- \rightleftharpoons H^+ + CO_3^{2-} \qquad K_{a2}^\ominus = 4.8 \times 10^{-11}$$

在两个平衡中,因为 $K_{b2}^\ominus \gg K_{a2}^\ominus$,说明 HCO_3^- 的获取质子的能力大于失去质子的能力,所以溶液呈碱性,脚标 2 分别表示 H_2CO_3 和 CO_3^{2-} 的第二步解离。达到平衡时

$$[H^+] = [CO_3^{2-}]$$
$$[H_2CO_3] = [OH^-]$$

两式相加,得

$$[H^+] = [CO_3^{2-}] + [OH^-] - [H_2CO_3] \tag{1}$$

由于溶液中存在下列平衡:

$$H_2CO_3 \rightleftharpoons H^+ + HCO_3^- \qquad [H_2CO_3] = \frac{[H^+][HCO_3^-]}{K_{a1}^\ominus}$$

$$HCO_3^- \rightleftharpoons H^+ + CO_3^{2-} \qquad [CO_3^{2-}] = K_{a2}^\ominus \frac{[HCO_3^-]}{[H^+]}$$

$$H_2O \rightleftharpoons H^+ + OH^- \qquad [OH^-] = \frac{K_w^\ominus}{[H^+]}$$

将上面 $[H_2CO_3]$、$[CO_3^{2-}]$ 和 $[OH^-]$ 各值代入(1)式得

$$[H^+] = \frac{K_{a2}^\ominus [HCO_3^-]}{[H^+]} + \frac{K_w^\ominus}{[H^+]} - \frac{[H^+][HCO_3^-]}{K_{a1}^\ominus} \tag{2}$$

将式(2)两边同乘以 $K_{a1}^\ominus [H^+]$,整理得

$$[H^+]^2 = \frac{K_{a1}^\ominus (K_{a2}^\ominus [HCO_3^-] + K_w^\ominus)}{K_{a1}^\ominus + [HCO_3^-]} \tag{3}$$

由于通常情况下,$K_{a2}^\ominus [HCO_3^-] \gg K_w$,$[HCO_3^-] \gg K_{a1}^\ominus$,则

$$K_{a2}^\ominus [HCO_3^-] + K_w^\ominus \approx K_{a2}^\ominus [HCO_3^-]$$

$$K_{a1}^\ominus + [HCO_3^-] \approx [HCO_3^-] \quad 所以式(3)可简化为$$

$$[H^+] = \sqrt{K_{a1}^\ominus K_{a2}^\ominus} \tag{6-18}$$

式(6-18)是最常用的近似计算公式。但必须注意,只有当酸式盐溶液的浓度不很稀 ($c > 10^{-3} \text{mol·L}^{-1}$), $c \gg K_{a1}^\ominus \gg K_{a2}^\ominus$, $cK_{a2}^\ominus \gg K_w$, $c/K_{a1}^\ominus > 10$, 且水的电离可以忽略的情况下才能采用。否则,可用式(3)直接计算 $[H^+]$。

对于其他的酸式盐,可以依此类推,例如:

NaH_2PO_4 溶液 $\qquad [H^+] = \sqrt{K_{a1}^\ominus K_{a2}^\ominus}$

Na_2HPO_4 溶液 $\qquad [H^+] = \sqrt{K_{a2}^\ominus K_{a3}^\ominus}$

二、缓冲溶液

许多化学反应和生产过程都要在一定的 pH 范围内才能进行或进行得比较完全,溶液的 pH 如何控制?怎样才能使溶液 pH 保持稳定?要解决这些问题,就需要了解缓冲作用原理和缓冲溶液。

1. 缓冲作用原理

缓冲溶液一般是由弱酸和弱酸盐,弱碱和弱碱盐和多元弱酸的酸式盐与其次级盐等组成的混合溶液,它们的 pH 能在一定范围内不因适当稀释或外加少量酸或碱而发生显著变化,

这种溶液叫做缓冲溶液。缓冲溶液具有抵抗外来少量酸、碱或适当稀释的影响,使溶液 pH 值基本不变的作用,叫做缓冲作用。

缓冲溶液一般由两种物质组成,其中一种是抗酸成分,另一种则是抗碱成分。组成缓冲溶液中的抗酸成分和抗碱成分称为缓冲对。例如 HAc-NaAc、$NH_3 \cdot H_2O\text{-}NH_4Cl$、$NaHCO_3\text{-}Na_2CO_3$ 等,构成缓冲对。

现以 HAc 和 NaAc 组成的缓冲溶液为例,来说明缓冲作用的原理。

HAc 为弱电解质,只能部分电离,NaAc 为强电解质,几乎完全电离。

$$HAc \rightleftharpoons H^+ + Ac^-$$
$$NaAc \longrightarrow Na^+ + Ac^-$$

NaAc 在溶液中完全电离,$[Ac^-]$ 较大。因 Ac^- 的同离子效应而抑制了 HAc 的电离,使 $[HAc]$ 也较大,即溶液中存在着大量的抗碱成分(HAc 分子)和抗酸成分(Ac^-),但 H^+ 浓度却很小。

当在此缓冲液中加入少量强酸(H^+)时,H^+ 与 Ac^- 结合成 HAc,使 HAc 电离平衡向左移动。达到新的平衡时,$[HAc]$ 略有增加,$[Ac^-]$ 也略有减少,而 $[H^+]$ 或 pH 几乎没有变化。

当在此缓冲溶液中加入少量强碱(OH^-)时,OH^- 与 H^+ 结合成 H_2O,使 HAc 电离平衡向右移动,它立即电离出 H^+ 以补充溶液中所减少的 H^+。达到新的平衡时,溶液中的 $[H^+]$ 或 pH 值也几乎没有变化。

当此缓冲溶液作适当稀释时,由于 $[HAc]$、$[Ac^-]$ 以同等倍数降低,其比值 $[HAc]/[Ac^-]$ 不变,代入公式(6-1)进行计算,$[H^+]$ 仍然几乎没有变化。

其他类型缓冲溶液的作用原理,与上述缓冲溶液的作用原理相同。

2. 缓冲溶液的 pH

缓冲溶液中都存在着同离子效应。缓冲溶液 pH 的计算实质上就是弱酸或弱碱在同离子效应下的 pH 的计算。现仍以 HAc-NaAc 组成的缓冲溶液为例。设 HAc 和 NaAc 的初始浓度分别为 $c(酸)$ 和 $c(碱)$,在这缓冲溶液中存在下列平衡:

$$HAc \rightleftharpoons H^+ + Ac^-$$

初始浓度/$mol \cdot L^{-1}$ $c_{酸}$ $c_{碱}$

平衡浓度/$mol \cdot L^{-1}$ $c_{酸}-[H^+]$ $[H^+]$ $c_{碱}+[H^+]$

由于 Ac^- 的同离子效应使弱酸 HAc 的电离度更小,则 $[H^+]$ 很小,$c_{酸}-[H^+] \approx c_{酸}$,$c_{碱}+[H^+] \approx c_{碱}$。

将各物质的平衡浓度代入式(6-1),可得

$$[H^+] = K_a^{\ominus} \frac{c_{酸}}{c_{碱}} \tag{6-19}$$

将上式取负对数,得

$$-\lg[H^+] = -\lg K_a^{\ominus} - \lg \frac{c_{酸}}{c_{碱}}$$

或

$$pH = pK_a^{\ominus} - \lg \frac{c_{酸}}{c_{碱}} \tag{6-20}$$

式(6-19)和式(6-20)是用来计算弱酸及其相应的盐所组成缓冲溶液的 $[H^+]$ 或 pH 的近似公式。

对于弱碱及其盐所组成的缓冲溶液,同理可推导出 $[OH^-]$ 和 pOH 的近似计算公式:

$$[OH^-] = K_b^{\ominus} \frac{c_{碱}}{c_{酸}} \tag{6-21}$$

$$pOH = pK_b^\ominus - \lg\frac{c_{\text{碱}}}{c_{\text{酸}}} \tag{6-22}$$

$$pH = 14 - pOH = 14 - pK_b^\ominus + \lg\frac{c_{\text{碱}}}{c_{\text{酸}}} \tag{6-23}$$

由式(6-20)和式(6-23)可见，缓冲溶液的 pH 决定于 $pK_a^\ominus$ 或 $pK_b^\ominus$ 及缓冲对的比值，这个比值叫缓冲比。当选定组成缓冲溶液的缓冲对之后，因 $pK_a^\ominus$ 或 $pK_b^\ominus$ 是常数，溶液的 pH 变化主要由缓冲比决定。

【例 6-5】 20mL 0.40mol·L^{-1} HA ($K_a^\ominus=1\times10^{-6}$) 与 20mL 0.20mol·L^{-1} NaOH 混合，计算该混合液的 pH。

解 溶液等体积混合后，其浓度减半，即 HA 浓度为 0.2mol·L^{-1}，NaOH 浓度为 0.1mol·L^{-1}。

在混合溶液中会发生化学反应，0.1mol·L^{-1} 的 NaOH 可与 0.1 mol·L^{-1} 的 HA 反应生成 0.1mol·L^{-1} 的 NaA，还剩 0.1mol·L^{-1} 的 HA。所以混合溶液是由过量的 HA 与反应生成的 NaA 构成的缓冲溶液。

$$pH = pK_a^\ominus - \lg\frac{c_{\text{酸}}}{c_{\text{碱}}} = -\lg(1\times10^{-6}) + \lg(0.1\text{mol·L}^{-1}/0.1\text{mol·L}^{-1}) = 6.0$$

3. 缓冲容量和缓冲范围

缓冲溶液的缓冲能力是有一定限度的，当缓冲溶液中的抗酸成分或抗碱成分消耗完了，它就失去了缓冲作用。缓冲溶液缓冲能力的大小，可用缓冲容量来量度。所谓缓冲容量就是 1L 缓冲溶液的 pH 值改变一个单位所需加入强酸或强碱的物质的量。常用 β 表示。

当缓冲溶液的缓冲比一定时，对于酸（碱）和盐的总浓度不同的缓冲溶液，总浓度越大，缓冲溶液的缓冲能力越强。在实际工作中，一般将缓冲溶液缓冲对两组分的浓度控制在 0.05～0.5mol·L^{-1} 之间。

当一缓冲溶液的总浓度一定时，其缓冲比（$c_{\text{酸}}/c_{\text{碱}}$ 或 $c_{\text{碱}}/c_{\text{酸}}$）等于 1 时，pH=$pK_a^\ominus$ 或 pOH=$pK_b^\ominus$，此时的缓冲容量最大，即缓冲能力最强。因此，缓冲比不能偏离 1 太多，一般将缓冲比控制在 0.1～10 之间，即缓冲溶液的 pH 在 $pK_a^\ominus+1$～$pK_a^\ominus-1$（pOH 在 $pK_b^\ominus+1$～$pK_b^\ominus-1$）之间，超过此范围，缓冲溶液的缓冲作用就太弱。所以把 pH=$pK_a^\ominus\pm1$（或 pOH=$pK_b^\ominus\pm1$）的范围称为缓冲范围。不同缓冲对物质组成的缓冲溶液，由于 $K_a^\ominus$ 或 $K_b^\ominus$ 不同，它们的缓冲范围也不同。例如 HAc-NaAc 溶液的 pH 缓冲范围为 3.75～5.75，NH$_3$·H$_2$O-NH$_4$Cl 为 8.25～10.25，NaH$_2$PO$_4$-Na$_2$HPO$_4$ 为 6.21～8.21。

4. 缓冲溶液的配制和应用

(1) 缓冲溶液的配制 在生产实践和科研活动中，往往需要配制一定 pH 的缓冲溶液。通过上面的讨论，已经了解缓冲溶液的 pH 范围，其值主要取决于弱酸（或弱碱）的 $K_a^\ominus$（或 $K_b^\ominus$）值和缓冲比。当缓冲比接近 1 时，缓冲溶液的缓冲容量较大。欲使配制的缓冲溶液 pH（或 pOH）在缓冲溶液的缓冲范围之内，首先应选择一种其 $pK_a^\ominus$（或 $pK_b^\ominus$）与所配制的缓冲溶液的 pH（或 pOH）相近的弱酸（或弱碱）及其相应的盐组成缓冲溶液，然后再根据缓冲溶液的 pH（或 pOH）的计算公式，求出缓冲比值及其相应物质的量。例如，如果需要一种 pH=9.0 的缓冲溶液，考虑 NH$_3$·H$_2$O 的 $pK_b^\ominus=4.75$，pH=14-$pK_b^\ominus=9.25$，故可选用 NH$_3$·H$_2$O-NH$_4$Cl 缓冲溶液。

【例 6-6】 欲配制 pH=9.0 的缓冲溶液 1.0L，应在 500mL 0.20mol·L^{-1} NH$_3$·H$_2$O 的溶液中加入固体 NH$_4$Cl（$M=53.5$g·mol^{-1}）多少克？

解 pOH=14-9.0=5.0　　　根据

$$pOH = pK_b^\ominus - \lg \frac{c_{\text{碱}}}{c_{\text{酸}}} \quad \text{则}$$

$$5.0 = 4.75 - \lg \frac{\frac{500}{1000} \times 0.20}{c(NH_4Cl)} \quad \text{解之得}$$

$$c(NH_4Cl) = 0.178 \text{mol} \cdot L^{-1}$$

应加入固体 NH_4Cl 质量为 $\quad m = 0.178 \text{mol} \cdot L^{-1} \times 1.0L \times 53.5 \text{g} \cdot \text{mol}^{-1} = 9.52\text{g}$

配制方法：在 500mL 0.2mol·L^{-1} $NH_3 \cdot H_2O$ 中加入固体 NH_4Cl 9.52g 溶解后，用蒸馏水稀释至 1.0L，混匀。

（2）缓冲溶液的应用　缓冲溶液在工业、农业、生物科学、化学等各领域都有很重要的用途。例如土壤中，由于含有 H_2CO_3、$NaHCO_3$ 和 Na_2HPO_4 以及其他有机酸及其盐类组成的复杂的缓冲体系，所以能使土壤维持在一定的 pH（约 5~8）范围内，从而保证了微生物的正常活动和植物的发育生长。

又如甲酸 HCOOH 分解生成 CO 和 H_2O 的反应，是一个酸催化反应，H^+ 可作为催化剂加快反应。为了控制反应速率，就必须用缓冲溶液控制反应的 pH。

人体的血液也是缓冲溶液，其主要的缓冲体系有：H_2CO_3-$NaHCO_3$、NaH_2PO_4-Na_2HPO_4、血浆蛋白-血浆蛋白盐、血红蛋白-血红蛋白盐等。这些缓冲体系的相互作用、相互制约使人体血液的 pH 保持在 7.35~7.45 范围内，从而保证了人体的正常生理活动。

第三节　沉淀-溶解平衡

严格来说，在水中绝对不溶的物质是没有的。所谓易溶电解质指的是在水中溶解度较大的电解质。通常把溶解度小于 0.01g·$(100H_2O)^{-1}$ 的电解质称为难溶电解质，溶解度在 0.01~0.1g·$(100H_2O)^{-1}$ 之间的电解质称为微溶电解质。本节所讨论的对象也包括微溶电解质。难溶电解质在溶液中的状况与前面所讨论的弱电解质不同，难溶电解质的溶解度虽然很小，但溶解部分是完全电离的。

一、溶度积原理

1. 溶度积常数

一定温度下，在水中加入难溶电解质固体（例如 $BaSO_4$），当它的量超过它的溶解度时，在溶液中就会建立起一个溶解和沉淀之间的多相离子平衡（又称沉淀-溶解平衡）。

$$BaSO_4(s) \underset{\text{沉淀}}{\overset{\text{溶解}}{\rightleftharpoons}} Ba^{2+} + SO_4^{2-}$$

未溶解固体　　　溶液中的离子

平衡时的溶液是饱和溶液，根据平衡原理，其平衡常数可表示为：

$$K^\ominus = \frac{[Ba^{2+}][SO_4^{2-}]}{[BaSO_4]}$$

但因 $[BaSO_4]$ 为常数，故上式可写成

$$K^\ominus = [Ba^{2+}][SO_4^{2-}]$$

式中，$K^\ominus$ 为沉淀-溶解平衡的平衡常数，称为溶度积常数，简称溶度积，一般用符号 $K_{sp}^\ominus$ 表示。

对于任意形式的难溶电解质 A_mB_n 的沉淀-溶解平衡

$$A_mB_n(s) \underset{\text{沉淀}}{\overset{\text{溶解}}{\rightleftharpoons}} mA^{n+} + nB^{m-}$$

$$K_{sp}^{\ominus}=[A^{n+}]^m[B^{m-}]^n \tag{6-24}$$

$K_{sp}^{\ominus}$ 的大小反映了难溶电解质溶解能力的大小。$K_{sp}^{\ominus}$ 越小，表示难溶电解质在水中的溶解度越小，与其他的平衡常数一样，$K_{sp}^{\ominus}$ 也是温度的函数。本书附录五列出了一些难溶电解质的溶度积。

2. 溶度积和溶解度的相互换算

溶度积和溶解度都可以用来表示物质的溶解能力，它们之间可以相互换算，但在换算时必须注意采用物质的量浓度（单位用 $mol \cdot L^{-1}$）作单位。另外，由于难溶电解质的溶解度很小，溶液很稀，难溶电解质饱和溶液的密度可认为近似等于水的密度，即 $1 kg \cdot L^{-1}$。

以 AB 型难溶电解质 $BaSO_4$ 为例，设其在水中的溶解度为 S（$mol \cdot L^{-1}$），则在饱和溶液中有如下的沉淀-溶解平衡：

$$BaSO_4(s) \rightleftharpoons Ba^{2+} + SO_4^{2-}$$

平衡浓度/$mol \cdot L^{-1}$ S   S

$$K_{sp}^{\ominus}(BaSO_4) = [Ba^{2+}][SO_4^{2-}] = S^2$$

所以 $S = \sqrt{K_{sp}^{\ominus}(BaSO_4)} = \sqrt{1.1 \times 10^{-10}} = 1.05 \times 10^{-5} (mol \cdot L^{-1})$

计算结果表明，AB 型的难溶电解质，其溶解度在数值上等于其溶度积的平方根。即

$$S = \sqrt{K_{sp}^{\ominus}} \tag{6-25}$$

对于 AB_2（或 A_2B）型的难溶电解质（如 CaF_2、Ag_2S 等）同理可推导出 AB_2（或 A_2B）型的难溶电解质的溶解度和溶度积的关系为：

$$S = \sqrt[3]{\frac{K_{sp}^{\ominus}}{4}} \tag{6-26}$$

【例 6-7】 在 298K 时，AgBr 和 Ag_2CrO_4 的溶解度分别为 $7.1 \times 10^{-7} mol \cdot L^{-1}$ 和 $6.5 \times 10^{-5} mol \cdot L^{-1}$，分别计算其溶度积。

解 （1）因为 AgBr 属于 AB 型难溶电解质

$$AgBr(s) \rightleftharpoons Ag^+ + Br^-$$

$[Ag^+] = [Br^-] = S$（溶解度） 故

$$K_{sp}^{\ominus}(AgBr) = [Ag^+][Br^-] = (7.1 \times 10^{-7})^2 = 5.0 \times 10^{-13}$$

（2）因为已知 Ag_2CrO_4 的溶解度 S 为 $6.5 \times 10^{-5} mol \cdot L^{-1}$

$$Ag_2CrO_4(s) \rightleftharpoons 2Ag^+ + CrO_4^{2-}$$

平衡浓度/$mol \cdot L^{-1}$ 2S   S

$$[Ag^+] = 2 \times 6.5 \times 10^{-5} = 1.3 \times 10^{-4} (mol \cdot L^{-1})$$

$$[CrO_4^{2-}] = 6.5 \times 10^{-5} mol \cdot L^{-1}$$

$$K_{sp}^{\ominus}(Ag_2CrO_4) = [Ag^+]^2[CrO_4^{2-}] = (1.3 \times 10^{-4})^2 \times (6.5 \times 10^{-5}) = 1.1 \times 10^{-12}$$

从上述两例的计算可以看出，AgCl 的溶度积（1.8×10^{-10}）比 AgBr 的溶度积（5.0×10^{-13}）大，所以 AgCl 的溶解度（$1.34 \times 10^{-5} mol \cdot L^{-1}$）也比 AgBr 的溶解度（$7.1 \times 10^{-7} mol \cdot L^{-1}$）大，然而，AgCl 的溶度积比 Ag_2CrO_4 的溶度积（1.1×10^{-12}）大，AgCl 的溶解度却比 Ag_2CrO_4 的溶解度（$6.5 \times 10^{-5} mol \cdot L^{-1}$）小，这是由于 AgCl 的溶度积表达式与 Ag_2CrO_4 的溶度积表达式不同所致。因此，只有对同一类型的难溶电解质，才能应用溶度积来直接比较其溶解度的相对大小。而对于不同类型的难溶电解质，则不能简单地进行比较，要通过计算才能比较。

3. 溶度积规则

对于任一难溶电解质的沉淀-溶解平衡，在任意条件下

$$A_mB_n(s) \rightleftharpoons mA^{n+} + nB^{m-}$$

其反应商（离子积）为： $Q_i = [A^{n+}]^m [B^{m-}]^n$

根据化学平衡移动的一般原理，将 Q_i 与 $K_{sp}^{\ominus}$ 比较，系统有三种情况：

(1) $Q_i > K_{sp}^{\ominus}$，有沉淀析出，溶液过饱和；

(2) $Q_i = K_{sp}^{\ominus}$，动态平衡，溶液饱和；

(3) $Q_i < K_{sp}^{\ominus}$，无沉淀析出或沉淀溶解，溶液不饱和。

以上三条规则称溶度积规则，它是难溶电解质的沉淀-溶解平衡移动规律的总结。应用溶度积规则，可以判断溶液中沉淀的生成和溶解。

二、难溶电解质沉淀的生成和溶解

1. 沉淀的生成

根据溶度积规则，在难溶电解质溶液中，如果 $Q_i > K_{sp}^{\ominus}$，就会有该物质的沉淀生成。因此，要使溶液某种离子生成沉淀，就必须加入与被沉淀离子有关的沉淀剂。例如，在 $AgNO_3$ 溶液中加入 NaCl 溶液，当混合液中

$$Q_i = [Ag^+][Cl^-] > K_{sp}^{\ominus}(AgCl)$$

时，就会生成 AgCl 沉淀。NaCl 就是沉淀剂。

【例 6-8】 如果向 $0.010 \text{mol} \cdot L^{-1}$ 的 Pb^{2+} 溶液中加入固体 KI，问加入的 KI 必须超过多少克才会产生 PbI_2 沉淀？已知 $M(PbI_2) = 166.0 \text{g} \cdot \text{mol}^{-1}$。

解 设溶液中产生 PbI_2 沉淀所需的 $[I^-]$ 为 $x \text{ mol} \cdot L^{-1}$

根据
$$PbI_2(s) \rightleftharpoons Pb^{2+} + 2I^-$$

$$K_{sp}^{\ominus} = [Pb^{2+}][I^-]^2 = [Pb^{2+}]x^2$$

$$x = \sqrt{\frac{K_{sp}^{\ominus}}{[Pb^{2+}]}} = \sqrt{\frac{7.1 \times 10^{-9}}{0.010}} = 8.4 \times 10^{-4} (\text{mol} \cdot L^{-1})$$

$$[I^-] = 8.4 \times 10^{-4} \text{mol} \cdot L^{-1}$$

所以，要使溶液中产生 PbI_2 沉淀，加入固体 KI 的质量必须超过

$$m(KI) = 8.4 \times 10^{-4} \times 166.0 = 0.1 (\text{g} \cdot L^{-1})$$

(1) **同离子效应** 在难溶电解质的饱和溶液中，加入含有相同离子的易溶强电解质，难溶电解质的沉淀-溶解平衡将发生移动。例如在饱和 AgCl 溶液中加入含有相同离子（Cl^-）的易溶强电解质 NaCl，就会破坏难溶电解质 AgCl 的沉淀-溶解平衡。当新的平衡建立时，AgCl 的溶解度降低了。这种在难溶电解质溶液中加入含有相同离子的易溶强电解质而使难溶电解质溶解度降低的现象，称为同离子效应。它和同离子效应能降低弱电解质电离度的原理是一样的。

【例 6-9】 分别计算 $BaSO_4$ 在纯水和 $0.10 \text{mol} \cdot L^{-1}$ $BaCl_2$ 溶液中的溶解度，已知 $BaSO_4$ 在 298K 时的溶度积为 1.1×10^{-10}。

解 (1) 设 $BaSO_4$ 在纯水的溶解度为 $S_1 \text{ mol} \cdot L^{-1}$

因为 $BaSO_4(s) \rightleftharpoons Ba^{2+} + SO_4^{2-}$

浓度中离子浓度/$\text{mol} \cdot L^{-1}$ S_1 S_1

$$K_{sp}^{\ominus}(BaSO_4) = [Ba^{2+}][SO_4^{2-}] = S_1^2$$

所以 $S_1 = \sqrt{K_{sp}^{\ominus}(BaSO_4)} = \sqrt{1.1 \times 10^{-10}} = 1.1 \times 10^{-5} (\text{mol} \cdot L^{-1})$

(2) $BaSO_4$ 在 $0.10 \text{mol} \cdot L^{-1}$ $BaCl_2$ 溶液中的溶解度为 $S_2 \text{ mol} \cdot L^{-1}$

根据 $BaSO_4(s) \rightleftharpoons Ba^{2+} + SO_4^{2-}$

平衡浓度/$\text{mol} \cdot L^{-1}$ $0.1 + S_2$ S_2

因为 $K_{sp}^{\ominus}(BaSO_4)$ 的值很小，所以 $0.10+S_2 \approx 0.10$

$$K_{sp}^{\ominus}=[Ba^{2+}][SO_4^{2-}]=(0.10+S_2)S_2 \approx 0.1S_2 \quad 故$$

$$S_2=\frac{K_{sp}^{\ominus}}{0.1}=\frac{1.1\times10^{-10}}{0.1}=1.1\times10^{-9}(mol \cdot L^{-1})$$

由计算结果可见，$BaSO_4$ 在 $0.10 mol \cdot L^{-1}$ $BaCl_2$ 溶液中的溶解度比在纯水中小得多。因此，利用同离子效应可以使难溶电解质的溶解度大大降低。

(2) 盐效应 如果在 AgCl 的饱和溶液中加入不含有相同离子的易溶强电解质，例如 KNO_3，则 AgCl 的溶解度将比在纯水中略为增大。这种由于加入易溶强电解质而使难溶电解质溶解度增大的现象称为盐效应。

盐效应产生的原因是由于电解质溶液中离子间的相互作用。因为随着溶液中离子浓度的增加，带相反电荷的离子间相互吸引、相互牵制作用增强，妨碍了离子的自由运动，也就减少了离子的有效浓度，平衡被破坏，平衡向溶解的方向移动，致使溶解度增大。

因此，在进行沉淀反应时，要使某种离子沉淀完全（一般来说，残留在溶液中的被沉淀离子的浓度小于 $1.0\times10^{-5} mol \cdot L^{-1}$ 时，可以认为沉淀完全），首先应选择适当的沉淀剂，使生成的难溶电解质的溶度积尽可能小；其次，加入适当过量的沉淀剂（一般过量 20%~50%即可）以产生同离子效应。一般来说，同离子效应的影响比盐效应大得多，所以，如果盐的浓度不是很大时，只考虑同离子效应而不考虑盐效应。

【例 6-10】 计算 $0.010 mol \cdot L^{-1}$ Fe^{3+} 开始沉淀和完全沉淀时溶液的 pH。

解 (1) 开始沉淀时的 pH

根据 $\quad Fe(OH)_3(s) \rightleftharpoons Fe^{3+}+3OH^- \quad K_{sp}^{\ominus}=[Fe^{3+}][OH^-]^3$

$$[OH^-]=\sqrt[3]{\frac{K_{sp}^{\ominus}}{[Fe^{3+}]}}=\sqrt[3]{\frac{4.0\times10^{-38}}{0.010}}=1.6\times10^{-12}(mol \cdot L^{-1})$$

所以 $\quad pH=14-pOH=14-[-lg(1.6\times10^{-12})]=2.20$

(2) 沉淀完全时的 pH

根据 $\quad [OH^-]=\sqrt[3]{\frac{K_{sp}^{\ominus}}{[Fe^{3+}]}}=\sqrt[3]{\frac{4.0\times10^{-38}}{10^{-5}}}=1.6\times10^{-11}(mol \cdot L^{-1})$

所以 $\quad pH=14-pOH=14-[-lg(1.6\times10^{-11})]=3.20$

可见，金属的难溶氢氧化物在溶液中开始沉淀和沉淀完全的 pH 主要取决于其 $K_{sp}^{\ominus}$ 的大小。由于不同氢氧化物 $K_{sp}^{\ominus}$ 不同，组成不同，它们完全沉淀所需的 pH 也就不同。因此，通过控制溶液的 pH，可以达到分离金属离子的目的。

2. 沉淀的溶解

根据溶度积规则，沉淀溶解的必要条件是 $Q_i < K_{sp}^{\ominus}$ 因此，一切能使溶液中有关离子浓度降低的方法，都能促使沉淀溶解。一般采用以下几种方法。

(1) 酸碱溶解法 利用酸、碱与难溶电解质的组分离子结合成弱电解质（如弱酸，弱碱或 H_2O），使该难溶电解质的沉淀溶解的方法，称为酸碱溶解法。

例如，固体 ZnS 可以溶于盐酸中，其反应过程如下：

$$ZnS(s) \rightleftharpoons Zn^{2+}+S^{2-} \tag{1}$$

$$K_1^{\ominus}=K_{sp}^{\ominus}(ZnS)$$

$$S^{2-}+H^+ \rightleftharpoons HS^- \tag{2}$$

$$K_2^{\ominus}=\frac{1}{K_{a2}^{\ominus}(H_2S)}$$

$$HS^-+H^+ \rightleftharpoons H_2S \tag{3}$$

$$K_3^\ominus = \frac{1}{K_{a1}^\ominus(H_2S)}$$

由上述反应可见，因 H^+ 与 S^{2-} 结合生成弱电解质，而使 $[S^{2-}]$ 降低，使 ZnS 沉淀溶解平衡向溶解的方向移动，若加入足够量的盐酸，则 ZnS 会全部溶解。

将上式(1)+(2)+(3)，得到 ZnS 溶于 HCl 的溶解反应式：

$$ZnS(s) + 2H^+ \longrightarrow Zn^{2+} + H_2S$$

根据多重平衡规则，ZnS 溶于盐酸反应的平衡常数为：

$$K^\ominus = \frac{[Zn^{2+}][H_2S]}{[H^+]^2} = K_1^\ominus K_2^\ominus K_3^\ominus = \frac{K_{sp}^\ominus(ZnS)}{K_{a1}^\ominus(H_2S) K_{a2}^\ominus(H_2S)}$$

可见，这类难溶弱酸盐溶于酸的难易程度与难溶盐的溶度积和反应所生成的弱酸的电离常数有关。$K_{sp}^\ominus$ 越大，$K_a^\ominus$ 值越小，其反应越容易进行。

【例 6-11】 欲使 $0.10\,mol \cdot L^{-1}$ ZnS 或 $0.10\,mol \cdot L^{-1}$ CuS 溶解于 1L 盐酸中，所需盐酸的最低浓度是多少？

解 (1) 对 ZnS

根据
$$K^\ominus = \frac{[Zn^{2+}][H_2S]}{[H^+]^2} = \frac{K_{sp}^\ominus(ZnS)}{K_{a1}^\ominus(H_2S) K_{a2}^\ominus(H_2S)}$$

式中 $K_{a1}^\ominus(H_2S) = 9.1 \times 10^{-8}$ $\quad K_{a2}^\ominus(H_2S) = 1.1 \times 10^{-12}$

$[H_2S] = 0.10\,mol \cdot L^{-1}$（饱和 H_2S 溶液的浓度）

所以
$$[H^+] = \sqrt{\frac{K_{a1}^\ominus(H_2S) K_{a2}^\ominus(H_2S)[Zn^{2+}][H_2S]}{K_{sp}^\ominus(ZnS)}}$$

$$= \sqrt{\frac{9.1 \times 10^{-8} \times 1.1 \times 10^{-12} \times 0.10 \times 0.10}{2.5 \times 10^{-22}}}$$

$$= 2.0\,(mol \cdot L^{-1})$$

(2) 对 CuS，同理 $\quad [H^+] = \sqrt{\dfrac{9.1 \times 10^{-8} \times 1.1 \times 10^{-12} \times 0.1 \times 0.1}{K_{sp}^\ominus(CuS)}}$

$$= \sqrt{\frac{1.0 \times 10^{-21}}{6.3 \times 10^{-36}}} = 1.3 \times 10^{7}\,(mol \cdot L^{-1})$$

计算表明，溶度积较大的 ZnS 可溶于稀盐酸中，而溶度积较小的 CuS 则不能溶于盐酸（市售浓盐酸的浓度仅为 $12\,mol \cdot L^{-1}$）中。

难溶于水的氢氧化物都能溶于酸，这是因为酸碱反应生成了弱电解质（H_2O）。例如固体 $Mg(OH)_2$ 可溶于盐酸中，其反应为：

$$Mg(OH)_2 + 2H^+ \longrightarrow Mg^{2+} + 2H_2O$$

一些溶解度较大的难溶氢氧化物，如 $Mg(OH)_2$、$Pb(OH)_2$、$Mn(OH)_2$ 等既能溶于酸，还能溶于铵盐中。如：

$$Mg(OH)_2(s) + 2NH_4^+ \longrightarrow Mg^{2+} + 2H_2O + 2NH_3$$

但一些溶解度很小的难溶氢氧化物，如 $Fe(OH)_3$、$Al(OH)_3$ 等则不能溶于铵盐，因为铵盐不能有效地降低系统中的 OH^- 的浓度，故它们只能溶于酸中。

(2) 氧化-还原溶解法 利用氧化-还原反应来降低溶液中难溶电解质组分离子的浓度，从而使难溶沉淀溶解的方法，称为氧化-还原溶解法。如 CuS 不溶于盐酸，但能溶于具有氧化性的硝酸中。

$$3CuS(s) + 8HNO_3 \longrightarrow 3Cu(NO_3)_2 + 3S\downarrow + 2NO\uparrow + 4H_2O$$

由于 S^{2-} 被氧化成单质硫析出，使溶液中 $c(S^{2-})$ 显著降低，致使 $Q_i < K_{sp}^\ominus$，所以 CuS

沉淀被溶解。

（3）配位溶解法　利用加入配位剂使难溶电解质的组分离子形成稳定的配离子来降低难溶电解质组分离子的浓度，从而使难溶沉淀溶解的方法，称为配位溶解法。例如，AgCl 溶于氨水。

$$AgCl(s) + 2NH_3 \longrightarrow [Ag(NH_3)_2]^+ + Cl^-$$

由于 Ag^+ 和 NH_3 结合成了稳定的 $[Ag(NH_3)_2]^+$ 配离子，使溶液中 $c(Ag^+)$ 降低，致使 $Q_i < K_{sp}^{\ominus}(AgCl)$，所以 AgCl 沉淀被溶解。

3. 分步沉淀

在实际工作中，溶液中往往含有多种离子，当加入某种沉淀剂时，这些离子可能都会产生沉淀。但由于它们的溶度积不同，所以产生沉淀的先后次序就会不同。例如在含有相同浓度的 Cl^- 和 I^- 的溶液中，逐滴加入 $AgNO_3$ 溶液，开始仅生成黄色的 AgI 沉淀，只有当 $AgNO_3$ 加到一定量后，才会生成白色的 AgCl 沉淀。这种在溶液中离子发生先后沉淀的现象，称为分步沉淀。对于混合溶液中几种离子与同一种沉淀剂反应生成沉淀的先后次序，可用溶度积规则来进行判断。

设某混合液中，$[Cl^-] = [I^-] = 0.10 \text{mol} \cdot L^{-1}$，逐滴加入 $AgNO_3$ 后，析出 AgCl 和 AgI 沉淀所需要的 Ag^+ 最低浓度为：

AgCl　　　$[Ag^+] = \dfrac{K_{sp}^{\ominus}(AgCl)}{[Cl^-]} = \dfrac{1.8 \times 10^{-10}}{0.10} = 1.8 \times 10^{-9} (\text{mol} \cdot L^{-1})$

AgI　　　$[Ag^+] = \dfrac{K_{sp}^{\ominus}(AgI)}{[I^-]} = \dfrac{8.3 \times 10^{-17}}{0.10} = 8.3 \times 10^{-16} (\text{mol} \cdot L^{-1})$

显然，析出 AgI 沉淀所需的 $[Ag^+]$ 比析出 AgCl 沉淀所需要的 $[Ag^+]$ 小得多，所以，当滴加 $AgNO_3$ 溶液时，必然首先满足 AgI 的沉淀条件，AgI 先沉淀出来。随着 AgI 沉淀不断地生成，$[I^-]$ 会不断减少，若要继续生成沉淀，就必须继续加入 Ag^+，当 $[Ag^+]$ 增加到能使 Cl^- 开始析出 AgCl 沉淀时，AgI 和 AgCl 会同时沉淀出来。因 AgI 和 AgCl 处于同一饱和溶液中，所以溶液中 $[Ag^+]$ 必须同时满足 AgI 和 AgCl 两种沉淀的溶度积关系式。

$$[Ag^+][I^-] = K_{sp}^{\ominus}(AgI) = 8.3 \times 10^{-17}$$
$$[Ag^+][Cl^-] = K_{sp}^{\ominus}(AgCl) = 1.8 \times 10^{-10}$$

即　　　　$[Ag^+] = \dfrac{K_{sp}^{\ominus}(AgI)}{[I^-]} = \dfrac{K_{sp}^{\ominus}(AgCl)}{[Cl^-]}$

$$\dfrac{[I^-]}{[Cl^-]} = \dfrac{K_{sp}^{\ominus}(AgI)}{K_{sp}^{\ominus}(AgCl)} = 4.6 \times 10^{-7}$$

即当 I^- 和 Cl^- 浓度的比值为 4.6×10^{-7} 时，溶液中加入 Ag^+，这两种离子会同时生成沉淀。当 AgCl 开始沉淀时，溶液中剩余的 I^- 浓度为：

$$[I^-] = \dfrac{K_{sp}^{\ominus}(AgI)}{[Ag^+]} = \dfrac{8.3 \times 10^{-17}}{1.8 \times 10^{-9}} = 4.6 \times 10^{-8} (\text{mol} \cdot L^{-1})$$

计算表明，当 AgCl 开始析出沉淀，即 $[Ag^+] \geqslant 1.8 \times 10^{-9} \text{mol} \cdot L^{-1}$ 时，$c(I^-) \ll 10^{-5} \text{mol} \cdot L^{-1}$，$I^-$ 早已沉淀完全。所以控制 Ag^+ 的浓度，即可达到分离 I^- 和 Cl^- 目的。

应当注意，分步沉淀的次序不仅与难溶电解质的溶度积和类型有关，还与溶液中各对应离子浓度有关，溶液中被沉淀离子浓度的改变，可以使分步沉淀的次序发生变化。

4. 沉淀的转化

有些沉淀既不溶于酸，也不能用氧化-还原反应和配位反应的方法溶解。这种情况下，可以借助合适的试剂，把一种难溶沉淀转化为另一种难溶沉淀，然后再使其溶解。这种把一种沉淀转化为另一种沉淀的过程，称为沉淀的转化。例如，附在锅炉内壁的锅垢（主要成分为既难溶于水，又难溶于酸的 $CaSO_4$），可以用 Na_2CO_3 溶液将 $CaSO_4$ 转化为可溶于酸的沉淀，这样就容易把锅垢清除了。其反应过程如下：

$$CaSO_4(s) \rightleftharpoons Ca^{2+} + SO_4^{2-} \qquad K_{sp}^{\ominus}(CaSO_4)$$

$$CaCO_3(s) \rightleftharpoons Ca^{2+} + CO_3^{2-} \qquad K_{sp}^{\ominus}(CaCO_3)$$

两式相减得

$$CaSO_4(s) + CO_3^{2-} \rightleftharpoons CaCO_3(s) + SO_4^{2-}$$

$$K^{\ominus} = \frac{[SO_4^{2-}]}{[CO_3^{2-}]} = \frac{K_{sp}^{\ominus}(CaSO_4)}{K_{sp}^{\ominus}(CaCO_3)} = \frac{9.6 \times 10^{-6}}{2.8 \times 10^{-9}} = 3.3 \times 10^3$$

转化反应的平衡常数 $K^{\ominus}$ 较大，上述沉淀的转化反应较易进行。

可见，对于类型相同的难溶电解质，沉淀转化程度的大小，取决于两种难溶电解质溶度积的相对大小。一般来说，溶度积较大的难溶沉淀容易转化为溶度积较小的难溶沉淀。反之，则比较困难，甚至不可能转化。

2000~2010 年诺贝尔化学奖简介

2000 年

瑞典皇家科学院于 10 月 10 日决定，将 2000 年诺贝尔化学奖授予美国科学家艾伦黑格、艾伦·马克迪尔米德和日本科学家白川英树，以表彰他们有关导电聚合物的发现。

在人们的印象中，塑料是不导电的。在普通的电缆中，塑料就常被用作导电铜丝外面的绝缘层。但本年度三名诺贝尔化学奖得主的成果，却向人们习以为常的"观念"提出了挑战。他们通过研究发现，经过特殊改造之后，塑料能够表现得像金属一样，产生导电性。

所谓聚合物，是由简单分子联合形成的大分子物质，塑料就是一种聚合物。聚合物要能够导电，其内部的碳原子之间必须交替地以单键和双键结合，同时还必须经过掺杂处理——也就是说，通过氧化或还原反应失去或获得电子。

黑格、马克迪尔米德和白川英树等在 20 世纪 70 年代末就作出了一些原创性的发现，由于他们的开创性工作，导电聚合物成为物理学家和化学家研究的一个重要领域，并产生很多有价值的应用。利用导电塑料，人们研制出了保护用户免受电磁辐射的电脑屏保以及可除去太阳光的"智能"窗户。除此之外，导电聚合物还在发光二极管、太阳能电池和移动电话显示装置等产品上不断找到新的用武之地。

2001 年

瑞典皇家科学院于 2001 年 10 月 10 日宣布，将 2001 年诺贝尔化学奖奖金的一半授予美国科学家威廉·诺尔斯与日本科学家野依良治，以表彰他们在"手性催化氢化反应"领域所作出的贡献；奖金另一半授予美国科学家巴里·夏普莱斯，以表彰他在"手性催化氧化反应"领域所取得的成就。

威廉·诺尔斯的贡献是，他发现可以使用过渡金属来对手性分子进行氢化反应，以获得具有所需镜像形态的最终产品。他的研究成果很快便转化成工业产品，如治疗帕金森症的药 L-DOPA 就是根据诺尔斯的研究成果制造出来的。而野依良治的贡献是进一步完善了用于氢化反应的手性催化剂的工艺。巴里·夏普莱斯的成就是开发出了用于氧化反应的手性催化剂。

2002 年

2002 年诺贝尔化学奖授予美国科学家约翰·芬恩、日本科学家田中耕一和瑞士科学家库尔特·维特里希,以表彰他们在生物大分子研究领域的贡献。

2002 年诺贝尔化学奖分别表彰了两项成果,一项是约翰·芬恩与田中耕一"发明了对生物大分子进行确认和结构分析的方法"和"发明了对生物大分子的质谱分析法",他们两人将共享 2002 年诺贝尔化学奖一半的奖金;另一项是瑞士科学家库尔特·维特里希"发明了利用核磁共振技术测定溶液中生物大分子三维结构的方法",他将获得 2002 年诺贝尔化学奖另一半的奖金。

2003 年

2003 年诺贝尔化学奖授予美国科学家彼得·阿格雷和罗德里克·麦金农,分别表彰他们发现细胞膜水通道,以及对离子通道结构和机理研究作出的开创性贡献。他们研究的细胞膜通道就是人们以前猜测的"城门"。

2004 年

2004 年诺贝尔化学奖授予以色列科学家阿龙·切哈诺沃、阿夫拉姆·赫什科和美国科学家欧文·罗斯,以表彰他们发现了泛素调节的蛋白质降解。其实他们的成果就是发现了一种蛋白质"死亡"的重要机理。

2005 年

三位获奖者分别是法国石油研究所的伊夫·肖万、美国加州理工学院的罗伯特·格拉布和麻省理工学院的理查德·施罗克。他们获奖的原因是在有机化学的烯烃复分解反应研究方面作出了贡献。烯烃复分解反应广泛用于生产药品和先进塑料等材料,使得生产效率更高,产品更稳定,而且产生的有害废物较少。瑞典皇家科学院说,这是重要基础科学造福于人类、社会和环境的例证。

2006 年

美国科学家罗杰·科恩伯格因在"真核转录的分子基础"研究领域所作出的贡献而独自获得 2006 年诺贝尔化学奖。

2007 年

德国科学家格哈德·埃特尔因为在表面化学研究领域作出开拓性贡献而获得 2007 年诺贝尔化学奖。

2008 年

来自美国的 Osamu Shimomura(下村修),Martin Chalfie(马丁·查尔菲),Roger Y. Tsien(钱永健)三位科学家因发现和开发绿色荧光蛋白质(green fluorescent protein,GFP)而获得 2008 年诺贝尔(Nobel)化学奖。OsamuShimomura(下村修)出生于 1928 年,现任职于美国马萨诸塞州伍兹霍尔海洋生物实验室(简称 MBL)。MartinChalfie(马丁·查尔菲)生于 1947 年,是美国纽约哥伦比亚大学的研究人员,Roger Y. Tsien(钱永健)则供职于美国加州大学圣地亚哥分校,他出生于 1952 年。Roger Y. Tsien(钱永健)是中国"原子弹之父"钱学森的堂侄,他是又一位获诺贝尔奖的美籍华人。

2009 年

VenkatramanRamakrishnan,1952 年出生于印度的 Chidambaram,美国公民。1976 年从美国俄亥俄大学获得物理学博士学位。现为英国剑桥 MRC 分子生物学实验室结构研究部资深科学家和团队领导人。Thomas A. Steitz,1940 年出生于美国密尔沃基市,美国公民。1966 年从哈佛大学获得分子生物学与生物化学博士学位。现为耶鲁大学分子生物物理学和生物化学教授(Sterling Professor)及霍华德·休斯医学研究所研究人员。

Ada E. Yonath, 1939 年出生于以色列耶路撒冷, 以色列公民。1968 年从以色列魏茨曼科学研究所获得 X 射线结晶学博士学位。现为魏茨曼科学研究所结构生物学教授及生物分子结构与装配研究中心主任。2009 年诺贝尔化学奖奖励的是对生命一个核心过程的研究——核糖体将 DNA 信息"翻译"成生命。核糖体制造蛋白质,控制着所有活有机体内的化学。因为核糖体对于生命至关重要,所以它们也是新抗生素的一个主要靶标。他们在原子水平上显示了核糖体的形态和功能。三位科学家利用 X 射线结晶学技术标出了构成核糖体的无数个原子每个所在的位置。

2010 年

在瑞典皇家科学院举行的新闻发布会上,瑞典皇家科学院常任秘书诺尔马克首先宣读了获奖者名单。他说,赫克、根岸英一和铃木章在"钯催化交叉偶联反应"研究领域作出了杰出贡献,其研究成果使人类能有效合成复杂有机物。

随后,诺贝尔化学奖评选委员会主席特兰德和评委拜克瓦尔介绍了 3 名获奖者的主要研究成果。

他们说,为制造复杂的有机材料,需要通过化学反应将碳原子集合在一起。但是碳原子本身非常稳定,不易发生化学反应。解决该问题的一个思路是通过某些方法让碳的化学性质更加活泼,更容易发生反应。这类方法能有效地制造出很多简单有机物,但当化学家们试图合成更为复杂的有机物时,往往有大量无用的物质生成,而赫克、根岸英一和铃木章的研究成果解决了这一难题。

两位评委介绍说,赫克、根岸英一和铃木章通过实验发现,碳原子会和钯原子连接在一起,进行一系列化学反应。这一技术让化学家们能够精确有效地制造他们需要的复杂化合物。目前钯催化交叉偶联反应技术已在全球的科研、医药生产和电子工业等领域得到广泛应用。

诺尔马克还在新闻发布会现场拨通了根岸英一的电话,祝贺他获奖。根岸英一表示,对获奖感到非常激动和兴奋,并在第一时间与妻子分享了喜悦。他还表示十分期待今年 12 月来斯德哥尔摩出席颁奖仪式。

赫克于 1931 年出生在美国斯普林菲尔德,现为美国特拉华大学名誉教授。根岸英一于 1935 年出生在中国长春,现定居美国,但仍保持日本国籍,现任美国珀杜大学教授。铃木章 1930 年出生于日本北海道,现为北海道大学名誉教授。他们三人将分享 1000 万瑞典克朗(约合 146 万美元)的诺贝尔化学奖奖金。

(摘自 http//wenku. baidu. com/view/effada85b9d528ea81c779b7. html)

习 题

1. 试计算:
(1) pH=1.00 与 pH=4.00 的 HCl 溶液等体积混合后溶液的 pH;
(2) pH=1.00 的 HCl 溶液与 pH=13.00 的 NaOH 溶液等体积混合后溶液的 pH;
(3) pH=10.00 与 pH=13.00 的 NaOH 溶液等体积混合后溶液的 pH。

2. 欲配制 pH=5.0 的缓冲溶液 250mL, 问需在 125mL 1.0mol·L^{-1} 的 NaAc 溶液中加 5.0mol·L^{-1} HAc 溶液多少毫升?(HAc 的 $K_a^{\ominus}=2\times 10^{-5}$)

3. 在室温下 0.10mol·L^{-1} NH$_3$·H$_2$O 的电离度为 1.34%, 计算 NH$_3$·H$_2$O 的 $K_b^{\ominus}$ 和溶液的 pH。

4. 将 40mL 2.0mol·L^{-1} HAc 溶液和 50mL 0.10mol·L^{-1} KOH 溶液混合, 计算混合溶液的 pH。

5. 计算下列盐溶液的 pH。
(1) 0.02mol·L^{-1} NaAc;

(2) $0.20 \text{mol} \cdot \text{L}^{-1} \text{NH}_4\text{Cl}$;

(3) $0.10 \text{mol} \cdot \text{L}^{-1} \text{Na}_2\text{CO}_3$。

6. 欲配制 pH = 5.00 的缓冲溶液，需向 300mL $0.50 \text{mol} \cdot \text{L}^{-1}$ HAc 溶液中加入 $\text{NaAc} \cdot 3\text{H}_2\text{O}$ 多少克（忽略体积的变化）。

7. 已知 CaF_2 的溶度积为 5.3×10^{-9}，求在下列各情况时的溶解度（以 $\text{mol} \cdot \text{L}^{-1}$ 表示）。

(1) 在纯水中；

(2) 在 $1.0 \times 10^{-2} \text{mol} \cdot \text{L}^{-1}$ NaF 溶液中；

(3) 在 $1.0 \times 10^{-2} \text{mol} \cdot \text{L}^{-1}$ CaCl_2 溶液中。

8. 已知室温时下列各盐的溶解度，试求其溶度积。

(1) CuI $1.05 \times 10^{-6} \text{mol} \cdot \text{L}^{-1}$；(2) BaF_2 $6.30 \times 10^{-3} \text{mol} \cdot \text{L}^{-1}$。

9. 已知室温时下列各盐的溶度积，试求其溶解度（$\text{mol} \cdot \text{L}^{-1}$）。

(1) AgBr $K_{sp}^{\ominus} = 5.2 \times 10^{-13}$；(2) PbI_2 $K_{sp}^{\ominus} = 7.1 \times 10^{-9}$。

10. 在 $0.50 \text{mol} \cdot \text{L}^{-1}$ MgCl_2 溶液中加入等体积的 $0.10 \text{mol} \cdot \text{L}^{-1}$ 氨水，若此氨水溶液中同时含有 $0.02 \text{mol} \cdot \text{L}^{-1}$ NH_4Cl，问 Mg(OH)_2 能否沉淀？如有沉淀生成，还需要在每升氨水中再加入多少克 NH_4Cl 才能使 Mg(OH)_2 恰好不沉淀？（已知 $K_{sp}^{\ominus}(\text{Mg(OH)}_2) = 5 \times 10^{-12}$，$K_b^{\ominus}(\text{NH}_3) = 1.8 \times 10^{-5}$，$\text{NH}_4\text{Cl}$ 相对分子质量：53.5）

11. 把正确答案填在横线上。

(1) 按酸碱质子理论，$[\text{Al}(\text{H}_2\text{O})_5(\text{OH})]^{2+}$ 的共轭酸是_____，$[\text{Al}(\text{H}_2\text{O})_5(\text{OH})]^{2+}$ 的共轭碱是_____。

(2) $0.10 \text{mol} \cdot \text{L}^{-1}$ NaHCO_3 水溶液的 pH 为_____。（列出表达式并计算出结果，H_2CO_3 的 $K_{a1} = 4.3 \times 10^{-7}$，$K_{a2} = 4.3 \times 10^{-11}$）

(3) 欲配制 pH = 9.0 的缓冲溶液 1.0L，应在 500mL $0.20 \text{mol} \cdot \text{L}^{-1}$ $\text{NH}_3 \cdot \text{H}_2\text{O}$（$pK_b^{\ominus} = 4.75$）的溶液中加入固体 NH_4Cl（$M = 53.5 \text{g} \cdot \text{mol}^{-1}$）_____g。

(4) 已知 H_3PO_4 的 $K_{a1}^{\ominus} = 7.6 \times 10^{-3}$，$K_{a2}^{\ominus} = 6.8 \times 10^{-8}$，$K_{a3}^{\ominus} = 4.4 \times 10^{-13}$，则 H_2PO_4^- 的共轭碱是_____，H_2PO_4^- 的 $K_b^{\ominus} =$ _____。

(5) Ag_2CrO_4 在纯水中的溶解度 $S = 5.0 \times 10^{-5} \text{mol} \cdot \text{L}^{-1}$，则其溶度积 $K_{sp} =$ _____；Ag_2CrO_4 在 $0.01 \text{mol} \cdot \text{L}^{-1}$ AgNO_3 溶液中的溶解度 $S =$ _____。

(6) 在 $0.1 \text{mol} \cdot \text{L}^{-1}$ 的 HAc 溶液中加入少量的固体 NaAc 时，HAc 的电离度将_____，溶液的 pH 值将_____。

(7) NH_3 的共轭碱是_____，H_2O 的共轭酸是_____。比较碱性强弱：CN^- _____ Ac^-；比较酸性强弱：NH_4^+ _____ H_3O^+。

(8) $0.04 \text{mol} \cdot \text{L}^{-1}$ H_2CO_3 溶液中，$c(\text{H}^+) =$ _____；$c(\text{CO}_3^{2-}) =$ _____。已知 $K_{a1}^{\ominus} = 4.3 \times 10^{-7}$，$K_{a2}^{\ominus} = 5.6 \times 10^{-11}$。

(9) 将 50mL $0.10 \text{mol} \cdot \text{L}^{-1}$ $\text{NH}_3 \cdot \text{H}_2\text{O}$（已知 $K_b^{\ominus} = 1.75 \times 10^{-5}$）溶液和 20mL $0.10 \text{mol} \cdot \text{L}^{-1}$ HCl 混合后，稀释至 100mL，溶液的 pH = _____。

(10) 已知 H_2S 的 $K_{a1}^{\ominus} = 1 \times 10^{-7}$，$K_{a2}^{\ominus} = 1 \times 10^{-14}$。则 $0.1 \text{mol} \cdot \text{L}^{-1}$ H_2S 溶液 $c(\text{H}^+) =$ _____ $\text{mol} \cdot \text{L}^{-1}$，$c(\text{S}^{2-}) =$ _____ $\text{mol} \cdot \text{L}^{-1}$；$0.1 \text{mol} \cdot \text{L}^{-1}$ H_2S + $0.1 \text{mol} \cdot \text{L}^{-1}$ HCl 溶液中 $c(\text{H}^+) =$ _____ $\text{mol} \cdot \text{L}^{-1}$，$c(\text{S}^{2-}) =$ _____ $\text{mol} \cdot \text{L}^{-1}$。

12. 选择正确答案的序号填入括号内。

(1) 欲配制 pH = 10.0 的缓冲溶液，考虑选取较为适合的缓冲对是（   ）。

A. HAc-NaAc   B. $\text{NH}_3 \cdot \text{H}_2\text{O} - \text{NH}_4\text{Cl}$ C. $\text{H}_3\text{PO}_4 - \text{NaH}_2\text{PO}_4$ D. $\text{NaH}_2\text{PO}_4 - \text{Na}_2\text{HPO}_4$

(2) 通常情况下，平衡常数 $K_a^{\ominus}$、$K_b^{\ominus}$、$K_h^{\ominus}$ 和 $K_{sp}^{\ominus}$ 只与（   ）无关。

A．温度   B．浓度   C．物质的种类

(3) 同温度下，将下列物质溶于水成饱和溶液，溶解度最大的是（   ）。

A. $\text{AgCl}(K_{sp}^{\ominus} = 1.8 \times 10^{-18})$ B. $\text{Ag}_2\text{Cr}_2\text{O}_4(K_{sp}^{\ominus} = 1.1 \times 10^{-12})$

C. $Mg(OH)_2$ ($K_{sp}^{\ominus}=1.8\times10^{-10}$)   D. $Fe_3(PO_4)_2$ ($K_{sp}^{\ominus}=1.3\times10^{-22}$)

(4) 下列水溶液中,酸性最弱的是（　　）。

A. $0.1mol\cdot L^{-1}$ HCl   B. $0.1mol\cdot L^{-1}$ HCN ($K_a^{\ominus}=4.93\times10^{-10}$)

C. $0.1mol\cdot L^{-1}$ HCOOH ($K_a^{\ominus}=1.7\times10^{-4}$)   D. $0.1mol\cdot L^{-1}$ HAc ($K_a^{\ominus}=1.76\times10^{-5}$)

(5) 已知 CaF_2 的溶解度为 $2\times10^{-4} mol\cdot L^{-1}$,则 CaF_2 的溶度积为（　　）。

A. 3.2×10^{-11} B. 4×10^{-8} C. 3.2×10^{-13} D. 8×10^{-12}

(6) 下列浓度相同的溶液中,pH 最低的是（　　）。

A. NH_4Cl B. NaCl   C. NaOH   D. NaAc

(7) 已知 $K_a^{\ominus}(HA)=1.0\times10^{-7}$,在 $0.1mol\cdot L^{-1}$ HA 溶液中,pH 为（　　）。

A. 7.0   B. 6.0   C. 8.0   D. 4.0

(8) 下列溶液中缓冲容量最大的是（　　）。

A. $0.01mol\cdot L^{-1}$ HAc-$0.04mol\cdot L^{-1}$ NaAc

B. $0.05mol\cdot L^{-1}$ HAc-$0.05mol\cdot L^{-1}$ NaAc

C. $0.02mol\cdot L^{-1}$ HAc-$0.08mol\cdot L^{-1}$ NaAc

D. $0.04mol\cdot L^{-1}$ HAc-$0.06mol\cdot L^{-1}$ NaAc

(9) 在含有 $Mg(OH)_2$ 沉淀的饱和溶液中,加入 NH_4Cl 固体后,则 $Mg(OH)_2$ 沉淀（　　）。

A. 溶解   B. 增多   C. 不变   D. 无法判断

(10) 下列溶液中,（　　）溶液的 pH 最大。

A. $0.1mol\cdot L^{-1}$ HAc 加等体积的 $0.1mol\cdot L^{-1}$ HCl

B. $0.1mol\cdot L^{-1}$ HAc 加等体积的 $0.1mol\cdot L^{-1}$ NaOH

C. $0.1mol\cdot L^{-1}$ HAc 加等体积的 $0.1mol\cdot L^{-1}$ NaAc

D. $0.1mol\cdot L^{-1}$ HAc 加等体积的 $0.1mol\cdot L^{-1}$ $NH_3\cdot H_2O$

第七章 氧化还原与电化学

化学反应根据不同的特点，可以分为许多不同的类型，如沉淀反应、酸碱中和反应、热分解反应、取代反应等。但是从反应过程中有无电子转移的观点来看，化学反应可以分为两大类。一类是反应过程中没有发生电子转移的，这类反应称为非氧化还原反应；另一类是反应过程中涉及电子从一种物质转移到另一种物质的，这类反应称为氧化还原反应。氧化还原反应是无机化学中最重要的反应，如燃烧、金属冶炼、电解等反应都是氧化还原反应，环境中元素的迁移变化、化工生产和生物有机体的新陈代谢，也涉及氧化还原反应。用电化学的原理和实验方法研究氧化还原反应，产生了相应的交叉学科——电化学。

本章将对氧化还原反应的基本概念、电化学的基础知识作一初步讨论。

第一节 氧化还原反应

一、化合价和氧化数

为了表现在化合物中各元素同其他种类的原子结合的能力，19世纪中叶化学中引入了化合价的新概念。化合价是表示元素原子能够化合或置换原子或基团的能力。从 HCl、H_2O、NH_3、PCl_5 可知 Cl 为一价、O 为二价、N 为三价和 P 为五价。同时它也表示化合物某原子成键的数目，在离子型化合物中离子价数即为离子的电荷数；在共价化合物中某原子的价数即为该原子形成的共价单键数目。例如，在 CO_2（O═C═O）中 C 为 4 价、O 为 2 价；在 HCN 中，H 为 1 价、C 为 4 价、N 为 3 价。随着化学结构理论的发展，化合价的经典概念已经不能正确地反映化合物中原子相互结合的真实情况，如，NH_4^+ 中 N 为 -3 价，可是却同 4 个 H 结合（四个共价单键），在 SiF_4 中 Si 为 +4 价，但是在 K_2SiF_6 中 Si 却同 6 个 F 结合（六个共价单键）。

1948 年在价键理论和电负性理论的基础上提出了氧化数的概念。几十年来经过不断的修正和补充，现在一般认为，由于化合物中组成元素的电负性的不同，原子结合时电子对总要移向电负性大的一方，从而化合物中组成元素原子必带有正或负电荷。这种所带形式电荷的多少就是该原子的氧化数。简单地说，氧化数是化合物中某元素所带形式电荷的数值。

例如，NaCl 中，氯元素的电负性比钠元素大，因而 Na 的氧化数为 +1，Cl 的氧化数为 -1；又如在 N═O 中，二对成键的电子都归电负性大的氧原子所有，则 N 的氧化数为 +2，O 的氧化数为 -2。

确定元素原子氧化数的规则可归纳如下。

(1) 在单质中，元素原子的氧化数为零。

(2) 所有元素的氧化数代数和在多原子的中性化合物中等于零；在多原子的离子中等于离子所带的电荷数。

(3) 氢在化合物中的氧化数一般为 +1。但在活泼金属的氢化物（如 NaH、CaH_2 等）中，氢的氧化数为 -1。

(4) 氧在化合物中的氧化数一般为 -2。但在过氧化物（如 H_2O_2、BaO_2 等）中，氧的氧化数为 -1；在超氧化合物（如 KO_2）中，氧化数为 -1/2（注意，氧化数可以是分数);在 OF_2 中,氧化数为 +2。

严格来说,化合价和氧化数这两个概念是有区别的。化合价只表示元素原子结合成分子时,原子数目的比例关系,从分子结构来看,化合价也就是离子键化合物的电价数或共价键化合物的共价数,所以不可能有分数。化合价虽比氧化数更能反映分子内部的基本属性,但在分子式的书写和反应式的配平中,氧化态的概念更有实用价值。

应该指出的是,在确定有过氧键的化合物中各元素的氧化数时,要依据化合物的结构式。例如,过氧化铬 CrO_5 中存在过氧键,它的结构式为:

$$\text{结构式}$$

在过氧键中氧的氧化数为 -1,因此 CrO_5 中的 Cr 的氧化数为 +6。若将氧的氧化数看做 -2,则 CrO_5 中的 Cr 的氧化数为 +10,这显然与事实不符。

另外,在共价化合物中,元素的氧化数与共价键的数目也是有区别的。首先,氧化数有正、负,而共价键无正、负之分;其次,同一物质中同种元素的氧化数的数值与共价键的数目不一定相同。

二、氧化剂和还原剂

在氧化-还原反应中,元素的原子(或离子)失去电子而氧化数升高的过程称为氧化;反之获得电子而氧化数降低的过程称为还原。而在反应中能使别的元素氧化而本身被还原的物质叫做氧化剂;能使别的元素还原而本身被氧化的物质叫做还原剂。在氧化-还原反应中,氧化和还原的过程必定同时发生,氧化剂和还原剂总是同时存在,且相互依存。例如:

$$2\overset{+7}{K}MnO_4 + 5H_2\overset{-1}{O_2} + 3H_2SO_4 \longrightarrow 2\overset{+2}{M}nSO_4 + 5\overset{0}{O_2}\uparrow + K_2SO_4 + 8H_2O$$
(氧化剂) (还原剂)   (还原产物) (氧化产物)

在这个反应中,高锰酸钾是氧化剂,锰元素的氧化数从 +7 降低到 +2,它本身被还原,使过氧化氢氧化。过氧化氢是还原剂,氧元素的氧化数从 -1 升高到 0,它本身被氧化,使高锰酸钾还原。在这个反应中,硫酸虽然也参加了反应,但氧化数没有改变,通常称硫酸溶液为介质。另外,也可能有这种情况,某一种单质或化合物,它既是氧化剂又是还原剂,例如下列两个反应:

$$2\overset{+1}{C}uI \longrightarrow \overset{+2}{C}uI_2 + \overset{0}{C}u\downarrow$$

$$\overset{0}{C}l_2 + H_2O \longrightarrow \overset{+1}{H}ClO + \overset{-1}{H}Cl$$

这类氧化-还原叫做歧化反应,是氧化-还原反应的一种特殊类型。

三、氧化还原电对

在氧化还原反应中,氧化剂在反应过程中氧化数降低,其产物具有较低的氧化数,具有弱还原性,是一个弱还原剂;还原剂在反应过程中氧化数升高,其产物具有较高的氧化数,具有弱氧化性,是一个弱氧化剂。例如在 $Cu^{2+} + Zn \longrightarrow Zn^{2+} + Cu$ 反应过程中,氧化剂 Cu^{2+} 氧化数降低,其产物 Cu 是一个弱还原剂;还原剂 Zn 氧化数升高,其产物是 Zn^{2+} 是一个弱氧化剂。这样构成了如下两共轭的氧化还原体系或称氧化还原电对:

$$Cu^{2+}/Cu \qquad\qquad Zn^{2+}/Zn$$
(氧化剂)(还原剂)   (氧化剂)(还原剂)

在氧化还原电对中,氧化数高的物质叫氧化型物质,氧化数低的物质叫还原型物质。

氧化还原反应是两个(或两个以上)氧化还原电对共同作用的结果,例如 Zn 单质置换溶液中 Cu^{2+} 的反应就是典型的氧化还原反应,其中 Zn 为还原剂 I,Cu^{2+} 为氧化剂 II;

Cu^{2+} 在反应中得到电子,而其本身在反应中被还原,变成另一种还原剂 Cu 单质;Zn 单质在反应中失去电子,而其自身在反应中被氧化,反应后变成了另一种氧化剂 Zn^{2+}。即

$$Zn + Cu^{2+} \longrightarrow Cu + Zn^{2+}$$

(上方:还原(得 2 电子);下方:氧化(失 2 电子))

还原剂Ⅰ　氧化剂Ⅱ　还原剂Ⅱ　氧化剂Ⅰ

氧化还原电对在反应过程中,如果氧化剂降低氧化数的趋势越强,它的氧化能力越强,则其共轭还原剂升高氧化数的趋势就越弱,还原能力越弱。同理,还原剂的还原能力越强,则其共轭氧化剂的氧化能力越弱。在氧化还原反应过程中,反应按较强的氧化剂和较强的还原剂相互作用的方向进行。

氧化剂和它的共轭还原剂或还原剂和它的共轭氧化剂之间的关系,可用氧化还原半反应式来表示。例如,Cu^{2+}/Cu 和 Zn^{2+}/Zn 两电对的半反应式分别为:

$$Cu^{2+} + 2e \longrightarrow Cu$$
$$Zn - 2e \longrightarrow Zn^{2+}$$

又例如 MnO_4^-/Mn^{2+} 电对在酸性介质中的半反应式分别为:

$$MnO_4^- + 8H^+ + 5e \longrightarrow Mn^{2+} + 4H_2O$$

四、氧化还原反应方程式的配平

氧化-还原方程式一般比较复杂,反应物除了氧化剂和还原剂之外,常常还有介质(酸、碱和水)的参与,反应物和生成物的化学计量系数有时比较大,配平这类方程式必须按一定步骤进行。常用的方法有以下两种。

1. 氧化数法

氧化数法配平氧化还原反应方程式的依据是:氧化剂的氧化数降低的总数等于还原剂氧化数升高的总数。用氧化数法配平氧化-还原反应方程式的具体步骤如下。

(1) 确定氧化还原产物,写出基本反应式。如氯酸和磷作用生成氯化氢和磷酸。

$$HClO_3 + P_4 \longrightarrow HCl + H_3PO_4$$

(2) 根据氧化数的改变,确定氧化剂和还原剂并指出氧化剂和还原剂的氧化数的变化。

$$\overset{+5}{H}\overset{}{C}lO_3 + \overset{0}{P_4} \longrightarrow \overset{-1}{H}Cl + \overset{+5}{H_3PO_4}$$

上方:$(-1)-(+5)=-6$;下方:$4[(+5)-0]=+20$

由上式可见,氯原子的氧化数由 +5 变为 -1,它降低的值为 6,因此它是氧化剂。磷原子的氧化数由 0 变为 +5,它升高的值为 5,因此它是还原剂。

(3) 按照最小公倍数的原则对各氧化数的变化值乘以相应的系数 10 和 3,使氧化数降低值和升高值相等,都是 60。

$$(-1)-(+5)=-6 \quad \times 10=-60$$
$$4[(+5)-0]=+20 \quad \times 3=60$$

(4) 将找出的系数分别乘在氧化剂和还原剂的分子式前面,并使方程式两边氯原子和磷原子的数目相等。

$$10HClO_3 + 3P_4 \longrightarrow 10HCl + 12H_3PO_4$$

(5) 检查反应方程式两边的氢原子数目,确定参与反应的水分子数。

上述方程式右边的氢原子比左边多,证明有水分子参加了反应,补进足够的水分子使两边的氢原子数相等

$$10HClO_3 + 3P_4 + 18H_2O \longrightarrow 10HCl + 12H_3PO_4$$

(6) 如果反应方程式两边的氧原子数相等，即证明该方程式已配平。上述方程式两边的氧原子都是 48 个，所以方程式已配平，此时可将方程式中的"$\longrightarrow$"变为等号"$=\!=$"。

$$10HClO_3 + 3P_4 + 18H_2O =\!= 10HCl + 12H_3PO_4$$

【例 7-1】 配平下列反应方程式

$$KClO_3 \longrightarrow KClO_4 + KCl$$

这是一个歧化反应，为了配平方便，可以把一部分 $KClO_3$ 作为氧化剂，另一部分 $KClO_3$ 作为还原剂，然后按氧化数法进行配平得到了下列配平了的反应方程式。

$$3\overset{+5}{K}ClO_3 + \overset{+5}{K}ClO_3 =\!= \overset{+7}{K}ClO_4 + \overset{-1}{K}Cl$$

其中 $(-1) - 5 = -6$，$3(7-5) = 6$

合并得

$$4KClO_3 =\!= KClO_4 + KCl$$

【例 7-2】 配平下列反应方程式

$$As_2S_3 + HNO_3 \longrightarrow H_3AsO_4 + H_2SO_4 + NO$$

先注出有关元素的氧化数：

$$\overset{+3\ -2}{As_2S_3} + \overset{+5}{H}NO_3 \longrightarrow \overset{+5}{H_3}AsO_4 + \overset{+6}{H_2}SO_4 + \overset{+2}{N}O$$

这个例子是一个较复杂的情况，反应中有两种元素被氧化：砷元素的氧化由 +3 变到 +5，硫元素的氧化数由 -2 变到 +6；氮元素的氧化数由 +5 变到 +2。计算氧化数的改变并找出基本系数。

$$\overset{+3\ -2}{As_2S_3} + \overset{+5}{H}NO_3 \longrightarrow \overset{+5}{H_3}AsO_4 + \overset{+6}{H_2}SO_4 + \overset{+2}{N}O$$

$2(5-3) = +4$
$3[6-(-2)] = +24$
$2 - 5 = -3$

$$2(5-3) = +4$$
$$3[6-(-2)] = +24$$ $\Big\}= +28 \ \Big| \times 3 = +84$

$$2 - 5 = -3 \quad \times 28 = -84$$

所以 As_2S_3 的系数是 3，而 HNO_3 的系数是 28，这样就可以确定 H_3AsO_4、H_2SO_4 和 NO 的系数了。

$$3As_2S_3 + 28HNO_3 \longrightarrow 6H_3AsO_4 + 9H_2SO_4 + 28NO$$

检查两边的氢原子数，方程式的左边还应该添加 4 个水分子。

$$3As_2S_3 + 28HNO_3 + 4H_2O =\!= 6H_3AsO_4 + 9H_2SO_4 + 28NO$$

2. 离子-电子法

离子-电子法配平氧化-还原方程式的原则是：氧化剂获得电子的总数等于还原剂失去电子的总数。

离子-电子法配平氧化还原方程式通常包括四个步骤：

(1) 以离子的形式表示出反应物和氧化还原产物；

(2) 把一个氧化还原反应分成两个半反应，一个表示氧化剂被还原，另一个表示还原剂被氧化；

(3) 分别配平两个半反应式使两边的各种元素原子总数和电荷总数均相等；

(4) 将两个半反应式各乘以适当的系数，使得失电子总数相等，然后将两个半反应式合并，得到一个配平的氧化还原方程式。

下面通过例子来说明配平的步骤。

【例7-3】 $KClO_3$ 和 $FeSO_4$ 在酸性介质中反应生成 KCl 和 $Fe_2(SO_4)_3$，配平该氧化还原方程式。

解 （1）写出反应物和产物的离子形式

$$ClO_3^- + Fe^{2+} \longrightarrow Cl^- + Fe^{3+}$$

（2）分成两个半反应

$$Fe^{2+} \longrightarrow Fe^{3+} \quad （氧化反应）$$
$$ClO_3^- \longrightarrow Cl^- \quad （还原反应）$$

（3）配平两个半反应

第一个半反应两边原子数已相等，只需在右边加上1个电子即可使两边的电荷数相等。

$$Fe^{2+} =\!= Fe^{3+} + e$$

第二个半反应的右边比左边少3个O原子，在水溶液中 O^{2-} 离子不能存在，在酸性溶液中 H^+ 可以和 O^{2-} 结合生成 H_2O 分子，所以在左边加上6个 H^+ 离子，而在右边加上3个 H_2O 分子，就可使两边各种元素的原子总数相等。

$$ClO_3^- + 6H^+ \longrightarrow Cl^- + 3H_2O$$

为了配平电荷数，要在左边加上6个电子，这样反应式就配平了。

$$ClO_3^- + 6H^+ + 6e =\!= Cl^- + 3H_2O$$

（4）合并两个半反应式，得到配平的离子方程式

$$6 \times (Fe^{2+} =\!= Fe^{3+} + e)$$
$$\underline{ClO_3^- + 6H^+ + 6e =\!= Cl^- + 3H_2O}$$
$$ClO_3^- + 6H^+ + 6Fe^{2+} =\!= Cl^- + 6Fe^{3+} + 3H_2O$$

如果已知反应在稀硫酸介质中进行，则可写出相应的分子方程式为：

$$KClO_3 + 6FeSO_4 + 3H_2SO_4 =\!= KCl + 3Fe_2(SO_4)_3 + 3H_2O$$

【例7-4】 已知 $NaClO$ 在碱性介质中能氧化 $NaCrO_2$ 生成 Na_2CrO_4 和 $NaCl$，配平该反应的方程式。

解 （1）写出反应物和产物的离子形式

$$ClO^- + CrO_2^- \longrightarrow Cl^- + CrO_4^{2-}$$

（2）分成两个半反应

$$ClO^- \longrightarrow Cl^- \quad （还原反应）$$
$$CrO_2^- \longrightarrow CrO_4^{2-} \quad （氧化反应）$$

（3）配平半反应式

第一个半反应的左边比右边多1个O原子，但在碱性介质中，加入 H^+ 生成 H_2O 分子是不合理的。若在左边加 H_2O，右边生成 OH^-，就可使两边原子总数相等。

$$ClO^- + H_2O \longrightarrow Cl^- + 2OH^-$$

然后配平电荷数

$$ClO^- + H_2O + 2e =\!= Cl^- + 2OH^-$$

第二个半反应左边加 OH^-，右边生成 H_2O 分子，然后配平电荷数，可得已配平的半反应式为：

$$CrO_2^- + 4OH^- =\!= CrO_4^{2-} + 2H_2O + 3e$$

（4）合并半反应式

$$3\times(ClO^- + H_2O + 2e \rightleftharpoons Cl^- + 2OH^-)$$
$$\underline{2\times(CrO_2^- + 4OH^- \rightleftharpoons CrO_4^{2-} + 2H_2O + 3e)}$$
$$3ClO^- + 2CrO_2^- + 2OH^- \rightleftharpoons 3Cl^- + 2CrO_4^{2-} + H_2O$$

若已知反应介质为 NaOH，则可写出相应的分子方程式为：

$$3NaClO + 2NaCrO_2 + 2NaOH \rightleftharpoons 3NaCl + 2Na_2CrO_4 + H_2O$$

从以上两个例子可以看出，在半反应式中，如果反应物和生成物内所含的氧原子数目不同，可以根据介质的酸碱性，分别在半反应式中加 H^+ 或 OH^- 或 H_2O，并利用水的电离平衡使反应式两边的氧原子数相等。不同介质条件下配平氧原子的经验规则见表 7-1。

表 7-1 配平氧原子的经验规则

介质条件	比较方程式两边氧原子数	左边应加入物质	生成物
酸 性	(1)左边 O 多 (2)左边 O 少	H^+ H_2O	H_2O H^+
碱 性	(1)左边 O 多 (2)左边 O 少	H_2O OH^-	OH^- H_2O
中性(或弱碱性)	(1)左边 O 多 (2)左边 O 少	H_2O H_2O(中性) OH^-(弱碱性)	OH^- H^+ H_2O

离子-电子法除了用于配平氧化还原反应式之外，还可以通过学习离子-电子法掌握书写半反应式的方法，而半反应式是电极反应的基本反应式。

氧化数法和离子-电子法各有特点。氧化数法配平简单的氧化-还原反应比较迅速，它的适用范围比较广泛，不限于水溶液中的反应，对于高温反应以及熔融态物质间的反应更为适用。离子-电子法配平时不需要知道元素的氧化数，特别对有介质参与的复杂反应的配平比较方便。但这种方法只适用于水溶液中的反应。

第二节 原电池与电极电势

在一定条件下，氧化还原反应中转移的电子若能定向移动就形成电流，利用自发氧化还原反应产生电流的装置叫原电池；利用电流促使非自发氧化还原反应发生的装置叫电解池。原电池和电解池统称为化学电池。研究化学电池中氧化还原反应过程以及化学能与电能相互转化规律的化学分支叫电化学。本节将介绍氧化还原反应和电化学的有关内容的初步知识。

一、原电池

1. 原电池的概念

如图 7-1 所示，一只烧杯中放入 $ZnSO_4$ 溶液和锌片，另一只烧杯中放入 $CuSO_4$ 溶液和铜片，将两只烧杯中的溶液用一个倒置的 U 形管连接起来，U 形管中装满用饱和 KCl 和琼胶作成的冻胶。这种装满冻胶的 U 形管叫盐桥。用导线连接锌片和铜片，并在导线中间连一只电流计，就可以看到电流计的指针发生偏转，说明有电流产生。从指针偏转的方向可以说明电子是由锌片流向铜片的。这种借助于氧化-还原反应将化学

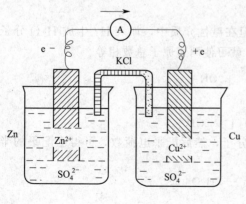

图 7-1 锌铜原电池

能转变为电能的装置称为原电池。

在原电池中，电子流出的一极称为负极，负极上发生氧化反应；电子流入的一极称为正极，正极上发生还原反应。两极上的反应称为电极反应。又因每一极是原电池的一半，故电极反应又称为半电池反应。

如锌铜原电池中：

锌片，负极（氧化反应）　　　　$Zn(s) \rightleftharpoons Zn^{2+}(aq) + 2e$

铜片，正极（还原反应）　　　　$Cu^{2+}(aq) + 2e \rightleftharpoons Cu(s)$

两电极反应（半电池反应）相加，就得到电池反应

$$Zn(s) + CuSO_4(aq) \rightleftharpoons Cu(s) + ZnSO_4(aq)$$

随着反应的进行，Zn 失去电子变成 Zn^{2+} 进入 $ZnSO_4$ 溶液，将使 $ZnSO_4$ 溶液因 Zn^{2+} 增加而带正电荷，$CuSO_4$ 溶液中的 Cu^{2+} 从铜片上取得电子，成为金属铜沉积在铜片上，将使 $CuSO_4$ 溶液因 SO_4^{2-} 过剩而带负电荷，这两种情况都会阻碍电子从锌到铜的移动，以致反应终止。盐桥的作用就是使整个装置形成一个回路，随着反应的进行，盐桥中的正离子（K^+）向 $CuSO_4$ 溶液移动，负离子（Cl^-）向 $ZnSO_4$ 溶液移动，以保持溶液电中性，从而使电流持续产生。

2. 原电池的表示方法

任何一个自发的氧化-还原反应，原则上都可以用来组成一个原电池。在电化学中，原电池的装置可以用符号来表示。如锌铜原电池的电池符号为：

$$(-) Zn | ZnSO_4(c_1) \| CuSO_4(c_2) | Cu(+)$$

习惯上把负极写在左边，正极写在右边，以 ‖ 表示盐桥，以 | 表示两相之间的界面。必要时注明溶液的浓度或活度，气体要注明分压。若溶液中有两种离子参与电极反应，用逗号分开。导体（如 Zn、Cu 等）总是写在电池符号的两侧。若用惰性材料须注明其材料（如 Pt、C）。

例如电池符号：

$$(-) Pt | H_2(p_1) | H^+(c_1) \| Fe^{3+}(c_2), Fe^{2+}(c_3) | Pt(+)$$

电池反应　　　　$H_2 + 2Fe^{3+} \rightleftharpoons 2H^+ + 2Fe^{2+}$

原电池中正负极以电极的电极电势高低来确定，电极电势高的为正极，低的为负极。

3. 原电池的电动势

在锌铜原电池中，两极一旦用导线连通，电流便从正极（铜极）流向负极（锌极），这说明两极之间存在电势差，而且正极的电势一定比负极的高。这种电势差就是电动势。用符号"E"表示。它是在外电路没有电流通过的状态下，正极的电势减去负极的电势。即

$$E = \varphi_{(+)} - \varphi_{(-)}$$

原电池的电动势可以通过精密电位计测得。电动势的大小主要取决于组成原电池物质的本性。此外，电动势还与温度有关。通常在标准状态下测定，所得的电动势称为标准电动势。在 298.15K 下的标准电动势以 $E^{\ominus}$ 表示。

二、电极电势

1. 电极电势的产生

在上述铜锌原电池中，为什么在铜极和锌极之间会存在电势差；为什么电子从 Zn 转移给 Cu^{2+}，而不是从 Cu 转移给 Zn^{2+}；这与金属在溶液中的情况有关。

当把金属 M 放入它的盐溶液中时，会同时出现两种相反的趋向。一方面金属表面上构成晶格的金属离子和极性大的水分子相互作用，有一种使金属留下电子而自身以水合离子 M^{n+}(aq) 的形式离开其表面而溶解于溶液中的趋向，金属越活泼，溶液越稀，这种趋向越大；另一方面，盐溶液中的 M^{n+}(aq) 又有一种从金属 M 表面获得电子而沉积到金属表面上的趋向，金属

越不活泼，溶液越浓，这种趋向越大。当溶解与沉积的速率相等时，则达到一种动态平衡：

$$M \rightleftharpoons M^{n+}(aq) + ne$$

在某一给定浓度的溶液中，若失去电子的趋向大于获得电子的趋向，到达平衡时的最后结果将是金属离子 M^{n+}(aq) 进入溶液，使金属带负电，靠近金属附近的溶液带正电，构成双电层，如图 7-2 所示。这时金属和金属离子双电层之间产生电势差，这种产生在金属和金属离子双电层之间的电势差就叫做金属的电极电势。金属的电极电势除与金属本身的活泼性和金属离子在溶液中的浓度有关外，还决定于温度。

在铜锌原电池中，Zn 与 Cu 分别插在含有它们各自离子的盐溶液中，构成 Zn^{2+}/Zn 电极与 Cu^{2+}/Cu 电极。与铜相比较，锌较活泼，其溶解趋势大于沉积趋势，锌表面留下的电子要比铜表面上的电子多，也就是 Zn^{2+}/Zn 电极的上述平衡比 Cu^{2+}/Cu 电极的平衡更偏向于右方。这样 Zn^{2+}/Zn 电极与 Cu^{2+}/Cu 电极具有不同的电极电势，Zn^{2+}/Zn 电极的电极电势比 Cu^{2+}/Cu 电极的电极电势要负一些。两电极用导线连接后，电子就从锌流向铜。

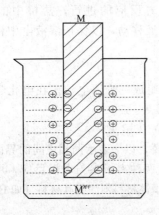

图 7-2 金属的电极电势

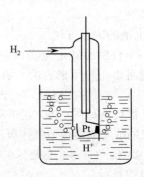

图 7-3 标准氢电极

2. 标准氢电极和标准电极电势

电极电势的绝对值无法测量，只能选定某种电极作为标准，其他电极与之比较，求得电极电势的相对值，通常选定的是标准氢电极，并将其电极电势定义为零。

标准氢电极的构成如图 7-3 所示，将镀有铂黑的铂片置于氢离子浓度（严格地说为活度）为 $1.0 mol \cdot kg^{-1}$（近似为 $1.0 mol \cdot L^{-1}$）的硫酸溶液中，然后通入压力为 101.325kPa 的氢气，使铂黑吸附氢气达到饱和，形成一个氢电极。在这个氢电极的周围发生了如下的平衡：

$$H_2 \rightleftharpoons 2H^+ + 2e$$

这时 H_2 与 H^+ 溶液之间的电势，就是氢的标准电极电势。在任何温度下都规定标准氢电极的电极电势为零（实际上电极电势与温度有关）。所以很难制得这种标准氢电极，它只是一种理想电极。

用标准氢电极与其他各种标准状态下的电极组成原电池，测得这些电池的电动势，从而计算各种电极的标准电极电势，通常测定时的温度为 298K。

所谓标准状态是指组成电极的离子的浓度为 $1.0 mol \cdot L^{-1}$（对于氧化还原电极，氧化态与还原态的离子浓度比为 1.0），气体的分压为 101.325 kPa，液体或固体都是纯物质。标准电极电势用符号 $\varphi^{\ominus}_{氧化态/还原态}$ 表示，原电池的标准电动势用 $E^{\ominus}$ 表示，其中 $\ominus$ 代表标准状态。标准氢电极的电极电势的符号就是：$\varphi^{\ominus}(H^+/H_2)$，$Zn^{2+}/Zn$ 电对的标准电极电势的符号就是：$\varphi^{\ominus}(Zn^{2+}/Zn)$。

测定 $\varphi^{\ominus}(Zn^{2+}/Zn)$ 是将纯锌插入 $1.0 mol \cdot L^{-1}$ 的 $ZnSO_4$ 溶液中，把它和标准氢电极用盐桥连接起来，组成一个原电池，如图 7-4 所示。用直流电压表测知电流从氢电极流向锌电极，故氢电极为正极，锌电极为负极。电池反应为：
$$Zn + 2H^+ \longrightarrow Zn^{2+} + H_2 \uparrow$$
原电池的标准电动势（$E^\ominus$是在没有电流通过的情况下，两个电极的电极电势之差）
$$E^\ominus = \varphi^\ominus_{正极} - \varphi^\ominus_{负极}$$

在 298 K，用电位计测得标准氢电极和标准锌电极所组成的原电池其电动势 $E^\ominus = 0.7628V$，则根据 $E^\ominus = \varphi^\ominus(H^+/H_2) - \varphi^\ominus(Zn^{2+}/Zn)$

求得：$\varphi^\ominus(Zn^{2+}/Zn) = -0.7628V$

用相同的方法将铜标准电极和标准氢电极组成原电池，这时铜电极为正极，氢电极为负极。在 298K 时，测得其电动势 $E^\ominus = 0.34V$，进而求得，$\varphi^\ominus(Cu^{2+}/Cu) = 0.34V$。

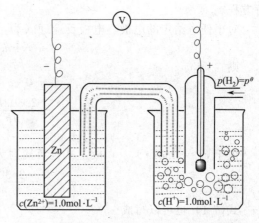

图 7-4 测定 Zn^{2+}/Zn 电对标准电极电势装置

锌电极的电极电势为负表明锌失去电子的倾向大于 H_2，或 Zn^{2+} 得电子的能力小于 H^+，铜电极的电极电势为正表明铜失去电子的倾向小于 H_2，或 Cu^{2+} 得电子的能力大于 H^+，也可以说 Zn 比 Cu 活泼，Zn 比 Cu 更容易失去电子。

如果将锌电极和铜电极组成一个原电池，则电子必定会从锌电极流向铜电极，电池的电动势为：
$$E^\ominus = \varphi^\ominus(Cu^{2+}/Cu) - \varphi^\ominus(Zn^{2+}/Zn) = 0.34V - (-0.76)V = 1.1V$$

上述原电池装置不仅可以用来测定金属电极的标准电极电势，它同样可以用来测定非金属离子和气体的标准电极电势。对那些与水剧烈反应而不能直接测定的电极，例如 Na^+/Na，F_2/F^- 等的电极电势则可以通过热力学数据用间接方法来计算标准电极电势。各氧化还原电对的标准电极电势详见附录九。

使用标准电极电势表时，注意以下几点。

① 在电极反应 $M^{n+} + ne \longrightarrow M$ 中，M^{n+} 为物质的氧化型，M 为物质的还原型。例如 Na^+，Cl_2，MnO_4^- 是氧化型，而 Na，Cl^-，Mn^{2+} 是对应的还原型。它们之间是相互依存的。同一物质在某一电对中是氧化型，在另一电对中则可能是还原型。电对 Fe^{3+}/Fe^{2+} 中的 Fe^{2+} 是还原型，而在电对 Fe^{2+}/Fe 中，Fe^{2+} 是氧化型。查阅标准电极电势数据时，要注意电对的具体存在形式、状态和介质等条件。

② $\varphi^\ominus$ 越大，其对应电对中氧化剂在标准状态下的氧化能力越强，还原剂在标准状态下的还原能力越弱；反之，则其对应电对中还原剂在标准状态下的还原能力越强，氧化剂在标准状态下的氧化能力越弱。故 $\varphi^\ominus$ 可用来判断各物质在标准状态下的氧化还原能力。

③ 标准电极电势由物质的本性决定，与电极反应的书写形式无关。例如：$Cl_2 + 2e \longrightarrow 2Cl^-$，$\varphi^\ominus = 1.358V$，若书写成 $\frac{1}{2}Cl_2 + e \longrightarrow Cl^-$，其 $\varphi^\ominus$ 值（1.358V）不变。

④ 表中的数据为 298K 时的标准电极电势，在一般情况下，室温范围内都可能借用其数据。

三、能斯特方程

电极电势的大小主要与电极的本性有关，此外还与温度、溶液的浓度及气体的分压等因素有关。前面讨论的是标准状态下的电极电势，但实际情况往往是非标准态。此时电极的电极电势就与下列因素有关：①电极材料；②溶液中离子的浓度或气体分压；③温度。

1889年，德国化学家能斯特从理论上推导出电极电势与温度、浓度的关系式——能斯特方程。

对于任意给定的电极，电极反应通式为：

$$a\text{Ox} + ne \rightleftharpoons b\text{Red}$$

则

$$\varphi = \varphi^{\ominus} + \frac{2.303RT}{nF} \lg \frac{\left\{\frac{[\text{Ox}]}{c^{\ominus}}\right\}^a}{\left\{\frac{[\text{Red}]}{c^{\ominus}}\right\}^b}$$

由于 $c^{\ominus} = 1\text{mol} \cdot \text{L}^{-1}$，故上式也可简写为：

$$\varphi = \varphi^{\ominus} + \frac{2.303RT}{nF} \lg \frac{[\text{Ox}]^a}{[\text{Red}]^b} \tag{7-1}$$

式(7-1)也可以写成

$$\varphi = \varphi^{\ominus} - \frac{2.303RT}{nF} \lg \frac{[\text{Red}]^b}{[\text{Ox}]^a} \tag{7-2}$$

式(7-1)和式(7-2)叫做能斯特方程式，式中 φ 表示电对在非标准条件下的电极电势，R 为气体常数（8.314J·mol^{-1}·K^{-1}），T 为热力学温度，F 为法拉第常数（96485C·mol^{-1}），当温度为298.15K时，有

$$\frac{2.303RT}{F} = \frac{2.303 \times 8.314 \text{J} \cdot \text{mol}^{-1} \cdot \text{K}^{-1} \times 298 \text{K}}{9.648 \times 10^4 \text{C} \cdot \text{mol}^{-1}} = 0.0592\text{V}$$

应用能斯特方程式时，应注意以下几点。

① 电极反应中出现的固体或纯液体，不列入方程式中；若为气体时，方程式的相对浓度用相对分压代替。例如，对于 H^+/H_2 电极，电极反应为：$2H^+(\text{aq}) + 2e \rightleftharpoons H_2(\text{g})$，则计算时水合氢离子用相对活度 $[H^+]/c^{\ominus}$ 表示，而氢气用 $p(H_2)/p^{\ominus}$ 表示，即

$$\varphi(H^+/H_2) = \varphi^{\ominus}(H^+/H_2) - \frac{2.303RT}{2F} \lg \frac{p(H_2)/p^{\ominus}}{[H^+]/c^{\ominus}}$$

② 若在电极反应中，除氧化态和还原态物质外，还有 H^+ 或 OH^- 参加反应，则这些离子的浓度及其在反应式中的化学计量数也应根据反应式写在能斯特方程式中。

利用能斯特方程可以计算电对在各种浓度下的电极电势，在实际应用中显得非常重要。下面分别讨论溶液中各种情况的变化对电极电势的影响。

1. 浓度或分压变化对电极电势的影响

【例 7-5】 计算在25℃时，Zn^{2+} 浓度为 $0.001\text{mol} \cdot \text{L}^{-1}$ 时，Zn^{2+}/Zn 的电极电势。

解 电极反应

$$Zn^{2+} + 2e \longrightarrow Zn$$

查附录十得 $\varphi^{\ominus}(Zn^{2+}/Zn) = -0.7628\text{V}$

由式(7-1)得

$$\varphi(Zn^{2+}/Zn) = \varphi^{\ominus}(Zn^{2+}/Zn) + \frac{0.0592}{2} \lg [Zn^{2+}]$$

$$= -0.7628\text{V} + \frac{0.0592\text{V}}{2} \lg 0.001 = -0.852\text{V}$$

2. 酸度对电极电势的影响

【例 7-6】 $2H^+ + 2e \longrightarrow H_2$ $\varphi^{\ominus} = 0$，若 H_2 的分压保持不变，将溶液换成 $1\text{mol} \cdot \text{L}^{-1}$ HAc，求其电极电势 φ 的值。

解
$$\varphi = \varphi^{\ominus} + \frac{0.0592}{2}\lg\frac{[H^+]^2}{\frac{p_{H_2}}{p^{\ominus}}}$$

因为 H_2 的分压保持不变,所以关键在于 $[H^+]$。
$$[H^+] = \sqrt{K_a c}$$
$$[H^+]^2 = K_a c = 1.8 \times 10^{-5}$$

代入能斯特方程
$$\varphi = \varphi^{\ominus} + \frac{0.0592}{2}\lg(1.8 \times 10^{-5})$$

所以
$$\varphi = -0.14 \text{V}$$

从能斯特方程可以看出,若电对的[氧化型]增大,则 φ 增大,比 $\varphi^{\ominus}$ 要大;若电对的[还原型]增大,则 φ 减小,比 $\varphi^{\ominus}$ 要小。

3. 沉淀(或配合物)的生成对电极电势的影响

生成沉淀(配合物)使电对中的某些物质的浓度发生改变,进而改变电对的电极电势。其影响形式可以由下面的例子来说明。

【例 7-7】 在 Ag^+/Ag 电对的溶液中加入 NaCl 溶液后,使 Cl^- 浓度为 $1.0 \text{mol} \cdot L^{-1}$,求 $\varphi_{Ag^+/Ag}$ 的值 [已知 $\varphi^{\ominus}(Ag^+/Ag) = 0.7994\text{V}$,$K_{sp}^{\ominus}(AgCl) = 1.8 \times 10^{-10}$]。

解 原来的 Ag^+/Ag 溶液中,电极反应为:
$$Ag^+ + e \longrightarrow Ag$$

加入 NaCl 溶液,则有沉淀反应
$$Ag^+ + Cl^- \longrightarrow AgCl \downarrow$$

当 $[Cl^-] = 1.0 \text{mol} \cdot L^{-1}$ 时
$$[Ag^+] = K_{sp}^{\ominus}/[Cl^-] = 1.8 \times 10^{-10}/1.0 = 1.8 \times 10^{-10}$$

根据电极反应,由能斯特方程得
$$\varphi(Ag^+/Ag) = \varphi^{\ominus}(Ag^+/Ag) + 0.0592\lg[Ag^+]$$
$$= \varphi^{\ominus}(Ag^+/Ag) + 0.0592\lg\frac{K_{sp}^{\ominus}(AgCl)}{[Cl^-]}$$
$$= 0.7994\text{V} + 0.0592\text{V}\lg(1.8 \times 10^{-10})$$
$$= 0.2225\text{V}$$

可见,由于 AgCl 沉淀的生成,使 Ag^+ 浓度减少,Ag^+/Ag 电对的电极电势随之下降。实际上,如果电对中的氧化态物质生成的沉淀物越难溶解(或生成的配合物越稳定),电对的电极电位就越小,其氧化能力就越弱。相反,若生成沉淀使电对的还原态浓度降低,则使电对的电极电势升高。上述电对的电极电势实际上就是下列电对的标准电极电势:
$$AgCl + e \longrightarrow Ag + Cl^-$$
$$\varphi^{\ominus}(AgCl/Ag) = \varphi(Ag^+/Ag) = \varphi^{\ominus}(Ag^+/Ag) + 0.0592\lg K_{sp}^{\ominus}(AgCl)$$
$$= 0.7994\text{V} + 0.0592\text{V}\lg(1.8 \times 10^{-10})$$
$$= 0.2225\text{V}$$

【例 7-8】 已知 $\varphi^{\ominus}(Cu^{2+}/Cu) = 0.337\text{V}$,$K_f^{\ominus}([Cu(NH_3)_4]^{2+}) = 3.9 \times 10^{12}$。求 $\varphi^{\ominus}([Cu(NH_3)_4]^{2+}/Cu)$。

解 $[Cu(NH_3)_4]^{2+}/Cu$ 电极的电极反应为:$[Cu(NH_3)_4]^{2+} + 2e \longrightarrow Cu + 4NH_3$

在 298.15K,当 $[Cu(NH_3)_4^{2+}] = 1.0 \text{mol} \cdot L^{-1}$、$[NH_3] = 1.0 \text{mol} \cdot L^{-1}$ 时,所测定的电极电势即为 $[Cu(NH_3)_4]^{2+}/Cu$ 电对的标准电极电势 $\varphi^{\ominus}([Cu(NH_3)_4]^{2+}/Cu)$。

在该电极反应中,游离的铜离子浓度可以通过 $[Cu(NH_3)_4]^{2+}$ 配离子的解离平衡求得:

$$[Cu(NH_3)_4]^{2+} \longrightarrow Cu^{2+} + 4NH_3$$

$$K_f^{\ominus} = \frac{[Cu(NH_3)_4^{2+}]}{[NH_3]^4[Cu^{2+}]}$$

所以

$$[Cu^{2+}] = \frac{[Cu(NH_3)_4^{2+}]}{K_f^{\ominus}[NH_3]^4} = \frac{1.0}{3.9 \times 10^{12} \times (1.0)^4} = 2.6 \times 10^{-13} \ (mol \cdot L^{-1})$$

求电对 $[Cu(NH_3)_4]^{2+}/Cu$ 的 $\varphi^{\ominus}([Cu(NH_3)_4]^{2+}/Cu)$ 值,可以转化成求电对(Cu^{2+}/Cu)在$[Cu^{2+}]=2.6\times10^{-13}\,mol\cdot L^{-1}$时的 φ 值。

$$\varphi^{\ominus}([Cu(NH_3)_4]^{2+}/Cu) = \varphi^{\ominus}(Cu^{2+}/Cu) + \frac{0.0592}{2}\lg[Cu^{2+}]$$

$$= 0.337V + \frac{0.0592V}{2}\lg(2.6\times10^{-13})$$

$$= -0.036V$$

通过上述计算,说明生成配位化合物使氧化态 Cu^{2+} 浓度降低, Cu^{2+} 的氧化能力减弱。实际上,如果电对中的氧化态物质生成的配位化合物越稳定,电对的电极电势就越小,其氧化能力就越弱。相反,若生成配位化合物使电对的还原态浓度降低,则使电对的电极电势升高。

第三节 电极电势的应用

标准电极电势是化学中重要的数据之一。它能把水溶液中进行的氧化-还原反应系统化。电极电势的应用范围很广泛,主要表现为以下几个方面。

一、判断氧化剂和还原剂的相对强弱

电极电势的大小,反映了氧化-还原电对中氧化型物质和还原型物质的氧化、还原能力的相对强弱。由标准电极电势的大小来判断各物质在标准状态下的氧化还原能力。各物质在非标准状态下的氧化还原能力,则可依据能斯特方程,得出在此条件下的电极电势,进而可以判断各物质在此条件下的氧化还原能力。电极电势的代数值越大,该电对中的氧化型物质越易得到电子,是越强的氧化剂,还原型物质的还原能力越弱;电极电势的代数值越小,其对应电对中还原型物质的还原能力越强,氧化型物质的氧化能力越弱。

【例 7-9】 已知 25℃时, $\varphi^{\ominus}(H_3AsO_4/H_3AsO_3)=0.560V$, $\varphi^{\ominus}(I_2/I^-)=0.535V$,在两电对的物质中,标准条件下哪个是较强的氧化剂,哪个是较强的还原剂? 当 pH=7.0,其他物质均处于标准态时,哪个是较强的氧化剂,哪个是较强的还原剂?

解 (1) 在标准状态下可用 $\varphi^{\ominus}$ 值的相对大小比较氧化还原能力,因为

$$\varphi^{\ominus}(H_3AsO_4/H_3AsO_3) > \varphi^{\ominus}(I_2/I^-)$$

所以在上述物质中 H_3AsO_4 是较强的氧化剂, I^- 是较强的还原剂。

(2) 两电对的电极反应分别为:

$$H_3AsO_4 + 2H^+ + 2e \longrightarrow H_3AsO_3 + H_2O$$

$$2I^- - 2e \longrightarrow I_2$$

当 pH=7.0,即 $c(H^+)=1.0\times10^{-7}\,mol\cdot L^{-1}$ 时,根据能斯特方程

$$\varphi(H_3AsO_4/H_3AsO_3) = \varphi^{\ominus}(H_3AsO_4/H_3AsO_3) + \frac{0.0592}{2}\lg[H^+]^2$$

$$= 0.560V + 0.0592V \times (-7)$$

$$= 0.146V$$

而 $\varphi(I_2/I^-)$ 不受溶液 pH 值的影响,故: $\varphi(H_3AsO_4/H_3AsO_3) < \varphi(I_2/I^-)$。此时,

I_2 是较强的氧化剂，H_3AsO_3 是较强的还原剂。

二、判断氧化还原反应的方向和限度

1. 氧化还原反应的 ΔG 与对应电池电动势之间的关系

从热力学中已知，系统的 Gibbs 函数变 ΔG 等于系统在等温恒压下所做的最大非体积功。在原电池中如果非体积功全部用来做电功，那么 ΔG 与电池电动势之间就有下列关系：

$$\Delta G = -nFE \tag{7-3}$$

式中，n 代表得失电子数，mol；F 为 1mol 电子所带的电量，称为法拉第常量，其值为 96500C·mol^{-1}（其精确值为 9.6485×10^4 C·mol^{-1}）。

若电池中的所有物质都处在标准状态时，电池的电动势就是标准电动势，ΔG 就是标准 Gibbs 函数变 $\Delta G^\ominus$，则上式可以写为：

$$\Delta G^\ominus = -nFE^\ominus \tag{7-4}$$

这个关系式就把热力学和电化学联系起来：测得原电池的电动势 $E^\ominus$，就可以求出该电池反应的 $\Delta G^\ominus$。反之，已知某个氧化还原反应的 $\Delta G^\ominus$，就可求得该反应所构成原电池的电动势 $E^\ominus$，而由 $\Delta G^\ominus$（或 $E^\ominus$）可判断氧化还原反应的方向。如果在非标准状态下，由等温方程式 $\Delta G = \Delta G^\ominus + RT\ln Q$（$Q$ 为反应商），可得

$$-nFE = -nFE^\ominus + RT\ln Q$$

化简，并将自然对数换成常用对数，得

$$E = E^\ominus - \frac{2.303RT}{nF}\lg Q \tag{7-5}$$

由 ΔG（或 E）可判断氧化还原反应的方向。

【例 7-10】 根据下列电池写出反应式并计算在 25℃时电池的 $E^\ominus$ 值和 $\Delta G^\ominus$。

$$(-)Zn|Zn^{2+}(1.0mol·L^{-1}) \| Cu^{2+}(1.0mol·L^{-1})|Cu(+)$$

解 从上述电池看出锌是负极，铜是正极，电池的氧化还原反应式为：

$$Zn + Cu^{2+} \longrightarrow Cu + Zn^{2+}$$

查附录九： $\varphi^\ominus(Zn^{2+}/Zn) = -0.7628V$, $\varphi^\ominus(Cu^{2+}/Cu) = 0.337V$

$$E^\ominus = 0.337V - (-0.7628)V = 1.100V$$

故 $\Delta G^\ominus = -nFE^\ominus = -2 \times 9.648 \times 10^4$ C·mol$^{-1} \times 1.100$V $= -212.3$ kJ·mol^{-1}

2. 用电极电势判断氧化还原反应的方向

一个反应能否自发进行，可用反应的 Gibbs 函数变来判断。若反应的 $\Delta G < 0$，反应就能自发进行；若反应的 $\Delta G > 0$，反应就不能正向自发进行；若反应的 $\Delta G = 0$，则反应处于平衡状态。根据 $\Delta G = -nFE$，当 $E > 0$，即 $\varphi_{正} > \varphi_{负}$ 时，反应能自发进行；当 $E < 0$，即 $\varphi_{正} < \varphi_{负}$ 时，反应不能自发进行，其逆反应能自发进行；当 $E = 0$，反应处于平衡状态。

在例 7-9 中，$\varphi^\ominus(H_3AsO_4/H_3AsO_3) = 0.560V$，$\varphi^\ominus(I_2/I^-) = 0.535V$，由于两者比较接近，故通过调节溶液的 pH 值就能改变两者的相对大小。

在 pH$<$0.84 时，因为 $\varphi(H_3AsO_4/H_3AsO_3) > \varphi(I_2/I^-)$，则发生如下反应：

$$H_3AsO_4 + 2H^+ + 2I^- \longrightarrow H_3AsO_3 + I_2 + H_2O$$

在 pH$>$0.84 时，$\varphi(I_2/I^-) > \varphi(H_2AsO_4/H_3AsO_3)$，则发生其逆反应。

如下的实验能充分说明这一点：在一支试管中，加入 H_3AsO_4、I^- 和淀粉溶液，向其中滴入 HCl，溶液会变蓝，再向蓝色溶液中逐渐滴加 NaOH，振荡，蓝色又消失，若再滴入 HCl，溶液又会变蓝。

3. 用电极电势判断氧化还原反应进行的程度

任何一个反应进行的程度，都可以用来 $K^\ominus$ 判断。因为 $\Delta G^\ominus = -nFE^\ominus$，$\Delta G^\ominus =$

$-RT\ln K^{\ominus}$，所以 $-nFE^{\ominus}=-RT\ln K^{\ominus}$

得： $\ln K^{\ominus}=\dfrac{nF}{RT}E^{\ominus}=\dfrac{nF}{RT}(\varphi_{正}^{\ominus}-\varphi_{负}^{\ominus})$ 或 $\lg K^{\ominus}=\dfrac{nF}{2.303RT}(\varphi_{正}^{\ominus}-\varphi_{负}^{\ominus})$ (7-6)

所以如果已知两个电极的标准电极电势，就可以求出电池对应的氧化还原反应的平衡常数 $K^{\ominus}$，进而判断氧化还原反应进行的程度。

【例 7-11】 写出下面氧化还原反应对应的电池并求 298K 时该反应的平衡常数 $K^{\ominus}$。

$$\dfrac{1}{2}Cu(s)+\dfrac{1}{2}Cl_2(p^{\ominus})\longrightarrow \dfrac{1}{2}Cu^{2+}(1mol\cdot L^{-1})+Cl^{-}(1mol\cdot L^{-1})$$

解 （1）将氧化还原反应分解为两个半反应

$$\dfrac{1}{2}Cl_2(p^{\ominus})+e\longrightarrow Cl^{-}(1mol\cdot L^{-1})$$

$$\dfrac{1}{2}Cu^{2+}(1mol\cdot L^{-1})+e\longrightarrow \dfrac{1}{2}Cu(s)$$

（2）判断正负极　在反应中发生还原反应的物质所对应的半反应为正极的电极反应，发生氧化反应的物质所对应的半反应为负极的电极反应，故对应的电池符号为：

$$(-)Cu\mid Cu^{2+}(1.0mol\cdot L^{-1})\parallel Cl^{-}(1.0mol\cdot L^{-1})\mid Cl_2(p^{\ominus})\mid Pt(+)$$

（3）查附录九得到两个电极的标准电极电势：$\varphi_{正}^{\ominus}=1.360V$，$\varphi_{负}^{\ominus}=0.337V$

$$E^{\ominus}=\varphi_{正}^{\ominus}-\varphi_{负}^{\ominus}=1.360V-0.337V=1.023V$$

（4）根据式(7-6)

$$\lg K^{\ominus}=\dfrac{nF}{2.303RT}E^{\ominus}=\dfrac{1}{0.0592}\times 1.023=17.280$$

$$K^{\ominus}=1.9\times 10^{17}$$

4. 用电极电势求难溶化合物的溶度积

【例 7-12】 已知 $\varphi^{\ominus}(Sn^{2+}/Sn)=-0.14V$，$\varphi^{\ominus}(Pb^{2+}/Pb)=-0.13V$，下列原电池的电动势 $E^{\ominus}=+0.22V$，求 $PbSO_4$ 的溶度积。

$$(-)Pb\mid PbSO_4\mid SO_4^{2-}(1.0mol\cdot L^{-1})\parallel Sn^{2+}(1.0mol\cdot L^{-1})\mid Sn(+)$$

解 原电池的电池反应为：

$$Pb+SO_4^{2-}+Sn^{2+}\longrightarrow Sn+PbSO_4\downarrow$$

根据能斯特方程

$$E^{\ominus}=\varphi^{\ominus}(Sn^{2+}/Sn)+\dfrac{0.0592}{2}\lg[Sn^{2+}]-\left(\varphi^{\ominus}(Pb^{2+}/Pb)+\dfrac{0.0592}{2}\lg[Pb^{2+}]\right)$$

$$=[\varphi^{\ominus}(Sn^{2+}/Sn)-\varphi^{\ominus}(Pb^{2+}/Pb)]+\dfrac{0.0592}{2}\lg\dfrac{[Sn^{2+}]}{[Pb^{2+}]}$$

$$=-0.14V-(-0.13)V+\dfrac{0.0592V}{2}\lg\dfrac{1.0}{[Pb^{2+}]}$$

$PbSO_4$ 的溶度积的定义式

$$K_{sp}^{\ominus}(PbSO_4)=[Pb^{2+}][SO_4^{2-}]$$

$$[Pb^{2+}]=K_{sp}^{\ominus}(PbSO_4)/[SO_4^{2-}]$$

由题意得 $[SO_4^{2-}]=1.0mol\cdot L^{-1}$

代入数据得 $E^{\ominus}=-0.14V+0.13V+\dfrac{0.0592V}{2}\lg\dfrac{1.0}{[Pb^{2+}]}=-0.01V+\dfrac{0.0592V}{2}\lg\dfrac{1.0}{K_{sp}^{\ominus}(PbSO_4)}$

$$\lg K_{sp}^{\ominus}(PbSO_4)=-\dfrac{0.22+0.01}{0.03}=-7.7$$

$$K_{sp}^{\ominus}(PbSO_4)=2.0\times 10^{-8}$$

三、元素电位图

许多元素具有多种氧化数,各种氧化态物质可以组成不同的电对,为了方便了解同一元素的不同氧化态物质的氧化-还原性,拉提默(W. M. Latimer)提出了元素电位图的概念。

1. 元素电位图的表示方式

元素电位图是这样的一种图式:将同一元素的不同氧化数物质,按其氧化数,从高到低排列,不同氧化态物质之间以直线连接,并在线上标明相邻氧化态物质组成电对时的标准电极电势值。例如,Cu 具有三种氧化数,可以组成三种电对。

$$Cu^{2+} + 2e \longrightarrow Cu \qquad \varphi^{\ominus}(Cu^{2+}/Cu) = 0.345V$$
$$Cu^{2+} + e \longrightarrow Cu^{+} \qquad \varphi^{\ominus}(Cu^{2+}/Cu^{+}) = 0.167V$$
$$Cu^{+} + 2e \longrightarrow Cu \qquad \varphi^{\ominus}(Cu^{+}/Cu) = 0.522V$$

如果用元素电位图表示,则为:

$$Cu^{2+} \underline{\quad 0.167V \quad} Cu^{+} \underline{\quad 0.522V \quad} Cu$$

根据溶液酸碱性的不同,元素电位图又分为酸性介质中的和碱性介质中的两种。

2. 元素电位图的应用

元素电位图的表达直观、方便,可清楚地看出该元素各氧化态物质的氧化-还原性。它的主要应用如下。

① 计算任一组合电对的标准电极电势 例如酸性溶液中锰元素的元素电位图如下:

$$MnO_4^{-} \xrightarrow[\varphi_1^{\ominus}]{0.564V} MnO_4^{2-} \xrightarrow[\varphi_2^{\ominus}]{2.26V} MnO_2 \xrightarrow[\varphi_3^{\ominus}]{0.95V} Mn^{3+} \xrightarrow[\varphi_4^{\ominus}]{1.15V} Mn^{2+} \xrightarrow[\varphi_5^{\ominus}]{-1.18V} Mn$$

$$\varphi_7^{\ominus} = 1.695V$$
$$\varphi_6^{\ominus} = 1.51V$$

图中 $\varphi_1^{\ominus}$、$\varphi_2^{\ominus}$ …分别表示电对 MnO_4^{-}/MnO_4^{2-}、MnO_4^{2-}/MnO_2 …的标准电极电势分别为 $+0.564V$、$+2.26V$ …。元素电位图中非相邻物质间组成的电对的标准电极电势 $\varphi_x^{\ominus}$ 与相邻物质间组成电对的标准电极电势($\varphi_1^{\ominus}$、$\varphi_2^{\ominus}$ 等)具有如下关系:

$$\varphi_x^{\ominus} = \frac{n_1\varphi_1^{\ominus} + n_2\varphi_2^{\ominus} + n_3\varphi_3^{\ominus} + \cdots}{n_1 + n_2 + n_3 + \cdots} \tag{7-7}$$

式中,n_1、n_2、n_3 …分别为相应电对内转移的电子数。

从元素的标准电位图可计算任一组合电对的标准电极电势。例如,对于锰元素的 $\varphi_6^{\ominus}$ 和 $\varphi_7^{\ominus}$ 可计算如下:

$$\varphi_6^{\ominus} = \frac{1 \times 0.564V + 2 \times 2.26V + 1 \times 0.95V + 1 \times 1.51V}{1 + 2 + 1 + 1} = 1.51V$$

$$\varphi_7^{\ominus} = \frac{1 \times 0.564V + 2 \times 2.26V}{1 + 2} = 1.695V$$

② 判断物质能否发生歧化反应 在氧化-还原反应中,有些元素的氧化态可以同时向较高和较低的氧化数转变,这种反应称为歧化反应。根据元素电位图可以判断物质的歧化反应能否发生。

【例 7-13】 从实验测得 $\varphi^{\ominus}(Cu^{2+}/Cu) = +0.34V$,$\varphi^{\ominus}(Cu^{2+}/Cu) = +0.52V$,试计算 $\varphi^{\ominus}(Cu^{2+}/Cu)$ 的值,并判断歧化反应 $2Cu^{+} \longrightarrow Cu + Cu^{2+}$ 进行的方向。

解 (1) 列出铜元素的标准电位图,填上各已知数据

$$Cu^{2+} \xrightarrow[\varphi_1^{\ominus}]{\quad\quad} Cu^{+} \xrightarrow[\varphi_2^{\ominus}]{+0.52V} Cu$$
$$\xrightarrow[\varphi_3^{\ominus}]{+0.34V}$$

代入式(7-7)得:

$$\varphi_3^{\ominus} = \frac{\varphi_1^{\ominus} + \varphi_2^{\ominus}}{2}$$

代入数据得 $\varphi_1^{\ominus} = \varphi^{\ominus}(Cu^{2+}/Cu^+) = +0.16V$

(2) 判断歧化反应进行的方向

$$2Cu^+ \longrightarrow Cu + Cu^{2+}$$

因为 $\varphi^{\ominus}(Cu^{2+}/Cu) = +0.52V$，$\varphi^{\ominus}(Cu^{2+}/Cu^+) = +0.16V$，$\varphi^{\ominus}(Cu^+/Cu) > \varphi^{\ominus}(Cu^{2+}/Cu^+)$，所以 Cu^+ 为较强氧化剂，又为较强还原剂，因此上述歧化反应向右、正向进行。此例说明 +1 价铜在溶液中不稳定，可自发转变为 Cu^{2+} 与 Cu。

推广至一般，判断歧化反应能否进行的一般原则为：

在元素电位图中

若 $\varphi_{右}^{\ominus} > \varphi_{左}^{\ominus}$，则 B 会发生歧化反应

$$B \longrightarrow A + C$$

若 $\varphi_{右}^{\ominus} < \varphi_{左}^{\ominus}$，则 B 不会发生歧化反应，而 A 和 C 能发生逆歧化反应，即

$$A + C \longrightarrow B$$

知识拓展

太阳能电池

太阳能电池是通过光电效应或者光化学效应直接把光能转化成电能的装置。以光电效应工作的薄膜式太阳能电池为主流，而以光化学效应工作的湿式太阳能电池则还处于萌芽阶段。

一、太阳能电池的原理

太阳光照在半导体 p-n 结上，形成新的空穴-电子对，在 p-n 结电场的作用下，空穴由 n 区流向 p 区，电子由 p 区流向 n 区，接通电路后就形成电流。这就是光电效应太阳能电池的工作原理。太阳能发电有两种方式，一种是光-热-电转换方式，另一种是光-电直接转换方式。

太阳能绿色能源

(1) 光-热-电转换方式　通过利用太阳辐射产生的热能发电，一般是由太阳能集热器将所吸收的热能转换成工质的蒸气，再驱动汽轮机发电。前一个过程是光-热转换过程；后一个过程是热-电转换过程，与普通的火力发电一样。太阳能热发电的缺点是效率很低而成本很高，估计它的投资至少要比普通火电站贵 5~10 倍。一座 1000MW 的太阳能热电站需要投资 20~25 亿美元，平均 1kW 的投资为 2000~2500 美元。因此，目前只能小规模地应用于特殊的场合，而大规模利用在经济上很不合算，还不能与普通的火电站或核电站相竞争。

(2) 光-电直接转换方式　利用光电效应，将太阳辐射能直接转换成电能，光-电转换的基本装置就是太阳能电池。太阳能电池是一种由于光生伏特效应而将太阳光能直接转化为电能的器件,是一个半导体光电二极管,当太阳光照到光电二极管上时,光电二极管就会把太阳的光能变成电能,产生电流。当许多个电池串联或并联起来就可以成为有比较大的输出功率的太阳能电池方阵了。太阳能电池是一种大有前途的新型电源,具有永久性、清洁性和灵活性三大优点。太阳能电池寿命长,只要太阳存在,太阳能电池就可以一次投资而长期使用;与火力发电、核能发电相比,太阳能电池不会引起环境污染;太阳能电池可以大中小并举,大到百万千瓦的中型电站,小到只供一户用的太阳能电池组,这是其他电源无法比拟的。

二、太阳能电池的分类

太阳能电池按结晶状态可分为结晶系薄膜式和非结晶系薄膜式(以下表示为 a-)两大类,而前者又分为单结晶形和多结晶形。

按材料可分为硅薄膜型、化合物半导体薄膜型和有机膜型,而化合物半导体薄膜型又分为非结晶型(a-Si:H,a-Si:H:F,a-SixGel-x:H 等)、ⅢA-ⅤA 族(GaAs,InP 等)、ⅡA-ⅥA 族(Cds 系)和磷化锌(Zn_3P_2)等。

太阳能电池根据所用材料的不同,太阳能电池还可分为:硅太阳能电池、多元化合物薄膜太阳能电池、聚合物多层修饰电极型太阳能电池、纳米晶太阳能电池、有机太阳能电池,其中硅太阳能电池是目前发展最成熟的,在应用中居主导地位。

1. 硅太阳能电池

硅太阳能电池分为单晶硅太阳能电池、多晶硅薄膜太阳能电池和非晶硅薄膜太阳能电池三种。

单晶硅太阳能电池转换效率最高,技术也最为成熟。在实验室里最高的转换效率为 24.7%,规模生产时的效率为 15%。在大规模应用和工业生产中仍占据主导地位,但由于单晶硅成本价格高,大幅度降低其成本很困难,为了节省硅材料,发展了多晶硅薄膜和非晶硅薄膜作为单晶硅太阳能电池的替代产品。

多晶硅薄膜太阳能电池与单晶硅比较,成本低廉,而效率高于非晶硅薄膜电池,其实验室最高转换效率为 18%,工业规模生产的转换效率为 10%。因此,多晶硅薄膜电池不久将会在太阳能电池市场上占据主导地位。

国际空间站太阳能电池板

非晶硅薄膜太阳能电池成本低重量轻,转换效率较高,便于大规模生产,有极大的潜力。但受制于其材料引发的光电效率衰退效应,稳定性不高,直接影响了它的实际应用。如果能进一步解决稳定性问题及提高转换率问题,那么,非晶硅太阳能电池无疑是太阳能电池的主要发展产品之一。

2. 多元化合物薄膜太阳能电池

多元化合物薄膜太阳能电池材料为无机盐,其主要包括砷化镓ⅢA-ⅤA族化合物、碲化镉、碲化镉及铜铟硒薄膜电池等。

硫化镉、碲化镉多晶薄膜电池的效率较非晶硅薄膜太阳能电池效率高，成本较单晶硅电池低，并且也易于大规模生产，但由于镉有剧毒，会对环境造成严重的污染，因此，并不是晶体硅太阳能电池最理想的替代产品。

砷化镓（GaAs）ⅢA-ⅤA 化合物电池的转换效率可达 28%，GaAs 化合物材料具有十分理想的光学带隙以及较高的吸收效率，抗辐照能力强，对热不敏感，适合于制造高效单结电池。但是 GaAs 材料的价格不菲，因而在很大程度上限制了用 GaAs 电池的普及。

铜铟硒薄膜电池（简称 CIS）适合光电转换，不存在光致衰退问题，转换效率和多晶硅一样。具有价格低廉、性能良好和工艺简单等优点，将成为今后发展太阳能电池的一个重要方向。唯一的问题是材料的来源，由于铟和硒都是比较稀有的元素，因此，这类电池的发展又必然受到限制。

3. 聚合物多层修饰电极型太阳能电池

以有机聚合物代替无机材料是刚刚开始的一个太阳能电池制造的研究方向。由于有机材料柔性好，制作容易，材料来源广泛，成本低等优势，从而对大规模利用太阳能，提供廉价电能具有重要意义。但以有机材料制备太阳能电池的研究仅仅刚开始，不论是使用寿命，还是电池效率都不能和无机材料特别是硅电池相比。能否发展成为具有实用意义的产品，还有待于进一步研究探索。

4. 纳米晶太阳能电池

纳米 TiO_2 晶体化学能太阳能电池是新近发展的，优点在于它廉价的成本和简单的工艺及稳定的性能。其光电效率稳定在 10% 以上，制作成本仅为硅太阳电池的 1/5~1/10，寿命能达到 20 年以上。

此类电池的研究和开发刚刚起步，不久的将来会逐步走上市场。

5. 有机太阳能电池

有机太阳能电池，就是由有机材料构成核心部分的太阳能电池。大家对有机太阳能电池不熟悉，这是情理中的事。如今量产的太阳能电池里，95% 以上是硅基的，而剩下的不到 5% 也是由其他无机材料制成的。

三、太阳能电池及太阳能发电前景

目前，太阳能电池的应用已从军事领域、航天领域进入工业、商业、农业、通信、家用电器以及公用设施等部门，尤其可以分散地在边远地区、高山、沙漠、海岛和农村使用，以节省造价很贵的输电线路。但是在目前阶段，它的成本还很高，发出 1kW 电需要投资上万美元，因此大规模使用仍然受到经济上的限制。

但是，从长远来看，随着太阳能电池制造技术的改进以及新的光-电转换装置的发明，各国对环境的保护和对再生清洁能源的巨大需求，太阳能电池仍将是利用太阳辐射能比较切实可行的方法，可为人类未来大规模地利用太阳能开辟广阔的前景。

(摘自 http//baike.baidu.com/view/630541.htm)

习 题

1. 用氧化数法配平下列方程式。

(1) $Cu + HNO_3 \longrightarrow Cu(NO_3)_2 + NO$

(2) $As_2S_3 + HNO_3 \longrightarrow H_3AsO_4 + H_2SO_4 + NO$

2. 用离子电子法配平下列离子（或分子）方程式。

(1) $I^- + H_2O_2 + H^+ \longrightarrow I_2 + H_2O$

(2) $MnO_4^- + H_2O_2 + H^+ \longrightarrow Mn^{2+} + O_2 + H_2O$

(3) $Cr_2O_7^{2-} + H_2S + H^+ \longrightarrow Cr^{3+} + S + H_2O$

3. 现有三种氧化剂 $K_2Cr_2O_7$、$KMnO_4$、$Fe_2(SO_4)_3$。为了使含有 Cl^-、Br^-、I^- 三种离子的混合溶液中 I^- 氧化为 I_2，而 Cl^-、Br^- 不被氧化，应选用哪一种氧化剂？

4. 判断下列氧化还原反应进行的方向（设离子浓度均为 $1.0 \text{mol} \cdot L^{-1}$）。

(1) $Sn^{4+} + 2Fe^{2+} \longrightarrow Sn^{2+} + 2Fe^{3+}$

(2) $2Cr^{3+} + 3I_2 + 7H_2O \longrightarrow Cr_2O_7^{2-} + 6I^- + 14H^+$

5. 将下列反应组成原电池 $Sn^{2+} + 2Fe^{3+} \longrightarrow Sn^{4+} + 2Fe^{2+}$，已知，$\varphi^{\ominus}(Fe^{3+}/Fe^{2+}) = 0.771V$，$\varphi^{\ominus}(Sn^{4+}/Sn^{2+}) = 0.150V$。

(1) 写出原电池的符号。

(2) 计算该原电池的标准电动势。

(3) 计算标准摩尔吉布斯函数变 $\Delta_r G_m^{\ominus}$。

(4) 求 $c(Sn^{2+}) = 1.0 \times 10^{-3} \text{mol} \cdot L^{-1}$，其他离子均为 $1.0 \text{mol} \cdot L^{-1}$ 时，原电池的电动势。

(5) 该原电池在使用一段时间后，电动势变大还是变小？为什么？

6. 当 pH=5.00，$[MnO_4^-]=[Cl^-]=[Mn^{2+}]=1.00 \text{mol} \cdot L^{-1}$，$p(Cl_2)=101.325 \text{kPa}$ 时，能否用下列反应 $2MnO_4^- + 16H^+ + 10Cl^- \longrightarrow 5Cl_2 + 2Mn^{2+} + 8H_2O$ 制备 Cl_2？通过计算说明之。

7. 已知：

$$Ag^+ + e \longrightarrow Ag \qquad \varphi^{\ominus} = 0.799V$$
$$Ag_2C_2O_4 + 2e \longrightarrow 2Ag + C_2O_4^{2-} \qquad \varphi^{\ominus} = 0.49V$$

当 $[Ag^+] = 0.10 \text{mol} \cdot L^{-1}$，$[C_2O_4^{2-}] = 1.00 \text{mol} \cdot L^{-1}$ 时，由 Ag^+/Ag 和 $Ag_2C_2O_4/Ag$ 两个半电池组成原电池。

(1) 写出该原电池的电池符号及电池反应方程式，并计算电池的电动势。

(2) 计算 $Ag_2C_2O_4$ 的溶度积常数。

8. 将正确答案填在横线上。

(1) 将反应 $2Cu(s) + HgO(s) \longrightarrow Hg(l) + Cu_2O(s)$ 设计成原电池，其电池符号为_____。

(2) 将 Zn 与 $0.200 \text{mol} \cdot L^{-1}$ 的 $ZnCl_2$ 溶液组成的电极与标准氯化银电极组成原电池，该电池的电池符号为_____，正极的半反应为_____。[$\varphi^{\ominus}(Zn^{2+}/Zn) = -0.76V$，$\varphi^{\ominus}(Ag/AgCl) = 0.2223V$]

(3) 将反应 $Zn + Cu^{2+} \longrightarrow Zn^{2+} + Cu$ 设计成原电池，标准电动势为 1.10V，若电池反应写成 $2Zn + 2Cu^{2+} \Longleftrightarrow 2Zn^{2+} + 2Cu$，则电池的标准电动势为_____，$\Delta_r G_m^{\ominus} = $_____。

(4) 在 $Fe^{3+} + e \longrightarrow Fe^{2+}$ 电极反应中，加入 Fe^{3+} 的配位剂 F^-，则使电极电势的数值_____，$Cu^{2+} + e \longrightarrow Cu^+$ 电极反应中，加入 Cu^+ 的沉淀剂 F^-，则使电极电势的数值_____。

(5) 对于原电池，$(-)Pb | Pb^{2+}(aq) \| Cu^{2+}(aq) | Cu(+)$，若向负极的溶液中通入 H_2S，电池电动势_____，原因是_____，若向正极的溶液中通入 H_2S，电池电动势_____，原因是_____。

9. 选择正确答案的序号填入括号里。

(1) 已知下列电极电势：$\varphi^{\ominus}(Zn^{2+}/Zn) = -0.7628V$，$\varphi^{\ominus}(Cd^{2+}/Cd) = -0.4029V$，$\varphi^{\ominus}(I_2/I^-) = 0.5355V$，$\varphi^{\ominus}(Ag^+/Ag) = 0.7991V$，下列电池标准电动势最大的是（　　）。

A. $(-)Zn(s) | Zn^{2+}(aq) \| Cd^{2+}(aq) | Cd(s)(+)$

B. $(-)Zn(s) | Zn^{2+}(aq) \| H^+(aq) | H_2(g) | Pt(+)$

C. $(-)Zn(s) | Zn^{2+}(aq) \| I^-(aq) | I_2(s) | Pt(+)$

D. $(-)Zn(s) | Zn^{2+}(aq) \| Ag^+(aq) | Ag(s)(+)$

(2) 已知配位化合物的稳定常数 $K_f^{\ominus}([Fe(CN)_6]^{3-}) > K_f^{\ominus}([Fe(CN)_6]^{4-})$，则下面对 $\varphi^{\ominus}[Fe(CN)_6^{3-}/Fe(CN)_6^{4-}]$ 与 $\varphi^{\ominus}(Fe^{3+}/Fe^{2+})$ 关系判断正确的是（　　）。

A. $\varphi^{\ominus}[Fe(CN)_6^{3-}/Fe(CN)_6^{4-}] > \varphi^{\ominus}(Fe^{3+}/Fe^{2+})$

B. $\varphi^{\ominus}[Fe(CN)_6^{3-}/Fe(CN)_6^{4-}] < \varphi^{\ominus}(Fe^{3+}/Fe^{2+})$

C. $\varphi^{\ominus}[Fe(CN)_6^{3+}/Fe(CN)_6^{4-}] = \varphi^{\ominus}(Fe^{3+}/Fe^{2+})$

D. 无法判断

(3) pH 值发生改变时，电极电势发生变化的是（　　）。

A. Fe^{3+}/Fe^{2+}　　　　B. I_2/I^-　　　　C. MnO_4^-/Mn^{2+}　　　　D. Hg^{2+}/Hg

(4) 下列氧化还原电对中，$\varphi^{\ominus}$ 值最小的是（　　）。

A. Ag^+/Ag　　　　B. $AgCl/Ag$　　　　C. $AgBr/Ag$　　　　D. AgI/Ag

(5) $\varphi^{\ominus}(I_2/I^-)=0.53V$，$\varphi^{\ominus}(Fe^{3+}/Fe^{2+})=0.77V$，$2I^-+2Fe^{3+} \longrightarrow I_2+2Fe^{2+}$ 的 $E^{\ominus}$ 及反应方向（　　）。

A. 0.24V、正向　　　　　　　　B. 0.24V、逆向

C. 1.30V、正向　　　　　　　　D. -1.30V、逆向

(6) 对反应 $4Al+3O_2+6H_2O \longrightarrow 4Al(OH)_3$ 来说，$\Delta_r G_m^{\ominus}=-nFE^{\ominus}$ 中的 n 应等于（　　）。

A. 3　　　　B. 12　　　　C. 6　　　　D. 24

(7) 已知 $\varphi^{\ominus}(Cu^+/Cu)=0.552V$，$\varphi^{\ominus}(Cu^{2+}/Cu^+)=0.158V$，则反应 $2Cu^+ \longrightarrow Cu^{2+}+Cu$ 的平衡常数为（　　）。

A. 4.52×10^6　　　　B. 2.21×10^{-7}　　　　C. 31.8　　　　D. 0.707

第八章　配位化合物

配位化合物简称配合物或络合物，最早见于文献的配合物是 1704 年德国涂料工人迪士巴赫在研制美术颜料时合成的普鲁士蓝 $KFe[Fe(CN)_6]$。配合物的研究始于 1789 年法国化学家塔赦特关于 $CoCl_3·6NH_3$ 的发现，之后 1893 年瑞士化学家维尔纳提出配位理论，奠定了配位化学的基础。如今配合物化学已经从无机化学的分支发展成为一门独立的学科——配位化学，其研究领域已渗透到有机化学、结构化学、分析化学、催化动力学、生命科学等前沿学科。本章将简要介绍有关配合物的基础知识。

第一节　配合物的基本概念

一、配位键

由一个原子单方面提供一对电子与另一个有空轨道的原子（或离子）共用而形成的共价键，称为配位共价键，简称配位键。在配位键中，提供电子对的原子称为电子对的给体；接受电子对的原子称为电子对的受体。配位键通常用"→"表示，箭头指向电子对的受体。

例如，铵离子（NH_4^+）可看作是氨分子（NH_3）与 H^+ 结合形成的。在氨分子中，氮原子的 2p 轨道上有一对没有与其他原子共用的电子，这对电子叫做孤对电子，氢离子上具有 1s 空轨道。在氨分子与氢离子作用时，氨分子上的孤对电子进入氢离子的空轨道，与氢共用，这样就形成了配位键。

$$H:\overset{H}{\underset{H}{N}}:H + H^+ \longrightarrow \left[H:\overset{H}{\underset{H}{N}}:H\right]^+ \quad 结构式为 \quad \left[H-\overset{H}{\underset{H}{N}}\rightarrow H\right]^+$$

在中 NH_4^+，虽然 1 个 N⟶H 键和其他 3 个 N—H 键的形成过程不同，但一旦形成，这 4 个氮氢键的性质完全相同。

配位键是一种特殊的共价键，广泛存在于无机化合物中。凡一方有空轨道，另一方有未共用的电子对时，两者就可能形成配位键。

二、配位化合物的定义

在蓝色的 $CuSO_4$ 溶液中加入过量的氨水，溶液就变成了深蓝色。实验证明，这种深蓝色的化合物是 $CuSO_4$ 和 NH_3 形成的复杂的分子间化合物 $[Cu(NH_3)_4]SO_4$。它在溶液中全部电离成复杂的 $[Cu(NH_3)_4]^{2+}$ 和 SO_4^{2-}：

$$[Cu(NH_3)_4]SO_4 \rightleftharpoons [Cu(NH_3)_4]^{2+} + SO_4^{2-}$$

溶液中 $[Cu(NH_3)_4]^{2+}$ 是大量的，它像弱电解质一样是难电离的。若向此溶液中滴加 NaOH 溶液，没有蓝色的 $Cu(OH)_2$ 沉淀析出；若滴加 Na_2S 溶液，有黑色的 CuS 沉淀析出，这说明溶液中有 Cu^{2+}，但浓度很低。NH_3 分子中的 N 原子有未成键的孤对电子，Cu^{2+} 的外层具有能接受孤对电子的空轨道，它们以配位键结合形成配位单元 $[Cu(NH_3)_4]^{2+}$。同样，$[Pt(NH_3)_2Cl_2]$ 是由 Pt^{2+} 和 2 个 NH_3 分子、2 个 Cl^- 以配位键结合成的配位单元。这些由一个简单离子（或原子）与一定数目的阴离子或中性分子以配位键结合而成的具有一定特性的复杂离子或化合物称为配位单元。带电荷的配位单元称为配位离子。根据配离子所带电荷的不同，可分为配阳离子和配阴离子，如[Cu(NH$_3$)$_4$]$^{2+}$、[Fe(CN)$_6$]$^{4-}$。不带电荷的称为配位分子。含有上述类型配位单元的复杂化合物被称为配位化合物，通常以酸、碱、盐形式存在，也可以电中性的配位分子形式存在，如[Cu(NH$_3$)$_4$]SO$_4$、K$_4$[Fe(CN)$_6$]、[Fe(CO)$_5$]等。配合物和配离子的定义虽有所不同，但在使用上没有严格的区分，习惯上把配离子也称为配合物。

三、配合物的组成

配合物是由内界和外界组成的。中心原子和配体构成配合物的内界，又称内配位层，是配合物的特征部分，写在方括号内。与配离子带相反电荷的离子组成配合物的外界。配位分子没有外界。配离子和外界离子所带电荷相反，电量相等，故配合物是电中性的。

1. 中心原子（离子）

在配离子（或配位分子）中，接受孤对电子的阳离子或原子统称为中心离子（或原子）。中心离子是配合物的核心部分，也称为配合物的形成体。形成体必须具有可以接受孤电子对的空轨道，一般是带正电荷的阳离子。常见的中心离子多为副族的金属离子或原子。如[Cu(NH$_3$)$_4$]$^{2+}$的形成体为Cu^{2+}，[Fe(CO)$_5$]的形成体为Fe。少数高氧化态的非金属元素也可以作为形成体，如[BF$_4$]$^-$中的B（Ⅲ）和[SiF$_6$]$^{2-}$中的Si（Ⅳ）。

2. 配位体和配位原子

在配合物中，与中心原子以配位键结合的阴离子或中性分子称为配位体，简称配体。如[Cu(NH$_3$)$_4$]SO$_4$、K$_4$[Fe(CN)$_6$]和[Fe(CO)$_5$]中的NH$_3$、CN$^-$和CO都是配体。配位体中能提供孤对电子与中心原子以配位键相结合的原子称为配位原子，简称配原子。如NH$_3$中的N、CN$^-$中的C、CO中的C。配原子通常是电负性较大的非金属元素原子，如O、N、F、Cl、Br、I、S、P、C等。

按配位体中配位原子的多少，配位体可分为单齿配位体和多齿配位体。

(1) 单齿配位体 一个配位体里面含有一个配原子，比如：NH$_3$、H$_2$O、CN$^-$、SCN$^-$、Cl$^-$等。

(2) 多齿配位体 一个配位体含有两个或两个以上配原子的配体，如：

乙二胺，简称en，H$_2$N—CH$_2$—CH$_2$—NH$_2$

乙二胺四乙酸根离子，简称EDTA，

$$\begin{array}{c}{}^-OOCH_2CCH_2COO^-\\\diagdown\diagup\\N—CH_2CH_2—N\\\diagup\diagdown\\{}^-OOCH_2CCH_2COO^-\end{array}$$

常见的配体和配位原子见表8-1。

表8-1 常见的配体和配位原子

配体种类	实例	配位原子	配体种类	实例	配位原子
含氮配体	NH$_3$,RNH$_2$,NO$_2^-$,NCS$^-$,C$_5$H$_5$N(吡啶)	N	双齿配体	H$_2$NCH$_2$CH$_2$NH$_2$(en) 菲咯啉(phen) C$_2$O$_4^{2-}$(ox) NH$_2$CH$_2$COOH	N N O N,O
含氧配体	H$_2$O,ROH,RCOOH,OH$^-$,ONO$^-$	O			
含碳配体	CO,CN$^-$	C			
含卤素配体	F$^-$,Cl$^-$,Br$^-$,I$^-$	F,Cl,Br,I	三齿配体	二亚乙基三胺(dien)	N
含硫配体	H$_2$S,RSH,SCN$^-$	S	五齿配体	乙二胺三乙酸根离子	N,O

配体种类	实 例	配位原子	配体种类	实 例	配位原子
六齿配体	乙二胺四乙酸(EDTA) 18-冠-6(18C6)	N、O O	八齿配体	穴醚[2.2.2]	N、O

3. 配位数

在配合物中，与中心原子结合成键的配原子的数目称为配位数。一般形成体都具有特征的配位数，常见的配位数为 2、4、6，详见表 8-2。

表 8-2 常见金属离子（M^{n+}）的配位数（n）

M^+	n	M^{2+}	n	M^{3+}	n	M^{4+}	n
Cu^+	2;4	Cu^{2+}	4;6	Fe^{3+}	6	Pt^{4+}	6
Ag^+	2	Zn^{2+}	4;6	Cr^{3+}	6		
Au^+	2;4	Cd^{2+}	4;6	Co^{3+}	6		
		Pt^{2+}	4	Sc^{3+}	6		
		Hg^{2+}	4	Au^{3+}	4		
		Ni^{2+}	4;6	Al^{3+}	4;6		
		Co^{2+}	4;6				

在单齿配体形成的配合物中

中心离子的配位数＝单齿配体个数＝配位原子的个数

如 $[Co(NH_3)_6]Cl_3$ 中 Co^{3+} 的配位数即为 NH_3 分子的个数，故配位数为 6，$K_4[Fe(CN)_6]$中有 6 个 C 原子与 Fe^{2+} 成键，Fe^{2+} 的配位数是 6。

在多齿配体形成的配合物中

中心离子的配位数＝配体个数×每个配体中配位原子的个数

如 $[Cu(en)_2](OH)_2$ 中配体的个数是 2，每个 en 中有两个配位原子，因此 Cu^{2+} 的配位数为 4 而不是 2。

若配位体有两种（或两种以上），则配位数是配位原子数之和。如 $[Pt(NO_2)_2(NH_3)_4]Cl_2$ 中形成体 Pt^{4+} 的配位数为 6。

4. 配离子的电荷

配离子的电荷数等于中心原子与配位体电荷数的代数和。例如，在 $[Cu(NH_3)_4]SO_4$ 中，配离子的电荷数为+2，写作 $[Cu(NH_3)_4]^{2+}$。在 $K_4[Fe(CN)_6]$ 中，配离子的电荷数为 －4，写作 $[Fe(CN)_6]^{4-}$。

由于配合物是电中性的，因此，外界离子的电荷总数和配离子的电荷总数相等，符号相反，所以配离子的电荷数也可以根据外界离子来确定。

综上所述，关于配合物的组成，可以 $K_3[Fe(CN)_6]$ 和 $[Cu(NH_3)_4]SO_4$ 为例示意为：

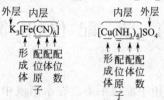

四、配合物的化学式和命名

1. 配合物的化学式

书写配合物的化学式应该遵循以下两个原则：

（1）含有配离子的配合物，其化学式中阳离子在前，阴离子在后。

（2）配离子或分子的化学式中，应先列出形成体的元素符号，再依次列出阴离子和中性配体；无机配体在前，有机配体在后，然后将配离子或分子的化学式置于方括号［］中。

2. 配合物的命名

配合物的命名与一般无机化合物的命名原则相同。命名时阴离子在前，阳离子在后。若为配阳离子化合物，则在外界阴离子和配离子之间用"化"或"酸"字连接，叫做某化某或某酸某。若为配阴离子化合物，则在配离子和外界阳离子之间用"酸"字连接，叫做某酸某。若外界阳离子为氢离子，则在配阴离子之后缀以"酸"字，叫做某酸。

配合物的命名关键在于配离子的命名，配离子的命名按下列原则进行。

① 先命名配体，后命名中心离子。

② 如果在同一配合物中的配体不止一种时，一般先阴离子后中性分子；阴离子中，先简单离子后复杂离子、有机酸根离子；中性分子中，先氨后水再有机分子。不同配体之间用圆点"·"分开，最后一个配体名称之后加"合"字。

③ 同一配体的数目用倍数字头一、二、三、四等数字表示。

④ 中心离子的氧化态用带圆括号的罗马数字（Ⅰ、Ⅱ、Ⅲ、Ⅳ…）在中心离子之后表示出来。

此外，某些常见的配合物，除按系统命名外，还有习惯名称或俗名。表8-3列举了一些配合物命名的实例。

表8-3　一些配合物的化学式和系统命名实例

类别	化学式	系统命名
配位酸	$H_2[PtCl_6]$	六氯合铂(Ⅳ)酸
	$H_2[SiF_6]$	六氟合硅(Ⅳ)酸
配位碱	$[Ag(NH_3)_2]OH$	氢氧化二氨合银(Ⅰ)
	$[Cu(NH_3)_4](OH)_2$	氢氧化四氨合铜(Ⅱ)
	$[Cu(en)_2](OH)_2$	氢氧化二乙二胺合铜(Ⅱ)
配位盐	$[Cu(NH_3)_4]SO_4$	硫酸四氨合铜(Ⅱ)
	$K_3[Fe(CN)_6]$	六氰合铁(Ⅲ)酸钾
	$[Pt(NO_2)_2(NH_3)_4]Cl_2$	二氯化二硝基·四氨合铂(Ⅳ)
	$[Co(NH_3)_5H_2O]Cl_3$	三氯化五氨·一水合钴(Ⅲ)
	$[Ni(NH_3)_4Cl_2]Cl$	氯化四氨·二氯合镍(Ⅱ)
	$[PtCl(NO_2)(NH_3)_4]CO_3$	碳酸一氯·一硝基·四氨合铂(Ⅳ)
	$[Cu(NH_3)_4][PtCl_4]$	四氯合铂(Ⅱ)酸四氨合铜(Ⅱ)
	$Na_3[Co(NCS)_3(SCN)_3]$	三异硫氰根·三硫氰根合钴(Ⅲ)酸钠
中性分子	$Fe(CO)_5$	五羰基合铁
	$Ni(CO)_4$	四羰基合镍
	$[CoCl(OH)_2(NH_3)_3]$	一氯·二羟基·三氨合钴(Ⅲ)

第二节　配位平衡

一、配位平衡常数

化学平衡的一般原理完全适用于配位平衡。在水溶液中，配离子是以比较稳定的结构单元存在的,但仍有少量的电离现象。配位平衡指水溶液中配离子与其电离产生的各种形式的离子和配体间的电离平衡。在水溶液中,配离子的电离与多元弱电解质的电离相似,是分步进行的,其电离的难易程度用电离常数 $K_d^{\ominus}$(又称不稳定常数)的大小来衡量。各级电离反应的难易程度用各级(逐级)电离常数 $K_d^{\ominus}$ 来衡量。[Cu(NH$_3$)$_4$]$^{2+}$ 在水溶液中总电离反应如下:

$$[Cu(NH_3)_4]^{2+} \rightleftharpoons Cu^{2+} + 4NH_3$$

$$K_d^{\ominus} = \frac{[Cu^{2+}][NH_3]^4}{[Cu(NH_3)_4^{2+}]}$$

$K_d^{\ominus}$ 越大,说明配离子的电离程度越大,在水溶液中越不稳定。

配离子电离反应的逆反应即为配离子的形成反应。配离子的形成反应平衡常数称为配离子的形成常数 $K_f^{\ominus}$,又称为稳定常数。配离子的形成反应也是分步进行的,每一步都有一个形成常数。例如:

$$Cu^{2+} + NH_3 \rightleftharpoons [Cu(NH_3)]^{2+} \qquad K_{f1}^{\ominus} = \frac{[Cu(NH_3)^{2+}]}{[Cu^{2+}][NH_3]} = 10^{4.31} = \frac{1}{K_{d4}^{\ominus}}$$

$$[Cu(NH_3)]^{2+} + NH_3 \rightleftharpoons [Cu(NH_3)_2]^{2+} \qquad K_{f2}^{\ominus} = \frac{[Cu(NH_3)_2^{2+}]}{[Cu(NH_3)^{2+}][NH_3]} = 10^{3.67} = \frac{1}{K_{d3}^{\ominus}}$$

$$[Cu(NH_3)_2]^{2+} + NH_3 \rightleftharpoons [Cu(NH_3)_3]^{2+} \qquad K_{f3}^{\ominus} = \frac{[Cu(NH_3)_3^{2+}]}{[Cu(NH_3)_2^{2+}][NH_3]} = 10^{3.04} = \frac{1}{K_{d2}^{\ominus}}$$

$$[Cu(NH_3)_3]^{2+} + NH_3 \rightleftharpoons [Cu(NH_3)_4]^{2+} \qquad K_{f4}^{\ominus} = \frac{[Cu(NH_3)_4^{2+}]}{[Cu(NH_3)_3^{2+}][NH_3]} = 10^{2.3} = \frac{1}{K_{d1}^{\ominus}}$$

显然,逐级形成常数与相应的逐级电离常数互为倒数。一般逐级形成常数随配位数的增加而减小。

[Cu(NH$_3$)$_4$]$^{2+}$ 总的形成反应如下:

$$Cu^{2+} + 4NH_3 \rightleftharpoons [Cu(NH_3)_4]^{2+}$$

$$K_f^{\ominus} = \frac{[Cu(NH_3)_4^{2+}]}{[Cu^{2+}][NH_3]^4} = K_{f1}^{\ominus} K_{f2}^{\ominus} K_{f3}^{\ominus} K_{f4}^{\ominus} = 10^{13.32} = \frac{1}{K_d^{\ominus}}$$

由此可见,配离子的总形成常数 $K_f^{\ominus}$ 等于各逐级形成常数的乘积。形成常数 $K_f^{\ominus}$ 与电离常数 $K_d^{\ominus}$ 互为倒数。

将各逐级形成常数的乘积称为各级累积形成常数,用 β_i 来表示。例如[Cu(NH$_3$)$_4$]$^{2+}$ 各级累积形成常数 β_i 与各逐级形成常数 $K_{fi}^{\ominus}$ 及配离子的总形成常数 $K_f^{\ominus}$ 的关系如下:

$$\beta_1 = K_{f1}^{\ominus}$$
$$\beta_2 = K_{f1}^{\ominus} K_{f2}^{\ominus}$$
$$\beta_3 = K_{f1}^{\ominus} K_{f2}^{\ominus} K_{f3}^{\ominus}$$
$$\beta_4 = K_{f1}^{\ominus} K_{f2}^{\ominus} K_{f3}^{\ominus} K_{f4}^{\ominus} = K_f^{\ominus}$$

可见,最高级的累积形成常数 β_n 等于配离子的总形成常数 $K_f^{\ominus}$。

$K_f^{\ominus}$ 和 $K_d^{\ominus}$ 是配离子的特征常数,可由实验测得。一般 $K_f^{\ominus}$ 越大,则该配离子越稳定。比较同类型配离子的稳定性时可以直接比较其 $K_f^{\ominus}$ 或 $K_d^{\ominus}$ 的大小。

利用 $K_f^{\ominus}$ 可进行配位平衡中有关离子浓度的计算。由于一般配离子的逐级形成常数彼此相差较大,因此计算离子浓度时,必须考虑各级配离子的存在。

【例 8-1】 在室温下,0.010mol 的 $AgNO_3$ 固体溶于 1.0L 0.030mol·L^{-1} 的氨水中(设体积不变),计算该溶液中游离的 Ag^+、NH_3、$[Ag(NH_3)_2]^+$ 的浓度各是多少?($[Ag(NH_3)_2]^+$ 的 $K_f^\ominus = 1.12 \times 10^7$)

解 设平衡时 $[Ag(NH_3)_2]^+$ 电离产生的 Ag^+ 的浓度为 x mol·L^{-1}。

$$Ag^+(aq) + 2NH_3(aq) \rightleftharpoons [Ag(NH_3)_2]^+(aq)$$

初始浓度/mol·L^{-1}	0	$0.030 - 2 \times 0.010$	0.010
变化浓度/mol·L^{-1}	x	$2x$	$-x$
平衡浓度/mol·L^{-1}	x	$0.010 + 2x$	$0.010 - x$

$$K_f^\ominus = \frac{[Ag(NH_3)_2^+]}{[Ag^+][NH_3]^2} = \frac{0.010 - x}{x(0.010 + 2x)^2}$$

因 $K_f^\ominus$ 较大,说明配离子稳定,电离得到的 Ag^+ 的浓度相对较小;又因过量配体抑制了配离子的电离,因此可近似处理,所以 $0.010 + 2x \approx 0.010$,$0.010 - x \approx 0.010$

$$1.12 \times 10^7 = \frac{0.010}{x(0.010)^2}$$

解得,平衡时 $[Ag^+] = x = 8.9 \times 10^{-6}$ mol·L^{-1},$[NH_3] = [Ag(NH_3)^{2+}] \approx 0.010$ mol·L^{-1}。

二、配位平衡的移动

金属离子 M^{n+} 和配位体 A^- 生成配离子 $MA_x^{(n-x)+}$,在水溶液中存在如下平衡:

$$M^{n+} + xA^- \rightleftharpoons MA_x^{(n-x)+}$$

根据平衡移动原理,改变 M^{n+} 或 A^- 的浓度,会使上述平衡发生移动。若在上述溶液中加入某种试剂使 M^{n+} 生成难溶化合物,或者改变 M^{n+} 的氧化状态,都会使平衡向左移动。若改变溶液的酸度使 A^- 生成难电离的弱酸,也可使平衡向左移动。

配位平衡也是动态平衡。当外界条件改变时,配位平衡会发生移动。当体系中生成弱电解质或更稳定的配离子、发生沉淀反应及氧化还原反应时,配位平衡都将发生移动,导致各组分浓度发生变化。因此,溶液 pH 的变化、沉淀剂的加入、另一配位剂或金属离子的加入、氧化剂或还原剂的存在等,都将影响配位平衡,此时该过程是涉及配位平衡与其他化学平衡的多重平衡。

1. 酸碱反应对配位平衡移动的影响

在配位平衡中,当溶液的酸度改变时,常常有两类副反应发生。一类是某些易水解的高价金属离子和 OH^- 反应生成一系列羟基配合物或氢氧化物沉淀,使金属离子浓度降低,导致配位平衡向配离子电离的方向移动,这种现象称金属离子的水解效应。

溶液的 pH 值愈大,愈有利于水解的进行。例如:Fe^{3+} 在碱性介质中容易发生水解反应,溶液的碱性愈强,水解愈彻底 [生成 $Fe(OH)_3$ 沉淀]。

$$[FeF_6]^{3-} \rightleftharpoons Fe^{3+} + 6F^-$$
$$+$$
$$3OH^-$$
$$\rightleftharpoons$$
$$Fe(OH)_3$$

另一类副反应是在溶液酸度增大时,弱酸根配体(如 $C_2O_4^{2-}$、$S_2O_3^{2-}$、F^-、CN^-、CO_3^{2-}、NO_2^- 等)或碱性配体(如 NH_3、OH^-、en 等)与 H^+ 发生相应反应,使配体浓度降低,配位平衡也向配离子电离的方向移动,这种现象称为配体的酸效应。如在含 $[Ag(NH_3)_2]^+$ 配离子的溶液中加入少量酸,平衡向 $[Ag(NH_3)_2]^+$ 电离的方向移动。

$$[Ag(NH_3)_2]^+ \rightleftharpoons Ag^+ + 2NH_3$$
$$+$$
$$2H^+$$
$$\Updownarrow$$
$$2NH_4^+$$

配位体的碱性愈强，溶液的 pH 值愈小，配离子愈易被破坏。因此，要形成稳定的配离子，常需控制适当的酸度范围。

2. 沉淀反应对配位平衡移动的影响

配位平衡和沉淀溶解平衡之间是可以互相转化的，转化反应的难易可用转化反应平衡常数的大小衡量。转化反应平衡常数与配离子的形成常数以及沉淀的溶度积常数有关。

在配离子溶液中，加入适当的沉淀剂，金属离子生成沉淀使配位平衡发生移动。如在含 $[Ag(NH_3)_2]^+$ 的溶液中加入 KI，有黄色的 AgI 沉淀生成。

$$[Ag(NH_3)_2]^+ \rightleftharpoons Ag^+ + 2NH_3$$
$$+$$
$$I^-$$
$$\Updownarrow$$
$$AgI$$

相反，在沉淀中加入适当配位剂，又可破坏沉淀溶解平衡，使平衡向生成配离子的方向移动。如向 AgCl 沉淀中加入氨水溶液，则沉淀溶解，平衡向生成 $[Ag(NH_3)_2]^+$ 的方向移动。

$$[AgCl(s)] \rightleftharpoons Ag^+ + Cl^-$$
$$+$$
$$2NH_3$$
$$\Updownarrow$$
$$[Ag(NH_3)_2]^+$$

3. 配离子间的转化

与沉淀之间的转化类似，配离子之间的转化反应容易向生成更稳定配离子的方向进行。两种配离子的稳定常数相差越大，转化就越完全。例如：

$$[Ag(NH_3)_2]^+ + 2CN^- \rightleftharpoons [Ag(CN)_2]^- + 2NH_3$$

$$K^\ominus = \frac{[Ag(CN)_2^-][NH_3]^2}{[Ag(NH_3)_2^+][CN^-]^2} = \frac{K_f^\ominus[Ag(CN)_2]^-}{K_f^\ominus[Ag(NH_3)_2]^+} = \frac{1.26 \times 10^{21}}{2.51 \times 10^7} = 5.02 \times 10^{13}$$

$K^\ominus$ 很大，说明上述转化反应向着生成 $[Ag(CN)_2]^-$ 配离子的方向进行，接近完全。

第三节 配合物的价键理论

自 1893 年配位化学奠基人——瑞士化学家维尔纳首先提出了配位理论之后，有关配合物中的化学键理论相继建立了现代价键理论、晶体场理论、配位键理论和分子轨道理论，本节主要讨论价键理论。

一、价键理论的基本要点

1931 年，美国化学家鲍林在前人工作的基础上，将杂化轨道理论应用于研究配合物，较好地说明了配合物的空间构型和某些性质，逐渐形成了现代价键理论。其基本要点如下。

(1) 在配合物中，中心原子与配体通过配位键相结合。

(2) 为了增强成键能力，形成结构匀称的配合物，中心原子所提供的空轨道首先进行杂化，形成数目相等、能量相同、具有一定空间伸展方向的杂化轨道，中心原子的杂化轨道与配位原子孤对电子所在的轨道在键轴方向重叠成键。

(3) 中心原子的空轨道杂化类型不同，成键后所生成的配合物的空间构型也就各不相同。

二、配合物的空间构型

根据价键理论，中心离子轨道的杂化类型因配位数而异。下面将通过一些示例来说明价键理论在配合物中的实际应用。

1. 配位数为 2 的中心离子的杂化类型

可用价键理论解释 $[Ag(NH_3)_2]^+$ 配离子的形成和空间构型。

由 Ag^+ 的核外电子排布可知，Ag^+ 的价层电子构型为 $4d^{10}$，其能级相近的价层 5s 和 5p 轨道是空的。

在 Ag^+ 和 NH_3 形成 $[Ag(NH_3)_2]^+$ 配离子的过程中，Ag^+ 中 5s 和 1 个 5p 空轨道经杂化，形成 2 个等价的 sp 杂化轨道，用来接收 NH_3 分子中配原子 N 提供的 2 对孤对电子而成 2 个配位键。所以 $[Ag(NH_3)_2]^+$ 配离子的价电子分布为（虚线内的杂化轨道中的共用电子对由配原子提供）。

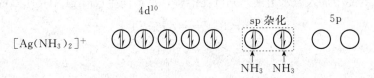

由于形成体 Ag^+ 的 sp 杂化轨道为直线型取向，因此 $[Ag(NH_3)_2]^+$ 配离子空间构型呈直线型。

2. 配位数为 4 的中心离子的杂化类型

可用价键理论解释 $[Ni(NH_3)_4]^{2+}$ 和 $[Ni(CN)_4]^{2-}$ 配离子的形成和空间构型。

由 Ni^{2+} 的核外电子排布可知，Ni^{2+} 的价层电子构型为 $3d^8$。

其能级相近的 4s 和 4p 轨道是空的。在 Ni^{2+} 和 NH_3 形成 $[Ni(NH_3)_4]^{2+}$ 配离子的过程中，Ni^{2+} 的 1 个 4s 和 3 个 4p 空轨道进行杂化，形成了 4 个等价的 sp^3 杂化轨道，用来接受 4 个配体 NH_3 分子中配原子 N 提供的 4 对的孤对电子，从而形成 4 个配位键。

因为 sp^3 杂化轨道呈空间正四面体构型，所以 $[Ni(NH_3)_4]^{2+}$ 配离子的空间构型也呈正四面体，Ni^{2+} 位于正四面体的体心，而 4 个配体 NH_3 分子中的 N 原子占据了正四面体的 4 个顶角。

在 Ni^{2+} 和 4 个 CN^- 形成 $[Ni(CN)_4]^{2-}$ 配离子的过程中，在 CN^- 的作用下，Ni^{2+} 中 3d 电子的排列发生了改变，原有的 2 个成单的电子压缩成对，8 个电子挤入 4 个 3d 轨道中，空出的 1 个 3d 轨道，与 1 个 4s 轨道和 2 个 4p 轨道杂化，组成 4 个等价的 dsp^2 杂化轨道，接受分别来自 4 个配体 CN^- 中 C 原子的孤对电子形成 4 个配位键。

dsp² 杂化

[Ni(CN)₄]²⁻

dsp² 杂化轨道的空间取向为平面四边形，故[Ni(CN)₄]²⁻配离子的空间构型也呈平面四边形，Ni^{2+}位于平面四边形的中心，4个CN^-配体中的C原子占据了平面四边形的4个顶角。

由此可见，配位数为4的配离子，中心离子可形成sp³和dsp²两种杂化类型。

3. 配位数为6的中心离子的杂化类型

可用价键理论解释[FeF₆]³⁻和[Fe(CN)₆]³⁻配离子的形成和空间构型。

Fe^{3+}的价层电子构型为3d⁵。

Fe^{3+}　　　3d⁵　　4s　4p　　　4d

在Fe^{3+}和6个F^-形成[FeF₆]³⁻配离子的过程中，Fe^{3+}的1个4s轨道，3个4p轨道和2个4d轨道经杂化形成6个等价的sp³d²杂化轨道，分别接受6个配体F^-提供的6对孤对电子，形成6个配位键。

sp³d² 杂化

[FeF₆]³⁻

sp³d²杂化轨道在空间呈八面体构型，故[FeF₆]³⁻配离子的空间构型呈正八面体，Fe^{3+}位于八面体的体心，6个配体F^-占据正八面体的6个顶角。

在Fe^{3+}和6个CN^-形成[Fe(CN)₆]³⁻配离子的过程中，在CN^-的作用下，Fe^{3+}中的5个d电子重排，挤入3个3d轨道，空出了2个3d轨道。这2个3d与1个4s轨道和3个4p轨道共同杂化，形成6个等价的d²sp³杂化轨道，分别接受6个配体CN^-中C原子中的孤对电子形成6个配位键。

d²sp³ 杂化

[Fe(CN)₆]³⁻

d²sp³杂化轨道也是空间正八面体结构，所以[Fe(CN)₆]³⁻配离子的空间构型也呈正八面体。

由此可见，在配位数6的配离子中，中心离子有两种杂化类型，即sp³d²和d²sp³杂化。

综上所述，配合物的空间构型由中心离子的杂化类型决定。中心离子的杂化类型与配位数有关，配位数不同，中心离子的杂化类型就不同，即使配位数相同，也可因中心离子和配体的种类和性质不同，使中心离子的杂化类型不同，故配合物的空间构型也不同。表8-4列了一些配合物空间构型。

表8-4 配合物的空间构型

配位数	杂化类型	空间构型	实例
2	sp	直线形	[Cu(NH₃)₂]⁺、[Ag(NH₃)₂]⁺、[Ag(CN)₂]⁻、[CuCl₂]⁻
3	sp²	平面三角形	[CuCl₃]²⁻、[HgI₃]⁻

续表

配位数	杂化类型	空间构型	实例
4	sp^3	正四面体	$[Ni(NH_3)_4]^{2+}$、$[ZnCl_4]^{2-}$、$[BF_4]^-$、$[Cd(NH_3)_4]^{2+}$、$Ni(CO)_4$
4	dsp^2	平面四边形	$[Ni(CN)_4]^{2-}$、$[Pt(NH_3)_2Cl_2]$、$[PdCl_4]^{2-}$、$[Cu(NH_3)_4]^{2+}$、$[AuF_4]^-$
5	dsp^3	三角双锥	$[Fe(CO)_5]$、$[CuCl_5]^{3-}$、$[Ni(CN)_5]^{3-}$、$[Co(CN)_5]^{3-}$
6	sp^3d^2	正八面体	$[Fe(H_2O)_6]^{3+}$、$[FeF_6]^{3-}$、$[Mn(H_2O)_6]^{2+}$、$[CoF_6]^{3-}$
6	d^2sp^3	正八面体	$[Fe(CN)_6]^{3-}$、$[Co(NH_3)_6]^{3+}$、$[Cr(NH_3)_6]^{3+}$、$[Fe(NH_3)_6]^{4-}$、$[PtCl_6]^{2-}$

三、外轨型和内轨型配合物

中心离子杂化轨道类型不仅决定配合物的几何构型,而且还决定其配位键的类型。

如果中心离子仅以最外层轨道(ns、np、nd)杂化后与配原子成键,所成的配键称为外轨配键,对应的配合物称为外轨型配合物,如$[Cu(NH_3)_2]^+$、$[Ag(NH_3)_2]^+$、$[Ag(CN)_2]^-$、$[CuCl_3]^{2-}$、$[Ni(NH_3)_4]^{2+}$、$[ZnCl_4]^{2-}$、$[BF_4]^-$、$[Cd(NH_3)_4]^{2+}$等。

中心离子以部分次外层[如$(n-1)d$]杂化后与配原子成键,所成的配键称为内轨配键,对应的配合物称为内轨型配合物,如$[Ni(CN)_4]^{2-}$、$[Pt(NH_3)_2Cl_2]$、$[Ni(CN)_5]^{3-}$、$[Cu(NH_3)_4]^{2+}$等。

配合物属于外轨型还是内轨型,主要取决于中心离子的电子构型、离子所带的电荷以及配原子电负性的大小。

(1) 中心离子的电子构型 具有d^{10}构型的离子(如Zn^{2+}、Cd^{2+}、Hg^{2+}等离子),其$(n-1)d$轨道都已填满10个电子,因而只能利用外层轨道形成外轨型配合物;具有d^1、d^2、d^3构型的离子(如Cr^{3+}),本身就有空的d轨道,所以形成内轨型配合物;具有d^8构型的离子(如Ni^{2+}、Pt^{2+}、Pd^{2+}等),在大多数情况下形成内轨型配合物。具有$d^4\sim d^9$构型的离子(如Fe^{2+}、Fe^{3+}、Co^{3+}、Ni^{2+}、Cu^{2+}等),它们有4~9个d电子,既可以生成内轨型配合物,也可以形成外轨型配合物。

(2) 中心离子的电荷数 中心离子的电荷数增多,有利于形成内轨型配合物。因为中心离子的电荷较多时,其对配原子的孤对电子引力增强,有利于其内层d轨道参与成键。如:$[Co(NH_3)_6]^{2+}$为外轨型配合物,而$[Co(NH_3)_6]^{3+}$为内轨型配合物。

(3) 配体的种类 如配体的电负性较强(如F^-),则较难给出孤对电子,对中心离子d电子分布影响较小,易形成外轨型配合物(如$[FeF_6]^{3-}$等)。若配位原子的电负性较弱(如CN^-),则较易给出孤对电子,孤对电子将影响中心离子的d电子排布,使中心离子空出内层轨道,形成内轨型配合物(如$[Fe(CN)_6]^{3-}$等)。而对NH_3、H_2O等配体,内、外轨型配合物均可形成。

可通过磁性测定和X射线衍射对晶体结构的研究等手段确定某一配合物究竟是内轨型

还是外轨型。下面仅对磁性测定这一手段进行讲述。

物质的磁性与组成物质的原子、分子或者离子中的电子的自旋运动有关。如果物质中正自旋电子数和反自旋电子数相等，即电子均成对，电子自旋所产生的磁效应相互抵消，该物质就表现为反磁性。而当物质中正、反自旋电子数不等时，即有成单电子，总磁效应不能相互抵消，整个原子或者分子就具有顺磁性。还有一类物质在外场磁作用下，磁性剧烈增强，当除去外磁场后物质仍保持磁性的称为铁磁性物质。

物质的磁性强弱（通常用磁矩 μ 表示）与物质内部的单电子数多少有关。根据磁学理论，μ 与单电子数 n 之间的近似关系如下：

$$\mu = \sqrt{n(n+2)}$$

其中，n 为单电子数，磁矩（μ）的单位是玻尔磁子（B.M.）。若计算得 $\mu = 0$，则为反磁性物质；若 $\mu > 0$ 则为顺磁性物质。

根据式(8-1)估算的磁矩列于表8-5。

表8-5 根据单电子数估算的磁矩

单电子数 n	0	1	2	3	4	5
μ/B.M.	0	1.73	2.83	3.87	4.90	5.92

外轨型配合物的特点是：配合前后中心离子的 d 电子分布未发生改变，单电子数不变，物质的磁性不变。形成外轨型配合物时，中心离子一般提供相同主量子数的不同轨道相互杂化，如 ns、np、nd 中若干轨道杂化形成 sp、sp^2、sp^3、sp^3d^2 等杂化轨道，与配体形成配位键，这种配位键离子性较强，共价性较弱，稳定性较内轨型配合物差。

内轨型配合物的特点是：中心离子一般采用不同主量子数的轨道相互杂化，如 $(n-1)$ d 轨道可与 ns、np 轨道杂化形成 dsp^2、dsp^3、d^2sp^3 等杂化轨道与配体成键。由于内轨型配合物采用内层轨道成键，键的共价性较强，稳定性较好，在水溶液中，一般较难电离为简单离子。对于 d 电子数目大于等于 4 的中心离子，在形成内轨型配合物时，中心离子的 d 电子排布会发生改变，即进行电子归并，单电子数目将减少（有时甚至为零），导致物质的磁性减小。

由于价键理论简单明了，又能解决一些问题，比如它可以解释配离子的几何构型，形成体的配位数以及配合物的某些化学性质和磁性，所以它有一定的用途。但是这个理论也有缺陷，它忽略了配体对形成体的作用。而且到目前为止还不能定量地说明配合物的性质。如无法定量地说明过渡金属配离子的稳定性随中心离子的 d 电子数变化而变化的事实。也不能解释配离子的吸收光谱和特征颜色（如 $[Ti(H_2O)_6]^{3+}$ 为何显紫红色）。此外，价键理论根据磁矩虽然可区分中心离子 $d^4 \sim d^7$ 构型的八面体配合物属内轨型还是外轨型，但对具有 d^1、d^2、d^3 和 d^9 构型的中心离子所形成的配合物，因未成对电子数无论在内轨型还是外轨型配合物中均无差别，只根据磁矩仍无法区别。因此晶体场理论、配位键理论和分子轨道理论等理论相应出现，但是本节不对这些理论一一进行介绍。

第四节 螯 合 物

一、基本概念

中心离子和多齿配体结合而成具有环状结构的配合物，如 $[Cu(en)_2]^{2+}$ 中乙二胺（en）是双齿配体，乙二胺中的两个 N 原子与 Cu^{2+} 结合，好像螃蟹的双螯钳住形成体，所以称螯合物，亦称内配合物。含有多齿配体并能和中心离子形成螯合物的配位剂称螯合剂。螯合剂多为含有 N、P、O、S 等配位原子的有机化合物，如乙二胺（en）、乙二胺四乙酸（或其二钠盐）（EDTA）、丁二酮肟（DMG）、邻二氮菲（phen）等。螯合剂中必须含有两个或两个以上配位原子，且处于适当位置，易形成五元环或六元环，配位原子可相同也可不同。如 Cu^{2+} 与乙二胺形成的螯合物中有两个五元环（如图 8-1）。

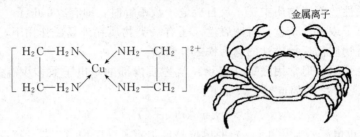

图 8-1　二乙二胺合铜(Ⅱ)离子

最为常用的螯合剂是 EDTA，因为它的螯合能力非常强。在溶液中，它能够和绝大多数金属离子形成螯合物，甚至能够和很难形成配合物的、半径较大的碱土金属离子（比如 Ca^{2+}）形成相当稳定的螯合物（如图 8-2）。

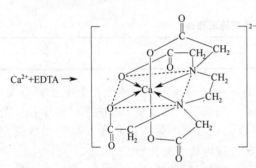

图 8-2　EDTA 与 Ca^{2+} 生成的螯合物的立体结构

二、螯合物的稳定性

螯合物具有环状结构，与简单配合物相比具有特殊的稳定性，即在水溶液中难以电离。比如 $[Cu(en)_2]^{2+}$ 要比 $[Cu(NH_3)_4]^{2+}$ 稳定得多，这是因为在 $[Cu(en)_2]^{2+}$ 中有 2 个五元环，而 $[Cu(NH_3)_4]^{2+}$ 中不存在环，这种由于螯环的形成而使螯合物稳定性增加的作用，称为螯合效应。为什么螯合配离子比非螯合配离子稳定呢？由于螯合配离子中的配体有两个或两个以上的配位原子与同一个中心离子形成配位键，当中心离子与配体间有一个配位键被破坏时，剩下的其他配位键仍将中心离子与配体结合在一起，结果还有可能使已破坏的配位键重新形成。在 $[Cu(en)_2]^{2+}$ 中电离出一个乙二胺分子，需破坏两个配位键，而在 $[Cu(NH_3)_4]^{2+}$ 中，电离出一个氨分子，只需破坏一个配位键。

螯合物的稳定性还随螯合物中环的数目的增加而增加。一般地说，一个二齿配体（如乙二胺）与金属离子配位时，可形成一个螯环；一个四齿配体（如氨三乙酸）则可形成三个螯环；而一个六齿配体（如 EDTA）则可形成五个螯环。要使螯合物完全电离为金属离子和配体，对于二齿配体所形成的螯合物，需要破坏两个键，对于三齿配体则需要破坏三个键。所以螯合物的环数越多则越稳定。

三、螯合物的应用

许多螯合物具有特征的颜色，常用作金属指示剂，用于金属离子定性分析、比色分析等。如利用丁二酮肟与 Ni^{2+} 形成鲜红色的二丁二酮肟合镍（Ⅱ）沉淀来鉴定 Ni^{2+}。

$$Ni^{2+} + 2 \begin{array}{c} CH_3-C=NOH \\ CH_3-C=NOH \end{array} \longrightarrow \left[\begin{array}{c} \text{二丁二酮肟合镍结构} \end{array} \right] + 2H^+$$

Fe^{2+} 与邻二氮菲反应生成橙红色配合物,用于分光光度法测定微量铁的含量。

$$3 \text{(phen)} + Fe^{2+} \longrightarrow [Fe(\text{phen})_3]$$

由于螯合物一般具有特征的颜色,绝大多数不溶于水,而溶于有机溶剂。利用这些特点,可达到对某些金属离子进行鉴定、定量测定以及分离的目的。

另外,螯合物在自然界存在得比较广泛,并且对生命现象有着重要的作用。例如,血红素就是一种含铁的螯合物,它在人体内起着送氧的作用。

维生素 B_{12} 是含钴的螯合物,对恶性贫血有防治作用。胰岛素是含锌的螯合物,对调节体内的物质代谢(尤其是糖类代谢)有重要作用。有些螯合剂可用作重金属(Pb^{2+},Pt^{2+},Cd^{2+},Hg^{2+})中毒的解毒剂。如二巯基丙醇或 EDTA 二钠盐等可治疗金属中毒。因为它们能和有毒金属离子形成稳定的螯合物,水溶性螯合物可以从肾脏排出。

有些药物本身就是螯合物。例如,有些用于治疗疾病的某些金属离子,因其毒性,刺激性、难吸收性等不适合临床应用,将它们变成螯合物后就可以降低其毒性和刺激性,帮助吸收。

在生化检验、药物分析、环境监测等方面也经常用到螯合物。

配位化合物的应用

一、在元素分离和化学分析中的应用

在定性分析中,广泛应用配位化合物的形成反应以达到离子分离和鉴定的目的。

1. 离子的分离

两种离子中若仅有一种离子能和某配位剂形成配位化合物,这种配位剂即可用于分离这两种离子。

例如,向含有 Zn^{2+} 和 Al^{3+} 的混合溶液中加入氨水,此时 Zn^{2+} 与 Al^{3+} 均能够与氨水形成氢氧化物沉淀。

$$Zn^{2+} + 2NH_3 + 2H_2O \longrightarrow Zn(OH)_2 \downarrow + 2NH_4^+$$

$$Al^{3+} + 3NH_3 + 3H_2O \longrightarrow Al(OH)_3 \downarrow + 3NH_4^+$$

但在加入更多的氨水后,$Zn(OH)_2$ 可与 NH_3 形成 $[Zn(NH_3)_4]^{2+}$ 溶解而进入溶液中。

$$Zn(OH)_2 + 4NH_3 \longrightarrow [Zn(NH_3)_4]^{2+} + 2OH^-$$

$Al(OH)_3$ 沉淀则不能与 NH_3 形成配合物,从而达到了分离 Zn^{2+} 与 Al^{3+} 的目的。

2. 离子的定性鉴定

不少配位剂能和特定金属离子形成特征的有色配位化合物或沉淀,具有很高的灵敏度和专属性,可用作鉴定该离子的特征试剂。

例如,Fe^{3+} 与 KSCN 形成特征的血红色的 $[Fe(NCS)_n]^{3-n}$。

$$Fe^{3+} + nSCN^- \longrightarrow [Fe(NCS)_n]^{3-n} \quad (n=1\sim6)$$

可定性鉴定 Fe^{3+}，也可根据溶液红色的深浅，用比色法确定溶液中 Fe^{3+} 的含量。

又如，利用 $K_4[Fe(CN)_6]$ 可与 Fe^{3+} 和 Cu^{2+} 分别形成 $Fe_4[Fe(CN)_6]_3$ 蓝色沉淀和 $Cu_2[Fe(CN)_6]$ 红棕色沉淀，可以据此定性鉴定 Fe^{3+} 和 Cu^{2+}。

3. 定量测定

配位滴定法是一种十分重要的定量分析方法，它利用配位剂与金属离子之间的配位反应来准确测定金属离子的含量，应用十分广泛。

一些配位剂也常常用作分光光度法中的显色剂。

4. 掩蔽剂

掩蔽某些离子对其他离子的干扰作用。

例如，在含有 Co^{2+} 和 Fe^{3+} 的混合溶液中加入 KSCN 检出 Co^{2+} 时，利用了下列反应：

$$[\underset{\text{粉红色}}{Co(H_2O)_6}]^{2+} + 4SCN^- \longrightarrow [\underset{\text{宝石蓝}}{Co(NCS)_4}]^{2-} + 6H_2O$$

但 Fe^{3+} 也可与 SCN^- 反应，形成血红色的 $[Fe(NCS)]^{2+}$，妨碍了对 Co^{2+} 的鉴定。如果预先在鉴定溶液中加入足量的 NaF 或 NH_4F，使 Fe^{3+} 生成稳定的无色 $[FeF_6]^{3-}$，就可以防止 Fe^{3+} 对 Co^{2+} 鉴定的干扰。这种防止干扰的作用称为掩蔽效应，所用配位剂 NaF 就称为掩蔽剂。

二、在工业上的应用

配位化合物主要用于湿法冶金。湿法冶金就是用特殊的水溶液直接从矿石中将金属以化合物的形式浸取出来，再进一步还原为金属的过程，广泛用于从矿石中提取稀有金属和有色金属。在湿法冶金中金属配位化合物的形成起着重要的作用。

1. 提炼金属

例如，在金的提取中，因为 $\varphi^{\ominus}(Au^+/Au)$ (1.68V) 远大于 $\varphi^{\ominus}(O_2/OH^-)$ (0.401V)，金不能被 O_2 氧化。但当有 NaCN 存在时，由于形成 $[Au(CN)_2]^-$，$\varphi^{\ominus}\{[Au(CN)_2]^-/Au\}$ (−0.56V) 比 $\varphi^{\ominus}(O_2/OH^-)$ 数值小得多，因而空气中的 O_2 可在 NaCN 存在时将矿石中的金氧化为 $[Au(CN)_2]^-$。

$$4Au + 8CN^- + 2H_2O + O_2 = 4[Au(CN)_2]^- + 4OH^-$$

然后再用锌还原 $[Au(CN)_2]^-$，即可得到单质金。

$$Zn + 2[Au(CN)_2]^- = 2Au + [Zn(CN)_4]^{2-}$$

2. 分离金属

例如，由天然铝矾土（主要成分是水合氧化铝）制取 Al_2O_3 时，首先要使铝与杂质铁分离，分离的基础就是 Al^{3+} 可与过量的 NaOH 溶液形成可溶性的 $[Al(OH)_4]^-$ 进入溶液。

$$Al_2O_3 + 2OH^- + 3H_2O = 2[Al(OH)_4]^-$$

而 Fe^{3+} 与 NaOH 反应则形成 $Fe(OH)_3$ 沉淀，澄清后加以过滤，即可除去杂质铁。

3. 电镀

电镀是通过电解使阴极上析出均匀、致密、光亮的金属层的过程。大多数金属从其水合离子溶液中析出时只能获得晶粒粗大、且无光泽的镀层。若在电镀液中加入适当的配位剂与金属离子生成较难还原的配离子，降低金属晶体的形成速率，便可得到均匀、致密、光滑的镀层。以往电镀上常用有毒的 CN^- 作配体，现在更多采用了无氰电镀。如氨三乙酸根与 Zn^{2+} 生成配离子，作辅助配位剂的 NH_4^+ 电离出的 NH_3 也可与 Zn^{2+} 形成一系列的配位化合物，可以降低 Zn^{2+} 浓度，减缓 Zn 的析出速率，从而得到均匀、细致的锌镀层。

配位化合物还广泛用于催化、印染、化肥、农药等工业中，以及改良土壤、防腐工艺、硬水软化等。

三、配位化合物在生物、医药等方面的应用

在生命科学中，配位化学起着非常重要的作用，许多生命现象均与配合物有关。例如，生物体内的酶，有很多是复杂的金属离子的配合物，称为金属酶。动、植物体内的各种微量元素，特别是金属元素，如 Zn、Co、Mn、Cu 等，主要功能是生成金属酶。目前，已知的金属酶有几百种，这些配位化合物在生物体内能量的转换、传递、电荷的转移、化学键的形成或断裂以及伴随这些过程出现的能量变化和分配等过程中起着重要的作用。例如，植物中起光合作用的叶绿素是 Mg^{2+} 的配位化合物（如图 8-3）；在动物血液中起输送氧气作用的血红素是 Fe^{2+} 的配位化合物（如图 8-4）。在固氮菌中，能够固定大气中氮的固氮酶实际上是铁钼蛋白，这是以 Fe 和 Mo 为中心的复杂配位化合物——相对分子质量约 5 万的铁蛋白及相对分子质量约 27 万的钼蛋白。

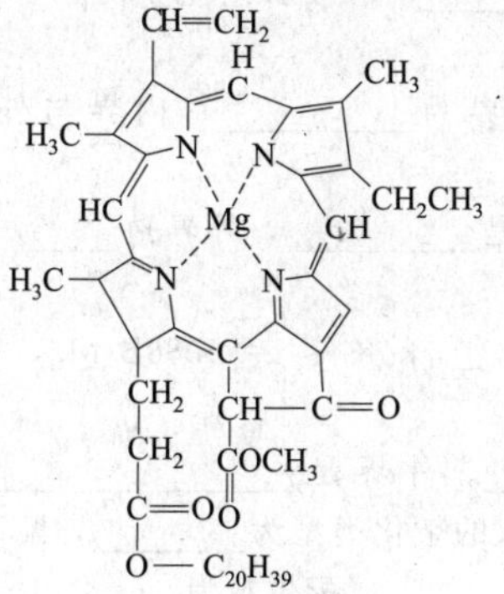

图 8-3　叶绿素

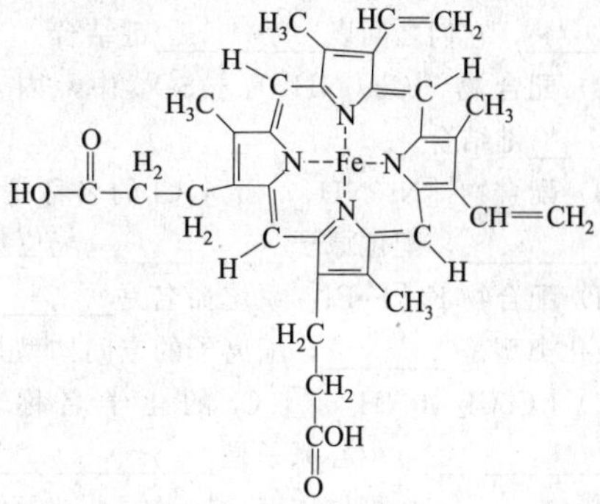

图 8-4　血红素

在医药工业中，维生素 B_{12} 是 Co 的配合物；EDTA 是排除人体内 U、Th、Pu 等放射性元素的高效解毒剂；Pt、Rh、Ir 的配位化合物能使肿瘤萎缩，从而有可能成为治疗癌症的基础。

近二十年来在研究金属配位化合物基础上发展起来的生物无机化学是一门新兴的边缘学科，它将为早日解决科学研究三大前沿问题之一——生命的起源，发挥巨大的作用。

习　题

1. 试根据配位效应计算 AgI 在 1.0×10^{-2} mol·L^{-1} NH$_3$·H$_2$O 中的溶解度。
（AgI 的 $K_{sp}^{\ominus} = 8.5 \times 10^{-17}$，$Ag(NH_3)_2^+$ 的 $\lg\beta_1 = 3.2$，$\lg\beta_2 = 3.8$）

2. 将 0.100 mol·L^{-1} Ni^{2+} 溶液与等体积的 2.0 mol·L^{-1} NH$_3$·H$_2$O 混合，计算溶液中 Ni^{2+} 和 $[Ni(NH_3)_6]^{2+}$ 配离子的浓度。

3. 室温下，将 0.020 mol·L^{-1} 的 $CuSO_4$ 溶液与浓度为 0.28 mol·L^{-1} 的氨水等体积混合，求达成配位平衡后，$c(Cu^{2+})$、$c(NH_3)$、$c[Cu(NH_3)_4^{2+}]$ 各为多少？（$\beta = 4.3 \times 10^{13}$）

4. 指出下列配离子的形成体、配体、配位原子、配位数：

配离子	形成体	配体	配位原子	配位数
$[Cr(NH_3)_6]^{3+}$				
$[Co(H_2O)_6]^{2+}$				
$[Al(OH)_4]^-$				
$[Fe(OH)_2(H_2O)_4]^+$				
$[PtCl_5(NH_3)]^-$				

5. 试推断下列各配离子的中心离子的轨道杂化类型及其磁矩。

(1) $[Fe(CN)_6]^{4-}$ _____；_____

(2) $[Mn(C_2O_4)_3]^{4-}$ _____；_____

(3) $[Co(NSC)_4]^{2-}$ _____；_____

(4) $[Ag(NH_3)_2]^+$ _____；_____

(5) $[SnCl_4]^{2-}$ _____；_____

6. 命名下列配合物或配离子（en 为乙二胺简写符号）。

(1) $(NH_4)_3[SbCl_6]$ _____ (2) $[Cr(H_2O)_4Br_2]Br \cdot 2H_2O$ _____

(3) $[Co(en)_3]Cl_3$ _____ (4) $[Co(H_2O)_4Cl_2]Cl$ _____

(5) $Li[AlH_4]$ _____ (6) $[Cr(H_2O)(en)(C_2O_4)(OH)]$ _____

(7) $[Co(NO_2)_6]^{3-}$ _____ (8) $[Co(NH_3)_4(NO_2)Cl]^+$ _____

7. 将下列各题的正确答案填在横线上。

(1) 在配位化合物中，提供孤对电子的负离子或分子称为_____，接受孤对电子的原子或离子称为_____，它们之间以_____键结合。

(2) 配合物 $[Cu(NH_3)_4]SO_4$ 中，内界为_____，外界为_____；内界与外界之间以_____键结合。

(3) 配合物 $[Ni(NH_3)_4Cl_2]Cl$ 的名称是_____，内界是_____，外界是_____，配位体为_____，配位原子为_____，配位数为_____。

(4) 配合物 $K_3[FeF_6]$ 系统命名是_____。实验测得 $[FeF_6]^{3-}$ 的磁矩 $\mu=5.88$ B.M.，中心离子的轨道杂化类型是_____，配离子的空间构型是_____。

(5) $[CoCl_2(NH_3)_4]Cl$ 的化学名称是_____。外界是_____；内界是_____，中心原子是_____，中心原子采取的杂化类型为_____，配离子的空间构型为_____，配位体有_____，配位原子有_____，配位数为_____。

(6) 同一配离子的 $K_f^{\ominus}$ 与 $K_d^{\ominus}$ 的关系为_____。

8. 选择正确答案的序号填入括号里。

(1) 配合物的空间构型和配位数之间有着密切的关系，配位数为 4 的配合物空间构型可能是（　　）。

A. 正四面体　　　　B. 正八面体　　　　C. 直线形　　　　D. 三角形

(2) 配离子 $[Ni(CN)_4]^{2-}$ 的磁矩等于 0.0 B.M.，其空间构型和中心原子 Ni 的杂化轨道类型为（　　）。

A. 正四面体和 sp^3 杂化　　　　　　B. 平面正方形和 dsp^2 杂化

C. 八面体和 sp^3d^2 杂化　　　　　　D. 八面体和 d^2sp^3 杂化

(3) 已知螯合物 $[Fe(C_2O_4)_3]^{3-}$ 的磁矩等于 5.75 B.M.，则其空间构型和中心原子的杂化轨道类型是（　　）。

A. 八面体形和 sp^3d^2 杂化　　　　　B. 八面体形和 d^2sp^3 杂化

C. 三角双锥形和 sp^3d^2 杂化　　　　D. 三角形和 sp^2 杂化

(4) 在 $[Co(C_2O_4)_2(en)]^-$ 中，中心离子 Co^{3+} 的配位数为（　　）。

A. 3　　　　　　　B. 4　　　　　　　C. 5　　　　　　　D. 6

(5) 在 $0.01 mol \cdot L^{-1}$ $K[Ag(CN)_2]$ 溶液中，加入固体 KCl，使 Cl^- 的浓度为 $0.01 mol \cdot L^{-1}$，可发生下列何种现象？（　　） $K_{sp}^{\ominus}(AgCl)=1.56 \times 10^{-10}$，$[Ag(CN)_2]^-$ 的稳定常数 $K[Ag(CN)_2]^-=1.0 \times 10^{21}$

A. 有沉淀生成　　B. 无现象　　C. 有气体生成　　D. 先有沉淀然后溶解

第九章 元素选述

到目前为止,在人类可探测的宇宙范围内已经发现和人工合成的元素总数为 116 种,其中天然存在的元素 92 种,其余为人工合成元素。

按性质不同,116 种元素可以分成金属元素和非金属元素两类,其中金属元素 94 种,占元素总数的 4/5,其余的为非金属元素。在长式周期表中,可以通过硼-硅-砷-碲-砹和铝-锗-锑-钋之间的对角线来分界金属元素和非金属元素,金属元素位于这条对角线的左下方,非金属元素位于右上方,而对角线附近的锗、砷、锑和碲的性质介于金属和非金属元素之间,被称为准金属。

元素在自然界中主要以游离态(单质)和化合态(化合物)两种形式存在。自然界中以游离态存在的元素较少,大致有三种情况:气态非金属单质(比如 N_2、O_2、H_2、稀有气体等)、固态非金属单质(比如金刚石、石墨、硫等)和金属单质(Hg、Au、Ag 等)。大多数元素以化合物的形式广泛存在于矿物和海水中。

第一节 s 区元素

一、氢

1. 氢的存在与物理性质

氢分布十分广泛。自然界中,氢主要以化合态存在,只在天然气等少数物质中有少量单质氢存在。

已知氢元素有三种同位素,其中普通氢或者氕($_1^1H$ 或者用 H 表示)占自然界中所有氢原子的 99.98%,重氢或氘($_1^2H$ 或 D)占总量的 0.016%,而氚($_1^3H$ 或 T)的存在是极少量的。

H_2 是无色、无嗅、无味的可燃性气体,它比空气轻 14.38 倍,是所有气体中最轻的。因此可以用来填充气球。

氢气具有很大的扩散速度和良好的导热性。由于氢分子之间引力小,致使氢气熔沸点极低,很难液化,因此可利用液态氢获得低温。

氢在水中的溶解度很小,273K 时 1 体积水仅能溶解 0.02 体积的氢,但是氢气容易被镍、钯、铂等金属吸附,其中钯对氢的吸附最为显著。

2. 氢的成键特征

氢在化学反应中有以下几种成键情况。

(1) 失去价电子 氢原子失去 1s 电子就成为 H^+(即质子)。由于质子的半径为氢原子半径的几万分之一,因此 H^+ 具有很强的电场,能使临近的原子发生严重变形。比如在酸类水溶液中,H^+ 以水合氢离子(H_3O^+)存在。

(2) 结合一个电子 氢原子得到 1 个电子形成具有 $1s^2$ 结构的 H^-。这种情况主要存在于氢和ⅠA、ⅡA 中(Be 除外)的金属所形成的离子型氢化物的晶体中。

(3) 形成共价化合物 氢原子和其他电负性不大的非金属原子通过共用电子对结合,形成共价型氢化物。

(4) 独特的键型

① 氢原子可以镶嵌到许多过渡金属的晶格空隙之中,形成一类非整比化合物,一般称为金属型或过渡型氢化物如 $LaH_{2.87}$。

② 氢桥键,例如在缺电子化合物 B_2H_6 和某些过渡金属配合物中均存在着氢桥键,如图 9-1 所示。

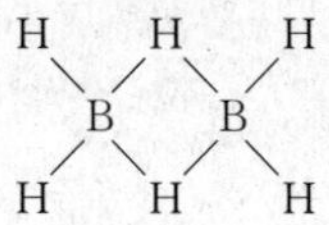

图 9-1 B_2H_6 的氢桥键

③ 氢键:在含有强极性键的共价氢化物中,具有强正电场的氢原子可以吸引邻近的电负性较大、半径较小的原子上的孤对电子,形成分子间氢键(如图 9-2)或分子内氢键(如图 9-3)。

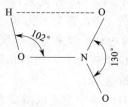

图 9-2 固态 HF 中的分子间氢键

图 9-3 HNO_3 中的分子内氢键

此外,与电负性极强的元素(比如氟、氧等)相结合的氢原子容易与电负性极强的其他原子形成氢键,以及在缺电子化合物(比如乙硼烷)中存在的氢桥键。

3. 氢的化学性质

从氢的原子结构和成键特征来看,氢元素在元素周期表中的位置是不容易确定的。氢与ⅠA族、ⅦA族元素相比在性质上有所不同,但是考虑氢原子失去1个电子后变成 H^+,与碱金属有些相似。因此有人将氢归入ⅠA族中。但是如果考虑氢原子得到1个电子后变成 H^-,与卤素相似,所以也有人把氢归入ⅦA族中。由此可见,氢的化学性质有其特殊性。

(1) 氢原子除易于互相结合成分子以外,还容易和其他原子相互结合,呈现出比氢分子强的还原性。如氢原子直接同 Ge、Sn、As、Sb、S 等直接化合生成氢化物。

$$As + 3H \longrightarrow AsH_3$$

$$CuCl_2 + 2H \longrightarrow Cu + 2HCl$$

$$BaSO_4 + 8H \longrightarrow BaS + 4H_2O$$

(2) 氢可以和ⅠA族、ⅡA族(除 Be, Mg)活泼金属相互反应,生成离子型氢化物。在离子型氢化物中,氢接受电子生成负一价氢离子,显示氢的氧化性。

$$2Na + H_2 \xrightarrow{653K} 2NaH$$

$$Ca + H_2 \xrightarrow{428\sim573K} CaH_2$$

(3) 加合反应 在适当温度及催化剂的条件下,氢可以和一氧化碳合成一系列有机化合物(如生成甲醇、烃类等)。氢也可以使不饱和碳氢化合物加氢,转变成饱和碳氢化合物。

$$2H_2 + CO \longrightarrow CH_3OH$$

$$CH \equiv CH + H_2 \longrightarrow CH_2 = CH_2$$

(4) 氢与某些金属生成金属型氢化物 氢气可以与某些金属反应生成一类外观似金属的金属型氢化物,这类氢化物中,氢与金属的比值有的是整数比,如 BeH_2、MgH_2、CoH_2、CrH_3、UH_3、CuH。有的是非整数比,如 $VH_{0.56}$、$TaH_{0.76}$、$ZrH_{1.92}$、$LaH_{2.87}$ 等。

二、碱金属和碱土金属

s 区元素包括周期表中 ⅠA 和 ⅡA 族。ⅠA 族由锂、钠、钾、铷、铯及钫六种元素组成。由于钠和钾的氢氧化物是典型的"碱",所以本族元素被称为碱金属。其中锂、铷、铯是轻稀有金属,而钫是放射性元素。ⅡA 族由铍、镁、钙、锶、钡及镭六种元素组成。由于钙、锶、钡的氧化物性质介于"碱性的"和"土性的"(既难溶于水又难熔融的 Al_2O_3 称为"土"),所以这几种元素被称为碱土金属。现在习惯上把铍和镁也包括在碱土金属之内。铍属于轻稀有金属,而镭则是放射性元素。锂最重要的矿石是锂辉石($LiAlSi_2O_6$)。钠主要以 NaCl 形式存在于海洋、盐湖及岩石中。钾的主要矿物是钾石盐($2KCl \cdot MgCl_2 \cdot 6H_2O$),我国青海钾盐储量占全国 96.8%。铍的主要矿物是绿柱石($3BeO \cdot Al_2O_3 \cdot 6SiO_2$)。镁主要以菱镁矿($MgCO_3$)、白云石$[MgCa(CO_3)_2]$形式存在。钙、锶、钡以碳酸盐、硫酸盐形式存在,如方解石($CaCO_3$)、石膏($CaSO_4 \cdot 2H_2O$)、天青石($SrSO_4$)、重晶石($BaSO_4$)等。

1. 碱金属和碱土金属的通性

碱金属和碱土金属原子的价层电子构型分别为 ns^1 和 ns^2,它们的原子最外层有 1~2 个电子,是最活泼的金属元素。碱金属和碱土金属的基本性质分别列于表 9-1 和表 9-2 中。

表 9-1 碱金属的性质

性质	锂	钠	钾	铷	铯
原子序数	3	11	19	37	55
价电子构型	$2s^1$	$3s^1$	$4s^1$	$5s^1$	$6s^1$
原子半径/pm	155	190	255	248	267
沸点/℃	1317	892	774	688	690
熔点/℃	180	97.8	64	39	28.5
电负性 χ	1.0	0.9	0.8	0.8	0.7
电离能/kJ·mol^{-1}	520	496	419	403	376
电极电势 $E^{\ominus}(M^+/M)/V$	-3.045	-2.714	-2.925	-2.925	-2.923
氧化数	+1	+1	+1	+1	+1

碱金属原子最外层只有 1 个 ns 电子,而次外层是 8 电子结构(Li 的次外层是 2 个电子),它们的原子半径在同周期元素中(稀有气体除外)是最大的,而核电荷在同周期元素中是最小的,由于内层电子的屏蔽作用较显著,故这些元素很容易失去最外层的 1 个 s 电子,从而使碱金属的第一电离能在同周期元素中最低。因此,碱金属是同周期元素中金属性最强的元素。碱土金属的核电荷比碱金属大,原子半径比碱金属小,金属性比碱金属略差一些。

s 区同族元素自上而下随着核电荷数的增加,无论是原子半径、离子半径,还是电离能、电负性以及还原性等性质的变化总体来说是有规律的,但第二周期的元素表现出一定的特殊性。例如锂的 $\varphi^{\ominus}$(Li^+/Li)反常地小。这是因为 Li 具有较小的半径,容易和水分子生成水合离子而释放出较多的能量而造成的。

表 9-2 碱土金属的性质

性质	铍	镁	钙	锶	钡
原子序数	4	12	20	38	56
价电子构型	$2s^2$	$3s^2$	$4s^2$	$5s^2$	$6s^2$
原子半径/pm	112	160	197	215	222
沸点/℃	2970	1107	1487	1334	1140
熔点/℃	1280	651	845	769	725

续表

性质	铍	镁	钙	锶	钡
电负性 χ	1.5	1.2	1.0	1.0	0.9
第一电离能/$kJ \cdot mol^{-1}$	899	738	590	549	503
第二电离能/$kJ \cdot mol^{-1}$	1757	1451	1145	1064	965
电极电势 $\varphi^{\ominus}(M^+/M)/V$	-1.85	-2.37	-2.87	-2.89	-2.90
氧化数	+2	+2	+2	+2	+2

s 区元素的一个重要特点是各族元素通常只有一种稳定的氧化态。碱金属的第一电离能较小，很容易失去一个电子，故氧化数为 +1。碱土金属的第一、第二电离能较小，容易失去 2 个电子，因此氧化数为 +2。

2. 碱金属和碱土金属单质的物理性质和化学性质

(1) 物理性质　碱金属和碱土金属表面都具有银白色光泽（铍呈灰色），由于金属活泼，金属表面很快被氧化形成氧化物或碳酸盐覆盖层，单质的色泽只能从断面观察。

在物理性质方面，碱金属和碱土金属单质的主要特点是：轻、软、低熔点。密度最低的是锂（$0.53 g \cdot cm^{-3}$），是最轻的金属。

碱金属、碱土金属的硬度除铍和镁外也很小，其中碱金属和钙、锶、钡可以用刀切，但铍较特殊，其硬度足以划破玻璃。

从熔、沸点来看，碱金属的熔、沸点较低，而碱土金属由于原子半径较小，具有 2 个价电子，金属键的强度比碱金属的强，故熔、沸点相对较高。

在同周期中碱金属是金属性最强的元素，碱土金属的金属性略差于碱金属，在同族元素中随着原子序数的增加，元素的金属性逐渐增强。碱金属，特别是铯和铷，失去电子的倾向很大，当受到光的照射时，金属表面的电子容易逸出，因此，常用来制造光电管。

(2) 化学性质　碱金属和碱土金属元素是很活泼的金属元素，容易与活泼的非金属单质反应生成离子型化合物（锂和铍的某些化合物属于共价型）。在空气中碱金属的表面就会快速被氧化，锂的表面甚至还有氮化物生成。钠、钾在空气中加热就可以燃烧，而铷、铯在常温下遇空气即燃烧。碱土金属不及碱金属活泼，室温下，这些金属表面会被缓慢氧化，而在空气中被加热时，会发生显著化学反应，除了生成氧化物以外，还有氮化物生成。

$$3Ca + N_2 \longrightarrow Ca_3N_2$$

$$3Mg + N_2 \longrightarrow Mg_3N_2$$

因此在金属冶炼以及电子工业中常用锂、钙做除气剂，以除去某些体系中不必要的氧气和氮气。

3. 碱金属和碱土金属元素的重要化合物

(1) 氧化物

① 氧化物种类与制备　碱金属、碱土金属与氧能形成多种类型的氧化物：正常氧化物、过氧化物、超氧化物、臭氧化物（含有 O_3^-）以及低氧化物，其中前三种的主要形成条件见表 9-3。

表 9-3　s 区元素形成的氧化物

氧化物	阴离子	直接形成	间接形成
正常氧化物	O^{2-}	Li,Be,Mg,Ca,Sr,Ba	s 区所有元素
过氧化物	O_2^{2-}	Na,(Ba)	除 Be 外的所有元素
超氧化物	O_2^-	(Na),K,Rb,Cs	除 Be,Mg,Li 外的所有元素

例如，碱金属中的锂在空气中燃烧时，生成正常氧化物 Li_2O。

$$4Li+O_2 \longrightarrow 2Li_2O$$

碱金属的正常氧化物也可以用金属与它们的过氧化物或硝酸盐作用而得到的。例如：

$$Na_2O_2+2Na \longrightarrow 2Na_2O$$

$$2KNO_3+10K \longrightarrow 6K_2O+N_2\uparrow$$

碱土金属的碳酸盐、硝酸盐、氢氧化物等热分解也能得到氧化物 MO。例如：

$$MCO_3 \xrightarrow{\triangle} MO+CO_2\uparrow$$

除铍和镁外，所有碱金属和碱土金属都能分别形成相应的过氧化物 $M_2^IO_2$ 和 $M^{II}O_2$，其中过氧化钠是最常见的碱金属过氧化物。将金属钠在铝制容器中加热到 300℃，并通入不含二氧化碳的干燥空气，得到淡黄色的 Na_2O_2 粉末。

$$2Na+O_2 \longrightarrow Na_2O_2$$

钙、锶、钡的氧化物与过氧化氢作用，得到相应的过氧化物。

$$MO+H_2O_2+7H_2O \longrightarrow MO_2 \cdot 8H_2O$$

工业上把 BaO 在空气中加热到 600℃ 以上使它转化为过氧化钡。

$$2BaO+O_2 \xrightarrow{600\sim800℃} 2BaO_2$$

除了锂、铍、镁外，碱金属和碱土金属都分别能形成超氧化物 MO_2 和 $M(O_2)_2$。一般说来，金属性很强的元素容易形成含氧较多的氧化物，因此钾、铷、铯在空气中燃烧能直接生成超氧化物 MO_2。例如：

$$K+O_2 \longrightarrow KO_2$$

② 磁性与稳定性　正常氧化物、过氧化物、超氧化物这三类常见氧化物分别含有 O^{2-}、O_2^{2-}、O_2^- 离子。

过氧化物中的负离子是过氧离子 O_2^{2-}，其结构式如下：

$$\left[:\overset{..}{\underset{..}{O}}:\overset{..}{\underset{..}{O}}:\right]^{2-} \text{ 或 } [:O-O:]^{2-}$$

按照分子轨道理论，O_2^{2-} 的分子轨道电子排布式为：

$$(\sigma_{1s})^2(\sigma_{1s}^*)^2(\sigma_{2s})^2(\sigma_{2s}^*)^2(\sigma_{2p})^2(\pi_{2p})^4(\pi_{2p}^*)^4$$

其中只有一个 σ 键，键级为 1。由于电子均成对，因而 O_2^{2-} 为反磁性。

超氧化物中的负离子是超氧离子 O_2^-，其结构式如下：

$$\left[:\overset{..}{O}\cdots\overset{..}{O}:\right]^-$$

按照分子轨道理论，O_2^- 的分子轨道电子排布式为：

$$(\sigma_{1s})^2(\sigma_{1s}^*)^2(\sigma_{2s})^2(\sigma_{2s}^*)^2(\sigma_{2p})^2(\pi_{2p})^4(\pi_{2p}^*)^3$$

O_2^- 中有一个 σ 键和一个三电子键，键级为 3/2。由于含有一个未成对电子，因而 O_2^- 具有顺磁性。

联系 O_2、O_2^{2-}、O_2^- 的结构可以看出：O_2^{2-} 和 O_2^- 的反键轨道上的电子比 O_2 多，键级比 O_2 小，键能（分别为 $142kJ \cdot mol^{-1}$ 和 $398kJ \cdot mol^{-1}$）比 O_2（$498kJ \cdot mol^{-1}$）小。所以过氧化物和超氧化物稳定性不高。

③ 性质

a. 熔点及硬度　由于 Li^+ 的离子半径特别小，Li_2O 的熔点很高。Na_2O 熔点也很高，其余的氧化物未达熔点时便开始分解。碱土金属氧化物中，只有 BeO 是 ZnS 型晶体，其他氧化物都是 NaCl 型晶体。与 M^+ 相比，M^{2+} 电荷多，离子半径小，所以碱土金属氧化物具有较大的晶格能，熔点都很高，硬度也较大（定义金刚石的硬度为 10，BeO 的硬度等于 9）。除 BeO 外，由 MgO 到 BaO，熔点依次降低。

BeO 和 MgO 可作耐高温材料，CaO 是重要的建筑材料，也可由它制得价格便宜的碱 $Ca(OH)_2$。

b. 与水及稀酸的反应　碱金属氧化物与水化合生成碱性氢氧化物 MOH。Li_2O 与水反应很慢，Rb_2O 和 Cs_2O 与水发生剧烈反应。碱土金属的氧化物都是难溶于水的白色粉末。BeO 几乎不与水反应，MgO 与水缓慢反应生成相应的碱。

$$M_2O + H_2O \longrightarrow 2MOH$$

$$MO + H_2O \longrightarrow M(OH)_2$$

过氧化钠与水或稀酸在室温下反应生成过氧化氢。

$$Na_2O_2 + 2H_2O \longrightarrow 2NaOH + H_2O_2$$

$$Na_2O_2 + H_2SO_4(稀) \longrightarrow Na_2SO_4 + H_2O_2$$

超氧化物与水反应立即产生氧气和过氧化氢。例如：

$$2KO_2 + 2H_2O \longrightarrow 2KOH + H_2O_2 + O_2 \uparrow$$

因此，超氧化物是强氧化剂。

c. 与二氧化碳的作用　过氧化钠与二氧化碳反应，放出氧气。

$$2Na_2O_2 + 2CO_2 \longrightarrow 2Na_2CO_3 + O_2 \uparrow$$

超氧化钾与二氧化碳作用放出氧气。

$$4KO_2 + 2CO_2 \longrightarrow 2K_2CO_3 + 3O_2 \uparrow$$

KO_2 较易制备，常用于急救器和消防队员的空气背包中，利用上述反应可以除去呼出的 CO_2 并提供氧气。

另外，过氧化钠也是一种强氧化剂，工业上用作漂白剂，也可以用来作为制得氧气的来源。Na_2O_2 在熔融时几乎不分解，但遇到棉花、木炭或铝粉等还原性物质时，就会发生爆炸，使用 Na_2O_2 时应当注意安全。

(2) 氢氧化物　碱金属和碱土金属的氢氧化物在空气中易吸水而潮解，故固体 NaOH 和 $Ca(OH)_2$ 常用作干燥剂。

① 溶解性　碱金属的氢氧化物在水中都是易溶的，溶解时还放出大量的热。碱土金属的氢氧化物的溶解度则较小，其中 $Be(OH)_2$ 和 $Mg(OH)_2$ 是难溶的氢氧化物。碱土金属的氢氧化物的溶解度列入表 9-4 中。由表中数据可见，对碱土金属来说，由 $Be(OH)_2$ 到 $Ba(OH)_2$，溶解度依次增大。这是由于随着金属离子半径的增大，正、负离子之间的作用力逐渐减小，容易为水分子所解离的缘故。

表 9-4　碱土金属氢氧化物的溶解度（20℃）

氢氧化物	$Be(OH)_2$	$Mg(OH)_2$	$Ca(OH)_2$	$Sr(OH)_2$	$Ba(OH)_2$
溶解度/mol·L^{-1}	8×10^{-6}	5×10^{-4}	1.8×10^{-2}	6.7×10^{-2}	2×10^{-1}

② 酸碱性　碱金属、碱土金属的氢氧化物中，除 $Be(OH)_2$ 为两性氢氧化物外，其他的

氢氧化物都是强碱或中强碱。这两族元素氢氧化物碱性递变的次序如下：

$$LiOH < NaOH < KOH < RbOH < CsOH$$
中强碱　　强碱　　　强碱　　　强碱　　　强碱

$$Be(OH)_2 < Mg(OH)_2 < Ca(OH)_2 < Sr(OH)_2 < Ba(OH)_2$$
两性　　中强碱　　　强碱　　　强碱　　　强碱

碱金属、碱土金属氢氧化物的碱性和溶解度递变规律可以归纳如下：

	碱性增强 →	
溶解度增大 ↓	LiOH	Be(OH)$_2$
	NaOH	Mg(OH)$_2$
	KOH	Ca(OH)$_2$
	RbOH	Sr(OH)$_2$
	CsOH	Ba(OH)$_2$

← 溶解度增大(溶解度为质量分数)

（3）**重要的盐类**　应该注意，碱土金属中铍的盐类很毒，钡盐也很毒。

① **晶体类型与熔、沸点**　碱金属的盐大多数是离子型晶体，它们的熔点、沸点较高。由于 Li^+ 半径很小，极化力较强，它在某些盐（如卤化物）中表现出不同程度的共价性。碱土金属离子带两个正电荷，其离子半径较相应的碱金属小，故它们的极化力较强，因此碱土金属盐的离子键特征较碱金属的差。但随着金属离子半径的增大，键的离子性也增强。例如，碱土金属氯化物的熔点从 Be 到 Ba 依次增高：

氯化物	BeCl$_2$	MgCl$_2$	CaCl$_2$	SrCl$_2$	BaCl$_2$
熔点/℃	405	714	782	876	962

其中，$BeCl_2$ 的熔点明显地低，这是由于 Be^{2+} 半径小，极化力较强，它与 Cl^-、Br^-、I^- 等极化率较大的阴离子形成的化合物已过渡为共价化合物。

② **溶解度**　碱金属的盐类大多数易溶于水。碱金属的碳酸盐、硫酸盐的溶解度从 Li 至 Cs 依次增大，少数碱金属盐难溶于水，例如 LiF、Li_2CO_3、Li_3PO_4、$NaZn(UO_2)_3$ $(CH_3COO)_9 \cdot 6H_2O$、$KClO_4$、$K_2[PtCl_6]$ 等。碱土金属的盐类中，除卤化物和硝酸盐外，多数碱土金属的盐只有较低的溶解度，例如它们的碳酸盐、磷酸盐以及草酸盐等都是难溶盐（BeC_2O_4 除外）。铍盐中多数是易溶的，镁盐有部分溶，而钙、锶、钡的盐则多为难溶，钙盐中以 CaC_2O_4 的溶解度为最小，因此常用生成白色 CaC_2O_4 的沉淀反应来鉴定 Ca^{2+}。由于这些盐的溶解度很小，有些硫酸盐在自然界中就会沉积为矿石，主要的矿石有菱镁矿（$CaCO_3$）、白云石（$MgCO_3 \cdot CaCO_3$）、方解石和大理石（$CaCO_3$）、重晶石（$BaSO_4$）和石膏（$CaSO_4 \cdot 2H_2O$）等。

③ **热稳定性**　碱金属的盐除硝酸盐及碳酸锂外一般都具有较强的稳定性，在 800℃ 以下均不分解。

$$2NaNO_3 \xrightarrow{730℃} 2NaNO_2 + O_2 \uparrow$$

常可以利用 Na_2CO_3 来熔解许多酸性物质。

$$BaSO_4(重晶石) + Na_2CO_3 \xrightarrow{熔融} BaCO_3 + Na_2SO_4$$

碱土金属盐的稳定性相对较差，但在常温下还是稳定的，只有铍盐特殊。例如，$BeCO_3$ 加热不到 100℃ 就会分解。

④ **焰色反应**　碱金属和碱土金属中的钙、锶、钡及其挥发性化合物在无色的火焰中灼烧时，其火焰都具有特征颜色，称为焰色反应。这是因为原子或离子受热时，电子容易被激

发，当电子从较高能级跃迁到较低能级时，相应的能量以光的形式释放出来，产生线状光谱。火焰的颜色往往相当于强度较大的谱线区域。不同元素的原子因电子层结构不同而产生不同颜色的火焰，列于表 9-5。

表 9-5 不同金属原子的焰色反应

元素	Li	Na	K	Rb	Cs	Ca	Sr	Ba
颜色	深红	黄	紫	红紫	蓝	橙红	深红	绿
波长/nm	670.8	589.2	766.5	780.0	455.5	714.9	687.8	553.5

⑤ 典型的盐类　卤化铍是共价型聚合物 $(BeX_2)_n$，不导电、能升华，蒸气中有 $BeCl_2$ 和 $(BeCl_2)_2$ 分子。

卤化物中用途最广的是氯化钠，有海盐、岩盐和井盐等。氯化钠除供食用外，它是制取金属钠、氢氧化钠、碳酸钠、氯气和盐酸等多种化工产品的基本原料。

无水氯化镁是制取金属镁的原料，光卤石和海水是取得氯化镁的主要资源。氯化镁常况下以 $MgCl_2 \cdot 6H_2O$ 形式存在，用加热水合物的方法不能得到无水盐，因为它会水解。

$$MgCl_2 \cdot 6H_2O \xrightarrow{>408K} Mg(OH)Cl + HCl + 5H_2O$$

$$Mg(OH)Cl \xrightarrow{770K} MgO + HCl$$

要得到无水的氯化镁，必须将六水氯化镁在干燥的氯化氢气流中加热脱水。工业上常用在高温下通氯气于焦炭和氧化镁的混合物制取。

氯化镁有吸潮性，普通食盐的潮解就是含有氯化镁之故。

六水氯化钙加热至 473K 失去水而成二水氯化钙，温度高于 533K 完全脱水形成白色多孔的氯化钙，此过程有少许水解反应发生，故无水氯化钙中常含有微量氧化钙。无水氯化钙有很强的吸水性，是一种重要的干燥剂。由于它能与气态氨和乙醇形成加成物，所以不能用于干燥氨气和乙醇。氯化钙和冰（1.44∶1）的混合物是实验室常用的制冷剂，可获得 218K 的低温。

氯化钡为无色单斜晶体，一般为水合物二水氯化钡。加热至 400K 变为无水盐。氯化钡用于医药、灭鼠剂和鉴定硫酸根离子的试剂。氯化钡可溶于水。可溶性钡盐对人、畜都有害，对人致死量为 0.8g，切忌入口。

氟化钙（萤石）是制取 HF 和 F_2 的重要原料。在冶金工业中用作助熔剂也用于制作光学玻璃和陶瓷等。

常用的荧光灯中涂有荧光材料 $3Ca_3(PO_4)_2Ca(F,Cl)_2$ 和少量 Sb^{3+}、Mn^{2+} 的化合物，卤磷酸钙称为母体，Sb^{3+}、Mn^{2+} 为激活剂，用紫外光激发后，发出荧光。

碱金属碳酸盐有两类：正盐和酸式盐。碳酸钠俗称苏打或纯碱，其水溶液因水解而呈碱性。它是一种重要的化工原料。碳酸氢钠俗称小苏打，其水溶液呈弱碱性，主要用于医药和食品工业，煅烧碳酸氢钠可得到碳酸钠。

六水碳酸钙为无色单斜晶体，难溶于水，易溶于酸和氯化铵溶液，用于制二氧化碳酵粉和涂料等。碳酸钙为无色斜方晶体，加热至 1000K 转变为方解石。

硝酸钾在空气中不吸潮，在加热时有强氧化性，用来制黑火药。硝酸钾还是含氮肥、钾的优质化肥。

$Na_2SO_4 \cdot 10H_2O$ 俗称芒硝，由于它有很大的熔化热，是一较好的相变贮热材料的主要组分，可用于低温贮存太阳能。白天它吸收太阳能而熔融，夜间冷却结晶就释放出热能。无水硫酸钠俗称元明粉，大量用于玻璃、造纸、水玻璃、陶瓷等工业中，也用于制硫化钠和硫代硫酸钠等。

$CaSO_4 \cdot 2H_2O$ 俗称生石膏，加热至393K左右它部分脱水而成熟石膏 $CaSO_4 \cdot 1/2H_2O$，这个反应是可逆的。

$$2CaSO_4 \cdot 2H_2O \xrightleftharpoons{393K} 2CaSO_4 \cdot 1/2H_2O + 3H_2O$$

熟石膏与水混合成糊状后放置一段时间会变成二水合盐，这时逐渐硬化并膨胀，故用以制模型、塑像、粉笔和石膏绷带等。石膏还是生产水泥的原料之一和轻质建筑材料。把石膏加热到773K以上，得到无水石膏，它不能与水化合。

重晶石硫酸钡是制备其他钡类化合物的原料。将重晶石粉与煤粉混合，在高温下（1173～1473K）煅烧还原成可溶性硫化钡。

盐酸与硫化钡反应，制得氯化钡。往硫化钡溶液中通入二氧化碳，则得碳酸钡。

重晶石可作白色涂料（钡白），在橡胶、造纸工业中作白色填料。硫酸钡是唯一无毒钡盐，用于肠胃系统X射线造影剂。

七水硫酸镁为无色斜方晶体。加热至350K失去六分子水，在520K变为无水盐。硫酸镁微溶于醇，不溶于乙酸和丙酮，用作媒染剂、泻盐，也用于造纸、纺织、肥皂、陶瓷、油漆工业。

4. Li、Be的特殊性及对角线规则

(1) Li与Mg、Be与Al的相似性　锂只有两个电子层，Li^+半径特别小，水合能特别大，这使锂和同族碱金属元素相比较有许多特殊性质，而和ⅡA族Mg有相似性。例如Li比同族元素有较高的熔、沸点和硬度；Li难生成过氧化物；像Mg_3N_2一样，Li_3N是稳定的化合物；Li和ⅡA族一样能和碳直接生成Li_2C_2；Li能形成稳定的配合物，如$[Li(NH_3)_4]I$；Li_2CO_3、Li_3PO_4和LiF等皆不溶于水；LiOH溶解度极小，受热易分解，不稳定；Li的化合物有共价性，故能溶于有机溶剂中等。

铍及其化合物的性质和同族其他金属元素及其化合物也有明显的差异。铍的熔点、沸点比其他碱土金属高，硬度也是碱土金属中最大的，但都有脆性。铍有较强的形成共价键的倾向，例如$BeCl_2$已属于共价型化合物，而其他碱土金属的氧化物基本上都是离子型的。但铍和ⅢA族的铝有相似性。铍和铝都是两性金属，既能溶于酸，也能溶于强碱；铍和铝的标准电极电势相近。$\varphi^\ominus(Be^{2+}/Be) = -1.70V$，$\varphi^\ominus(Al^{3+}/Al) = -1.66V$，金属铍和铝都能被冷的浓硝酸钝化；铍和铝的氧化物均是熔点高、硬度大的物质；铍和铝的氢氧化物$Be(OH)_2$和$Al(OH)_3$都是两性氢氧化物，而且都难溶于水。铍和铝的氟化物都能与碱金属的氟化物形成配合物，如$Na_2[BeF_4]$、$Na_3[AlF_6]$；它们的氯化物、溴化物、碘化物都易溶于水；铍和铝的氯化物都是共价型化合物，易升华、易聚合、易溶于有机溶剂。

(2) 对角线规则　上述的相似性即所称的"对角线"相似性。在s区和p区元素中，除了同族元素的性质相似外，还有一些元素及其化合物的性质呈现出"对角线"相似。所谓对角线相似即ⅠA族的Li与ⅡA族的Mg、ⅡA族的Be与ⅢA族的Al、ⅢA族的B与Ⅳ族的Si这三对元素在周期表中处于对角线位置。

```
Li    Be    B     C
 \     \     \
  Na    Mg    Al    Si
```

周期表中，某元素及其化合物的性质与它左上方或右下方元素及其化合物性质的相似性就称为对角线规则。

对角线规则是从有关元素及其化合物的许多性质中总结出来的经验规律；对此可以用离

子极化的观点加以粗略的说明。同一周期最外层电子构型相同的金属离子，从左至右随离子电荷的增加而引起极化作用的增强；同一族电荷相同的金属离子，自上而下随离子半径的增大而使得极化作用减弱。因此，处于周期表中左上右下对角线位置上的邻近两个元素，由于电荷和半径的影响恰好相反，它们的离子极化作用比较相近，从而使它们的化学性质比较相似。由此反映出物质的结构与性质之间的内在联系。

(3) **硬水及其软化** 工业上根据水中 Ca^{2+} 和 Mg^{2+} 的含量，把天然水分为两种：溶有较多量 Ca^{2+} 和 Mg^{2+} 的水叫做硬水；溶有少量 Ca^{2+} 和 Mg^{2+} 的水叫做软水。

① **暂时硬水与永久硬水** 含有碳酸氢钙 $Ca(HCO_3)_2$ 或碳酸氢镁 $Mg(HCO_3)_2$ 的硬水经煮沸后，所含的酸式碳酸盐就分解为不溶性的碳酸盐。例如：

$$Ca(HCO_3)_2 \xrightarrow{\triangle} CaCO_3 \downarrow + H_2O + CO_2 \uparrow$$

$$2Mg(HCO_3)_2 \xrightarrow{\triangle} Mg_2(OH)_2CO_3 \downarrow + H_2O + 3CO_2 \uparrow$$

这样，容易从水中除去 Ca^{2+} 和 Mg^{2+}，水的硬度就变低了，故这种硬水叫做暂时硬水。含有硫酸镁（$MgSO_4$）、硫酸钙（$CaSO_4$）或氯化镁（$MgCl_2$）、氯化钙（$CaCl_2$）等的硬水，经过煮沸，水的硬度也不会消失。这种水叫做永久硬水。

② **硬水的软化** 消除硬水中 Ca^{2+}、Mg^{2+} 的过程叫做硬水的软化。常用的软化方法有石灰纯碱法和离子交换树脂净化水法。

永久硬水可以用纯碱软化。纯碱与钙、镁的硫酸盐和氯化物反应，生成难溶性的盐，使永久硬水失去它的硬性。工业上往往将石灰和纯碱各一半混合用于水的软化，称为石灰纯碱法。反应方程式如下：

$$MgCl_2 + Ca(OH)_2 \longrightarrow Mg(OH)_2 \downarrow + CaCl_2$$

$$CaCl_2 + Na_2CO_3 \longrightarrow CaCO_3 \downarrow + 2NaCl$$

反应终了再加沉降剂（如明矾），经澄清后得到软水。石灰纯碱法操作比较复杂，软化效果较差，但成本低，适于处理大量的且硬度较大的水。例如，发电厂、热电站等一般采用该法作为水软化的初步处理。

习　题

1. 在消防员的空气背包中，超氧化钾既是空气净化剂又是供养剂，其原理是什么？请用相应的化学反应方程式表示。

2. 写出 $Ca(OH)_2(s)$ 与氯化镁溶液反应的离子方程式，计算该反应在 298K 下的标准平衡常数。已知：$K_{sp}^{\ominus}[Ca(OH)_2] = 4.6 \times 10^{-6}$　　$K_{sp}^{\ominus}[Mg(OH)_2] = 5.1 \times 10^{-12}$

3. 在一含有浓度均为 $0.1 mol \cdot L^{-1}$ 的 Ba^{2+} 和 Sr^{2+} 的溶液中，加入 CrO_4^{2-}，问：

$$[K_{sp}^{\ominus}(BaCrO_4) = 1.2 \times 10^{-10},\ K_{sp}^{\ominus}(SrCrO_4) = 12.2 \times 10^{-5}]$$

(1) 首先从溶液中析出的是 $BaCrO_4$ 还是 $SrCrO_4$？为什么？

(2) 逐滴加入 CrO_4^{2-}，能否将这两种离子分离？为什么？

4. 除去 $0.10 mol \cdot L^{-1}$ $MgCl_2$ 溶液中少量 Fe^{3+} 杂质时，往往加入氨水调节 pH＝7～8 间并加热至沸。问：调 pH 到 7～8 为什么能除去 Fe^{3+}？pH 太大时有何影响？

已知溶度积：$K_{sp}^{\ominus}[Fe(OH)_3] = 1.1 \times 10^{-36}$，$K_{sp}^{\ominus}[Mg(OH)_2] = 1.2 \times 10^{-11}$

5. 完成并配平下列反应方程式。

(1) $KO_2 + H_2O \longrightarrow$

(2) $Sr(NO_3)_2 \xrightarrow{加热}$

(3) $CaH_2 + H_2O \longrightarrow$
(4) $Na_2O_2 + CO_2 \longrightarrow$
(5) $NaCl + H_2O \xrightarrow{电解}$

6. 完成并配平下列反应方程式。
(1) $Li + O_2 \longrightarrow$ 　　　　(2) $KO_2 + H_2O \longrightarrow$ 　　　　(3) $Be(OH)_2 + NaOH \longrightarrow$
(4) $Sr(NO_3)_2$（加热）$\longrightarrow$ 　(5) $CaH_2 + H_2O \longrightarrow$ 　　(6) $Na_2O_2 + CO_2 \longrightarrow$
(7) $NaCl + H_2O$（电解）$\longrightarrow$ 　(8) $Mg(OH)_2 + NH_3 \longrightarrow$

7. 将下列各题正确答案填在横线上。
(1) 镁条在空气中燃烧主要产物是_____，其次还有_____。
(2) $BeCl_2$ 的熔点比 $MgCl_2$ 的_____，因为_____。
(3) $CaCO_3$ 的溶解度比 $Ca(HCO_3)_2$ 的溶解度_____，Na_2CO_3 的溶解度比 $NaHCO_3$ 的溶解度_____。

8. 选择正确答案的序号填入括号里。
(1) 下列金属单质表现两性的是（　　）。
A. Li　　　　B. Mg　　　　C. Ba　　　　D. Be
(2) 下列碱土金属氧化物中，硬度最大的是（　　）。
A. CaO　　　B. BaO　　　C. MgO　　　D. SrO
(3) 下列物质中与 Cl_2 作用能生成漂白粉的是（　　）。
A. $CaCO_3$　　B. $CaSO_4$　　C. $Mg(OH)_2$　　D. $Ca(OH)_2$
(4) 下列物质的硫酸盐在水中溶解度最小的是（　　）。
A. $MgSO_4$　　B. $CaSO_4$　　C. $SrSO_4$　　D. $BaSO_4$
(5) 下列物质热分解温度最高的是（　　）。
A. $MgCO_3$　　B. $CaCO_3$　　C. $SrCO_3$　　D. $BaCO_3$
(6) 碱金属，碱土金属氢氧化物中显示两性的是（　　）。
A. $Mg(OH)_2$　B. $Be(OH)_2$　C. $Sr(OH)_2$　D. LiOH
(7) 以下四种氢氧化物中碱性最强的是（　　）。
A. $Be(OH)_2$　B. $Mg(OH)_2$　C. $Ca(OH)_2$　D. LiOH
(8) 下列碳酸盐中，热稳定性最小的是（　　）。
A. $BeCO_3$　　B. $MgCO_3$　　C. $CaCO_3$　　D. $BaCO_3$
(9) 下列各对元素中化学性质最相似的是（　　）。
A. H、Li　　B. Na、Mg　　C. Al、Be　　D. Al、Si

第二节　p 区 元 素

一、概论

p 区元素包括元素周期表中的 ⅢA～ⅧA，该区元素沿 B-Si-As-Te-At 对角线将其分为两部分，对角线右上角为非金属元素（包括对角线上的元素），对角线左下角为 10 种金属元素。

p 区元素包括了除氢以外的所有非金属元素和部分金属元素。p 区元素的原子半径在同一族中与 s 区元素相似，自上而下逐渐增大，它们获得电子的能力逐渐减弱，元素的非金属性也逐渐减弱，金属性逐渐增强。这些变化规律在 p 区元素中表现较为明显，在第 ⅢA～ⅤA 族元素中表现得更为突出。除第 ⅦA 族和 ⅧA 族外，p 区各族元素都由明显的非金属元素起，过渡到明显的金属元素止。同一族元素中，第一个元素的原子半径最小，电负性最大，获得电子的能力最强，因而与同族其他元素相比，化学性质有较大的差别。

与 s 区元素不同，p 区同族元素的一些性质变化不是直线形递变，而是表现为折线与突变。这种突变主要表现在第二周期元素、第四周期元素和第六周期元素上。

1. 第二周期元素的反常性

对于 p 区元素来说，第二周期元素的反常性非常突出。

比如，通常单键键能自上而下依次递减，但第二周期元素氟的单键键能却小于第三周期同族元素氯。这一现象与元素的原子结构有关。氟的价层结构为 $2s^2 2p^5$，没有 d 轨道，在同族元素中原子半径最小。当形成 F—F 单键时，键长较小，原子中未成键电子对之间产生较强排斥作用，从而抵消了部分成键效果。

第二周期元素配合物的配位数较低，也是其反常性的表现之一。如ⅤA族元素氮、磷、砷、锑、铋中，第二周期元素氮只能形成三氟化物，其他元素都能形成五氟化物。这是因为第二周期元素原子的价层只有 2s2p 轨道，没有 d 轨道参与杂化成键，而其他周期的原子，价层不仅有 s、p 轨道，还有 d 轨道可参与杂化，因此，它们可通过不同的杂化方式形成具有较高配位数的配合物。

2. 第四周期元素和第六周期元素的异样性

p 区元素的一些性质变化表现得不太规律，有时甚至还会出现突变现象。比如 p 区元素电负性随着原子序数和电子层数的增加，元素的电负性呈现减少趋势，但是这一变化趋势却并非直线形，如图 9-4 所示。

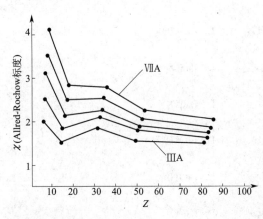

图 9-4　p 区元素电负性-原子序数之间的关系

从图 9-4 中可见，元素电负性的突变之处在第四周期和第六周期。这种第四周期元素和第六周期元素对同族元素性质变化规律的影响，在其他相关性质上也有表现。有人将之称为第四周期元素和第六周期元素的"异样性"。

第四周期和第六周期元素的异样性是由元素的电子层结构变化引起的。第四周期的 p 区元素与前几周期元素不同，电子填满 4s 轨道后，先填满 3d 轨道，再进入 4p 轨道。即在 s 区和 p 区之间出现了 d 区元素。d 区元素的插入使第四周期的 p 区元素与同周期 s 区元素相比，有效核电荷显著增大，原子半径显著减小。第四周期 p 区元素结构上的显著变化，使其偏离原来的性质变化曲线，与同族元素相比在性质上出现显著差别，这就是所称的"第四周期元素的异样性"。例如，第四周期元素溴，其溴酸和高溴酸的氧化性就强于其他卤酸和高卤酸。

第六周期元素由于其价电子层又出现了 f 电子，使原子结构再次突变，元素性质受到影响。镧系收缩对第六周期 p 区元素的性质也有影响。

3. 二次周期性

从图 9-4 中还可看到，ⅢA～ⅦA 族元素的电负性变化为相似的折线，即变化规律具有相似性和周期性。相对于不同周期之间元素性质变化的周期性而言，p 区元素不同主族之间的这种元素性质的周期性变化，被称为"二次周期性"。

4. 多种氧化数

p 区元素（ⅧA 族除外）原子的价层电子构型为 $ns^2 np^{1\sim 6}$。ns、np 电子均可参与成键，因此它们具有多种氧化数，这点不同于 s 区元素。随着价层 np 电子的增多，失电子趋势减弱，逐渐变为共用电子，甚至变为得电子。因此，p 区非金属元素除有正氧化数外，还有负氧化数。ⅢA～ⅤA 族同族元素自上往下低氧化数化合物的稳定性增强，高氧化数化合物的稳定性减弱，这种现象称为"惰性电子对效应"。

5. 化合物的成键特征

由于大多数 p 区元素具有较大的电负性，因此它们大多形成共价型化合物。非金属元素虽然也可以形成离子型化合物，但成键时的共价性特征更为显著。在极性共价化合物中，电负性大的元素显负氧化数，电负性小的元素显正氧化数。如 p 区元素的氢化物都是共价型化合物，其中氢的氧化数为 +1，非金属元素为负氧化数。

二、硼族元素

硼族（ⅢA）包括硼（B）、铝（Al）、镓（Ga）、铟（In）和铊（Tl）。自然界中没有游离态的硼，硼的矿石有硼砂矿（$Na_2B_4O_7 \cdot 10H_2O$）、硼镁矿（$Mg_2B_2O_5 \cdot H_2O$）、方硼矿（$2Mg_3B_8O_{15} \cdot MgCl_2$）等。铝是地壳中蕴藏最为丰富的金属元素，主要以铝矾土矿（$Al_2O_3 \cdot xH_2O$）存在。镓、铟都属于稀散元素。铊及其化合物都有毒，误食少量的铊盐可使毛发脱落，工业废水中不容许含铊。

硼族元素中除硼外均为金属元素。硼族元素原子的价层电子构型为 ns^2np^1，最高氧化数为 +3。硼、铝一般只形成氧化数为 +3 的化合物。从镓到铊，由于 ns^2 惰性电子对效应，氧化数为 +3 的化合物的稳定性降低，而氧化数为 +1 的化合物的稳定性增加。

硼族元素的基本性质列于表 9-6 中。

表 9-6 硼族元素的性质

性质	硼 B	铝 Al	镓 Ga	铟 In	铊 Tl
原子序数	5	13	31	49	81
价电子构型	$2s^22p^1$	$3s^23p^1$	$4s^24p^1$	$5s^25p^1$	$6s^26p^1$
共价半径/pm	88	143	122	163	170
沸点/℃	3864	2518	2203	2072	1457
熔点/℃	2067	660.3	29.7646	156.6	303.5
电负性 χ	2.04	1.61	1.81	1.78	2.04
电离能/kJ·mol^{-1}	807	583	585	541	596
电子亲和能/kJ·mol^{-1}	-23	-42.5	-28.9	-28.9	-50
电极电势 $\varphi^{\ominus}(M^{3+}/M)$/V		-1.68	-0.5493	-0.339	-0.3358
氧化数	+3	+3	(+1), +3	+1, +3	+1, (+3)

硼的原子半径小，电负性较大，其化合物均属共价型。硼族元素原子的价电子数为 3，而价层电子轨道数为 4，是缺电子原子，可形成缺电子化合物。缺电子化合物因有空的价层电子轨道，能接受电子对，故易形成聚合分子（如 Al_2Cl_6）和配合物（如 $H[BF_4]$）。

1. 硼族元素的单质

单质硼有多种同素异形体，无定形硼为棕色粉末，晶体硼呈灰黑色。单质硼的硬度近似于金刚石，硼的电阻很大，但它的电导率却随着温度的升高而增大。

α-菱形硼是由 B_{12} 单元组成的层状结构，该晶体属于原子晶体，因此晶态单质硼的硬度大，熔点高，化学性质不活泼；无定形硼则比较活泼。

铝是银白色有光泽的轻金属，具有良好的导电性和延展性；是很重要的金属材料和结构材料，常用以制作导线和日用器皿。

镓、铟、铊都是软金属，物理性质相近，熔点都较低，镓的熔点比人体体温还低。镓、铟、铊可用于生产新型半导体材料。

2. 硼的化合物

(1) 氢化物　硼氢化合物的物理性质与烷烃、硅烷相似，所以硼的氢化物也被称作硼烷。到目前为止，已经合成出 20 多种硼烷，主要分为两个系列：B_nH_{n+4} 和不太稳定的 B_nH_{n+6}。

硼烷的命名和烷烃类似,当 n 相同时,要在名称后在括号内注明氢原子数目,如表 9-7 所示。

表 9-7 硼烷的命名

B_nH_{n+4}	命名	B_nH_{n+6}	命名
B_2H_6	乙硼烷	B_4H_{10}	丁硼烷
B_5H_9	戊硼烷(9)	B_5H_{11}	戊硼烷(11)
B_6H_{10}	己硼烷(10)	B_6H_{12}	己硼烷(12)
B_8H_{12}	辛硼烷(12)	B_8H_{14}	辛硼烷(14)
$B_{10}H_{14}$	癸硼烷(14)	$B_{10}H_{16}$	癸硼烷(16)

最简单的硼烷是乙硼烷(B_2H_6),通过电子衍射图像和振动光谱研究,发现乙硼烷具有如图 9-5 所示的桥状结构。虽然乙硼烷的分子式(B_2H_6)、组成比以及中心原子的成键杂化态(sp^3)都与乙烷的相似,但是键型却不相同,因为硼原子只有 3 个价电子,属于缺电子原子,不可能与 4 个氢原子形成 4 个正常的 σ 键。在 B_2H_6 分子中,共有 14 个价轨道,而只有 12 个价电子,所以 B_2H_6 是缺电子化合物。有 8 个价电子用于 2 个 B 原子各与 2 个 H 原子形成 4 个 B—H σ 键,这 4 个 σ 键在同一平面上。剩下的 4 个价电子在 2 个 B 原子和另外 2 个 H 原子之间形成了垂直于上述平面的 2 个三中心两电子键,一个键在平面之上,而另一个在平面之下,每一个三中心两电子键是由 1 个 H 原子和 2 个 B 原子共用 2 个电子构成的。这个 H 原子把 2 个 B 原子连接起来,具有桥状结构,这个 H 原子也被称为"桥氢原子"。

三中心键属于多中心键的一种形式,而多中心键是缺电子原子的一种特殊成键形式,普遍存在于硼烷中。三中心键的强度只有一半共价键的一半,因此相对于烷烃来讲,硼烷的性质较为活泼。

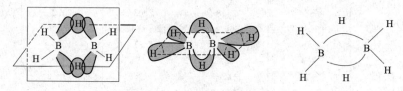

图 9-5 乙硼烷的结构示意图

常温下,B_2H_6 和 B_4H_{10}(丁硼烷)为气体,B_5H_9、B_6H_{10} 为液体,$B_{10}H_{14}$ 及其他高硼烷都是固体。随着原子数目的增加和相对分子质量的增大,熔点、沸点逐渐升高。硼烷多数有毒,有令人不适的特殊气味,且不稳定。

乙硼烷(B_2H_6)是无色气体,用 LiH,NaH 或 $NaBH_4$ 与卤化硼作用可以制备 B_2H_6,乙硼烷的化学性质主要体现在以下方面。

B_2H_6 是非常活泼的物质,暴露于空气中易燃烧或爆炸,并放出大量的热。

$$B_2H_6(g) + 3O_2(g) \longrightarrow B_2O_3(g) + 3H_2O(g)$$

B_2H_6 易水解释放出氢气,生成硼酸。

$$B_2H_6(g) + 6H_2O(l) \longrightarrow 2H_3BO_3(s) + 6H_2(g)$$

B_2H_6 与 LiH 反应,能生成一种比 B_2H_6 的还原性更强的还原剂硼氢化锂 $LiBH_4$。

$$2LiH + B_2H_6 \longrightarrow 2LiBH_4$$

$LiBH_4$ 为白色盐型氢化物,溶于水或乙醇,无毒,化学性质稳定。广泛用于有机合成,是重要的还原剂。

NH_3、CO 是具有孤对电子的分子,能够和硼烷发生加合作用生成配合物。

$$2CO + B_2H_6 \longrightarrow 2[H_3B \leftarrow CO]$$

$$2NH_3 + B_2H_6 \longrightarrow 2[H_3B \leftarrow NH_3]$$

(2) **硼的含氧化合物** 由于硼与氧形成的 B—O 键键能大（B—O 键键能为：523kJ·mol^{-1}），所以硼的含氧化合物具有很高的稳定性。构成硼的含氧化合物的基本单元是平面三角形的 BO_3 和四面体形的 BO_4，这是由硼元素的亲氧性和缺电子性质所决定的。

① **三氧化二硼（B_2O_3）** B_2O_3 是白色固体，晶态 B_2O_3 比较稳定，熔点为 460℃。B_2O_3 能被碱金属、镁、铝还原为单质硼。

$$B_2O_3 + 3Mg \longrightarrow 2B + 3MgO$$

B_2O_3 易溶于水，生成硼酸。

$$B_2O_3 + 3H_2O \longrightarrow 2H_3BO_3$$

② **硼酸** 硼酸包括正硼酸（H_3BO_3）、偏硼酸（H_3BO_2）和多硼酸（$xB_2O_3 \cdot yH_2O$）。正硼酸通常又称为硼酸。将纯的硼砂（$Na_2B_4O_7 \cdot 10H_2O$）溶于沸水中并加入硫酸，放置后可析出硼酸。

$$Na_2B_4O_7 + H_2SO_4 + 5H_2O \longrightarrow 4H_3BO_3 + Na_2SO_4$$

在 H_3BO_3 的晶体中，每个 B 原子以 3 个 sp^2 杂化轨道与 3 个 O 原子结合成平面三角形结构，每个 O 原子除以共价键与 1 个 B 原子和 1 个 H 原子相结合外，还通过氢键与另一个 H_3BO_3 单元中的 H 原子结合而连成片层结构，如图 9-6 所示。层与层之间则以微弱的范德华力联系在一起。所以硼酸晶体是鳞片状的，有解理性和滑腻感，可作润滑剂。

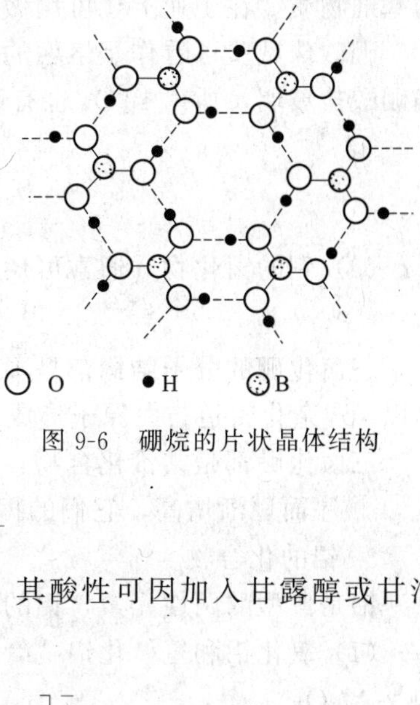

硼酸是白色片状晶体，微溶于水 [0℃时溶解度为 6.35g·(100g H_2O)$^{-1}$]，但在热水中溶解度较大 [100℃时溶解度为 27.6g·(100gH_2O)$^{-1}$]。硼酸是一元弱酸($K_a^{\ominus}$ = 5.8×10^{-10})，在水中之所以呈现酸性，是由于硼酸中的硼原子 B 是缺电子原子，价层具有空轨道，能够加合来自水分子电离出的具有孤电子对的 OH^-，而释放出 H^+。

图 9-6 硼烷的片状晶体结构

$$H_3BO_3 + H_2O \Longleftrightarrow B(OH)_4^- + H^+$$

表明了硼酸是缺电子化合物，是一个典型的路易斯酸。其酸性可因加入甘露醇或甘油（丙三醇）而大为增强。

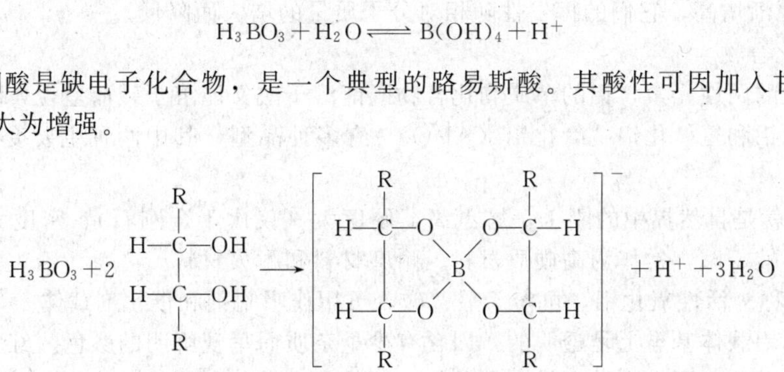

$$H_3BO_3 + 2 \begin{matrix} R \\ | \\ H-C-OH \\ | \\ H-C-OH \\ | \\ R \end{matrix} \longrightarrow \begin{bmatrix} R & R \\ | & | \\ H-C-O & O-C-H \\ & \diagdown \diagup & \\ & B & \\ & \diagup \diagdown & \\ H-C-O & O-C-H \\ | & | \\ R & R \end{bmatrix}^- + H^+ + 3H_2O$$

硼酸加热脱水先生成偏硼酸 HBO_2，继续加热变成 B_2O_3。

$$2H_3BO_3 \Longleftrightarrow 2HBO_2 + 2H_2O \Longleftrightarrow B_2O_3 + 3H_2O$$

③ **硼酸盐** 硼酸盐有偏硼酸盐、正硼酸盐和多硼酸盐等。最重要的硼酸盐是四硼酸钠，俗称硼砂。硼砂的分子式为 $Na_2B_4O_5(OH)_4 \cdot 8H_2O$，习惯上也常写作 $Na_2B_4O_7 \cdot 10H_2O$。

四硼酸根阳离子的立体结构如图 9-7 所示,在四硼酸根中有两个 BO_3 平面三角形和两个 BO_4 四面体通过共用角顶 O 原子而联结起来。

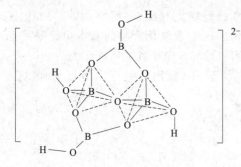

图 9-7 四硼酸根阳离子的立体结构

硼砂是无色半透明的晶体或白色结晶粉末。在空气中容易失水风化,加热到 350~400℃ 左右,失去全部结晶水成无水盐,在 878℃ 熔化为玻璃体。熔融状态的硼砂能溶解一些金属氧化物,形成偏硼酸盐,并依金属的不同而显示出特征颜色,例如:

$$Na_2B_4O_7 + CoO \rightleftharpoons Co(BO_2)_2 \cdot 2NaBO_2(蓝色)$$
$$Na_2B_4O_7 + NiO \rightleftharpoons Ni(BO_2)_2 \cdot 2NaBO_2(棕色)$$

此反应可用于焊接金属时除锈,也可以鉴定某些金属离子,这在分析化学上称为硼砂珠试验。

硼砂是一个强碱弱酸盐,可溶于水,在水溶液中水解而显示较强的碱性。

$$[B_4O_5(OH)_4]^{2-} + 5H_2O \rightleftharpoons 4H_3BO_3 + 2OH^- \rightleftharpoons 2H_3BO_3 + 2B(OH)_4^-$$

硼砂水解时得到等物质的量的酸(H_3BO_3)和碱$[B(OH)_4^-]$,所以此水溶液具有缓冲作用。硼砂易于提纯,水溶液又显碱性,在实验室中常用它配制缓冲溶液或作为标定酸浓度的基准物质。在工业上还可用做肥皂和洗衣粉的填料。

硼砂珠试验可看作是熔融的酸性氧化物 B_2O_3 和碱性金属氧化物作用生成有特征颜色的偏硼酸盐玻璃,所以 B_2O_3 也有硼砂珠试验,例如:

$$B_2O_3 + CuO \rightleftharpoons Cu(BO_2)_2 \text{ 蓝色}$$
$$B_2O_3 + NiO \rightleftharpoons Ni(BO_2)_2 \text{ 绿色}$$

(3)硼的卤化物 通常可用硼与卤素直接反应制得三卤化硼。

$$2B + 3X_2 \longrightarrow 2BX_3$$

三卤化硼的分子结构都是平面三角形,如图 9-8 所示,表明 B 原子都是以 sp^2 杂化轨道与卤原子形成 σ 键。

图 9-8 三卤化硼的分子结构

三卤化硼都是共价化合物,熔、沸点均很低,并有规律地按 F、Cl、B、I 顺序而逐渐增高,它们的挥发性随相对分子质量的增大而降低。

3. 铝的化合物

铝是典型的两性元素,铝的单质和化合物既能溶于酸又能溶于碱而呈现典型的两性。

(1)氧化铝和氢氧化铝 氧化铝(Al_2O_3)有多种晶型,其中两种主要变体是 α-Al_2O_3 和 γ-Al_2O_3。

α-Al_2O_3 就是自然界中的刚玉,熔点高、硬度大(仅次于金刚石)、密度大、化学性质稳定,不溶于酸、碱,常作为高硬质材料、耐磨材料和耐火材料。

γ-Al_2O_3 称为活性氧化铝,可溶于酸、碱,可用作吸附剂和催化剂载体。

有些氧化铝载体基本上是透明的,因含有少量杂质而呈现鲜明的颜色。红宝石含有极微量铬的氧化物,蓝宝石含有铁和钛的氧化物,黄晶含有铁的氧化物。

氢氧化铝是两性氢氧化物,不溶于水,其碱性略强于酸性。

$$Al(OH)_3 + 3H^+ \longrightarrow Al^{3+} + 3H_2O$$
$$Al(OH)_3 + OH^- \longrightarrow [Al(OH)_4]^-$$

光谱实验证实,氢氧化铝溶于氢氧化钠溶液以后,生成的化合物是 $Na[Al(OH)_4]$,而

不是 $NaAlO_2$ 或 Na_3AlO_3。

在铝酸盐溶液中通入 CO_2 会得到白色晶态氢氧化铝 [$Al(OH)_3$] 沉淀, 而用铝盐加入氨水或者适量碱得到白色絮状 $Al(OH)_3$ 沉淀, 这种沉淀实际上为含水量不确定的 $Al_2O_3 \cdot xH_2O$, 所以也被称为水合氧化铝。

(2) 铝的卤化物 卤化铝 AlX_3 中, AlF_3 为离子化合物, $AlCl_3$、$AlBr_3$ 和 AlI_3 均为共价化合物。其中 $AlCl_3$ 是最为重要的卤化铝。由于铝盐极容易发生水解, 所以在水溶液中无法得到无水 $AlCl_3$。即使把铝溶于浓盐酸也只能分离出无色、吸潮的水合晶体 $AlCl_3 \cdot 6H_2O$。为此, 只能用干法制取 $AlCl_3$, 比如在氯气或者氯化氢气流中加热金属铝可以得到无水 $AlCl_3$。

$$2Al + 3Cl_2(g) \xrightarrow{\triangle} 2AlCl_3$$

$$2Al + 6HCl(g) \xrightarrow{\triangle} 2AlCl_3 + 3H_2(g)$$

无水 $AlCl_3$ 能溶于几乎所有的有机溶剂, 在水中会发生强烈的水解作用, 甚至在空气中遇到水气也会猛烈地冒烟。

$AlCl_3$ 分子中的铝原子是缺电子原子, 存在空轨道, 而氯原子有孤对电子, 因此可以通过配位键形成具有桥式结构的双聚分子 Al_2Cl_6。Al_2Cl_6 分子中的每个铝原子以不等性 sp^3 杂化轨道和 4 个氯原子形成四面体结构, 2 个铝原子与两侧的 4 个氯原子在同一平面上, 中间的 2 个氯原子位于该平面的两侧。

无水 $AlCl_3$ 最重要的用途是作为有机合成和石油化工的催化剂。

(3) 铝的含氧酸盐 常见的铝的含氧酸盐有硫酸铝 [$Al_2(SO_4)_3$], 铝钾钒(明矾) [$KAl(SO_4)_2 \cdot 12H_2O$] 等。硫酸铝、硝酸铝溶于水后, 由于 Al^{3+} 的水解, 溶液呈酸性。

$$[Al(H_2O)_6]^{3+} \rightleftharpoons [Al(OH)(H_2O)_5]^{2+} + H^+$$

铝的弱酸盐水解更加明显, 甚至达到几乎完全的程度。所以, 弱酸的铝盐不能用湿法制得。

$$2Al^{3+} + 3S^{2-} + 6H_2O \longrightarrow 2Al(OH)_3(s) + 3H_2S(g)$$

$$2Al^{3+} + 3CO_3^{2-} + 3H_2O \longrightarrow 2Al(OH)_3(s) + 3CO_2(g)$$

在 Al^{3+} 溶液中加入茜素的氨溶液, 生成红色沉淀。反应方程式如下:

$$Al^{3+} + 3NH_3 \cdot H_2O \longrightarrow Al(OH)_3(s) + 3NH_4^+$$

$$Al(OH)_3 + 3C_{14}H_6O_2(OH)_2 \longrightarrow Al(C_{14}H_7O_4)_3 (红色) + 3H_2O$$

这一反应具有很高的灵敏度, 溶液中微量的 Al^{3+} 也有明显的反应现象, 所以经常用来鉴定 Al^{3+} 的存在。

明矾可以用来净水, 因为 Al^{3+} 会和水作用所得的氢氧化物具有很强的吸附性能。在印染工业上硫酸铝或者明矾可用作媒染剂。泡沫灭火器中装有 $Al_2(SO_4)_3$ 的饱和溶液。

三、碳族元素

碳族元素是周期系 ⅣA 族元素, 包括碳、硅、锗、锡、铅五种元素。碳和硅在自然界中分布很广, 硅在地壳中的含量仅次于氧, 其丰度位居第二, 主要以硅酸盐矿和石英矿存在于自然界中。除碳、硅以外, 其他元素比较少, 但是锡和铅矿藏富集, 容易提炼, 并有广泛应用, 所以仍然是比较熟悉的元素。

在碳族元素中, 碳和硅是非金属元素。硅虽然也呈现出较弱的金属性, 但仍以非金属性为主。锗、锡和铅是金属元素, 其中锗在某些情况下也表现出一些非金属性。

碳族元素的价层电子构型为 ns^2np^2, 因此它们能够形成氧化值为 +4 和 +2 的化合物, 碳有时还会生成氧化值为 -4 的化合物。碳族元素的基本性质列于表 9-8 中。

表 9-8 碳族元素的性质

项目	碳 C	硅 Si	锗 Ge	锡 Sn	铅 Pb
原子序数	6	14	32	50	82
价电子构型	$2s^22p^2$	$3s^23p^2$	$4s^24p^2$	$5s^25p^2$	$6s^26p^2$
共价半径/pm	77	117	122	141	175
沸点/℃	4329	3265	2830	2602	1749
熔点/℃	3550	1412	937.3	232	327
电负性 χ	2.55	1.90	2.01	1.96	2.33
电离能/kJ·mol^{-1}	1093	793	767	715	722
电子亲和能/kJ·mol^{-1}	-122	-137	-116	-116	-100
电极电势 $\varphi^{\ominus}(M^{4+}/M^{2+})$/V				0.1539	1.458
电极电势 $\varphi^{\ominus}(M^{2+}/M)$/V				-0.1410	-0.1266
氧化数	-4,+4	4	(2),4	2,4	2,4

1. 碳族元素单质

在自然界以单质状态存在的碳是金刚石和石墨，以化合物形式存在的碳有煤、石油、天然气、碳酸盐和二氧化碳等，动植物的体内也含有碳。

碳元素常见的同素异形体有金刚石、石墨和足球烯（富勒烯）等。其中金刚石属于原子晶体，其晶体结构如图 9-9 所示，C—C 键长为 155pm，键能为 347.3kJ·mol^{-1}。金刚石硬度大、熔点高，在工业上用作钻头、刀具以及精密轴承等。

石墨是层状晶体（如图 9-10 所示），质软，有金属光泽，可以导电。在层内，碳原子形成六元环共价键，C—C 键长 142pm，层与层之间的距离为 335pm。在石墨晶体中，C 原子采用 sp^2 杂化轨道，彼此之间以 σ 键连接在一起。每个 C 原子还有 1 个 2p 轨道，其中有 1 个 2p 电子。这些 2p 轨道都垂直于 sp^2 杂化轨道的平面，而且还相互平行。同一层中有很多 C 原子，所有 C 原子的垂直于 sp^2 杂化轨道平面的 2p 轨道中的电子，都参与形成了 π 键，这种包含着很多个原子的 π 键叫大 π 键。因此石墨中的 C—C 键长比通常的 C—C 单键（154pm）略短，比 C═C 双键（134pm）略长。大 π 键中的电子并不定域于两个原子之间，而是非定域的，可以在同一层中运动，这使得石墨具有金属光泽，并且具有良好的导电和导热性。层与层之间的距离较远，它们是靠分子间力结合起来的。这种引力较弱，所以层与层之间可以滑移。石墨在工业上用作润滑剂就是利用这一特性。

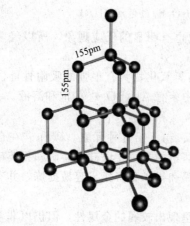

图 9-9 金刚石的结构

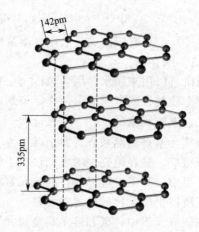

图 9-10 石墨的层状晶体结构

石墨在热力学上比金刚石稳定，但是化学反应活性大大高于金刚石，许多物质如碱金属、卤素、金属卤化物等，都能与石墨反应。反应产物中石墨的结构基本不变，反应原子或离子浸入石墨层空隙，生成间隙化合物，其组成的化学计量数往往不是整数。

20世纪80年代发现了碳的第三种晶体形态——富勒烯，其中C_{60}比较稳定，碳原子按五元环或六元环排列成类似足球的图形，如图9-11所示，所以C_{60}又被称为"足球烯"。

硅的单质有晶态（银灰色）和无定形（黑色粉末）两种。晶体硅的结构和金刚石相似，属于原子晶体，熔点、沸点较高，质地硬脆。无定形硅性质较晶体硅活泼。

硅的化学性质不活泼，室温下不与氧、水、氢卤酸反应，但是能够与强碱或者硝酸与氢氟酸的混合物溶液反应。

$$Si+2NaOH+H_2O \longrightarrow Na_2SiO_3+2H_2(g)$$

$$3Si+4HNO_3+12HF \longrightarrow 3SiF_4(g)+4NO(g)+8H_2O$$

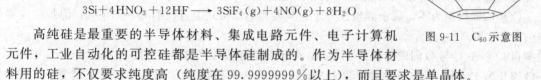

图9-11　C_{60}示意图

高纯硅是最重要的半导体材料、集成电路元件、电子计算机元件，工业自动化的可控硅都是半导体硅制成的。作为半导体材料用的硅，不仅要求纯度高（纯度在99.9999999%以上），而且要求是单晶体。

锗是一种灰白色的金属，质地比较硬脆，其晶体结构也是金刚石型。

锡有三种同素异形体，即灰锡（α锡）、白锡（β锡）和脆锡，它们可以相互转化：

$$灰锡（\alpha 锡） \underset{}{\overset{13.2℃}{\rightleftharpoons}} 白锡（\beta 锡） \underset{}{\overset{161℃}{\rightleftharpoons}} 脆锡$$

白锡是银白色的，质地较软，具有延展性。低温下白锡转变为粉末状的灰锡的速率大大加快，所以锡制品会因长期处于低温而自行毁坏，这种现象被称为锡疫。锡在常温下表面会形成一层保护膜，在空气和水中都稳定，有一定的抗腐蚀性能。马口铁就是表面镀锡的薄铁皮。

铅是很软的重金属，强度不高。铅能挡住X射线，还可作为电缆的包皮、铅蓄电池的电极、核反应堆的防护屏等。

总之，碳族元素单质的化学活泼性自上而下逐渐增强。

2. 碳的化合物

碳的化合物几乎都是共价键性的，绝大多数碳的化合物属于有机化合物，仅有一小部分（比如一氧化碳、二氧化碳、碳酸及其盐等）习惯上作为无机化合物看待。碳的氧化值除了在CO中为+2，在其他化合物中均为+4或者-4。

（1）碳的氧化物

① 一氧化碳　一氧化碳（CO）是无色、无臭的气体，微溶于水。因其能够与血液中的血红蛋白结合，形成很稳定的配合物从而破坏了血红蛋白的载氧能力。当有10%的血红蛋白和CO结合后，人就会窒息死亡。

CO属于惰性氧化物。CO分子的电子总数为14，与N_2相同，并且二者的结构相似。因为CO中碳原子和氧原子是通过三键结合，其中一个为σ键、一个为双方各提供一个价电子的共价π键，还有一个是氧原子单独提供一对电子形成的配位π键。CO的结构可表示为：

$$:C≡O:$$

CO作为配位体能与过渡金属原子或者离子形成羰基配合物，比如四羰基合镍$[Ni(CO)_4]$和五羰基合铁$[Fe(CO)_5]$。CO表现出强烈的加合性，这是因为其中的C原子中的孤对电子容易进入其他的空轨道，从而形成配合物。

CO是强还原剂，在冶金工业中，CO常被用作还原剂，在高温下能够把许多金属从其相应的氧化物中还原出来。比如：

$$3CO(g)+Fe_2O_3 \longrightarrow 2Fe(s)+3CO_2(g)$$

$$CO(g) + CuO(s) \longrightarrow Cu(s) + CO_2(g)$$

CO 还可以与其他非金属反应，应用于有机合成。比如高温高压并在催化剂存在的情况下，CO 和 H_2 可以形成甲醇。

$$CO + 2H_2 \longrightarrow CH_3OH$$

CO 还是很好的气体燃料，能够在空气中或者氧气中燃烧生成 CO_2，同时放出大量的热。

$$CO(g) + \frac{1}{2}O_2(g) \longrightarrow CO_2(g) \qquad \Delta_r H_m^{\ominus} = -284 \text{kJ} \cdot \text{mol}^{-1}$$

② 二氧化碳　CO_2 是无色、无臭的气体，不助燃。室温下加压可以使 CO_2 气体液化，当液态 CO_2 骤然减压沸腾时会吸收大量的热，导致温度下降到 $-78℃$，形成干冰。干冰常不经过熔化而直接升华，可作为制冷剂（冷冻温度可达 $-70℃$）。

CO_2 的偶极矩为零，属于非极性分子，其经典的结构式为直线形 O=C=O。但是结构实验测得 CO_2 中 C 与 O 间的键长为 116pm，介于双键键长与三键键长之间（$CH_3-\underset{\underset{O}{\|}}{C}-CH_3$ 中的 C=O 键长为 124pm，CO 三键键长为 113pm），为此人们提出 CO_2 中应存在以下键型：C 与 O 间除了有 σ 键外，在 CO_2 分子中尚存在 2 个三中心四电子大 π 键（Π_3^4）。

$$:\ddot{O}\text{—}C\text{—}\ddot{O}:$$

CO_2 大量用于生产 Na_2CO_3、$NaHCO_3$ 和 NH_4HCO_3，也可以作为灭火剂、防腐剂和灭虫剂。大气中的 CO_2 正常含量的体积分数约占 0.03%。CO_2 主要来源于煤、石油气以及其他含碳化合物的燃烧、碳酸钙的分解、动植物的呼吸作用和发酵过程。自然界通过植物的光合作用和海洋中的浮游生物可以将 CO_2 转变成 O_2，维持着大气中 CO_2 和 O_2 的平衡。近年来，随着工业的发展，地球表面 CO_2 浓度日益增加，这些 CO_2 像一个毯子蒙罩在大气层，它能够吸收地球表面的热辐射而组织热量散入高空，这种现象即为"CO_2 的温室效应"。大气中 CO_2 浓度增加的另一方面原因可能与森林过度砍伐有关。森林面积的减少，使吸收 CO_2 的光合作用减少。

(2) 碳酸及其盐类　CO_2 溶于水，大部分以 $CO_2 \cdot H_2O$ 形式存在，极小部分是以 H_2CO_3 的形式存在，也就是说 CO_2 溶于水后，水溶液中存在以下平衡：

$$CO_2 + H_2O \rightleftharpoons H_2O \cdot CO_2 \rightleftharpoons H_2CO_3 \rightleftharpoons H^+ + HCO_3^-$$

$$H_2CO_3(aq) \rightleftharpoons H^+(aq) + HCO_3^-(aq) \qquad K_{a1}^{\ominus} = 4.3 \times 10^{-7}$$

$$HCO_3^-(aq) \rightleftharpoons H^+(aq) + CO_3^{2-}(aq) \qquad K_{a2}^{\ominus} = 4.8 \times 10^{-11}$$

应指出的是，上述电离常数是把 CO_2 看作全部形成碳酸，这与事实不符，考虑溶液中的平衡，H_2CO_3 的实际电离常数为：$K_1^{\ominus} = 2 \times 10^{-4}$。

由于碳酸是二元酸，能够和碱反应生成碳酸盐和碳酸氢盐。碳酸盐中，除了铵盐和碱金属盐（Li_2CO_3 除外）易溶外，其他盐类都难溶于水，一般是难溶碳酸盐对应的碳酸氢盐的溶解度较大，比如 $Ca(HCO_3)_2$ 溶解度大于 $CaCO_3$。而对于易溶的碳酸盐，其对应的碳酸氢盐的溶解度反而变小，比如 $NaHCO_3$ 溶解度小于 Na_2CO_3，这是因为 HCO_3^- 会通过氢键形成二聚离子或者多聚离子。

HCO_3^- 二聚体　　　　　　HCO_3^- 多聚体

碳酸盐和碳酸氢盐的热稳定性较差，它们在高温下均会分解。

$$M(HCO_3)_2 \longrightarrow MCO_3 + H_2O + CO_2 \uparrow \quad (M 为 +2 价金属离子)$$

$$MCO_3 \longrightarrow MO + CO_2 \uparrow \quad (M 为 +2 价金属离子)$$

碳酸、碳酸氢盐和碳酸盐的热稳定性遵循如下规律：$M_2CO_3 > MHCO_3 > H_2CO_3$。例如 Na_2CO_3 很难分解，$NaHCO_3$ 在 270℃ 分解，H_2CO_3 在室温下即可分解，这种现象可以用极化理论进行解释。在 H_2CO_3 和 HCO_3^- 中，H 和 O 以共价键结合，但是极化理论把这种结合看作 H^+ 和 O^{2-} 的作用。在 HCO_3^- 中，H^+ 容易把 CO_3^{2-} 中的 O^{2-} 吸引过来形成 OH^-。OH^- 与另一个 HCO_3^- 中的 H^+ 结合为 H_2O，同时放出 CO_2，这一过程促使 HCO_3^- 不稳定。在 H_2CO_3 中有 2 个 H^+，更容易夺取 CO_3^{2-} 中的 O^{2-} 形成 H_2O，所以 H_2CO_3 比 HCO_3^- 更加不稳定。

同一族的金属的碳酸盐的稳定性从上到下增加。比如：

碳酸盐	$BeCO_3$	$MgCO_3$	$CaCO_3$	$SrCO_3$	$BaCO_3$
分解温度/℃	100	540	900	1290	1360

过渡金属碳酸盐稳定性差，比如：

碳酸盐	$CaCO_3$	$PbCO_3$	$ZnCO_3$	$FeCO_3$
分解温度/℃	900	315	350	282
M^{2+} 价层电子构型	8e	(8+2)e	18e	(9~17)e

所有碳酸盐和碳酸氢盐都会被分解而释放出 CO_2，这一反应常被用来检验碳酸盐和碳酸氢盐。

3. 硅的化合物

(1) 二氧化硅　二氧化硅又称为硅石，有晶体和无定形两种形态。天然 SiO_2 晶体称为石英，纯净的石英称为水晶，属于原子晶体，其中每个硅原子与 4 个氧原子以单键相连，构成 SiO_4 四面体结构单元。Si 原子位于四面体的中心，4 个氧原子位于四面体的顶角，如图 9-12 所示。石英可用于制作光学仪器及工艺品等。含杂质的石英根据成分的不同杂质组成而称为玛瑙、紫晶。

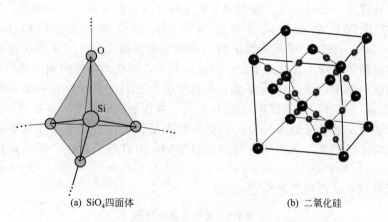

(a) SiO_4 四面体　　　　(b) 二氧化硅

图 9-12　SiO_4 四面体结构单元和二氧化硅的网格结构

二氧化硅化学性质稳定，仅能和少数试剂发生反应。在室温下，可以和氢氟酸反应，生成四氟化硅。可以利用这一性质在玻璃上雕刻图案，因为玻璃的主要成分就是二氧化硅。

$$SiO_2 + 4HF \longrightarrow SiF_4 + 2H_2O$$

二氧化硅属于酸性氧化物，能够与热的碱溶液或者熔融的碱作用，生成可溶性的硅酸盐。

$$SiO_2(s)+2NaOH(aq) \xrightarrow{\triangle} Na_2SiO_3(aq)+H_2O(l)$$

$$SiO_2(s)+Na_2CO_3(s) \xrightarrow{\triangle} Na_2SiO_3(s)+CO_2(g)$$

（2）硅酸及其硅酸盐

H_2SiO_3（原硅酸 H_4SiO_4 的脱水形式）为二元弱酸：$K_{a1}^{\ominus}=1.7\times10^{-10}$，$K_{a2}^{\ominus}=1.6\times10^{-12}$，可见硅酸酸性比碳酸弱，由此可想到制备硅酸可用酸性比硅酸强的二氧化碳、氯化铵、氯化氢等与硅酸钠反应：

$$Na_2SiO_3+2NH_4Cl \longrightarrow H_2SiO_3+2NaCl+2NH_3\uparrow$$

$$Na_2SiO_3+2HCl \longrightarrow H_2SiO_3+2NaCl$$

得到的 H_2SiO_3，开始为单分子硅酸溶于水，后聚合成多硅酸，形成硅酸溶胶，当浓度大时或加入电解质时，形成凝胶，经过干燥后得到白色透明固体。它具有许多极细小的孔隙，表面积大，吸附能力强，常用作干燥剂、吸附剂和催化剂载体。例如，实验师常用变色硅胶作为精密仪器的干燥剂，变色硅胶里面含有氯化钴，无水时，$CoCl_2$ 呈蓝色，含水时 $[Co(H_2O)_6]^{2+}$ 呈粉红色，氯化钴颜色的变化可显示硅胶的吸湿情况，粉红色的硅胶已经失去吸湿能力，需要烘烤、脱水，使其变成蓝色后才重新恢复吸湿能力。

硅酸盐中除了 Na_2SiO_3（俗称水玻璃）和 K_2SiO_3 为可溶性硅酸盐外，大多数硅酸盐难溶于水，且有特征颜色。比如：

$CuSiO_3$	$CoSiO_3$	$MnSiO_3$	$Al_2(SiO_3)_3$	$NiSiO_3$	$Fe_2(SiO_3)_3$
蓝绿色	紫色	浅红色	无色透明	翠绿色	棕红色

如果在透明的 Na_2SiO_3 溶液中，分别加入颜色不同的固体重金属盐，静置几分钟以后，可以看到不同颜色的难溶重金属硅酸盐好似"树"、"草"一样不断生长，形成美丽的"水中花园"。

四、氮族元素

氮族元素是周期系ⅤA族元素，包括氮、磷、砷、锑、铋五种元素。其中氮和磷属于非金属元素，砷和锑为准金属元素，铋为典型的金属元素。绝大部分氮以单质的形式存在于空气中，磷则主要以磷酸盐形式分布在地壳中，如磷酸钙 $Ca_3(PO_4)_2$，氟磷灰石 $3Ca_3(PO_4)_2\cdot CaF_2$。我国的磷矿资源丰富，储量居世界第二位。氮和磷是动植物体不可或缺的元素，在植物体中磷主要存在于种子的蛋白质中，而在动物体中则主要存在于脑、血液中神经组织的蛋白质中。砷、锑和铋属于亲硫元素，它们主要以硫化物矿存在，如，雄黄（S_4As_4）、辉锑矿（Sb_2S_3）、辉铋矿（Bi_2S_3）等。我国的锑矿储量居世界首位。

氮族元素的价层电子构型为 ns^2np^3，电负性不是很大，所以本族元素形成氧化值为正的化合物的趋势比较明显，化合物主要是共价型的，而且原子愈小，形成共价键的趋势也愈大。

氮族元素的基本性质列于表9-9中。

表 9-9　氮族元素的性质

项　　目	氮 N	磷 P	砷 As	锑 Sb	铋 Bi
原子序数	7	15	33	51	83
价电子构型	$2s^22p^3$	$3s^23p^3$	$4s^24p^3$	$5s^25p^3$	$6s^26p^3$
共价半径/pm	70	110	121	141	155
沸点/℃	-195.79	280.3	615(升华)	1587	1564

续表

项　　目	氮 N	磷 P	砷 As	锑 Sb	铋 Bi
熔点/℃	−210.01	44.15	817	630.7	271.5
电负性 χ	3.04	2.19	2.18	2.05	2.02
电离能/kJ·mol^{-1}	1409	1020	953	840	710
电子亲和能/kJ·mol^{-1}	6.75	−72.1	−78.2	−103.2	−110
电极电势 $\varphi^{\ominus}$(M^{5+}/M^{3+})/V	0.94	−0.276	0.5748	0.58 (Sb$_2$O$_5$/SbO$^+$)	1.6 (Bi$_2$O$_5$/BiO$^+$)
电极电势 $E^{\ominus}$(M^{3+}/M)/V	1.46 (HNO$_2$)	−0.503 (H$_3$PO$_3$)	0.2473 (HAsO$_2$)	0.21 (SbO$^+$)	0.32 (BiO$^+$)
氧化数	0,1,2,3,4,5, −3,−2,−1	(1),3,5,−3	−3,3,5	(−3),3,5	3,(5)

1. 氮族元素单质

氮气是无色、无臭、无味的气体。微溶于水，沸点为−195.8℃。常温下氮气的性质极不活泼，加热时氮气与活泼金属 Li、Ca、Mg 等反应，生成离子型化合物。

氮分子是双原子分子，两个氮原子以三键结合，电子排布为$(\sigma_{1s})^2(\sigma_{1s}^*)^2(\sigma_{2s})^2(\sigma_{2s}^*)^2(\pi_{2p})^4(\sigma_{2p})^2$，由于N≡N键的键能（946kJ·mol^{-1}）非常大，所以 N$_2$ 是最稳定的双原子分子，氮气表现出高的化学惰性，因此氮气常被用作保护气体。氮还主要用于制备硝酸、氨以及各种铵盐，有多种铵盐可以用作化肥。

N$_2$ 和 CO 都含有 14 个电子，它们是等电子体，具有相似的结构和相近的性质。N$_2$ 和 CO 的分子结构分别为:N≡N:和:C≡O:

磷的常见的同素异形体有：白磷、红磷和黑磷，它们之间可以相互转化。

$$\text{黑磷} \xleftarrow{\text{高温高压}} \text{白磷} \xrightarrow{\text{隔绝空气 400℃}} \text{红磷}$$

白磷是透明的、柔软的蜡状固体，由 P$_4$ 分子通过分子间力堆积起来，每个磷原子通过其 p$_x$，p$_y$ 和 p$_z$ 轨道分别和另外 3 个磷原子形成 3 个 σ 键，键角∠PPP 为 60°，分子内部具有张力，其结构不稳定，如图 9-13 所示。所以 P$_4$ 化学性质很活泼，在空气中自燃，能溶于非极性溶剂。主要用来制造高纯度磷酸，生产有机磷杀虫剂、烟幕弹等。

红磷可用于生产火柴，火柴盒侧面所涂得物质就是红磷和 Sb$_2$O$_3$ 等物质的混合物。红磷的结构较为复杂，被认为是 P$_4$ 分子中的一个 P—P 键断裂后相互连接起来的长链结构，如图 9-14 所示。红磷比白磷稳定，其化学性质不如白磷活泼，室温下不与 O$_2$ 反应，400℃以上才能燃烧。红磷不溶于有机溶剂。

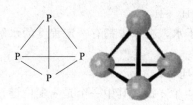

图 9-13　白磷的结构

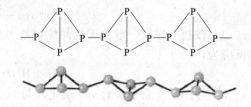

图 9-14　红磷的一种可能结构

白磷在高压和较高温度下可以转变成黑磷。黑磷具有和石墨类似的层状结构，与石墨不同的是，黑磷每一层内的磷原子并不都在同一平面上，而是相互连接成网状结构，如图 9-15 所示，所以黑磷具有导电性，也不溶于有机溶剂。

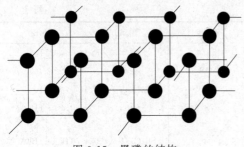

图 9-15 黑磷的结构

砷、锑和铋主要用于制造合金材料。铋的熔点（271℃）和沸点（1740℃）相差很大，可用作原子能反应堆中的冷却剂。

2. 氮的化合物

（1）氨　氨分子的构型为三角锥形，氮原子采取不等性 sp^3 杂化，3 个 sp^3 杂化轨道与 H 原子的 1s 轨道重叠形成 3 个 σ 键，剩余一个杂化轨道被孤电子对占据。由于孤对电子的排斥作用，N—H 键的夹角∠HNH 被压缩到了 107°18″。因此，氨分子是极性分子。

氨是具有特殊刺激气味的无色气体，在水中的溶解度很大，常压 298K 时，1 体积的水大约能够溶解 700 体积的氨气。由于氨分子之间能够形成氢键，所以氨的熔点（-77.74℃）、沸点（-33.42℃）高于同族元素磷的氢化物 PH_3。氨容易被液化，液态氨的汽化焓较大，所以经常用液氨作为制冷剂。

实验室中一般使用铵盐与强碱一起加热来制取氨。而工业上主要采用合成的方法制取氨。

氨的化学性质较活泼，能够和很多物质发生反应，主要的反应类型如下。

① 还原反应　NH_3 分子中 N 处于最低氧化态，因此氨分子具有还原性，能够与一些氧化剂发生反应，比如：

$$4NH_3 + 3O_2(纯) \longrightarrow 2N_2 + 6H_2O$$

$$4NH_3 + 5O_2(空气) \xrightarrow{Pt} 4NO + 6H_2O$$

氨能与 Cl_2、Br_2 反应，比如：

$$3Cl_2 + 2NH_3 \longrightarrow N_2 + 6HCl$$

产生的 HCl 和剩余的 NH_3 进一步反应产生 NH_4Cl 白烟，工业上经常用这个反应检查氯气管道是否漏气。

② 加合反应　因为 NH_3 分子中的 N 原子上有一对孤对电子，可以发生一系列的加合反应。能够和水形成氨的水合物 $NH_3·H_2O$。NH_3 结合 H^+ 的能力强于 H_2O，能使其水溶液电离出 OH^-，所以其水溶液呈碱性。

$$NH_3 + H_2O \rightleftharpoons NH_4^+ + OH^- \quad K_b^{\ominus} = 1.8 \times 10^{-5}$$

③ 取代反应　在一定的条件下，氨分子中的氢原子可依次被取代，生成一系列氨的衍生物，比如 $NaNH_2$、Li_2NH 和 AlN 等。

$$2Na + 2NH_3 \xrightarrow{-33℃} 2NaNH_2 + H_2$$

（2）铵盐　铵盐一般为无色晶体，绝大多数易溶于水，在水中都有一定程度的水解，水解反应为：

$$NH_4^+ + H_2O \rightleftharpoons NH_3 + H_3O^+$$

NH_4^+ 中的 N 原子采取 sp^3 杂化，与 H 原子形成 4 个 σ 键，其中一个是 σ 配位键，该离子的几何构型为四面体。

铵盐受热容易发生分解，分解产物和阴离子对应的酸的氧化性、挥发性以及分解温度有关，一般可以分成以下几种情况。

① 具有挥发性的非氧化性酸的铵盐，分解生成 NH_3 和相应的酸，比如：

$$NH_4HCO_3(s) \xrightarrow{\triangle} NH_3(g) + CO_2(g) + H_2O(g)$$

② 无挥发性的非氧化性酸的铵盐，分解生成 NH_3 和酸式盐或者酸，比如：

$$(NH_4)_3PO_4(s) \xrightarrow{\triangle} 3NH_3(g) + H_3PO_4(s)$$

$$(NH_4)_2SO_4(s) \xrightarrow{\triangle} NH_3(g) + NH_4HSO_4(s)$$

③ 具有氧化性酸的铵盐，分解生成 N_2 或者氮的氧化物，比如：

$$(NH_4)_2Cr_2O_7(s) \xrightarrow{\triangle} N_2(g) + Cr_2O_3(s) + 4H_2O(g)$$

$$NH_4NO_3(s) \xrightarrow{\triangle} N_2O(g) + 2H_2O(g)$$

在含有 NH_4^+ 的溶液中加入强碱可以生成能使红色石蕊试纸变蓝的 NH_3，这是检验出 NH_4^+ 的常用方法。用 Nessler 试剂可以进行定量检验，微量的 NH_4^+ 遇到 Nessler 试剂会生成红棕色沉淀，反应可表示如下：

$$NH_4^+ + 2[HgI_4]^{2-} + 4OH^- \longrightarrow \left[O\begin{array}{c}Hg\\ \\Hg\end{array}NH_2\right]I\downarrow + 7I^- + 3H_2O$$

（3）氮的氧化物　氮的氧化物分子中因所含的 N—O 键较弱，其热稳定性都比较差，它们受热易分解或易被氧化。这些氧化物包括 N_2O、NO、N_2O_3、NO_2、N_2O_4 和 N_2O_5，其中最重要的是 NO 和 NO_2。

① 一氧化氮　NO 是无色气体，水中溶解度较小。NO 的分子轨道电子排布为：$(\sigma_{1s})^2(\sigma_{1s}^*)^2(\sigma_{2s})^2(\sigma_{2s}^*)^2(\sigma_{2p})^2(\pi_{2p})^4(\pi_{2p}^*)^1$，可见分子中有未成对的单电子存在，NO 具有顺磁性。NO 参与反应时容易失去 2π 轨道上的一个单电子形成亚硝酰离子 NO^+。

常温下，NO 能够与 O_2、F_2、Cl_2 和 Br_2 等发生反应，其中和氧气最容易发生反应而生成红棕色的 NO_2。

$$2NO + O_2 \longrightarrow 2NO_2$$

$$2NO + Cl_2 \longrightarrow 2NOCl（氯化亚硝酰）$$

由于 NO 分子中有孤对电子存在，所以其能够与金属离子形成配合物，比如：

$$Fe^{2+} + NO \longrightarrow [Fe(NO)]^{2+} \quad [亚硝酰合铁（Ⅰ）]$$

② 二氧化氮和四氧化氮　NO_2 是红棕色气体，具有特殊的臭味，有毒。NO_2 的 N 以两个 sp^2 杂化轨道与氧原子成键，形成 V 字形的空间构型。

NO_2 冷却时转化为无色的 $N_2O_4(g)$。

$$2NO_2(g,红棕色) \underset{140℃}{\overset{冷却}{\rightleftharpoons}} N_2O_4(g,无色)$$

NO_2 被水吸收生成硝酸和 NO，被 NaOH 吸收生成硝酸盐和亚硝酸盐。

$$3NO_2 + H_2O \longrightarrow 2HNO_3 + NO$$

$$2NO_2 + 2NaOH \longrightarrow NaNO_3 + NaNO_2 + H_2O$$

（4）氮的含氧酸及其盐

① 亚硝酸及其盐　将等物质的量的 NO 和 NO_2 混合物溶解在冰水中，或在亚硝酸盐的冷溶液中加入硫酸，均可以生成亚硝酸。

$$NO + NO_2 + H_2O \xrightarrow{冰冻} 2HNO_2$$

$$Ba(NO_2)_2 + H_2SO_4 \longrightarrow BaSO_4 + 2HNO_2$$

亚硝酸是弱酸，但是其酸性略强于醋酸，亚硝酸是一种弱酸，$K_a^\ominus = 7.2 \times 10^{-4}$。亚硝酸极不稳定，只能存在于很稀的冷溶液中，溶液浓缩或加热时都会分解。

$$2HNO_2 \rightleftharpoons H_2O + N_2O_3（蓝色）\rightleftharpoons H_2O + NO + NO_2（棕色）$$

用碱吸收等物质的量的 NO 和 NO_2 就得到亚硝酸盐。除 $AgNO_2$ 是浅黄色不溶性固体外，大多数亚硝酸盐是无色的，一般易溶于水，极毒，是致癌物质。

亚硝酸盐在酸性介质中既有氧化性又有还原性，实际应用中常作氧化剂，其还原产物一般为 NO。

$$2NO_2^- + 2I^- + 4H^+ \longrightarrow 2NO + I_2 + 2H_2O$$

当亚硝酸盐与强氧化剂作用时，才表现出其还原性。

$$5NO_2^- + 2MnO_4^- + 6H^+ \longrightarrow 5NO_3^- + 2Mn^{2+} + 3H_2O$$

形成亚硝酸盐的阳离子金属性越强，亚硝酸盐的稳定性越高。例如：$AgNO_2 < NaNO_2$。

② 硝酸及其盐　硝酸是一种重要的无机酸，在硝酸分子中，3 个氧原子围绕着氮原子分布在同一平面上，呈平面三角形。其中 HNO_3 中的 N 原子采取 sp^2 杂化轨道分别与一个羟基氧和两个氧原子形成 3 个 σ 键，N 原子中未参与杂化的 p 轨道中的两个电子与两个非羟基氧在 O—N—O 间形成三中心四电子 π 键（Π_3^4）。硝酸分子中存在分子内氢键，使之形成多原子环状结构，如图 9-16 所示。硝酸的熔沸点较低，酸性比其他强酸稍弱，都与分子内氢键有关。

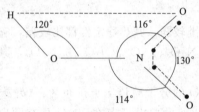

图 9-16　硝酸的分子内氢键

浓硝酸很不稳定，见光受热易分解。

$$4HNO_3 \xrightarrow{\text{光}} 4NO_2\uparrow + O_2\uparrow + 2H_2O$$

硝酸由于挥发而产生白烟，故称为发烟硝酸；硝酸中常因溶有分解出来的 NO_2 而带有黄色或红棕色。

硝酸中的氮呈最高氧化值（+5），所以硝酸最典型的性质是它的强氧化性。硝酸可以把碳、磷、硫、碘等许多非金属氧化为高价酸，而其自身被还原为 NO。

$$3C + 4HNO_3 \longrightarrow 3CO_2\uparrow + 4NO\uparrow + 2H_2O$$
$$3P + 5HNO_3 + 2H_2O \longrightarrow 3H_3PO_4 + 5NO\uparrow$$
$$S + 2HNO_3 \longrightarrow H_2SO_4 + 2NO\uparrow$$
$$3I_2 + 10HNO_3 \longrightarrow 6HIO_3 + 10NO\uparrow + 2H_2O$$

大部分金属可溶于硝酸，硝酸被还原的程度与金属的活泼性和硝酸的浓度有关。

$$Cu + 4HNO_3(\text{浓}) \longrightarrow Cu(NO_3)_2 + 2NO_2\uparrow + 2H_2O$$
$$3Cu + 8HNO_3(\text{稀}) \longrightarrow 3Cu(NO_3)_2 + 2NO\uparrow + 4H_2O$$
$$4Zn + 10HNO_3(\text{稀}) \longrightarrow 4Zn(NO_3)_2 + N_2O\uparrow + 5H_2O$$
$$4Zn + 10HNO_3(\text{很稀}) \longrightarrow 4Zn(NO_3)_2 + NH_4NO_3 + 3H_2O$$

可见，金属越活泼，硝酸的浓度越低，HNO_3 被还原后氮的氧化值越低。

金、铂等不活泼金属能溶于王水（硝酸与浓盐酸以体积比 1∶3 的比例而配制的混合物）中。

$$Au + HNO_3 + 4HCl \longrightarrow H[AuCl_4] + NO\uparrow + 2H_2O$$
$$3Pt + 4HNO_3 + 18HCl \longrightarrow 3H_2[PtCl_6] + 4NO\uparrow + 8H_2O$$

注意：冷的浓硝酸可以使 Fe、Al、Cr 钝化（浓硝酸将金属表面氧化成一层薄而致密的氧化物保护膜，致使金属不能再与硝酸继续作用）。

浓硝酸还能与有机化合物发生硝化反应。

$$C_6H_6 + HNO_3 \xrightarrow{H_2SO_4} C_6H_5NO_2(\text{多为黄色}) + H_2O$$

利用硝酸的硝化作用可以制造许多含氮染料、塑料、药物，也可制造硝化甘油、三硝基甲苯（TNT）、三硝基苯酚（苦味酸）等烈性含氮炸药。硝基化合物大多数为黄色，比如皮肤与浓硝酸接触后呈现黄色，这就是硝化作用的结果。

硝酸与金属或者金属氧化物作用可制得相应的硝酸盐。大多数硝酸盐是无色、易溶于水的离子晶体。硝酸盐固体或水溶液在常温下都比较稳定，水溶液在酸性条件下才有氧化性，固体在高温时才有氧化性，故硝酸盐可用作炸药、火药、焰火中的氧化剂。

硝酸盐中 NO_3^- 的 N 采取 sp^2 杂化轨道分别与 3 个 O 原子形成 σ 键，N 中的为参与杂化的 p 轨道中的两个电子与 3 个 O 的 3 个 p 电子形成四中心六电子大 π 键（Π_4^6）。

除硝酸铵以外，硝酸盐受热分解分为以下三类。

最活泼的金属（主要是比 Mg 活泼的碱金属和碱土金属）的硝酸盐分解产生亚硝酸盐和氧气。

$$2NaNO_3 \xrightarrow{\triangle} 2NaNO_2 + O_2\uparrow$$

活泼性较小的金属（活泼性在 Mg 与 Cu 之间）的硝酸盐分解时得到相应的金属氧化物、NO_2 和 O_2：

$$2Pb(NO_3)_2 \xrightarrow{\triangle} 2PbO + 4NO_2\uparrow + O_2\uparrow$$

活泼性更小的金属（活泼性比 Cu 差）硝酸盐则分解生成金属单质、NO_2 和 O_2。

$$2AgNO_3 \xrightarrow{\triangle} 2Ag + 2NO_2\uparrow + O_2\uparrow$$

3. 磷的化合物

（1）磷的氢化物　PH_3（膦）的结构与 NH_3 相似，P 采取 sp^3 杂化，与 H 形成 3 个 σ 键，剩余的一个 sp^3 杂化轨道被孤对电子占据，分子的几何构型为三角锥形。

膦是无色气体，有似大葱臭味，微溶于水，剧毒。PH_3 有强还原性，能使 Cu^{2+}、Ag^+ 和 Hg^{2+} 等还原成金属单质。

$$PH_3 + 6Ag^+ + 3H_2O \longrightarrow 6Ag + 6H^+ + H_3PO_3$$

$$PH_3 + 4CuSO_4 + 4H_2O \longrightarrow 4Cu + 4H_2SO_4 + H_3PO_4$$

单质磷在碱溶液中发生歧化反应可生成 PH_3：

$$P_4 + 3KOH + 3H_2O \longrightarrow PH_3 + 3KH_2PO_2 \text{（次磷酸钾）}$$

（2）磷的氧化物

① 三氧化二磷　磷在氧气不足的条件下燃烧生成 P_4O_6，简称为三氧化二磷。P_4O_6 的结构如图 9-17 所示，相当于 6 个氧原子"插"在 P_4 的四面体的六个棱上。所以 P_4O_6 是白色易挥发的蜡状固体，易溶于有机溶剂。通常认为 P_4O_6 是亚磷酸的酸酐。

$$P_4O_6 + 6H_2O\text{（冷）} \longrightarrow 4H_3PO_3$$

P_4O_6 在热水中歧化为磷酸和膦（或单质磷）。

$$P_4O_6 + 6H_2O\text{（热）} \longrightarrow 3H_3PO_4 + PH_3$$

$$5P_4O_6 + 18H_2O\text{（热）} \longrightarrow 12H_3PO_4 + 8P$$

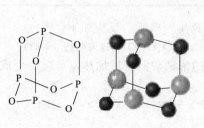

图 9-17　P_4O_6 的结构

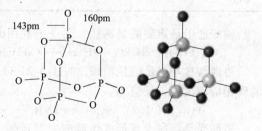

图 9-18　五氧化二磷的结构

② 五氧化二磷　磷在充足的空气中燃烧生成 P_4O_{10}，简称为五氧化二磷。五氧化二磷的结构如图 9-18 所示。相当于在 P_4O_6 的基本结构单元的各个磷原子的顶上再加上一个氧原子，P_4O_{10} 是雪花状晶体，且有很强的吸水性，常用作气体和液体的干燥剂。P_4O_{10} 甚至可以使硫酸、硝酸等脱水成为相应的氧化物。

$$P_4O_{10} + 6H_2SO_4 \longrightarrow 6SO_3\uparrow + 4H_3PO_4$$
$$P_4O_{10} + 12HNO_3 \longrightarrow 6N_2O_5\uparrow + 4H_3PO_4$$

(3) 磷的含氧酸及其盐　磷能形成多种含氧酸。磷的含氧酸按氧化值不同可分为次磷酸（H_3PO_2）、亚磷酸（H_3PO_3）和磷酸（H_3PO_4）等。

① 次磷酸及其盐　纯的次磷酸（H_3PO_2）是无色晶体，属于一元中强酸，$K_a^\ominus = 1.0 \times 10^{-2}$，极易溶于水。

H_3PO_2 的还原性很强，能在溶液中将 $AgNO_3$、$HgCl_2$、$CuCl_2$ 等重金属盐还原为金属单质。

$$H_3PO_2 + 4Ag^+ + 2H_2O \longrightarrow H_3PO_4 + 4Ag\downarrow + 4H^+$$

多数次磷酸盐易溶于水，也具有较强的还原性，因此次磷酸及其盐主要用作化学镀银或者化学镀镍的还原剂。

② 亚磷酸及其盐　亚磷酸盐是无色晶体，容易发生潮解，在水中的溶解度较大。H_3PO_3 是二元中强酸，$K_{a1}^\ominus = 6.3 \times 10^{-2}$，$K_{a2}^\ominus = 2.0 \times 10^{-7}$。

H_3PO_3 是强还原剂，受热易歧化。

$$H_3PO_3 + 2Ag^+ + H_2O \longrightarrow H_3PO_4 + 2Ag\downarrow + 2H^+$$
$$4H_3PO_3 \xrightarrow{\triangle} 3H_3PO_4 + PH_3\uparrow$$

亚磷酸能形成正盐和酸式盐。碱金属和钙的亚磷酸盐易溶于水，其他金属的亚磷酸盐都难溶。亚磷酸盐也是较强的还原剂。

③ 磷酸　纯磷酸 H_3PO_4 是无色晶体。市售的磷酸为黏稠状浓溶液，含有 H_3PO_4 约 83%。磷酸是无氧化性、不挥发性的三元中强酸，$K_{a1}^\ominus = 6.7 \times 10^{-3}$，$K_{a2}^\ominus = 6.2 \times 10^{-8}$，$K_{a3}^\ominus = 4.5 \times 10^{-13}$。磷酸的配位能力很强，能够和许多金属离子形成配合物，比如与 Fe^{3+} 形成无色可溶性配合物 $H_3[Fe(PO_4)_2]$、$H[Fe(HPO_4)_2]$ 等。

正磷酸可形成三种类型的盐：正盐、磷酸一氢盐、磷酸二氢盐。正磷酸盐一般比较稳定，不易分解。

磷酸的三种盐类溶解性和水解性比较如下：

项目	M_3PO_4	M_2HPO_4	MH_2PO_4
溶解性	大多数难溶于水（除 K^+，Na^+，铵离子外）		大多数易溶于水
水溶液酸碱性	pH>7	pH>7	pH<7
原因	水解为主	水解>解离	水解<解离

磷酸盐中最重要的是钙盐。工业上利用天然磷酸钙生产磷肥，反应如下：

$$Ca_3(PO_4)_2 + 2H_2SO_4 + 4H_2O \longrightarrow Ca(H_2PO_4)_2 + 2(CaSO_4 \cdot 2H_2O) \text{［过磷酸钙（磷肥）］}$$

将磷酸盐与过量的钼酸铵（$(NH_4)_2MoO_4$）及适量的浓硝酸混合后加热，可慢慢生成黄色的磷钼酸铵沉淀，反应为：

$$PO_4^{3-} + 12MoO_4^{2-} + 24H^+ + 3NH_4^+ \longrightarrow (NH_4)_3PO_4 \cdot 12MoO_3 \cdot 6H_2O(s) + 6H_2O$$

磷酸受热后脱水可形成焦磷酸、聚磷酸、偏磷酸等。

鉴别正磷酸、焦磷酸和偏磷酸的方法如下：

试剂	正磷酸	焦磷酸	偏磷酸
$AgNO_3$	黄色沉淀	白色沉淀	白色沉淀
蛋白质	无现象	无现象	白色沉淀

五、氧族元素

氧族元素是周期系ⅥA族元素，包括氧、硫、硒、碲、钋五种元素。

在自然界中，氧和硫能以单质的形式存在，很多元素在地壳中以氧化物或者硫化物的形式存在，所以这两种元素也通常被称作成矿元素。氧是地壳中分布最广泛的元素，其丰度居各种元素之首，其质量约占地壳的一半。在海洋中氧以水的形式存在，在大气中氧以单质状态存在，在岩石和土壤中氧以硅酸盐、氧化物及其他含氧阴离子的形式存在。单质硫主要分布在火山附近，以化合物形式存在的硫分布较为广泛，主要是硫化物和硫酸盐，其中黄铁矿（FeS_2）是最为重要的硫化物矿。硒和碲为稀散元素，常存在于重金属的硫化物矿中，在自然界中不存在这些元素的单质状态。

氧族元素从上而下原子半径和离子半径逐渐增大，电离能和电负性逐渐变小，因而随着原子序数的增加，元素的金属性逐渐增强，而非金属性逐渐减弱。氧和硫属于典型的非金属元素，硒和碲属于准金属元素，而钋则属于放射性元素。

氧族元素的价层电子构型为ns^2np^4，其原子有获得两个电子达到稀有气体稳定电子层结构的趋势，表现出较强的非金属性。它们在化合物中的常见氧化值为－2。氧在ⅥA族中的电负性最大，可以和大多数金属元素形成二元离子型化合物。硫、硒和碲能够与大多数金属元素化合时主要生成共价化合物。硫、硒和碲的原子外层有可供使用的d轨道，有可能形成氧化值为＋2、＋4和＋6的化合物。

氧族元素的基本性质列于表9-10中。

表 9-10 氧族元素的性质

项 目	氧 O	硫 S	硒 Se	碲 Te	钋 Po
原子序数	8	16	34	52	84
价电子构型	$2s^22p^4$	$3s^23p^4$	$4s^24p^4$	$5s^25p^4$	$6s^26p^4$
共价半径/pm	60	104	117	137	153
沸点/℃	－183	445	685	990	962
熔点/℃	－218	115	217	450	254
电负性 χ	3.44	2.58	2.55	2.10	2.0
电离能/kJ·mol^{-1}	1320	1005	947	875	812
电子亲和能/kJ·mol^{-1}	－141	－200	－195	－190	
氧化数	－2,(－1)	－2,2,4,6	－2,2,4,6	2,4,6	2,6

1. 氧族元素主要单质

（1）氧气和臭氧　氧单质有O_2和O_3二种同素异形体。氧气是无色、无味、无臭的气体，在－183℃凝结成淡蓝色液体。通常在15MPa的压力下把氧气装入钢瓶中贮存。氧气在水中的溶解度较小（49.1mL·L^{-1}），但这是水中各种生物赖以生存的必要条件。

氧分子的结构为O$\doteq$O，具有顺磁性。

氧分子的电离能较大（498.34kJ·mol^{-1}），所以在常温下，氧气的反应活性不强，只能氧化一些还原性较强的物质，比如NO、$SnCl_2$、H_2SO_3和KI等。但是如果在加热的情况下，除了卤素、少数贵金属以及稀有气体外，氧气几乎与所有元素直接化合形成相应的氧化物。

液氧的化学活性很高，和有机物接触时容易发生爆炸性反应，所以在贮存、运输和使用液氧时必须格外小心。

氧气的用途十分广泛，富氧空气或者纯氧可用于医疗和高空飞行，大量的纯氧可用于炼钢，氢氧焰和氧炔焰用来切割和焊接金属。液氧可以用作制冷剂和火箭发动机的助燃剂。

臭氧是氧气的同素异形体。臭氧是淡蓝色的气体，有鱼腥味。臭氧极不稳定，在常温下缓慢分解：

$$2O_3(g) \longrightarrow 3O_2(g)$$

臭氧分子的构型为 V 形，如图 9-19 所示，键角为 117°，分子的偶极矩 $\mu=1.8\times10^{-30}$ C·m。臭氧是唯一的极性单质。

图 9-19　臭氧分子的结构示意图

中心氧原子以 2 个 sp^2 杂化轨道与另外两个氧原子形成 σ 键，第 3 个 sp^2 杂化轨道被孤对电子所占有。此外，中心氧原子的未参与杂化的 p 轨道上有一对孤对电子，两端的氧原子与其平行的 p 轨道上各有一个电子，它们之间形成垂直于分子平面的三中心四电子大 π 键，用 Π_3^4 表示。

臭氧具有强氧化性，例如：$O_3+2I^-+2H^+ \longrightarrow I_2+O_2+H_2O$，这个反应用于测定臭氧的含量。同时这种强氧化性还能对橡胶和某些塑料产生破坏作用。

利用臭氧的氧化性和不易导致二次污染的优点，臭氧可用作消毒剂，用来净化废气、废水。同时臭氧还是一种高能燃料的氧化剂。

臭氧在地面附近的大气层中含量极少，而在大气层的最上层，由于太阳对大气中的氧气的强烈辐射作用，形成了一层臭氧层。臭氧层能吸收太阳光的紫外辐射，成为保护地球上生命免受太阳辐射的天然屏障。

但是近年来，臭氧层不断遭到破坏，变得越来越薄，因此对臭氧层的保护已经成为全球性的任务。

(2) 单质硫　单质硫俗称硫黄，属于分子晶体，松脆，不溶于水，导电性和导热性很差。

硫有多种同素异形体，包括斜方硫（菱形硫）、单斜硫、弹性硫等。

天然硫一般是斜方硫。斜方硫和单斜硫都容易溶于 CS_2，都是由环状的 S_8 分子组成，如图 9-20 所示。在 S_8 分子中，每个硫原子各以 sp^3 杂化轨道中的两个轨道与相邻的两个硫原子形成 σ 键，而 sp^3 杂化轨道中的另两个则各有一对孤对电子。单质硫与斜方硫的不同在于四面体中 S_8 分子排列不同。

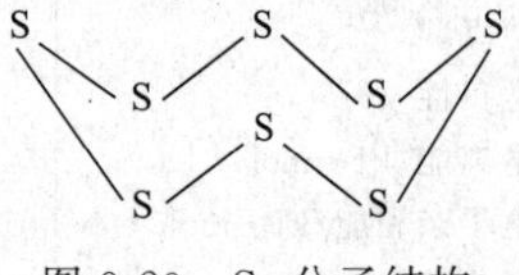

将 190℃ 的熔融硫用冷水速冷，缠绕在一起的长链状硫被固定下来，成为能拉伸的弹性硫。

图 9-20　S_8 分子结构

这三种同素异形体可以相互转化：

$$S(斜方) \underset{}{\overset{94.5℃}{\rightleftharpoons}} S(单斜) \xrightarrow[倒入冷水中]{190℃} 弹性硫$$

硫的化学性质比较活泼，能与许多金属直接化合成相应的硫化物，也能与氢、氧、卤素（除碘外）、碳磷等直接作用生成相应的共价化合物。

$$Hg+S \longrightarrow HgS$$

硫能够与具有氧化性的酸反应，比如硝酸和浓硫酸，也能够和热碱液反应生成硫化物和亚硫酸盐。

$$S+2HNO_3 \longrightarrow H_2SO_4+2NO\uparrow$$
$$S+2H_2SO_4(浓) \longrightarrow 3SO_2\uparrow+2H_2O$$
$$3S+6NaOH \xrightarrow{\triangle} 2Na_2S+Na_2SO_3+3H_2O$$
$$4S(过量)+6NaOH \xrightarrow{\triangle} 2Na_2S+Na_2S_2O_3+3H_2O$$

硫的最主要用途是用来制造硫酸，而且还广泛应用于橡胶工业、造纸工业、火柴和焰火制造等方面。

2. 氧的主要化合物——过氧化氢

① 过氧化氢的分子结构　H_2O_2 的分子结构如图 9-21 所示，在 H_2O_2 的分子中两个氧原子采取 sp^3 杂化形成两个 σ 键，还有两对孤对电子。分子中有一个过氧键—O—O—，每个氧原子连着一个氢原子。两个氢原子和氧原子不在同一平面上。

② 过氧化氢的性质　纯过氧化氢是近乎无色的黏稠液体，分子间存在氢键，并且极性比水大，所以在固态和液态时分子缔合程度较大，沸点（150℃）远高于水。过氧化氢能够以任意比例和水互溶，通常所用的双氧水是过氧化氢的水溶液，市售双氧水的浓度为 30%～35%，常用溶液的浓度为 3%。

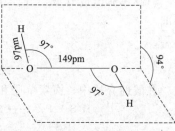

图 9-21　H_2O_2 分子结构示意图

过氧化氢的化学性质主要体现在热不稳定性、强氧化性、弱还原性和极弱的酸性。

a. 热不稳定性　由于过氧键—O—O—键能较小，所以过氧化氢分子不稳定，容易发生分解。

$$2H_2O_2(l) \longrightarrow 2H_2O + O_2(g) \quad \Delta_r H_m^\ominus = -196.06 \text{kJ} \cdot \text{mol}^{-1}$$

高纯度的 H_2O_2 在低温下比较稳定，分解作用比较平稳。过氧化氢在碱性条件下分解较快，而且随着 OH^- 浓度的增加而加快。为了防止过氧化氢分解，通常将其贮存在光滑的塑料瓶或者棕色玻璃瓶中并置于阴凉处。

b. 氧化还原性　H_2O_2 中氧的氧化数为 -1，处于氧的中间氧化数，因此 H_2O_2 既有氧化性也有还原性。无论在酸性介质还是碱性介质，H_2O_2 都具有强氧化性，在酸性介质下尤为突出。比如，在酸性溶液中，H_2O_2 能将 I^- 氧化成单质 I_2。

$$2Fe^{2+} + H_2O_2 + 2H^+ \longrightarrow 2Fe^{3+} + 2H_2O$$

过氧化氢还能用于使黑色的 PbS 氧化成白色的 $PbSO_4$，这一反应可用于油画的漂白。

$$PbS + 4H_2O_2 \longrightarrow PbSO_4 + 4H_2O$$

在碱性溶液中，H_2O_2 能将 $[Cr(OH)_4]^-$ 氧化成 CrO_4^{2-}。

$$2[Cr(OH)_4]^- + 3H_2O_2 + 2OH^- \longrightarrow 2[CrO_4]^{2-} + 8H_2O$$

过氧化氢还具有较弱的还原性，只有在遇到比它更强的氧化剂时才表现出还原性。比如：

$$2KMnO_4 + 5H_2O_2 + 3H_2SO_4 \longrightarrow 2MnSO_4 + 5O_2 + K_2SO_4 + 8H_2O$$

$$H_2O_2 + Cl_2 \longrightarrow 2HCl + O_2$$

c. 弱酸性　过氧化氢具有极弱的酸性，可以和碱发生反应。比如：

$$H_2O_2 + Ba(OH)_2 \longrightarrow BaO_2 + 2H_2O$$

③ 过氧化氢的用途　过氧化氢也是一种不造成二次污染的氧化剂，过氧化氢的用途主要是基于它的氧化性，3% 和 30% 的双氧水是实验室常用的氧化剂。目前约有半数以上的 H_2O_2 被用作漂白剂，用于漂白纸浆、织物、皮革、油脂等。

3. 硫的主要化合物

(1) 硫化氢　硫化氢是无色有腐蛋味的剧毒气体。H_2S 分子的构型与水分子相似，也呈 "V" 字形，但其分子极性比 H_2O 弱。H_2S 中毒是由于它能与血红素中 Fe^{2+} 作用生成 FeS 沉淀，因而使 Fe^{2+} 失去原来正常的生理作用。

硫化氢中硫原子处于低氧化值（-2）状态，因此硫化氢具有还原性。根据标准电极电势数据可知，无论在酸性介质还是碱性介质，S^{2-} 均具有还原性，但是在碱性介质中的还原性稍强，S^{2-} 一般被氧化成 S。

酸性介质 $S+2H^{+}+2e \rightleftharpoons H_2S$ $\varphi^{\ominus}=0.144V$

碱性介质 $S+2e \rightleftharpoons S^{2-}$ $\varphi^{\ominus}=-0.48V$

当硫化氢溶液在空气中放置时，容易被空气中的氧所氧化而析出单质硫，使溶液变浑浊。

$$2H_2S+3O_2 \xrightarrow{完全氧化} 2H_2O+2SO_2$$

$$2H_2S+O_2 \xrightarrow{不完全氧化} 2H_2O+2S$$

在酸性介质中，卤素单质和 Fe^{3+} 可将 S^{2-} 氧化成 S。

$$H_2S+2Fe^{3+} \longrightarrow S+2Fe^{2+}+2H^+ \quad (注意：反应不生成 Fe_2S_3 或 FeS)$$

$$H_2S+X_2 \longrightarrow S+2X^-+2H^+ \quad (X=Cl, Br, I)$$

遇强度氧化剂，硫化氢可被氧化成硫酸。

$$5H_2S+2MnO_4^-+6H^+ \longrightarrow 2Mn^{2+}+5S+8H_2O$$

$$5H_2S+8MnO_4^-+14H^+ \longrightarrow 8Mn^{2+}+5SO_4^{2-}+12H_2O$$

硫化氢气体能溶于水，在 20℃ 时，1 体积水能够溶解 2.6 体积的硫化氢。硫化氢的水溶液叫氢硫酸。氢硫酸是二元弱酸，在水溶液中可以发生如下电离：

$$H_2S \rightleftharpoons H^+ + HS^- \quad K_{a1}^{\ominus}=9.1 \times 10^{-8}$$

$$HS^- \rightleftharpoons H^+ + S^{2-} \quad K_{a2}^{\ominus}=1.1 \times 10^{-12}$$

(2) 金属硫化物　大多数金属硫化物是有特征颜色且难溶于水的固体。碱金属和铵的硫化物易溶于水，碱土金属硫化物微溶于水。因为氢硫酸是二元弱酸，可以形成酸式盐和正盐两种类型。根据硫化物在酸中的溶解情况，可以将其分成 4 类，如表 9-11 所示。

表 9-11　硫化物的分类

溶于稀盐酸 (0.3mol·L^{-1} HCl)	难溶于稀盐酸		
	溶于浓盐酸	难溶于浓盐酸	
		溶于浓硝酸	仅溶于王水
MnS(肉色)	SnS(褐色)	CuS(黑色)	HgS(黑色)
CoS(黑色)	SnS$_2$(黄色)	Cu$_2$S(黑色)	Hg$_2$S(黑色)
ZnS(白色)	PbS(黑色)	Ag$_2$S(黑色)	
FeS(黑色)	Bi$_2$S$_3$(暗棕色)	As$_2$S$_3$(浅黄)	
NiS(黑色)	Sb$_2$S$_3$(橙色)	As$_2$S$_5$(浅黄)	
	Sb$_2$S$_5$(橙色)		
	CdS(黄色)		

金属硫化物无论是微溶还是易溶，都会发生水解反应，即使是难溶金属硫化物，其溶解部分也会发生水解。例如：Na_2S、$(NH_4)_2S$ 水溶液因水解而呈碱性。

某些氧化值较高金属的硫化物，如 Cr_2S_3、Al_2S_3 等遇水发生强烈水解。

$$2M^{3+}(aq)+3S^{2-}(aq)+6H_2O \longrightarrow 2M(OH)_3(s)+3H_2S(g) \quad (M=Al, Cr)$$

所以，这些金属硫化物在水溶液中是不存在的。制备这些硫化物必须用干法，比如用金属铝粉和硫粉直接化合生成 Al_2S_3。

可溶性硫化物可用作还原剂，用于制造硫化染料、脱毛剂、农药和鞣革，还可以用于制造荧光粉。

(3) 二氧化硫、亚硫酸盐及其盐　硫的氧化物有二氧化硫和三氧化硫两种。

二氧化硫（SO_2）是无色、具有强烈刺激性气味的气体，容易液化。气态的 SO_2 的分子构型为 V 形，如图 9-22 所示。SO_2 分子中，硫原子以两个 sp^2 杂化轨道分别与两个氧原子形成 σ 键，而另一个 sp^2 杂化轨道上则保留 1 对孤对电子，硫原子的未参与杂化的 p 轨道上的 2 个电子与两个氧原子的未成对 p 电子形成三中心四电子大 π 键 Π_3^4。

SO_2 的极性很强，很容易溶于水，生成很不稳定的亚硫酸 H_2SO_3。H_2SO_3 是二元中强酸，$K_{a1}^\ominus = 1.29 \times 10^{-2}$，$K_{a2}^\ominus = 6.3 \times 10^{-8}$，$H_2SO_3$ 只存在于水溶液中，至今尚未制得游离状态的纯 H_2SO_3。

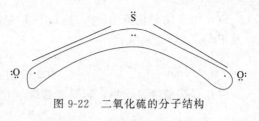

图 9-22　二氧化硫的分子结构

在 SO_2 和 H_2SO_3 中，S 的氧化值为 +4，所以 SO_2 既有氧化性，也有还原性，但是其还原性较为显著。SO_2 只有在强还原剂作用下才表现出氧化性。比如，500℃时，SO_2 在铝矾土的催化作用下可被 CO 还原，利用这个反应可以实现从焦炉气中回收单质硫。

$$SO_2 + 2CO \longrightarrow 2CO_2 + S$$

H_2SO_3 是较强的还原剂，可以将 Cl_2、MnO_4^- 分别还原成 Cl^-、Mn^{2+}，甚至可以将 I_2 还原成 I^-。

$$2MnO_4^- + 5SO_3^{2-} + 6H^+ \longrightarrow 2Mn^{2+} + 5SO_4^{2-} + 3H_2O$$
$$H_2SO_3 + I_2 + H_2O \longrightarrow H_2SO_4 + 2HI$$
$$2H_2SO_3 + O_2 \longrightarrow 2H_2SO_4$$

当和强还原剂反应时，H_2SO_3 也表现出氧化性。

$$H_2SO_3 + 2H_2S \longrightarrow 3S\downarrow + 3H_2O$$

SO_2 主要用于生产硫酸和亚硫酸盐，同时还大量用于合成洗涤剂、食品防腐剂和消毒剂。有一些有机物可以和 SO_2 或者 H_2SO_3 发生加成反应，生成无色的加成物而使有机物褪色，所以 SO_2 可以用作漂白剂。

亚硫酸可以形成正盐（如 Na_2SO_3）和酸式盐（$NaHSO_3$）。碱金属和铵的亚硫酸盐易溶于水，并且还容易发生水解；亚硫酸氢盐的溶解度大于相应的正盐。在含有不溶性亚硫酸钙的浑浊液中通入 SO_2，可使其转化成为可溶性的亚硫酸氢钙盐。

$$CaSO_3 + SO_2 + H_2O \longrightarrow Ca(HSO_3)_2$$

在金属氢氧化物的水溶液中通入 SO_2，即可得到相应的亚硫酸盐。

亚硫酸盐的还原性较亚硫酸强，在空气中就容易被氧化成硫酸盐。亚硫酸钠和亚硫酸氢钠作为还原剂而大量应用于染料工业。在纺织和印染工业上亚硫酸盐经常被用作去氯剂：

$$SO_3^{2-} + Cl_2 + H_2O \longrightarrow SO_4^{2-} + 2Cl^- + 2H^+$$

（4）三氧化硫、硫酸及其盐　氧化值为 +4 的硫的化合物都具有还原性，但是要把 SO_2 氧化成 SO_3 则比氧化 H_2SO_3 或者 Na_2SO_3 缓慢。在加热和催化剂存在下可将 SO_2 氧化成 SO_3。

$$2SO_2 + O_2 \xrightarrow[>450℃]{V_2O_5} 2SO_3$$

气态 SO_3 为单分子，其分子结构为平面三角形。SO_3 分子中，硫原子以 sp^2 杂化轨道与 3 个氧原子形成 3 个 σ 键，此外，还以 pd^2 杂化轨道与 3 个氧原子形成垂直于分子平面的四中心六电子大 π 键 Π_4^6，如图 9-23 所示。

固体三氧化硫有几种聚合晶型。在不同类型 SO_3 固体中，SO_3 分子的排列方式不同。γ 型晶体为三聚分子，β 型晶体为 SO_3 原子团互相连接成的长链，与石棉结构类似，α 型晶体也具有类似石棉的结构。

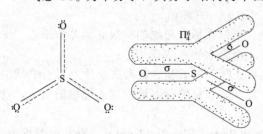

图 9-23　SO_3 分子的构型

SO_3 中 S 的氧化值为 +6，所以 SO_3 是一种强氧化剂，在高温下，它能够将磷、碘化物以及 Fe、Zn 等金属氧化。

$$5SO_3 + 2P \longrightarrow 5SO_2 + P_2O_5$$
$$SO_3 + 2KI \longrightarrow K_2SO_3 + I_2$$

SO_3 是强酸性氧化物，容易和碱性氧化物反应生成硫酸盐。

$$SO_3 + MgO \longrightarrow MgSO_4$$

三氧化硫极易与水化合生成硫酸，SO_3 在潮湿的空气中呈雾状，同时放出大量的热。

$$SO_3 + H_2O \longrightarrow H_2SO_4 \qquad \Delta_r H_m^\ominus = -79.4 \text{kJ} \cdot \text{mol}^{-1}$$

纯硫酸 H_2SO_4 是无色油状液体，凝固点为 283.36K，市售浓硫酸的浓度为 98.3%。

在硫酸分子中，硫原子采取 sp^3 杂化轨道与四个氧原子的 2 个形成 2 个 σ 键；另两个则接受硫的电子对分别形成 σ 配键；与此同时，硫原子的空的 3d 轨道与两个不在 OH 基中的氧原子的 2p 轨道对称性匹配，相互重叠，反过来接受来自 2 个氧原子的孤对电子，从而形成了附加的 (p-d)π 配键。液态和固态的 H_2SO_4 分子之间存在氢键。

浓硫酸的吸水性和脱水性很强，能够作为 Cl_2、H_2 和 CO_2 的干燥剂，除了能够吸收游离状态的水，它还能从纤维和糖中按 H : O 为 2 : 1 的比例夺取 H_2O，使其碳化。

$$C_{12}H_{22}O_{11} \longrightarrow 12C + 11H_2O$$

因此，浓硫酸能严重破坏动植物组织，比如能够损坏衣物和烧伤皮肤，使用时必须注意安全。万一浓硫酸溅到皮肤上，应该立即用大量的水冲洗，然后用 2% 的小苏打水或者稀氨水冲洗。

浓硫酸是一种氧化剂，在加热的情况下，可以氧化许多金属和某些非金属。比如：

$$Zn + 2H_2SO_4(\text{浓}) \xrightarrow{\Delta} ZnSO_4 + SO_2\uparrow + 2H_2O$$
$$S + 2H_2SO_4(\text{浓}) \xrightarrow{\Delta} 3SO_2\uparrow + 2H_2O$$

浓硫酸甚至还可以被一些较为活泼的金属还原成硫单质或者硫化氢。比如：

$$3Zn + 4H_2SO_4(\text{浓}) \xrightarrow{\Delta} 3ZnSO_4 + S\downarrow + 4H_2O$$
$$4Zn + 5H_2SO_4(\text{浓}) \xrightarrow{\Delta} 4ZnSO_4 + H_2S\uparrow + 4H_2O$$

浓硫酸和金属反应并不会放出氢气，而稀硫酸可以和比氢活泼的金属反应放出氢气，比如 Mg、Zn 和 Fe 等。

冷的浓硫酸（70% 以上）能使铁的表面钝化，生成一层致密的保护膜，阻止硫酸与铁的表面继续作用。因此可以用钢罐贮装和运输浓硫酸（80%~90%）。

H_2SO_4 是稳定性很高的二元强酸，不易分解，难挥发。与某些挥发性酸的盐共热时，可以将挥发性酸置换出来。比如浓硫酸分别与固体硝酸盐、氯化物反应，可以制备挥发性的硝酸和盐酸。

$$NaNO_3(s) + H_2SO_4 \xrightarrow{\Delta} NaHSO_4 + HNO_3(g)$$
$$NaCl(s) + H_2SO_4 \xrightarrow{\Delta} NaHSO_4 + HCl(g)$$

另外，硫酸和水混合的时候释放出大量的热，所以在稀释硫酸的时候必须非常小心。应该在搅拌的情况下将浓硫酸缓慢倒入水中，千万不要将水倒入浓硫酸中。

硫酸是二元酸，所以能够生成两类相应的盐：正盐和酸式盐。在酸式盐中，只有最活泼的碱金属元素能够形成稳定的固态酸式硫酸盐。比如，在硫酸钠溶液中加入过量的硫酸，就能结晶析出 $NaHSO_4$。

酸式硫酸盐大部分容易溶于水。硫酸盐中除 $BaSO_4$、$PbSO_4$、$CaSO_4$、$SrSO_4$ 等难溶、Ag_2SO_4 微溶于水外，其余都易溶于水。$BaSO_4$ 几乎不溶于水且不溶于酸，利用 $BaSO_4$ 的这一特性，可以用 $BaCl_2$ 等可溶性钡盐鉴定 SO_4^{2-} 的存在。可溶性硫酸盐从溶液中析出时常带有结晶水，比如 $CuSO_4 \cdot 5H_2O$（胆矾）、$FeSO_4 \cdot 7H_2O$（绿矾）、$ZnSO_4 \cdot 7H_2O$（皓矾）等。

活泼金属的硫酸盐在高温下是稳定的，比如 Na_2SO_4、K_2SO_4、$BaSO_4$ 等在 1000℃ 也不会分解。而 $CuSO_4$、Ag_2SO_4 等一些重金属的硫酸盐会分解成为金属氧化物或者单质。

$$CuSO_4 \xrightarrow{\triangle} CuO + SO_3 \uparrow$$

$$2Ag_2SO_4 \xrightarrow{\triangle} 4Ag + 2SO_3 \uparrow + O_2 \uparrow$$

很多硫酸盐都具有重要的用途，比如明矾 $[KAl(SO_4)_2] \cdot 7H_2O$ 是常用的净水剂和媒染剂；胆矾可以用作消毒剂和农药；绿矾石农药和药物以及制造墨水的原料；芒硝（$Na_2SO_4 \cdot H_2O$）是重要的化工原料。

（5）硫酸的其他含氧酸及其盐

① 焦硫酸及其盐　冷却发烟硫酸可以析出焦硫酸 $H_2S_2O_7$，无色晶体，焦硫酸的结构式为：

$$\text{HO-S(=O)(=O)-O-S(=O)(=O)-OH}$$

焦硫酸的酸性、吸水性、腐蚀性均比硫酸更强。焦硫酸是一种强氧化剂，又是一种良好的磺化剂，工业上用于制造染料、炸药和其他有机磺酸化合物。

焦硫酸盐可与某些既不溶于水又不溶于酸的金属氧化物（如 Al_2O_3、Fe_3O_4、TiO_2 等）共熔，生成可溶于水的硫酸盐。

$$Al_2O_3 + 3K_2S_2O_7 \xrightarrow{\triangle} Al_2(SO_4)_3 + 3K_2SO_4$$

$$TiO_2 + K_2S_2O_7 \longrightarrow TiOSO_4 + K_2SO_4$$

这是分析化学中处理某些固体试样的一种重要方法。

② 硫代硫酸及其盐　硫代硫酸（$H_2S_2O_3$）可看作是硫酸分子中的一个氧原子被硫原子所取代的产物。硫代硫酸极不稳定，至今尚未制得纯品。

亚硫酸钠与硫作用生成硫代硫酸盐。例如，将硫粉与亚硫酸钠一块煮沸，可制得硫代硫酸钠。

$$Na_2SO_3 + S \xrightarrow{\triangle} Na_2S_2O_3$$

另外，在 Na_2S 和 Na_2CO_3 混合溶液（物质的量比为 2∶1）中通入 SO_2 也可以制得 $Na_2S_2O_3$。

$$2Na_2S + Na_2CO_3 + 4SO_2 \longrightarrow 3Na_2S_2O_3 + CO_2$$

$Na_2S_2O_3 \cdot 5H_2O$ 是重要的硫代硫酸盐，俗称海波或大苏打，是无色透明的晶体，易溶于水，其水溶液呈弱碱性。

硫代硫酸钠在中性或者碱性溶液中较为稳定，但是当其与酸作用时，形成的硫代硫酸快速分解为硫单质和亚硫酸，亚硫酸继而分解为二氧化硫和水。

$$S_2O_3^{2-} + 2H^+ \rightleftharpoons H_2S_2O_3 \longrightarrow S + SO_2 \uparrow + H_2O$$

硫代硫酸钠具有一定的还原性，比如氧化性较强的 Cl_2 能够将其氧化成硫酸钠。

$$S_2O_3^{2-} + 4Cl_2 + 5H_2O \longrightarrow 2SO_4^{2-} + 8Cl^- + 10H^+$$

所以，$Na_2S_2O_3$ 在纺织工业上常被用作脱氯剂。

$Na_2S_2O_3$ 能够定量地与 I_2 反应。

$$2S_2O_3^{2-} + I_2 \longrightarrow S_4O_6^{2-} + 2I^-$$

在分析化学上用于碘量法滴定。

硫代硫酸钠具有较强的配位能力，能够与 Ag^+、Cd^{2+} 等形成稳定的配离子。硫代硫酸钠大量用作照相的定影剂。照相底片上未感光的溴化银在定影液中形成 $[Ag(S_2O_3)_2]^{3-}$ 而溶解，即

$$AgBr + 2S_2O_3^{2-} \longrightarrow [Ag(S_2O_3)_2]^{3-} + Br^-$$

六、卤族元素

卤素元素是元素周期系第ⅦA族元素，包括氟、氯、溴、碘、砹五种元素。卤素是非金属性元素，其中氟是所有元素中非金属性最强的，碘具有微弱的金属性，而砹属于放射性元素。卤素是相应的各周期中原子半径最小、电负性最大的元素，它们的非金属性是同周期元素中最强的。卤素的性质随着原子序数的增加而出现较有规则的变化，但是其非金属性的递减和金属性的递增不像 p 区其他各族元素那样明显。

卤素原子的价电子构型为 ns^2np^5，容易得到一个电子而变成稳定的 8 电子构型 X^-，因此卤素单质具有较强的得电子的能力，是强氧化剂。卤素单质的氧化性按照 F_2、Cl_2、Br_2 和 I_2 的次序减弱，其中 F_2 在水溶液中是最强的氧化剂。卤素相应的氢卤酸的酸性和氢化物的还原性从氟到碘依次增强。

卤素的一般性质列于表 9-12 中。

表 9-12　卤素元素的性质

项　目	氟 F	氯 Cl	溴 Br	碘 I
原子序数	9	17	35	53
价电子构型	$2s^22p^5$	$3s^23p^5$	$4s^24p^5$	$5s^25p^5$
共价半径/pm	64	99	114	133
沸点/℃	−188.13	−34.04	58.5	185.24
熔点/℃	−219.61	−101.5	−7.25	113.60
电负性 χ	3.98	3.16	2.96	2.66
电离能/kJ·mol^{-1}	1687	1257	1146	1015
电子亲和能/kJ·mol^{-1}	−328	−349	−325	−295
氧化数	−1	−1,+1,+3,+5,+7	−1,+1,+3,+5,+7	−1,+1,+3,+5,+7

自然界中氟、碘只有一种同位素，氯、溴各有两种，分别为 $^{35}Cl(75.77\%)$、$^{37}Cl(24.23\%)$ 和 $^{79}Br(50.54\%)$、$^{81}Br(49.46\%)$。自然界中含氟的矿石主要有萤石（CaF_2）、冰晶石（Na_3AlF_6）和氟磷灰石 $[Ca_5F(PO_4)_3]$，另外氟还存在于动物的骨骼、牙齿、毛发、鳞片、羽毛等组织内部。氯、溴、碘主要以钠、钾、钙、镁的无机盐溶解状态存在于海洋中，氯也以光卤石 $KCl·MgCl_2·6H_2O$ 的形式存在于盐矿中，而碘则主要存在于废油井卤水和海藻中。在自然界中，氟主要以萤石（CaF_2）和冰晶石（Na_3AlF_6）等矿物的形式存在，而氯、溴、碘主要以钠、钾、钙、镁的无机盐的形式存在于海水中。

1. 卤素单质

（1）卤素单质的物理性质　卤素单质皆为双原子分子，固态时为非极性分子晶体。常温常压下氟是浅黄色气体，氯是黄绿色气体，溴是棕红色液体，碘是紫黑色带有金属光泽的固体。随着卤素原子半径的增大和核外电子数目的增多，卤素分子之间的色散力逐渐增大，因而单质的熔点、沸点、汽化热和密度等物理性质按 F—Cl—Br—I 顺序依次增大。20℃压力超过 0.66MPa 时，气态氯可转变为液态氯。利用这一性质，可将氯液化装在钢瓶中贮运。固态碘由于具有高的蒸气压，加热时产生升华现象。利用碘的这一性质，可将粗碘进行

精制。

卤素单质的一些物理性质见表 9-13。

表 9-13 卤素单质的物理性质

性　　质	F_2	Cl_2	Br_2	I_2
室温下的聚集态	g	g	l	s
分子间作用力	大 → → 小			
颜色	浅黄	黄绿	红棕	紫黑
熔点/℃	−219.6	−101	−7.2	113.5
沸点/℃	−188	−34.6	58.78	184.3
汽化热/$kJ \cdot mol^{-1}$	6.32	20.41	30.71	46.61
溶解度/$g \cdot (100g\ H_2O)^{-1}$	分解水	0.732	3.58	0.029
密度/$g \cdot cm^{-3}$	1.11(l)	1.57(l)	3.12(l)	4.93(s)

卤素在水中的溶解度不大,其中氟与水剧烈反应：$2F_2+2H_2O \longrightarrow 4HF+O_2$,因而不能存在于水中。氯、溴、碘的水溶液分别称为氯水、溴水和碘水。卤素单质在有机溶剂（如乙醇、乙醚、氯仿、四氯化碳和二硫化碳）中的溶解度比在水中的溶解度大很多。根据这一差别,可以用四氯化碳等有机溶剂将卤素单质从其水溶液中萃取出来。溴在有机溶剂中显黄到棕红的颜色,而碘在有机溶剂中显棕到紫红的颜色。碘在纯水中的溶解度很小,但能以 I_3^- 的形式大量存在于碘化物溶液中,碘化物浓度愈大,能溶解的碘愈多,则溶液颜色愈深。

卤素均有毒,刺激眼、鼻、气管的黏膜,少量的氯气具有杀菌作用,用于自来水消毒。若不慎吸入一定量的氯气,当即会窒息、呼吸困难。此时应立即去室外,也可吸入少量氨气解毒,严重的需及时送医院抢救。液溴对皮肤能造成难以痊愈的灼伤,若溅到身上,应立即用大量水冲洗,再用 5% $NaHCO_3$ 溶液淋洗后敷上油膏。

（2）卤素单质的化学性质　卤素化学活泼性高、氧化能力强,其中氟是最强的氧化剂。氟能氧化所有金属以及除氮、氧以外的非金属单质（包括某些稀有气体）。卤素的氧化能力由氟到碘顺序减弱。卤素的氧化性反应主要表现为以下方面。

① 与金属反应　F_2 能与所有金属直接反应生成离子型化合物；Cl_2 能与多数金属直接反应生成相应化合物；Br_2 和 I_2 只能与较活泼的金属直接反应生成相应化合物。干燥时 F_2 使 Cu、Ni 钝化,Cl_2 使 Fe 钝化,这些金属可以用来制作贮存、运输 F_2、Cl_2 的器皿。

② 与非金属反应　F_2 与除 He、Ne、Ar、Kr、O_2、N_2 之外的所有非金属直接反应生成相应的共价化合物；Cl_2、Br_2 能与多数非金属直接反应生成相应的共价化合物；I_2 只能与少数非金属直接反应生成共价化合物,如 PI_3。

F_2 与 H_2 的反应,在冷暗处即可产生爆炸；Cl_2 则需要光照或加热；Br_2 和 I_2 则要在较高的温度下才能进行,并且同时存在 HBr 和 HI 的分解。

③ 与水反应　卤素与水反应有两种方式：

氧化反应　　　　　　$2X_2+2H_2O \longrightarrow 4H^++4X^-+O_2$

歧化反应　　　　　　$X_2+H_2O \longrightarrow H^++X^-+HXO$

虽然从热力学上讲 F_2、Cl_2、Br_2 都能与水（pH=7）发生氧化反应,但从反应速率看只有 F_2 是可行的,且反应激烈。Cl_2、Br_2、I_2 都发生上述歧化反应,而且反应程度依次减弱。歧化反应的产物还与酸度、温度及反应速率有关。

当水溶液呈碱性时,BrO^-、IO^- 会进一步歧化生成 BrO_3^- 和 IO_3^-,而且随温度升高歧化程度加强。在实验室条件下主要反应为：

$Cl_2+2NaOH \longrightarrow NaCl+NaClO+H_2O$（室温）

$3Cl_2+6NaOH \longrightarrow 5NaCl+NaClO_3+3H_2O$（>75℃）

$$Br_2 + 2NaOH \longrightarrow NaBr + NaBrO + H_2O \text{（室温）}$$
$$3Br_2 + 6NaOH \longrightarrow 5NaBr + NaBrO_3 + 3H_2O \text{（>50℃）}$$
$$3I_2 + 6NaOH \longrightarrow 5NaI + NaIO_3 + 3H_2O \text{（常温）}$$

2. 卤化氢和氢卤酸

（1）物理性质　常温常压下，卤化氢均为无色有刺激性的气体。按 HF—HCl—HBr—HI 的顺序极性依次减弱，分子间作用力依 HCl—HBr—HI 顺序依次增强，因此它们的熔沸点依次升高。HF 分子间存在较强的氢键，所以在卤化氢中它具有最大的熔化热、汽化热，最高的沸点、熔点也高于 HCl 和 HBr。卤化氢的一些性质列于表 9-14。卤化氢都易溶于水，其水溶液称为氢卤酸。除氟化氢外，其他氢化物均为强酸。

表 9-14　卤化氢的主要物理性质

性　质	HF	HCl	HBr	HI
熔点/℃	−83.1	−114.8	−88.5	−50.8
沸点/℃	19.54	−84.9	−67	−35.38
$\Delta_f H_m^\ominus / kJ \cdot mol^{-1}$	−271.1	−92.307	−36.4	26.48
键能/$kJ \cdot mol^{-1}$	568.6	431.8	365.7	298.7
汽化热/$kJ \cdot mol^{-1}$	30.31	16.12	17.62	19.77
分子偶极矩 $\mu / 10^{-30} C \cdot m$	6.40	3.61	2.65	1.27
表观解离度（$0.1 mol \cdot L^{-1}$, 18℃）/%	10	93	93.5	95
溶解度/$g \cdot (100g\ H_2O)^{-1}$	35.3	42	49	57

氟化氢是无色、有刺激性气味并具有强腐蚀性的有毒气体。氟化氢分子间由于氢键的作用而容易发生缔合，导致其熔点、沸点和汽化焓等性质均出现反常现象。氟化氢溶于水就能够得到氢氟酸。氢氟酸是一元弱酸，其 $K_a^\ominus = 6.9 \times 10^{-4}$。

氯化氢是无色气体，有刺激性气味，并能在空气中发烟。氯化氢易溶于水而形成盐酸，在通常条件下，1 体积水能吸收约 450 体积的氯化氢，而且溶解时放出大量的热，1mol HCl 溶于水时放出 72.8kJ 的热量。

纯盐酸为无色溶液，有氯化氢的气味。一般浓盐酸的浓度约为 37%，相当于 12mol·L^{-1}，密度为 1.19g·cm^{-3}。工业用的盐酸浓度约为 30%左右，由于含有 $[FeCl_4]^-$ 等杂质而带黄色。

溴化氢和碘化氢也是无色气体，具有刺激性气味，容易溶于水生成相应的酸，即氢溴酸和氢碘酸。

（2）化学性质

① 酸性　盐酸、氢溴酸与氢碘酸都是强酸而且酸性依次增强。盐酸是最重要的强酸之一。盐酸能与许多金属反应生成相应的金属氯化物并放出氢气，盐酸也能与许多金属氧化物反应生成盐和水。氢溴酸和氢碘酸的酸性甚至强于高氯酸。氢氟酸是一种弱酸，是因为氢键导致的缔合状态影响了电离作用。

② 还原性　除氢氟酸没有还原性以外，其他氢卤酸都具有还原性，卤化氢的还原性依 HCl—HBr—HI 顺序增强。HCl 较难被氧化，仅与 MnO_2、$KMnO_4$、PbO_2 等强氧化剂反应时才显现出还原性。HBr 和 HI 的还原性较强，空气中的氧就能够将其氧化成单质。

$$2HI + 2FeCl_3 \longrightarrow 2FeCl_2 + 2HCl + I_2$$
$$2HBr + H_2SO_4\text{（浓）} \longrightarrow SO_2 \uparrow + 2H_2O + Br_2$$
$$16HCl + 2KMnO_4 \longrightarrow 2KCl + 2MnCl_2 + 8H_2O + 5Cl_2 \uparrow$$

③ 热稳定性　卤化氢的热稳定性是指其受热是否易分解为单质。

$$2HX \xrightarrow{\triangle} H_2 + X_2$$

卤化氢的热稳定性大小可由生成焓来衡量。

氢卤酸中以氢氟酸和盐酸具有较大的实用意义。

盐酸是重要的化工生产原料，常用来制备金属氯化物、苯胺和染料等产品。盐酸在冶金工业、石油工业、印染工业、皮革工业、食品工业及轧钢、焊接、电镀、搪瓷、药物等部门也有广泛的应用。

无论 HF 气体还是氢氟酸溶液都能够和 SiO_2 反应生成气态 SiF_4。

$$4HF + SiO_2 \longrightarrow 2H_2O + SiF_4(g)$$

利用这一反应，氢氟酸被广泛用于分析化学中，用来测定矿物或者钢样中的 SiO_2 的含量。用 HF 气体刻蚀玻璃得到的是毛玻璃，用氢氟酸溶液刻蚀玻璃得到平滑的刻痕。无论是 HF 气体还是氢氟酸溶液均必须用塑料质或内涂石蜡的容器贮存。

知识拓展

天才还是魔鬼？
——记小托马斯·米奇利的发明成果

一、四乙铅——一个瑰丽的梦

小托马斯·米奇利（Midgley, Thomas, Jr.）1889 年 5 月 18 日出生在美国宾夕法尼亚州比弗福尔斯，他本来是一名训练有素的工程师，后来对化学品的工业用途产生了浓厚兴趣。他曾经发明了性能卓越的汽油抗爆振剂——四乙铅以及无毒性的制冷剂——氟里昂（二氟二氯甲烷），这两种物质均在人类历史上产生过划时代的意义。但是，随着社会的不断发展，人们逐渐认识到，这两种化合物辉煌的背后竟然隐藏着令人恐惧的真相。

18 世纪初，人们为了提高内燃机的效率，而增加了内燃机的压缩比。然而，当汽油和空气的混合物被压缩到一定体积时，就会产生爆振现象，这不但会损坏汽缸，而且还浪费了燃料。因此，当时的人们迫切需要一种物质使汽油压缩比例大大提高且不会引起爆振。

在这种情况下，米奇利及其同事们开始努力寻找这种物质，整个寻找过程异常艰苦。

他们首先发现，煤油的抗爆振性能比汽油好，在煤油里面加入少量碘，其抗爆振性能可以大大得到改善。但碘的价格昂贵，实用性不强。

于是，他们打开了门捷列夫的化学地图——元素周期表，循着碘的足迹继续寻找合适的物质。但和碘同族的氟、氯、溴等物质性质过于活泼，容易损坏汽缸。

他们又将目光转移到了ⅥA族。通过大量的实验表明，含氧的醇类化合物能够提高汽油的抗爆振性能，但是需要加入的量很大，几乎达到了汽油体积的一半。与氧同族的硫元素化合物腐蚀性又很强。

他们转而研究VA族。在研究中他们发现，含氮的苯胺可以显著提高汽油的抗爆振性能，而且可以使汽车行驶的里程增加 50%。这一发现很快得以实际应用，1920 年首次飞越大西洋的飞机就使用了添加甲基苯胺的汽油。但美中不足的是，这种物质添加量很大（约是汽油体积的 1/10），且排放出的气体难闻至极。因此，此种添加剂的生命非常短暂。

为了解决这一难题，米奇利及同伴开始研究硒和碲。他们欣喜地发现：二乙基硒和二乙基碲的抗爆性能分别比苯胺强 5 倍和 10 倍。虽然合适的物质找到了，但是仍难以推广使用，因为这两种物质奇臭无比。

对所有的实验进行仔细分析后，米奇利发现：具有优良抗爆振性能的物质都是重元素的化合物。于是他开始对ⅣA族的锡进行实验，并取得了令人满意的结果。在此实验基础上，最终他确定比锡更重的铅是最佳选择。

1921年，四乙铅发明成功，1L汽油里只需加入1g四乙铅，就可以达到良好的抗爆振效果。而且，生产四乙铅的原料非常容易获得，价格低廉。更让人们高兴的是，四乙铅不仅没有恶臭，还富有水果的香味。

1923年，三家实力雄厚的美国公司共同投资，成立了四乙公司。从此，四乙铅不仅为投资者带来了滚滚财富，而且为人类社会创造了巨大的经济效益。

二、氟里昂——一朵漂浮的云

20世纪20年代，冰箱普遍使用一些非常危险的气体（其中包括氨、二氧化硫和丙烷）作制冷剂。1929年，发生在美国俄亥俄州克利夫兰某医院的冰箱泄漏事故曾使一百多人丧生。

就在这时，正沉浸在发明四乙铅的欣喜与兴奋中的米奇利开始乘胜追击，着手解决这一问题。

米奇利的目标是研制出一种稳定、不易燃、不腐蚀且吸入安全的制冷气体。通过观察，他发现只有位于元素周期表右侧的非金属元素可以在室温下生成呈气态的化合物，且化合物的可燃性从左到右逐渐递减（事实上，卤化物的确是可以用来阻燃的），比较重的化合物毒性较大。于是，米奇利抱定了这样一个信念——氟和其他较轻的非金属元素形成的化合物，必定可以成为性能优良的制冷剂。

经过两年多的艰苦实验，米奇利终于合成出了二氟二氯甲烷（也称氟里昂）。因为这种化合物具有极为理想的制冷效果，所以从20世纪30年代初即大批量投入生产。从此，家用冰箱、空调以及除臭喷雾剂等产品就都离不开它了。

三、辉煌背后的阴影

面对这两种物质所创造的辉煌，人们曾一度陶醉其中。但随着时间的不断推移，辉煌背后的阴影逐渐浓重并显露出来。

四乙铅可以通过呼吸道、食道甚至皮肤进入人体，而且很难代谢。当人体内积累到一定量（大约100mL血液中含80μg）的铅时，就会发生铅中毒。铅中毒的后果非常可怕，人们会出现失眠、抽搐、失明、失聪等症状，严重的甚至会瘫痪、肾功能衰竭和患上癌症。

随着含四乙铅汽油的大量使用，环境中的铅含量日益增多。更糟糕的是，四乙铅的降解产物——离子型烷基铅比无机铅毒性更大，因为它们是脂溶性的，可以很快被人体的皮肤和肺部吸收。

科学研究发现，1923年四乙公司成立前，大气中几乎没有铅的存在，人体内的铅浓度也非常低。但是到了1986年，人们血液中的铅浓度竟然比19世纪高出625倍。在铁一般的事实面前，四乙公司仍然矢口否认，直到2001年2月，四乙公司仍然坚持认为含铅汽油无论对人的健康还是对环境都不构成威胁。

为了打消人们对四乙铅汽油的怀疑和担忧，其发明者小托马斯·米奇利甚至还当着记者和公众的面进行了一次现场表演。他将四乙铅汽油泼在自己手上，并在盛有含铅汽油的烧杯口上嗅闻长达1min之久。同时他还强调，自己每天都这样接触汽油，而未受到任何伤害。其实事实却并非如此，米奇利曾因大量接触四乙铅汽油而大病一场，他平时总是尽可能地远离这种"可恶"的东西。

四乙公司成立不久，一线工人几乎就都出现了铅中毒症状——走路不稳，神经官能混乱等。四乙公司当时不但没有采取相应的补救措施，而且还厚颜无耻地解释说："工人们之所以这样，是因为工作比较辛苦。"

氟里昂对环境的危害不像四乙铅那样立竿见影，所以人们直到50年后才发现它的魔鬼本质。

很多年来，臭氧正在被大气平流层中含氯（溴）自由基物质以及氮氧化物吞噬，而氟里昂正是含氯（溴）自由基物质的主要来源。尽管氟里昂在大气中的含量很小（约占大气总量的十亿分之一），但是其破坏力极强。研究证明，每千克氟里昂能在大气中捕捉并消灭 7×10^4 kg 臭氧。而且，氟里昂在大气中的悬浮时间非常长（平均 100 年），在此期间它不断大量吸收热量（一个氟里昂分子增加温室效应的能力要比一个二氧化碳分子强一万倍），是温室效应的罪魁祸首。

幸运的是，人们没有被生产者的巧言和可观的经济效益所迷惑，最终还是揭开了四乙铅和氟里昂美丽的伪装。

美国于 1974 年开始禁止使用氟里昂，1986 年停止销售和使用含铅（四乙铅）汽油。随后，其他国家也纷纷颁布法律和条令限制或禁止使用上述两种物质。

四、天才与魔鬼

米奇利的两大杰作——四乙铅和氟里昂都曾风光一时，并为人类创造了难以计数的物质财富。但不可否认的是，它们同时也给人类社会带来了难以摆脱的尴尬和困境。在人们的觉醒中，四乙铅和氟里昂正在逐渐退出历史舞台。

通过米奇利两项发明的兴衰史，我们不难看出，科学技术既能给人类带来巨大的物质利益，同时也可能隐藏着致命的危机。因此，在进行科学研究的过程中，我们一定要辨证地看待问题，在积极发展科学技术的同时也不能忘记随之将会产生的负面影响。科技转化为生产力的过程中，一定要兼顾经济与社会双重效益。

的确，凭借化学方面的天分和卓越的科研能力，米奇利堪称天才。但当我们从他给人类发展带来巨大灾难的角度来看时，称其为魔鬼也不为过。在对四乙铅和氟里昂既沉痛又不失魅力的回忆中，我们难道不应该吸取其中深刻的教训吗？

习 题

1. 比较二氧化碳和二氧化硅的性质和结构。
2. 如何正确地配制 $SnCl_2$ 溶液？写出相关化学反应方程式。
3. 完成下列方程式。

   (1) $CaCO_3 + CO_2 + H_2O \longrightarrow$

   (2) $(NH_4)_2CO_3 \xrightarrow{\triangle}$

   (3) $SiO_2 + Na_2CO_3 \xrightarrow{\triangle}$

   (4) $SiO_2 + 4HF \longrightarrow$

   (5) $Na_2SiO_3 + NH_4Cl \longrightarrow$

   (6) $SiCl_4 + H_2O \longrightarrow$

   (7) $Cu + HNO_3$（浓）$\longrightarrow$

   (8) $Cu + HNO_3$（稀）$\longrightarrow$

   (9) $Zn + HNO_3$（稀）$\longrightarrow$

   (10) $KNO_3 \xrightarrow{\triangle}$

   (11) $Zn(NO_3)_2 \xrightarrow{\triangle}$

   (12) $AgNO_3 \xrightarrow{\triangle}$

   (13) $NH_4NO_3 \xrightarrow{\triangle}$

   (14) $F_2 + H_2O \longrightarrow$

(15) $Cl_2 + H_2O \longrightarrow$

(16) $Ca(OH)_2 + Cl_2 \longrightarrow$

(17) $SiO_2 + HF \longrightarrow$

(18) $IF_5 + H_2O \longrightarrow$

(19) $KClO_3 \xrightarrow{\triangle}$

(20) $Br^- + BrO_3^- + H^+ \longrightarrow 3Br_2 + 3H_2O$

4. 解释下列事实，并写出相关方程式。

(1) 可用浓氨水检查氯气管道的漏气。

(2) NH_4HCO_3 俗称"气肥"，贮存时要密闭。

5. 如何除去 NH_3 中的水气？如何除去液氨中微量的水？

6. 在常温下，为什么能用铁、铝容器盛放浓硫酸，而不能盛放稀硫酸？

7. SO_2 和 Cl_2 的漂白机理有何不同？

8. 选择正确答案的序号填入括号里。

(1) 硼酸的分子式常写成 H_3BO_3，它是（　　）。

　　A. 二元弱酸　　　　　B. 一元弱酸　　　　　C. 三元弱酸　　　　　D. 强酸

(2) 在最简单的硼氢化物 B_2H_6 中，连接两个 B 之间的化学键是（　　）。

　　A. 氢键　　　　　　　B. 氢桥　　　　　　　C. 共价键　　　　　　D. 配位键

(3) 下列反应中能用来制取无水三氯化铝的是（　　）。

　　A. $Al^{3+}(aq) + Cl^-(aq)$　　B. $Al(NO_3)_3 + HCl$　　C. $Al(s) + $ 盐酸　　D. $Al + HCl(g)$

(4) 下列化合物中偶极矩不为零的分子是（　　）。

　　A. CO_2　　　　　　　B. CCl_4　　　　　　　C. CS_2　　　　　　　D. CO

(5) 石墨中层与层之间的结合力是（　　）。

　　A. 共价键　　　　　　B. 自由电子　　　　　C. 范德华力　　　　　D. 大 π 键。

(6) 下列物质难与玻璃起反应的是（　　）。

　　A. HF　　　　　　　　B. $HClO_4$　　　　　　C. NaOH　　　　　　　D. Na_2CO_3

(7) 在实验中要制得干燥的氨气，需要选用的干燥剂是（　　）。

　　A. 五氧化二磷　　　　B. 碱石灰　　　　　　C. 无水氯化钙　　　　D. 浓硫酸

(8) 下列氢化物在水溶液中，酸性最强的是（　　）。

　　A. H_2O　　　　　　　B. H_2S　　　　　　　C. H_2Se　　　　　　D. H_2Te

(9) $NaNO_3$ 受热分解的产物是（　　）。

　　A. Na_2O、NO_2、O_2　　　　　　　　　　　B. $NaNO_2$、O_2

　　C. $NaNO_2$、NO_2、O_2　　　　　　　　　　D. Na_2O, NO, O_2

(10) 氢卤酸中最强的酸是（　　）。

　　A. HF　　　　　　　　B. HCl　　　　　　　　C. HBr　　　　　　　D. HI

(11) 氯的含氧酸中，酸性最强的是（　　）。

　　A. HClO　　　　　　　B. $HClO_2$　　　　　　C. $HClO_3$　　　　　　D. $HClO_4$

第三节　d 区 元 素

　　广义的 d 区元素包括 ds 区元素，即周期系第ⅢB 到ⅡB 的整个副族元素，它们在周期表中位于 s 区元素之后和 p 区元素之前。从性质上来看，它们是处于从高度活泼的、生成典型离子化合物的 s 区元素到基本上生成共价化合物的 p 区元素之间的过渡，被称为过渡元素。因为这些元素均为金属，所以也被称为过渡金属。其中 ds 区元素与别的 d 区元素在结构上的主要区别在于原子的 $(n-1)$ d 能级已经充满，它们在化合物中多为 18 电子构型，与典型的过渡金属相比存在较大的不同，所以将其单独讲述，本节将主要讲述铬副族、锰副族和铁系元素。

一、过渡元素的通性

1. 原子的电子层结构和原子半径

d 区元素原子的价电子构型为 $(n-1)d^{1\sim10}ns^{0\sim2}$（Pd 的价电子构型为 $4d^{10}5s^0$）。对第四周期的元素原子而言，随着原子序数的增大，有效核电荷增大，原子半径缓慢减小。而第五、六周期从左到右元素的原子半径只是稍有减小，这主要是镧系收缩所导致的结果。同族元素从上而下原子半径增大。过渡元素的原子半径以及它们随着原子序数呈现周期性变化的情况如图 9-24 所示。

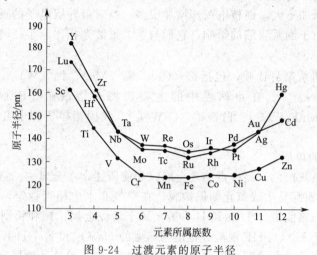

图 9-24 过渡元素的原子半径

2. d 区元素的物理性质

除ⅡB族外，过渡元素的单质都是高熔点、高沸点、密度大、导电性和导热性良好的金属。在同周期中，它们的熔点，从左到右一般是先逐步升高，然后又缓慢下降。通常认为产生这种现象的原因是在这些金属原子中除了主要以金属键结合之外，还可能具有部分共价性。这与原子中未成对的 d 电子参与成键有关。原子中未成对的 d 电子数增多，金属键中由这些电子参与成键造成的部分共价性增强，表现出这些金属单质的熔点升高。ⅥB族元素单质的熔点在各周期中最高（如图 9-25）。在同一族中，第二过渡系元素的单质的熔点、沸点大多高于第一过渡系，而第三过渡系的熔点、沸点又高于第二过渡系（ⅢB，ⅡB 族除外）。熔点最高的单质是钨。应当指出，金属的熔点还与金属原子半径的大小、晶体结构等因素有关，并非单纯地决定于未成对 d 电子数目的多少。过渡元素单质的硬度也有类似的变化规律。硬度最大的金属是铬。

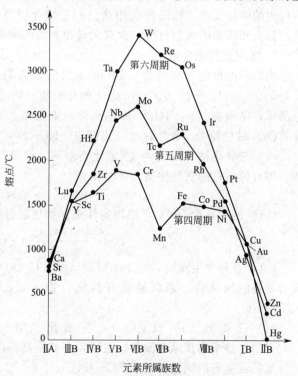

图 9-25 过渡金属的熔点

另外，在过渡元素单质中，ⅧB族的锇（Os）的密度最大，依次是铱（Ir）、铂（Pt）、铼（Re）。这些金属比室温下同体积的水重20倍以上，属于典型的重金属。

3. d区元素的化学性质

同一周期元素，从左到右过渡，其金属活泼性逐渐减弱。与第一过渡系元素相比，第二、三过渡系元素的金属单质非常稳定，一般不和强酸反应，但和浓碱或熔碱可以发生反应。也就是说，同族元素自上而下，金属活泼性逐渐减弱。如镍能从稀酸中置换出氢，而钯、铂却不能。对这种变化规律的解释可以从原子半径和核电荷两方面来考虑。同族元素自上而下，原子半径增加不大，而核电荷却增加很多，核对最外层电子的吸引力增强。特别是第三过渡系元素，由于镧系收缩的影响，它们与第二过渡系相比，半径增大很小。

二、铬副族

铬副族位于周期系第ⅥB族，包括铬（Cr）、钼（Mo）、钨（W）3种元素。价电子构型为：$(n-1)d^{4\sim 5}ns^{1\sim 2}$。在自然界中的主要矿物有铬铁矿[$Fe(CrO_2)_2$]、辉钼矿（$MoS_2$）、黑钨矿（$MnFeWO_4$）、白钨矿（$CaWO_4$）。我国钼矿资源丰富，钨矿的储量约占世界储量的一半。

1. 铬副族元素的单质

铬、钼、钨都是灰白色、高熔点的硬金属（如前所述，在金属中，铬是最硬的，钨是最难熔的），它们的表面都易生成氧化物保护膜，在空气和水中相当稳定，在冷的浓硝酸和王水中钝化。常温下，铬能溶于HCl和H_2SO_4，属于活泼金属；钼和钨则不与HCl、H_2SO_4反应。钼和钨能溶于HNO_3-HF混酸，也能与熔融的Na_2O_2和$NaOH$-KNO_3作用。

铬可用于金属制品的电镀层，以作装饰、防腐和耐磨，但这种镀层有极微小的孔隙，最好先在镀件上先镀一层铜或镍，再在其上覆镀铬。大量的铬用于制造不锈钢和工具钢。钼用以制造高韧度钢和白炽灯钨丝的支架。食物中含微量的钼对眼睛有好处，它还是植物生长必不可少的微量元素。钨的最大用途是制造灯丝以及各种硬质合金钢，后者是生产刀具、模具、钻头和武器的理想材料。含有大量钼和钨的钢抗腐蚀性特强，可以用来制造耐酸泵等。

2. 铬的重要化合物

铬原子的价电子构型为：$3d^54s^1$。铬的最高氧化值为+6。铬也能形成氧化值为+5、+4、+3、+2、+1、0、-1、-2的化合物。铬的重要化合物有：三氧化铬（CrO_3）暗红色晶体，铬酸钾（K_2CrO_4）黄色晶体，重铬酸钾（$K_2Cr_2O_7$）橙红色晶体，三氧化二铬（Cr_2O_3）绿色粉末，硫酸钾铬[铬钾矾，$KCr(SO_4)_2\cdot 12H_2O$]暗紫色晶体。

(1) 三氧化铬（CrO_3） 三氧化铬俗称"铬酐"，向重铬酸钾浓溶液中加入过量的浓硫酸，即有橙红色的三氧化铬晶体析出。

$$K_2Cr_2O_7 + H_2SO_4 \longrightarrow K_2SO_4 + 2CrO_3 + H_2O$$

CrO_3的熔点为196℃，热稳定性差，加热超过熔点就会热分解，最后的产物为Cr_2O_3。

$$2CrO_3 \xrightarrow{400\sim 500℃} Cr_2O_3 + \frac{3}{2}O_2\uparrow$$

CrO_3容易发生潮解，溶于水得到铬酸（H_2CrO_4），而溶于碱得到铬酸盐。同时，CrO_3具有较强的氧化性，遇到易燃有机化合物（如乙醇）时可以导致着火，而本身被还原成Cr_2O_3。

(2) 三氧化二铬（Cr_2O_3） 三氧化二铬俗称铬绿，为暗绿色粉末，熔点较高（2608℃），经常用作绿色颜料，也可用于制耐高温陶瓷以及有机合成的催化剂。天然或者人工合成的红宝石的颜色就是Cr^{3+}所致。

(3) 铬酸盐和重铬酸盐 钾、钠的铬酸盐和重铬酸盐是最重要的盐类。K_2CrO_4和

Na_2CrO_4 都是黄色晶体状固体。Na_2CrO_4 是一种优良的无机缓蚀剂,利用其氧化性能够在金属表面形成氧化物保护膜,从而延长金属材料的使用寿命。

$$2Na_2CrO_4 + 2Fe + 2H_2O \longrightarrow Cr_2O_3 + Fe_2O_3 + 4NaOH$$

除了碱金属、镁和铵的铬酸盐易溶外,其他的铬酸盐都难溶。常见的难溶铬酸盐有 Ag_2CrO_4、$PbCrO_4$、$BaCrO_4$ 和 $SrCrO_4$,除了 Ag_2CrO_4 为砖红色外,其余均为黄色沉淀。可以据此鉴定相应的阳离子与 CrO_4^{2-}。

$K_2Cr_2O_7$ 是橙红色的晶体,俗称红矾钾,而 $Na_2Cr_2O_7$ 被俗称为红矾钠。$K_2Cr_2O_7$ 在低温下的溶解度很小,又不含结晶水,容易通过结晶法提纯,因此经常作为分析中的基准试剂,还经常被用于制造安全火柴、烟火、炸药、鞣革剂等。

重铬酸盐在酸性溶液中具有强氧化性,所以重铬酸钾是实验室中常用的氧化剂,可以氧化 H_2S、H_2SO_3、$FeSO_4$ 等物质,而本身被还原成 Cr^{3+}。

$$Cr_2O_7^{2-} + 6Fe^{2+} + 14H^+ \longrightarrow 2Cr^{3+} + 6Fe^{3+} + 7H_2O$$

这是一个定量反应,所以在分析化学上经常利用这个反应来测定溶液中的 Fe^{2+} 的含量。在加热的条件下,重铬酸钾可以氧化浓盐酸成 Cl_2。

$$Cr_2O_7^{2-} + 6Cl^- + 14H^+ \longrightarrow 2Cr^{3+} + 3Cl_2 \uparrow + 7H_2O$$

实验室中所用的洗液就是重铬酸钾饱和溶液和浓硫酸的混合物,称为铬酸洗液,利用它的强氧化性来洗去化学玻璃器皿壁上吸附的油脂层。当溶液全部变成暗绿色时,说明 $Cr(Ⅵ)$ 已经全部转化为 $Cr(Ⅲ)$,洗液失效。

$(NH_4)_2Cr_2O_7$ 可以用于制取少量的 Cr_2O_3,这个反应非常剧烈,橙红色的 $(NH_4)_2Cr_2O_7$ 被产生的气流冲起,呈现熔岩状,因此这个现象也被形象地称作"火山爆发"。

$$(NH_4)_2Cr_2O_7(s) \xrightarrow{\triangle} Cr_2O_3(s) + N_2(g) + 4H_2O(g)$$

3. 钼和钨的化合物

钼和钨的原子价层电子构型分别为:$4d^5 5s^1$ 和 $5d^4 6s^2$,它们都能形成氧化值从 $+2$ 到 $+6$ 的化合物。其中氧化值为 $+6$ 的化合物较稳定。例如:钼酸铵 $[(NH_4)_2MoO_4]$,钨酸钠 (Na_2WO_4) 等。

(1) 氧化物　MoO_3 是白色固体,熔点为 800℃,加热时变成黄色;WO_3 是深黄色固体,熔点为 1200℃,加热时变成橙黄色,颜色的变化可能与缺陷有关。这两种氧化物不与酸作用,并且难溶于水,作为酸酐却不能通过与水作用制备相应的含氧酸,但是可以和碱溶液反应生成相应的含氧酸盐,甚至可以和氨水这样的弱碱反应。

(2) 含氧酸及其简单盐　MoO_3 和 WO_3 溶于强碱溶液时得到简单钼酸盐和钨酸盐结晶。酸根离子 MoO_4^{2-}、WO_4^{2-} 均为四面体结构。碱金属、铵、铍、镁和铊(Ⅰ)的简单钼酸盐和钨酸盐可以溶于水,其余金属的盐难溶。

酸化钼酸盐和钨酸盐溶液,随 pH 减小,逐渐缩合成多钼酸盐和多钨酸盐,最后当 pH 小于 1 时,析出黄色的 $MoO_3 \cdot 2H_2O$ 和白色的 $WO_3 \cdot 2H_2O$,从热溶液中则析出一水合物 $MoO_3 \cdot H_2O$ 和 $WO_3 \cdot H_2O$,称为钼酸和钨酸,即 H_2MoO_4 和 H_2WO_4。

三、锰副族

锰族元素位于周期系第ⅦB族,包括锰(Mn)、锝(Tc)、铼(Re) 3 种元素,锝是放射性元素。锰族元素原子的价电子构型为:$(n-1)d^5 ns^2$,最高氧化值为 $+7$。

1. 锰的单质

锰是白色金属,质硬而脆,外形与铁相似,粉末状的锰单质为灰色。单质锰是活泼金属，粉末状锰在空气中容易着火，块状锰表面易形成氧化物保护膜而使其稳定。常温下，锰能缓慢地溶于水，但是生成的 $Mn(OH)_2$ 对反应有抑制作用。

$$Mn + 2H_2O \longrightarrow Mn(OH)_2(s) + H_2$$

在热水或者 NH_4Cl 溶液中，置换反应能够顺利进行，这一现象和 Mg 很相似。

锰单质容易与稀酸生成相应的 Mn^{2+} 盐和氢气，但是与冷的浓硫酸反应较慢。

在氧化剂存在下，锰能与熔融的碱作用生成锰酸盐。

$$2Mn + 4KOH + 3O_2 \longrightarrow 2K_2MnO_4 + 2H_2O$$

锰还能与氧、卤素等非金属作用，生成相应的化合物。

纯金属锰的用途较少，主要用于炼钢，几乎所有的钢都含有锰。锰能和溶解在钢里的氧及硫化合减弱钢的脆性。铜锰合金具有机械强度大和不会被磁化的优异特性，被用于船舰需要防磁的部位。

锰是人体不可缺少的微量元素，是人体多种酶的核心，缺锰会导致畸形和脑惊厥。锰对植物体的光合作用以及一些酶的活动、维生素的转化起着十分重要的作用，缺锰则小麦、玉米叶子出现红色、褐色斑点，果树叶子会变黄。

2. 锰的重要化合物

锰原子的价电子构型为 $3d^5 4s^2$。锰的最高氧化值为 +7。锰也能形成氧化值从 +6 到 -2 的化合物。

(1) Mn(Ⅱ) 的化合物　锰的化合物中，Mn(Ⅱ) 的化合物最为稳定。Mn(Ⅱ) 的强酸盐均易溶于水，只有少数弱酸盐不溶于水，比如 $MnCO_3$ 和 MnS 等。

将黑色软锰矿（$MnO_2 \cdot xH_2O$）溶于酸，就能得到相应的锰（Ⅱ）盐，比如溶于稀硫酸就生成 $MnSO_4$。

$$2MnO_2 + 2H_2SO_4 \longrightarrow 2MnSO_4 + O_2\uparrow + 2H_2O$$

硫酸锰（Ⅱ）是最稳定的锰（Ⅱ）盐，可以结合不同数目的结晶水，比如 $MnSO_4 \cdot 4H_2O$、$MnSO_4 \cdot 5H_2O$ 等，这些水合晶体呈现粉红色，加热可脱水变成白色的无水 $MnSO_4$。

锰（Ⅱ）化合物在碱性介质中的还原性强于在酸性介质中的还原性。锰（Ⅱ）盐和碱溶液反应时，可得到白色胶状 $Mn(OH)_2$ 沉淀，这种沉淀在空气中很不稳定，快速被 O_2 氧化成棕色的 $MnO(OH)_2$。

$$MnSO_4 + 2NaOH \longrightarrow Mn(OH)_2\downarrow + Na_2SO_4$$
$$2Mn(OH)_2 + O_2 \longrightarrow 2MnO(OH)_2$$

Mn(Ⅱ) 在酸性介质中较为稳定，只有在加热并高酸度的情况下，可以被一些强氧化剂（如 $NaBiO_3$）氧化成高锰酸根。

$$2Mn^{2+} + 5NaBiO_3 + 14H^+ \longrightarrow 2MnO_4^- + 5Bi^{3+} + 5Na^+ + 7H_2O$$

MnO_4^- 在水溶液中呈紫色，即使溶液很稀，仍然可以看到这种颜色，因此可利用这一反应检验溶液中的 Mn^{2+}。

(2) 高锰酸盐　高锰酸钾是 Mn(Ⅶ) 的化合物中最为重要的化合物，俗称灰锰氧，是深紫色晶体，其水溶液呈紫色。高锰酸钾热稳定性差，加热到 200℃ 时，就会分解而释放出氧气。

$$2KMnO_4 \longrightarrow K_2MnO_4 + MnO_2 + O_2\uparrow$$

高锰酸钾无论在酸性、碱性和中性的介质中，均显示出很强的氧化性。在酸性介质中，其还原产物是锰（Ⅱ）盐。

$$2MnO_4^- + 5SO_3^{2-} + 6H^+ \longrightarrow 2Mn^{2+} + 5SO_4^{2-} + 3H_2O$$

在中性、微酸性或者微碱性的介质中，其还原产物为棕色的 MnO_2。

$$2MnO_4^- + 3SO_3^{2-} + H_2O \longrightarrow 2MnO_2 + 3SO_4^{2-} + 2OH^-$$

在强碱介质中，其还原产物为 MnO_4^{2-}。

$$2MnO_4^- + SO_3^{2-} + 2OH^- \longrightarrow 2MnO_4^{2-} + SO_4^{2-} + H_2O$$

高锰酸钾主要被用作氧化剂，在工业上用来漂白纤维和油脂脱色，广泛用于杀菌消毒，还可以用作毒气吸收剂。在分析化学上，$KMnO_4$ 标准溶液用于氧化还原滴定，比如可以用来测定 Fe^{2+} 的含量。

$$MnO_4^- + 5Fe^{2+} + 8H^+ \longrightarrow Mn^{2+} + 5Fe^{3+} + 4H_2O$$

(3) 锰酸盐　Mn(Ⅵ) 一般以 K_2MnO_4 的形式存在。K_2MnO_4 是暗绿色晶体，MnO_4^{2-} 在 pH>13.5 的强碱性溶液中才能存在，在水溶液或酸性溶液中易歧化。

$$3MnO_4^{2-} + 4H^+ \longrightarrow MnO_2 + 2MnO_4^- + 2H_2O$$

$$3MnO_4^{2-} + 2CO_2 \longrightarrow MnO_2 + 2MnO_4^- + 2CO_3^{2-}$$

锰酸盐经常作为制备高锰酸盐的中间产物。比如在锰酸盐溶液中加入氧化剂，即被氧化成高锰酸盐。

$$2K_2MnO_4 + Cl_2 \longrightarrow 2KMnO_4 + 2KCl$$

四、铁系元素

铁系元素属于周期系第Ⅷ族元素，包括铁（Fe）、钴（Co）和镍（Ni）三种元素。

铁系元素中，以铁的分布最广。铁在地壳中的含量居第四位，在金属中仅次于铝。铁的主要矿石有赤铁矿（Fe_2O_3）、磁铁矿（Fe_3O_4）、黄铁矿（FeS_2）和菱铁矿（$FeCO_3$）等。钴和镍的常见矿物是辉钴矿（CoAsS）和镍黄铁矿（NiS·FeS）。

1. 铁、钴和镍的单质

铁、钴和镍的单质都是具有金属光泽的银白色金属，密度大，熔点高，都表现出明显的磁性，能被磁体所吸引，常被称为铁磁性物质。铁、钴和镍单质的熔点随着原子序数的增加而降低。铁和镍的延展性好，而钴则硬而脆。

铁系元素是中等活泼的金属，在常温并干燥的情况下，它们不与 O_2、S、Cl_2、P 等非金属反应，但是在高温下能够发生较为剧烈的反应。它们能够和非氧化性的酸反应而置换出氢气，比如：

$$Fe + H_2SO_4 \longrightarrow FeSO_4 + H_2 \uparrow$$

冷的浓硫酸和浓硝酸均能够使铁、钴和镍表面钝化，钝态的铁、钴、镍不再溶于相应的酸中，所以可以用铁罐贮存浓硫酸。浓碱能够缓慢侵蚀铁，而 Co 和 Ni 则在浓碱中较为稳定。

2. 铁、钴和镍的氧化物和氢氧化物

(1) 氧化物　铁、钴和镍均能形成氧化值为 +2 和 +3 的氧化物。

FeO（黑色）　　　　　　CoO（灰绿色）　　　　　　NiO（暗绿色）

Fe_2O_3（砖红色）　　　Co_2O_3（黑色）　　　　　Ni_2O_3（黑色）

铁除了生成 +2 和 +3 的氧化值外，还能形成混合价态的氧化物 Fe_3O_4。铁、钴和镍的氧化物均能溶于强酸生成相应的盐，而不能溶于水和碱，属于碱性氧化物。+3 价的氧化物的氧化能力按铁、钴和镍的次序递增，但是稳定性却依次降低。

Fe_2O_3 俗称铁红，具有很强的着色能力，经常用作陶瓷和涂料的颜料，还可以作为磨光剂和某些反应的催化剂。Fe_3O_4 是黑色的强磁性物质，被称为磁性氧化铁，X 射线结构研究证明，Fe_3O_4 实际上是一种铁（Ⅲ）酸盐 $Fe^{Ⅱ}(Fe^{Ⅲ}Fe^{Ⅲ}O_4)$。

Co_2O_3 和 Ni_2O_3 具有强氧化性，是制备高温陶瓷颜料的重要原料。

(2) 氢氧化物 在隔绝空气的情况下,向 Fe^{2+}、Co^{2+} 和 Ni^{2+} 的盐溶液中加入碱就会分别得到白色的 $Fe(OH)_2$、粉红色的 $Co(OH)_2$ 和绿色的 $Ni(OH)_2$ 沉淀。

$$M^{2+} + 2OH^- \longrightarrow M(OH)_2 \downarrow$$

白色的 $Fe(OH)_2$ 极易被空气中的氧气氧化成红棕色的 $Fe(OH)_3$,粉红色的 $Co(OH)_2$ 也可以被空气中的氧气缓慢氧化成棕褐色的 $Co(OH)_3$。

$$4Fe(OH)_2 + O_2 + 2H_2O \longrightarrow 4Fe(OH)_3$$
$$4Co(OH)_2 + O_2 + 2H_2O \longrightarrow 4Co(OH)_3$$

同样条件下,绿色的 $Ni(OH)_2$ 不能被空气中的氧所氧化,但是可以被更强的氧化剂氧化成黑色的 $Ni(OH)_3$ 沉淀。

$$2Ni(OH)_2 + 2NaClO + H_2O \longrightarrow 2Ni(OH)_3 + NaCl$$

$Fe(OH)_2$、$Co(OH)_2$ 和 $Ni(OH)_2$ 均呈碱性,容易溶于酸,这些氢氧化物的还原性依次减弱。

$Fe(OH)_3$ 是两性氢氧化物,以碱性为主,新得到的 $Fe(OH)_3$ 能够溶于强碱。

$$Fe(OH)_3 + KOH \longrightarrow KFeO_2 + 2H_2O$$

$Co(OH)_3$ 和 $Ni(OH)_3$ 均呈碱性,可以溶于酸,但是得不到相应的盐,这是因为 Co^{3+} 和 Ni^{3+} 具有较强的氧化性,能将 H_2O、Cl^- 等氧化成 O_2 和 Cl_2。

$$2Co(OH)_3 + 6HCl \longrightarrow 2CoCl_2 + 6H_2O + Cl_2 \uparrow$$

3. M(Ⅱ)盐

Fe^{2+}(绿色)、Co^{2+}(粉红色)和 Ni^{2+}(绿色)的强酸盐都易溶于水,并伴随微弱水解而导致溶液呈微酸性。强酸盐从水溶液中析出结晶时,往往带有一定数量的结晶水,硫酸盐含 7 个结晶水,硝酸盐含 6 个结晶水。Fe^{2+}、Co^{2+} 和 Ni^{2+} 的弱酸盐一般较难溶。

铁系元素的氧化物溶于稀硫酸即可得到相应的硫酸盐。$FeSO_4 \cdot 7H_2O$ 为绿色晶体,俗称绿矾,在空气中会因为逐渐风化而失去部分结晶水,而且其表面容易被氧化而生成黄褐色的碱式硫酸铁 $Fe(OH)SO_4$。为防止 Fe^{2+} 被氧化,经常在 $FeSO_4$ 溶液中加入少量的金属铁。

Fe^{2+} 具有较强的还原性,在酸性介质中可将较强的氧化剂还原,比如 MnO_4^-、$Cr_2O_7^{2-}$ 和 H_2O_2 等,这些反应可以用于定量分析中。

$CoCl_2 \cdot 6H_2O$ 是常见的 Co(Ⅱ)的化合物,随着所含结晶水分子的数目不同而呈现不同的颜色。

$$CoCl_2 \cdot 6H_2O \underset{}{\overset{52℃}{\rightleftharpoons}} CoCl_2 \cdot 2H_2O \underset{}{\overset{90℃}{\rightleftharpoons}} CoCl_2 \cdot H_2O \underset{}{\overset{120℃}{\rightleftharpoons}} CoCl_2$$
粉红　　　　　　紫红　　　　　　蓝紫　　　　　蓝

无水 $CoCl_2$ 是蓝色的,结合水分子之后变成粉红色的 $CoCl_2 \cdot 6H_2O$。在实验室中常作为干燥剂的变色硅胶中就含有 $CoCl_2$,利用它吸水和脱水而产生的颜色来表示硅胶的吸湿能力。

$NiSO_4 \cdot 7H_2O$ 是重要的镍的化合物,大量用于电镀等行业。

铁、钴和镍的硫酸盐均能和碱金属或者铵的硫酸盐形成复盐,比如硫酸亚铁铵 $[(NH_4)_2SO_4 \cdot FeSO_4 \cdot 6H_2O]$,俗称莫尔盐,比 $FeSO_4 \cdot 7H_2O$ 稳定,不易被氧化,在化学分析中经常用来配制 Fe(Ⅱ)标准溶液,作为还原剂标定 $KMnO_4$ 等标准溶液。

4. M(Ⅲ)盐

铁系元素中,由于 Co^{3+} 和 Ni^{3+} 具有强氧化性,所以只有 Fe^{3+} 才能够形成稳定的可溶性盐,比如橘黄色的 $FeCl_3 \cdot 6H_2O$ 和淡紫色的 $Fe(NO_3)_3 \cdot 9H_2O$。

三氯化铁有无水三氯化铁和六水合三氯化铁,其中无水三氯化铁的熔点和沸点较低,能够用升华法提取。无水三氯化铁具有明显的共价性,所以能够溶解在丙酮等有机溶剂。$FeCl_3$

在空气中容易潮解,容易溶于水,并形成含有 2~6 个分子水的水合物。

三氯化铁及其他 Fe^{3+} 盐均易发生水解使溶液呈现酸性,这是因为 Fe^{3+} 具有较大的电荷/半径比。加热会促进水解,使溶液的颜色加深。

$$[Fe(H_2O)_6]^{3+} \rightleftharpoons [Fe(OH)(H_2O)_5]^{2+} + H^+ \quad K^\ominus = 10^{-3.05}$$

$$[Fe(H_2O)_6]^{2+} \rightleftharpoons [Fe(OH)(H_2O)_5]^+ + H^+ \quad K^\ominus = 10^{-9.5}$$

Fe^{3+} 具有较强的氧化性,能够将碘离子氧化成碘单质;将 H_2S 氧化成单质硫。

由于 Fe^{3+} 水解程度大,$[Fe(H_2O)_6]^{3+}$ 仅能存在于酸性较强的溶液中,稀释溶液或增大溶液的 pH 值,都会有胶状物 FeO(OH) 沉淀出来,使浑浊的水变清。所以 $FeCl_3$ 常用作净水剂。

$$2Fe^{3+} + 2I^- \longrightarrow 2Fe^{2+} + I_2$$
$$2Fe^{3+} + H_2S \longrightarrow 2Fe^{2+} + S + 2H^+$$
$$2Fe^{3+} + Fe \longrightarrow 3Fe^{2+}$$
$$2Fe^{3+} + Cu \longrightarrow 2Fe^{2+} + Cu^{2+}$$

工业上常用 $FeCl_3$ 的溶液在铁制品上刻蚀字样,或在铜板上制造印刷电路。$FeCl_3$ 溶液也叫做烂板剂。

5. 铁系元素的配合物

铁、钴、镍的电子层结构决定了它们很容易结合配体形成配合物,其中较为重要的配合物有氨配合物、氰配合物、硫氰配合物和羰基配合物。

(1) 氨配合物 Fe^{2+} 和 Fe^{3+} 与 NH_3 不形成配合物,而生成对应的氢氧化物。

在 Co^{2+}、Ni^{2+} 的溶液中加入氨水,先生成碱式盐沉淀,当氨水过量时,形成氨配合物。这些氨合配离子的稳定性逐渐增强。Co^{2+} 与过量的氨水反应,可以形成土黄色的 $[Co(NH_3)_6]^{2+}$,它在空气中可逐渐被氧化成更为稳定的 $[Co(NH_3)_6]^{3+}$。Co^{3+} 具有较强的氧化性,不稳定,容易被还原成 Co^{2+},而 $[Co(NH_3)_6]^{3+}$ 的氧化性较 Co^{3+} 弱,从而稳定性增强。Ni^{2+} 在过量的氨水中能形成稳定的蓝色 $[Ni(NH_3)_4(H_2O)_2]^{2+}$ 和蓝色的 $[Ni(NH_3)_6]^{2+}$。

(2) 氰合物 Fe^{2+}、Co^{2+}、Ni^{2+} 和 Fe^{3+} 均能与 CN^- 形成配合物。少量的 CN^- 能够将 Fe^{2+} 沉淀为白色 $Fe(CN)_2$,但是当 CN^- 过量时,$Fe(CN)_2$ 就会被溶解形成 $[Fe(CN)_6]^{4-}$。

$$Fe^{2+} + 2CN^- \longrightarrow Fe(CN)_2 \downarrow$$
$$Fe(CN)_2 + 4CN^- \longrightarrow [Fe(CN)_6]^{4-}$$

$[Fe(CN)_6]^{4-}$ 对应的钾盐 $K_4[Fe(CN)_6] \cdot 3H_2O$ 俗称黄血盐,是黄色晶体。$[Fe(CN)_6]^{4-}$ 能够与多种金属离子形成具有特殊颜色的难溶化合物,比如 Cu^{2+}(红棕色)、Ni^{2+}(绿色)等。如果在 Fe^{3+} 溶液中加入少量 $[Fe(CN)_6]^{4-}$ 溶液,即可获得蓝色沉淀 $KFe[Fe(CN)_6]$,俗称普鲁士蓝,可以利用该反应检测溶液中的 Fe^{3+}。

$$K_4[Fe(CN)_6] + Fe^{3+} \longrightarrow KFe[Fe(CN)_6] \downarrow + 3K^+$$

$[Fe(CN)_6]^{4-}$ 在溶液中性质较为稳定,但是如果遇到较强的氧化剂(比如 Cl_2、H_2O_2 等),仍能被氧化成 $[Fe(CN)_6]^{3-}$。

$$2[Fe(CN)_6]^{4-} + Cl_2 \longrightarrow 2[Fe(CN)_6]^{3-} + 2Cl^-$$

$[Fe(CN)_6]^{3-}$ 结合 K^+ 析出深红色的晶体 $K_3[Fe(CN)_6]$,俗称赤血盐。

Co^{2+} 与 KCN 反应,先形成红色水合氰化物沉淀,与过量 KCN 溶液作用,形成紫红色的 $K_4[Co(CN)_6]$ 晶体。

$$Co^{2+} + 2KCN \longrightarrow Co(CN)_2 \downarrow + 2K^+$$
$$Co^{2+} + 6KCN \longrightarrow K_4[Co(CN)_6] \downarrow + 2K^+$$

Ni^{2+} 与 CN^- 反应先形成灰蓝色水合氰化物沉淀，此沉淀溶于过量的 CN^- 溶液中，形成橙黄色的 $[Ni(CN)_4]^{2+}$。

$$Ni^{2+} + 4KCN \longrightarrow [Ni(CN)_4]^{2-} + 4K^+$$

（3）硫氰配合物　向 Fe^{3+} 溶液中加入硫氰化钾（KSCN）或硫氰化铵（NH_4SCN），溶液立即呈现出血红色。

$$Fe^{3+} + nSCN^- \longrightarrow [Fe(SCN)_n]^{3-n}$$

反应式中 $n=1 \sim 6$，n 随 SCN^- 的浓度而异。这是鉴定 Fe^{3+} 的灵敏反应之一，常用于 Fe^{3+} 的比色分析。该反应必须在酸性环境下进行，如酸性较弱，Fe^{3+} 发生水解会形成 $Fe(OH)_3$ 沉淀，将阻止硫氰合铁的配合物的形成。

向 Co^{2+} 溶液中加入硫氰化钾（KSCN）或硫氰化铵（NH_4SCN），可以形成蓝色的 $[Co(SCN)_4]^{2-}$ 配离子，它在水溶液中不稳定，易电离成粉红色的水合钴（Ⅱ）离子 $[Co(H_2O)_6]^{2+}$。因此用 SCN^- 检测 Co^{2+} 时，要使用浓的 NH_4SCN 溶液以抑制 $[Co(SCN)_4]^{2-}$ 的电离。

Ni^{2+} 可与 SCN^- 反应形成 $[Ni(SCN)]^+$、$[Ni(SCN)_3]^-$ 等配合物，但是这些配合物都不太稳定。

（4）螯合物　Ni^{2+} 常与多齿配位体形成螯合物，比如 Ni^{2+} 与丁二酮肟在稀氨水溶液中能生成鲜红色丁二酮肟合镍（Ⅱ）沉淀，在该螯合物中，与 Ni^{2+} 配位的 4 个 N 原子形成平面四方形。

知识拓展

放射性和铀裂变的重大发现

20 世纪在能源利用方面一个重大突破是核能的释放和可控利用。仅此领域就产生了 6 项诺贝尔奖。首先是居里夫妇从 19 世纪末到 20 世纪初先后发现了放射性比铀强 400 倍的钋，以及放射性比铀强 200 多万倍的镭，这项艰巨的化学研究打开了 20 世纪原子物理学的大门，居里夫妇为此而获得了 1903 年诺贝尔物理学奖。1906 年居里不幸遇车祸身亡，居里夫人继续专心于镭的研究与应用，测定了镭的相对原子质量，建立了镭的放射性标准，同时制备了 20g 镭存放于巴黎国际度量衡中心作为标准，并积极提倡把镭用于医疗，使放射治疗得到了广泛应用，造福人类。为表彰居里夫人在发现钋和镭、开拓放射化学新领域以及发展放射性元素的应用方面的贡献，1911 年被授予了诺贝尔化学奖。20 世纪初，卢瑟福从事关于元素衰变和放射性物质的研究，提出了原子的有核结构模型和放射性元素的衰变理论，研究了人工核反应，因此而获得了 1908 年的诺贝尔化学奖。居里夫人的女儿和女婿约里奥·

居里夫妇用钋的 α 射线轰击硼、铝、镁时产生了带有放射性的原子核,这是第一次用人工方法创造出放射性元素,为此约里奥·居里夫妇荣获了 1935 年的诺贝尔化学奖。在约里奥·居里夫妇的基础上,费米用中子轰击各种元素获得了 60 种新的放射性元素,并发现中子轰击原子核后,就被原子核捕获得到一个新原子核,且不稳定,核中的一个中子将放出一次 β 衰变,生成原子序数增加 1 的元素。这一原理和方法的发现,使人工放射性元素的研究迅速成为当时的热点。物理学介入化学,用物理方法在元素周期表上增加新元素成为可能。费米的这一成就使他获得了 1938 年的诺贝尔物理学奖。1939 年哈恩发现了核裂变现象,震撼了当时的科学界,成为原子能利用的基础,为此,哈恩获得了 1944 年诺贝尔化学奖。

1939 年费里施在裂变现象中观察到伴随着碎片有巨大的能量,同时约里奥·居里夫妇和费米都测定了铀裂变时还放出中子,这使链式反应成为可能。至此释放原子能的前期基础研究已经完成。从放射性的发现开始,然后发现了人工放射性,再后又发现了铀裂变伴随能量和中子的释放,以至核裂变的可控链式反应。于是,1942 年在费米领导下成功地建造了第一座原子反应堆,1945 年美国在日本投下了原子弹。核裂变和原子能的利用是 20 世纪初至中叶化学和物理界具有里程碑意义的重大突破。

(摘自 http//www.jycj.net/blog/u/11/4038.html)

习　题

1. 解释下列现象,并写出相关反应式。
(1) $TiCl_4$ 在潮湿的空气中产生剧烈的烟雾。
(2) 在酸性介质中,用 Zn 还原 $Cr_2O_7^{2-}$ 时,溶液颜色由橙色经绿色变成蓝色,放置后又变成绿色。
(3) 在 $MnCl_2$ 溶液中加入适量的 HNO_3,再加入少量 $NaBiO_3$,溶液出现紫红色后又消失,说明原因写出有关反应方程式。
(4) $CoCl_2$ 与 NaOH 溶液作用所得的沉淀久置后用盐酸酸化时,有刺激性气体产生。
(5) 在 Fe^{3+} 溶液中加入 KSCN 时出现血红色,若加入少许 NH_4F 固体则红色消失。

2. 碘量法测定水中溶解氧的方法:在水样中加入硫酸锰和碱性碘化钾溶液,固定溶解氧,然后加酸反应析出游离的碘,再以硫代硫酸钠溶液滴定析出的碘单质,计算溶解氧的含量。写出相关的反应方程式。

3. 用反应方程式表示下列过程。
(1) 钛溶于氢氟酸中。
(2) 偏钒酸铵加热分解。
(3) 向重铬酸钾溶液中滴加硝酸银溶液。
(4) $FeCl_3$ 溶液中通入 H_2S,有乳白色沉淀析出。
(5) 往 K_2MnO_4 溶液中加入 HNO_3 酸溶液,溶液颜色由绿色转变成紫红色,并有沉淀析出。

4. 解释现象:用浓氨水滴加至含 NH_4Cl 的 $CrCl_3$ 溶液中,观察到溶液颜色从紫色→紫红→浅红→橙红→橙黄→黄色的变化。

5. 在所有过渡金属中,硬度最大的是_____;熔点最高的是_____;导电性最好的是_____。

6. 硅胶干燥剂中含有 $CoCl_2$,硅胶吸水后,逐渐由_____色变为_____色,指示硅胶吸水已达饱和。

7. 在配制 Fe^{2+} 的溶液时,一般需要加入足够浓度的酸和一些铁钉,其目的是_____,_____。

8. 碱性 $BaCl_2$ 溶液与 $K_2Cr_2O_7$ 溶液混合生成_____色的_____沉淀;然后加入稀 HCl 则沉淀溶解,溶液呈_____色;再加入 NaOH 溶液则生成_____色的_____。

9. 选择正确答案的序号填入括号里。
(1) 下列物质不会被空气氧化的是(　　)。

A. $Mn(OH)_2$ B. $Fe(OH)_2$ C. $[Co(NH_3)_6]^{2+}$ D. $[Ni(NH_3)_6]^{2+}$

(2) 下列物质能共存于同一溶液的是（　　）。

A. Fe^{3+} 和 I^- B. Fe^{3+} 和 Fe^{2+} C. MnO_4^{2-} 和 H^+ D. Fe^{3+} 和 CO_3^{2-}

(3) 要配制 Fe^{2+} 的标准溶液，较好的方法是（　　）。

A. $FeCl_2$ 溶于水 B. 亚铁铵矾溶于水 C. $FeCl_3$ 溶液加铁屑还原 D. 铁屑溶于稀酸

第四节　ds 区元素

ds 区元素包括 IB 族（铜族）元素和 IIB 族（锌族）元素的六种金属元素。

一、铜族元素

周期系第 IB 元素，包括铜（Cu）、银（Ag）、金（Au）3 种元素，通常称为铜族元素。价电子构型为 $(n-1)d^{10}ns^1$。

在自然界中，铜族元素除了以矿物形式存在外，还以单质形式存在。常见的矿物有辉铜矿（Cu_2S）、孔雀石 [$Cu_2(OH)_2CO_4$]、辉银矿（Ag_2S）、碲金矿（$AuTe_2$）等。

1. 铜族元素单质

（1）物理性质　铜、银、金的单质都有特征颜色：Cu（紫红）、Ag（白）、Au（黄），这些金属的熔点和沸点不太高。与其他过渡金属相比，铜族元素单质具有优良的导电性、传热性和延展性，导电性顺序为：Ag＞Cu＞Au，在所有的金属中，Ag 的导电性最好，铜次之，但是由于铜的价格较低，所以，铜在电器工业上得到了广泛的应用。金具有极好的延展性能，比如 1g 金能拉长至 3km 的金丝，或者压成约 $0.1\mu m$ 厚的金箔。

铜以各种合金的形式，如铜-锌合金（黄铜）、铜-锡合金（青铜）、铜-铝合金（铝青铜）、铜-镍合金（蒙乃尔合金）和铜-铍合金（铍青铜）等，被广泛地用来制造各种开关、轴承、油管、换热器、高强度和高韧性铸件、抗蚀性和高导电性零件以及无线电设备等。铜还是国防工业不可缺少的极其重要的材料，各种子弹、炮弹、飞机、舰艇的制造都需要大量的铜。

银主要用于制造首饰、照相材料、银镜、蓄电池及电子工业和发电设备的零件等。银合金主要用于制造高级实验仪器和仪表元件。银也可应用于牙科治疗，它和金、铂、钯、铱、铜、锌等的合金，可制作齿套、牙鞘、牙钩和牙桥等。此外，银还可用于制作原子反应堆的操纵杆和光电转换元件等。

金主要用于货币储备以及饰物，目前在电子工业中也日益重要。

（2）化学性质　铜、银、金的化学活泼性较差。常温下，在纯净干燥空气中，三种金属都较为稳定，但是灼热的铜能被氧气氧化成黑色 CuO。金是唯一在高温下不被氧气氧化的金属，真所谓"真金不怕火炼"。

在含有 CO_2 的潮湿空气中，铜的表面会逐渐蒙上绿色的碱式碳酸铜 [$Cu_2(OH)_2CO_3$]。

$$2Cu+O_2+H_2O+CO_2 \longrightarrow Cu_2(OH)_2CO_3$$

同族元素单质都不能与稀盐酸或者稀硫酸反应放出氢气，但是铜和银溶于硝酸或热的浓硫酸，而金却只能溶于王水。

$$Cu+4HNO_3(浓) \longrightarrow Cu(NO_3)_2+2NO_2\uparrow+2H_2O$$
$$3Cu+8HNO_3(稀) \longrightarrow 3Cu(NO_3)_2+2NO\uparrow+4H_2O$$
$$Cu+2H_2SO_4(浓) \longrightarrow CuSO_4+SO_2\uparrow+2H_2O$$
$$Au+HNO_3+4HCl \longrightarrow H[AuCl_4]+NO\uparrow+2H_2O$$

铜在常温下能够与卤素反应，银反应速率较为缓慢，而金只有在加热的情况下才能和干燥的卤素反应，也就是说，在和卤素反应时，其活泼性随着 Cu、Ag、Au 的次序降低。

当沉淀剂或配合剂存在时，铜、银、金也可与氧发生作用。

$$4M + O_2 + 2H_2O + 8CN^- \longrightarrow 4[M(CN)_2]^- + 4OH^- \quad (M = Cu, Ag, Au)$$

$$4Cu + O_2 + 2H_2O + 8NH_3 \longrightarrow 4[Cu(NH_3)_2]^+ + 4OH^-$$
$$\xrightarrow{O_2} [Cu(NH_3)_2]^{2+}（蓝色）$$

银对硫及其化合物很敏感，形成黑色的 Ag_2S，从而使银器失去光泽。

$$4Ag + 2H_2S + O_2 \longrightarrow 2Ag_2S + 2H_2O$$

2. 铜的重要化合物

(1) 氧化物和氢氧化物　氢氧化钠和 $CuSO_4$ 溶液反应可得到浅蓝色的 $Cu(OH)_2$ 沉淀，后者对热不稳定，受热会分解成黑色的 CuO，在强热的条件下，CuO 还会进一步分解成暗红色的 Cu_2O。

$$CuSO_4 + 2NaOH \xrightarrow{<30℃} Cu(OH)_2\downarrow + Na_2SO_4$$
$$Cu(OH)_2 \xrightarrow{90℃} CuO + H_2O$$
$$4CuO \xrightarrow{1000℃} 2Cu_2O + O_2\uparrow$$

CuO 经常被用作玻璃、陶瓷、搪瓷的绿色、红色和蓝色颜料，光学玻璃的磨光剂、油类的脱硫剂、有机合成的氧化剂等。

$Cu(OH)_2$ 呈两性，既能溶于酸，又能溶于过量的浓碱而生成蓝色的 $[Cu(OH)_4]^{2-}$。

$$Cu(OH)_2 + 2H^+ \longrightarrow Cu^{2+} + 2H_2O$$
$$Cu(OH)_2 + 2NaOH \longrightarrow Na_2[Cu(OH)_4]$$

$Cu(OH)_2$ 还能溶于氨水。

$$Cu(OH)_2 + 4NH_3 \longrightarrow [Cu(NH_3)_4]^{2+} + 2OH^-$$

在碱性溶液中，一些温和的还原剂，比如含有醛基的葡萄糖，能够将 $Cu(Ⅱ)$ 还原成 Cu_2O。

$$2[Cu(OH)_4]^{2-} + \underset{\text{葡萄糖}}{C_6H_{12}O_6} \xrightarrow{\triangle} Cu_2O + 4OH^- + \underset{\text{葡萄糖酸}}{C_6H_{12}O_7} + 2H_2O$$

有机分析中经常利用上述反应测定醛，而在医学上常利用这个反应检查尿糖，以诊断糖尿病。Cu_2O 常用于制造船舶底漆、红玻璃和红瓷釉，在农业上用作杀菌剂，Cu_2O 还具有半导体性质，可以制造亚铜整流器。

(2) 铜的盐类

① 硫化铜 (CuS) 和硫化亚铜 (Cu_2S)　向 $Cu(Ⅱ)$ 盐溶液中通入 H_2S 气体会有黑色的 CuS 沉淀析出。CuS 难溶于水和稀盐酸，但是可以溶解在热硝酸中。CuS 经常被用作涂料和颜料。

过量的铜和硫共热可得到黑色 Cu_2S。

$$2Cu + S \longrightarrow Cu_2S$$

向 $CuSO_4$ 溶液加入 $Na_2S_2O_3$ 溶液并加热，同样可以得到 Cu_2S 沉淀。

$$2Cu^{2+} + 2S_2O_3^{2-} + 2H_2O \longrightarrow Cu_2S\downarrow + S\downarrow + 2SO_4^{2-} + 4H^+$$

分析化学中经常使用这个反应去除铜。

② 硫酸铜 ($CuSO_4$)　无水硫酸铜为白色粉末，但是从水溶液析出晶体时，会得到蓝色晶体 $CuSO_4 \cdot 5H_2O$，俗称胆矾，其结构式为 $[Cu(H_2O)_4SO_4] \cdot H_2O$。

无水硫酸铜易溶于水，吸水性很强，并且吸水后呈现有特征的蓝色，但是不溶于乙醇和乙醚，利用这一特征可以检验有机液体（比如乙醇或者乙醚）中的微量水分。同时利用其强吸水性可以除去有机液体中的水分。

$CuSO_4$ 溶液因 Cu^{2+} 水解而显弱酸性。

$$2Cu^{2+} + 2H_2O \longrightarrow [Cu_2(OH)_2]^{2+} + 2H^+$$

如果在 $CuSO_4$ 溶液中加入弱碱或者弱酸强碱盐，上述反应会向正反应方向移动而出现绿色的碱式盐沉淀。

$$2Cu^{2+} + 2NH_3 \cdot H_2O + SO_4^{2-} \longrightarrow Cu_2(OH)_2SO_4 \downarrow + 2NH_4^+$$
$$2Cu^{2+} + 3CO_3^{2-} + 2H_2O \longrightarrow Cu_2(OH)_2CO_3 \downarrow + 2HCO_3^-$$

由于 Cu^{2+} 在水溶液中容易发生水解，所以在配制此类盐溶液时，应该加入少量相应的酸。

硫酸铜是一种非常重要的化学原料，广泛用于电镀、电池等工业中。硫酸铜水溶液具有较强的杀菌能力，把它加入水池或者水稻田中可以防止藻类的滋生。同石灰乳混合配成的波尔多液可以防治植物的病虫害。

③ 氯化铜（$CuCl_2$）和氯化亚铜（$CuCl$） 无水氯化铜呈棕黄色，是共价化合物，其结构为链状：

$$\begin{array}{ccccccc}
Cl & & Cl & & Cl & & Cl \\
& Cu & & Cu & & Cu & \\
Cl & & Cl & & Cl & & Cl
\end{array}$$

$CuCl_2$ 容易溶于水，也容易溶于乙醇、丙酮等有机溶剂。$CuCl_2$ 的稀溶液为浅蓝色，原因是水分子取代了 $[CuCl_4]^{2-}$ 中的 Cl^-，形成了 $[Cu(H_2O)_4]^{2+}$。

$$[CuCl_4]^{2-} + 4H_2O \longrightarrow [Cu(H_2O)_4]^{2+} + 4Cl^-$$

$CuCl$ 为白色难溶化合物，在空气中吸潮后变绿，并且能够溶于氨水。氯化亚铜是亚铜盐中最重要的化合物，用于制造玻璃、陶瓷用颜料、消毒剂、媒染剂以及有机合成中的催化剂和还原剂、石油工业的脱硫剂和脱色剂等。

④ 铜的配合物 Cu^{2+} 是一种较好的配合物形成体，能与 OH^-、Cl^-、F^-、SCN^-、H_2O、NH_3 以及一些有机配体形成配合物。Cu^+ 的配位能力不及 Cu^{2+}。

向 $CuSO_4$ 溶液中加入过量的氨水，会生成宝石蓝色的 $[Cu(NH_3)_4]^{2+}$。

$$Cu_2(OH)_2SO_4 + 8NH_3 \longrightarrow 2[Cu(NH_3)_4]^{2+} + SO_4^{2-} + 2OH^-$$

铜氨络离子的溶液具有溶解纤维素的性能，在所得的纤维素溶液中加入酸，纤维素又可以沉淀的形式析出，工业上利用这一性质来制造人造丝。

在热的 Cu^{2+} 溶液中加入 CN^-，会得到白色的 $CuCN$，而不是 $Cu(CN)_2$。

$$2Cu^{2+} + 4CN^- \longrightarrow 2CuCN \downarrow + (CN)_2 \uparrow$$

在电镀行业，铜（Ⅰ）氰配离子溶液用作铜的电镀液，但是由于氰化物有剧毒，目前的国内外无氰电镀工艺发展非常迅速，逐渐替代了传统的氰化物电镀。

3. 银和金的重要化合物

（1）氧化银 在 $AgNO_3$ 溶液中加入 $NaOH$，首先析出极不稳定的白色 $AgOH$ 沉淀，它立即脱水转为棕黑色的 Ag_2O。

$$AgNO_3 + NaOH \longrightarrow AgOH + NaNO_3$$
$$2AgOH \longrightarrow Ag_2O + H_2O$$

Ag_2O 具有较强的氧化性，与有机物摩擦可引起燃烧，能氧化 CO、H_2O_2，本身被还原为单质银。

$$Ag_2O + CO \longrightarrow 2Ag + CO_2 \uparrow$$
$$Ag_2O + H_2O_2 \longrightarrow 2Ag + O_2 \uparrow + H_2O$$

Ag_2O 与 MnO_2、Co_2O_3、CuO 的混合物在室温下能将 CO 迅速氧化为 CO_2，因此被用于防毒面具中。

Ag_2O 与 NH_3 作用，易生成配合物 $[Ag(NH_3)_2]OH$。

(2) **硝酸银** 硝酸银是最重要的可溶性银盐。将银溶解在硝酸中，所得溶液经蒸发结晶，便可得到白色或者无色的硝酸银晶体。

将硝酸银加热到440℃就会发生分解。

$$2AgNO_3 \xrightarrow{\triangle} 2Ag + 2NO_2\uparrow + O_2\uparrow$$

$AgNO_3$ 具有氧化性，遇微量有机物即被还原成单质银。皮肤或工作服沾上 $AgNO_3$ 后逐渐变成紫黑色。它有一定的杀菌能力，可以用来治疗眼结膜炎，但是过量会对人体有烧蚀作用。

(3) **卤化银** 在卤化银中，AgF 易溶于水，而 $AgCl$、$AgBr$ 和 AgI 难溶于水，其中 AgI 的溶解度最小。

$AgCl$、$AgBr$ 和 AgI 容易感光而分解。

$$2AgX \xrightarrow{光} 2Ag + X_2 \quad (X=Cl、Br、I)$$

利用这一性质，可以将卤化银用作感光材料。比如 $AgBr$ 常用于制造黑白照相底片和相纸。

AgI 在人工降雨中用作冰核形成剂。

(4) **三氯化金** 金在473K下同氯气作用，可得到褐红色晶体三氯化金。在固态和气态时，该化合物均为二聚体，具有氯桥基结构。用有机物如草酸、甲醛、葡萄糖等可将其还原为胶态金溶液。在金的化合物中，+3氧化态是最稳定的。金（Ⅰ）很易转化为金（Ⅲ）氧化态。

$$3Au^+ \longrightarrow Au^{3+} + 2Au$$

(5) **配合物** Ag^+ 的重要特征是容易形成配离子，如与 NH_3、$S_2O_3^{2-}$、CN^- 等形成稳定程度不同的配离子。

将 $[AgCl_2]^-$ 配离子的配位平衡式与 $AgCl$ 的沉淀平稳关系式相乘，可以得到下列的平稳常数 $K^\ominus = K_{sp}^\ominus K_稳^\ominus$

$$AgCl + Cl^- \longrightarrow [AgCl_2]^-$$

对银氨配离子与 AgX（$X=$卤素）可按相同方法处理，得到相应的平衡常数。

从平稳常数的大小可以看出，$AgCl$ 能较好地溶于浓氨水，而 $AgBr$ 和 AgI 却难溶于氨水中。同理可说明 $AgBr$ 易溶于硫代硫酸钠溶液中，而 AsI 易溶于 KCN 溶液中。

配离子有很大实际意义，它广泛用于电镀工业等方面。前面介绍的照相术就应用了生成 $Ag(S_2O_3)_3^{3-}$ 配离子的反应。在制造热水瓶的过程中，瓶胆上镀银就是利用银氨配离子与甲醛或葡萄糖的反应。

$$2[Ag(NH_3)]^+ + RCHO + 2OH^- \longrightarrow RCOONH_4 + 2Ag + 2NH_3 + H_2O$$

这个反应叫银镜反应，此反应在化学镀银及鉴定醛（R—CHO）时应用。要注意镀银后的银氨溶液不能贮存，因放置时（天热时不到一天）会析出强爆炸性的氮化银 Ag_3N 沉淀。为了破坏溶液中的银氨离子，可加盐酸，使它转化为 $AgCl$ 回收。

二、锌族元素

锌族元素包括锌、镉、汞三种元素，是周期系ⅡB族元素。

锌族元素的原子最外层和碱土金属一样，只有二个电子，但是碱土金属都只有一个s电子。但是碱金属次外层为8个电子（铍只有2个电子）。而锌族元素具18个电子，锌族元素就没有碱土金属那么活泼。

铜族与锌族元素的金属活泼次序为：

$$Zn > Cd > H > Cu > Hg > Ag > Au$$

1. 锌族元素单质

(1) 物理性质　游离状态的锌、镉、汞都是银白色金属，其中锌略带蓝色。

锌族金属的特点主要表现为低熔点和低沸点，它们的熔、沸点不仅低于铜族金属，而且低于碱土金属，并依 Zn-Cd-Hg 的顺序下降。汞是常温下唯一的液体金属，有流动性，又被称为水银。汞的密度很大，蒸气压低，汞的蒸气在电弧中能导电，并辐射高强度的可见光和紫外光线。汞受热时均匀膨胀，并且不浸润玻璃，所以可以用于制造温度计。汞具有挥发性，室内空气中即使含有微量的汞蒸气，也会有害于人体健康。一旦水银洒落，应该用锡箔将其沾起（实际上是形成了汞齐），并且还应在可能遗留汞的地方撒上硫黄粉，这样汞会变成难溶的 HgS。

锌、镉、汞之间以及与其他金属容易形成合金。锌的最重要的合金是黄铜。制造黄铜是锌的主要用途之一。大量的锌用于制造白铁皮，将干净的铁片浸在熔化的锌里即可制得，这可以防止铁的腐蚀。锌也是制造干电池的重要材料，这种电池以 Ag_2O_2 为正极，Zn 为负极，用 KOH 做电解质，电极反应为：

负极　　　　　　　　$Zn-2e+2OH^- \longrightarrow Zn(OH)_2$

正极　　　　　　　　$Ag_2O_2+4e+2H_2O \longrightarrow 2Ag+4OH^-$

总反应　　　　　　　$2Zn+Ag_2O_2+2H_2O \longrightarrow 2Ag+2Zn(OH)_2$

铅蓄电池的蓄电量为 $0.29 A \cdot min \cdot kg^{-1}$，而银锌电池的蓄电量为 $1.57 A \cdot min \cdot kg^{-1}$，所以银锌干电池常被称为高能电池。

汞可以溶解许多金属、如 Na、K、Ag、Au、Zn、Cd、Sn、Pb 等而形成汞齐，因组成不同，汞齐可以呈液态或固态。汞齐在化学、化工和冶金中有重要用途，钠汞齐与水反应缓慢放出氢，有机化学中常用作还原剂。

(2) 化学性质　Zn、Cd 相对活泼，易发生化学反应；Hg 相对不活泼，仅能与少数物质反应。

锌在含有 CO_2 的潮湿空气中生成一层碱式碳酸锌。

$$4Zn+2O_2+3H_2O+CO_2 \longrightarrow ZnCO_3 \cdot 3Zn(OH)_2$$

但它们都易溶于硝酸，在过量的硝酸中溶解汞产生硝酸汞（Ⅱ）。

$$3Hg+8HNO_3 \longrightarrow 3Hg(NO_3)_2+2NO\uparrow+4H_2O$$

用过量的汞与冷的稀硝酸反应，得到的则是硝酸亚汞。

$$6Hg+8HNO_3 \longrightarrow 3Hg_2(NO_3)_2+2NO\uparrow+4H_2O$$

和镉、汞不同，锌与铍、铝相似，都是两性金属，能溶于强碱溶液中。

$$Zn+2NaOH+2H_2O \longrightarrow Na_2[Zn(OH)_4]+H_2\uparrow$$

锌也溶于氨水，铝不能与氨水形成配离子，所以不溶解于氨水。

$$Zn+4NH_3+2H_2O \longrightarrow [Zn(NH_3)_4]^{2+}+H_2\uparrow+2OH^-$$

2. 锌族的重要化合物

锌和镉在常见化合物中氧化数表现为 +2，汞 +1 和 +2 两种氧化数的化合物。与 Hg_2^{2+} 相应的 Cd_2^{2+}、Zn_2^{2+} 极不稳定，仅在熔融的氯化物中溶解金属时生成，Cd_2^{2+}、Zn_2^{2+} 在水中立即歧化。

$$Cd_2^{2+} \longrightarrow Cd^{2+}+Cd$$

它们的稳定顺序为 $Cd_2^{2+}<Zn_2^{2+}\ll Hg_2^{2+}$。

(1) 氧化物和氢氧化物　锌、镉、汞在加热时与氧反应，把锌、镉的碳酸盐加热也可以得 ZnO 和 CdO。

$$ZnCO_3 \longrightarrow ZnO+CO_2$$

$$CdCO_3 \longrightarrow CdO + CO_2$$

这些氧化物都几乎不溶于水。它们常被用作颜料：ZnO 俗名锌白，用作白色颜料。它的优点是遇到 H_2S 气体不变黑，因为 ZnS 也是白色。ZnO 救灾时用作催化剂，因 ZnO 有收敛性和一定的杀菌力，在医药上常调制成软膏应用。

ZnO 和 CdO 的生成热较大，较稳定、加热升华而不分解。HgO 加热到 573K 时分解为汞与氧气。

$$2HgO \longrightarrow 2Hg + O_2$$

所以辰砂 HgS 在空气中焙烧时，可以不经过 HgO 而直接得到汞和二氧化硫。

在锌盐和镉盐溶液中加入适量强碱，可以得到它们的氢氧化物，如：

$$ZnCl_2 + 2NaOH \longrightarrow Zn(OH)_2 + 2NaCl$$
$$CdCl_2 + 2NaOH \longrightarrow Cd(OH)_2 + 2NaCl$$

汞盐溶液与碱反应，析出的不是 $Hg(OH)_2$，而是黄色的 HgO。

$$Hg^{2+} + 2OH^- \longrightarrow HgO + H_2O$$

氢氧化锌是两性氢氧化物，溶于强酸成锌盐，溶于强碱而成为四羟基合物，有的称为锌酸盐。

$$Zn(OH)_2 + 2H^+ \longrightarrow Zn^{2+} + 2H_2O$$
$$Zn(OH)_2 + 2OH^- \longrightarrow Zn(OH)_4^{2-}$$

与 $Zn(OH)_2$ 不同，$Cd(OH)_2$ 的酸性特别弱，不易溶于强碱中。

氢氧化锌和氢氧化镉还可溶于氨水中，这一点与 $Al(OH)_3$ 不同，能溶解是由于生成了氨配离子。

$$Zn(OH)_2 + 4NH_3 \longrightarrow [Zn(NH_3)_4]^{2+} + 2OH^-$$
$$Cd(OH)_2 + 4NH_3 \longrightarrow [Cd(NH_3)_4]^{2+} + 2OH^-$$

$Zn(OH)_2$ 和 $Cd(OH)_2$ 加热时都容易脱水变为 ZnO 和 CdO。锌、镉、汞的氧化物和氢氧化物都是共价型化合物，共价性依 Zn、Cd、Hg 的顺序而增强。

(2) 硫化物 在 Zn^{2+}、Cd^{2+}、Hg^{2+} 溶液中分别通入 H_2S，便会产生相应的硫化物沉淀。

$$M^{2+} + H_2S \longrightarrow MS\downarrow + 2H^+$$

ZnS、CdS 和 HgS 的溶度积分别为 2.0×10^{-24}、3.6×10^{-24} 和 4.0×10^{-24}，其颜色分别是白色、黄色和黑色（或红色）。

硫化锌能溶于 $0.1\,mol \cdot L^{-1}$ 盐酸，所以往中性锌盐溶液中通入硫化氢气体，ZnS 沉淀不完全，因在沉淀过程中，H^+ 浓度增加，阻碍了 ZnS 进一步沉淀。但它不溶于醋酸。

CdS 的溶度积更小，所以它不溶于稀酸，但能溶于浓酸。所以控制溶液的酸度，可以使锌、镉分离。

黑色 HgS 变体加热到 659K 转变为比较稳定的红色变体。硫化汞是溶解度最小的金属硫化物。在浓硝酸中也不难溶解，但可溶于硫化钠和王水中。

$$HgS + Na_2S \longrightarrow Na_2[HgS_2]$$
$$3HgS + 12HCl + 2HNO_3 \longrightarrow 3H_2[HgCl_4] + 3S\downarrow + 2NO\uparrow + 4H_2O$$

ZnS 可用作白色颜料，它同硫酸钡共沉淀所形成的混合晶体 $ZnS \cdot BaSO_4$，叫做锌钡白（立德粉），是一种优良的白色颜料。制造锌钡白的反应如下：

$$ZnSO_4(溶液) + BaS(溶液) \longrightarrow ZnS \cdot BaSO_4$$

ZnS 在 H_2S 气体中灼烧，即转变为晶体。若在晶体 ZnS 中加入微量的 Cu、Mn、Ag 作活化剂，经光照后能发出不同颜色的荧光，这种材料叫荧光粉，可制作荧光屏、夜光表、发光油漆等。

CdS 叫镉黄，用做黄色颜料。镉黄可以使用纯 CdS，也可以是 CdS·ZnS 的共熔体。CdS 主要用于半导体材料、陶瓷、玻璃等着色，还可以用于涂料、塑料和电子材料。

(3) 氯化物

① 氯化锌　氯化锌是一种较为重要的锌盐。无水氯化锌为白色固体。氯化锌在水中的溶解度较大，吸水性很强，有机化学中常用它作去水剂和催化剂。$ZnCl_2$ 在水溶液中容易发生水解而生成碱式盐。

$$ZnCl_2 + H_2O \longrightarrow Zn(OH)Cl + HCl$$

氯化锌的浓溶液中，由于生成配合酸——羟基二氯配锌酸而具有显著的酸性

$$ZnCl_2 + H_2O \longrightarrow H[ZnCl_2(OH)]$$

羟基二氯配锌酸能溶解金属氧化物，常将这一特性用于电焊除锈，比如在用锡焊结金属之前，用 $ZnCl_2$ 浓溶液清除金属表面的氧化物，并且还不会损害金属表面。$ZnCl_2$ 还可以用作有机合成工业的脱水剂、缩合剂以及催化剂，也可以用作石油净化剂和活性炭活化剂。$ZnCl_2$ 还用于干电池、电镀、医药、木材防腐以及农药等领域。

② 氯化汞（$HgCl_2$）和氯化亚汞（Hg_2Cl_2）　汞生成两种氯化物，即升汞 $HgCl_2$ 和甘汞（Hg_2Cl_2）。通常是将硫酸汞和氯化钠的混合物加热而制得。

$$HgSO_4 + 2NaCl \xrightarrow{\triangle} HgCl_2 + Na_2SO_4$$

$HgCl_2$ 为白色针状晶体，微溶于水。有剧毒，内服 0.2～0.4g 可致死，医院里用 $HgCl_2$ 的稀溶液作手术刀剪等的消毒剂。

氯化汞熔融时不导电，是共价型分子，熔点较低（549K），易升华，故称升汞。它在水溶液中很少电离，大量以 $HgCl_2$ 分子存在，电离常数很小。氯化汞遇到氨水即析出白色氯化氨基汞沉淀 $Hg(NH_2)Cl$。氯化汞在水中稍有水解，与上面的氨解反应是相似的。

$$HgCl_2 + H_2O \longrightarrow Hg(OH)Cl + HCl$$

在酸性溶液中 $HgCl_2$ 是一个较强的氧化剂，同一些还原剂（如 $SnCl_2$）反应可被还原成 Hg_2Cl_2 或 Hg。可用以检验 Hg^{2+} 或 Sn^{2+}。

$HgCl_2$、HgS 等化合物中，汞的氧化态是 +2。在 Hg_2Cl_2、$Hg_2(NO_3)_2$ 等化合物中，汞的氧化数是 +1。汞的氧化数为 +1 的化合物叫亚汞化合物。亚汞化合物中，汞总是以双聚体的形式出现，亚汞离子有一个单电子是顺磁性的，但亚汞离子化合物是反磁性的，表明不存在单一离子。

亚汞盐多数是无色的，大多微溶于水，只有极少数盐如硝酸亚汞是易溶的。和二价汞离子不同，亚汞离子一般不易形成配离子。

在硝酸亚汞溶液中加入盐酸，就生成氯化亚汞沉淀。

$$Hg_2(NO_3)_2 + 2HCl \longrightarrow Hg_2Cl_2 + 2HNO_3$$

氯化亚汞无毒，因味略甜，俗称甘汞，医药上作轻泻剂，化学上用以制造甘汞电极，它是一种不溶于水的白色粉末。在光的照射下，容易分解成汞和氯化汞。

$$Hg_2Cl_2 \longrightarrow HgCl_2 + Hg$$

所以应把氯化亚汞贮存在棕色瓶中。

Hg_2^{2+} 和 Hg^{2+} 溶液中存在下列平稳：

$$Hg^{2+} + Hg \longrightarrow Hg_2^{2+}$$

由电极电位可知，Hg_2^{2+} 不像 Cu^+ 那样容易歧化。上述反应的平衡常数 $K = 69.4$（该数值系用电极电位值计算得来的），表明在达到平衡时 Hg 与 Hg^{2+} 基本上转变成 Hg_2^{2+}，此反应常作为亚汞盐的制备，如把硝酸汞溶液同汞共同振荡，则生成硝酸亚汞。

$$Hg(NO_3)_2 + Hg \longrightarrow Hg_2(NO_3)_2$$

$Hg(NO_3)_2$ 和 $Hg_2(NO_3)_2$ 都溶于水，容易水解，配制溶液时需加入稀 HNO_3 以抑制其水解。

$$Hg_2(NO_3)_2 + H_2O \longrightarrow Hg_2(OH)NO_3 + H^+ + NO_3^-$$

Hg_2Cl_2 的制备可利用 $HgCl_2$ 与 Hg 混合在一起研磨而成。

$$HgCl_2 + Hg \longrightarrow Hg_2Cl_2$$

但 $Hg^{2+} + Hg \rightleftharpoons Hg_2^{2+}$ 可逆反应的方向，在不同条件下是可以改变的。如果加入一种试剂同 Hg^{2+} 形成沉淀或配合物从而大大降低 Hg^{2+} 的浓度，就会显著加速 Hg_2^{2+} 歧化反应的进行。例如，在 Hg_2^{2+} 溶液中加入强碱或硫化氢时，就发生下列反应：

$$Hg_2^{2+} + 2OH^- \longrightarrow Hg_2(OH)_2 \longrightarrow Hg + HgO + H_2O$$

$$Hg_2^{2+} + H_2S \longrightarrow Hg_2S + 2H^+$$
$$\hookrightarrow HgS + Hg$$

用氨水与 Hg_2Cl_2 反应，由于 Hg^{2+} 同 NH_3 生成了比 Hg_2Cl_2 溶解度更小的氨基化合物 $HgNH_2Cl$，使 Hg_2Cl_2 发生歧化反应。

$$Hg_2Cl_2 + 2NH_3 \longrightarrow Hg(NH_2)Cl + Hg + NH_4Cl$$

氯化氨基汞是白色沉淀，金属汞为黑色分散的细珠，因此沉淀是灰色的。这个反应可以用来区分 Hg_2^{2+} 和 Hg^{2+}。

(4) 配合物　由于它们的离子为 18 电子层结构，具有很强的极化力与明显的变形性，因此比相应主族元素有较强的形成配合物的倾向。

Zn^{2+}、Cd^{2+} 与氨水反应，生成稳定的氨配合物。

$$Zn^{2+} + 4NH_3 \longrightarrow [Zn(NH_3)_4]^{2+}$$

$$Cd^{2+} + 6NH_3 \longrightarrow [Cd(NH_3)_6]^{2+}$$

Zn^{2+}、Cd^{2+}、Hg^{2+} 与 CN^-、SCN^-、CNS^-、Cl^-、Br^-、I^- 均生成 $[ML_4]^{2-}$ 配离子。

$$Hg^{2+} + 2I^- \longrightarrow HgI_2 \downarrow (红色) + 2I^- \longrightarrow [HgI_4]^{2-}$$

$[HgI_4]^{2-}$ 与强碱混合后叫奈氏试剂。如果溶液中存在微量 NH_4^+，滴加奈氏试剂就会立即生成红棕色沉淀：

$$NH_4^+ + 2[HgI_4]^{2-} + 4OH^- \longrightarrow \begin{bmatrix} & Hg & \\ O & & NH_2 \\ & Hg & \end{bmatrix} I \downarrow + 7I^- + 3H_2O$$

红棕色沉淀

分析化学中经常应用这一反应鉴定 NH_4^+。

主要重金属在土壤中的迁移转化

1. 镉的迁移转化

重金属元素镉一旦进入土壤便会长时间滞留在耕作层中。由于它移动缓慢，故一般不会对地下水产生污染。

土壤中镉的存在形态分为水溶性和非水溶性镉。离子态 $CdCl_2$、$Cd(NO_3)_2$、$CdCO_3$ 和络合态的如 $Cd(OH)_2$ 呈水溶性的，易迁移，可被植物吸收，而难溶性镉的化合物如镉沉淀物、胶体吸附态镉等，不易迁移，也不被植物吸收。但两种在一定条件下可相互转化。

在旱地土壤中多以碳酸镉、磷酸镉和氢氧化镉形态存在，其中以碳酸镉为主，尤其在 pH 大于 7 的石灰性土壤中明显。

淹水土壤，如水稻土则是另一情况，当土壤内积水时，在水下形成还原环境，有机物不能完全分解而产生硫化氢，当施用硫酸铵肥料时，由于硫还原细菌的作用，也大量生成硫化氢。在含硫化氢的还原环境中，镉多以硫化镉的形式存在于土壤中，而溶解度下降形成难溶性硫化镉形态。所以，在单一种植水稻的土壤中硫化镉积累将占优势。

作物对镉的吸收，随土壤 pH 值的增高而降低，土壤中的有机质能与镉合成螯合物，从而降低镉的有效性；其次氧化-还原电势也影响作物对镉的吸收，氧化-还原电势降为零时，则有利于形成难溶性的硫化镉和其他难溶性化合物。当水田落干时，硫化镉则会氧化成硫酸镉，或通过其他氧化还原反应，而增加其溶性。

另一方面 S^{2-} 氧化为硫酸，使 pH 值降低，硫化镉的溶解度增加。

据研究，镉和锌、铅、铜的含量存在一定的关系，镉含量高的地方锌、铅、铜也相应高，所以镉还受锌、铅、铜（Ⅱ）、铁（Ⅱ）、锰（Ⅱ）、钙、磷酸根等伴生离子的影响。

2. 汞的迁移转化

土壤中汞的存在形态有离子吸附和共价吸附的汞、可溶性汞（氯化汞）、难溶性汞（磷酸氢汞、碳酸汞及硫化汞）。影响汞迁移转化的因素主要有如下方面。

(1) 吸附剂的种类 土壤中汞的腐殖质胶体和无机胶体对汞有很强的吸附力，进入土壤的汞由于吸附等作用使绝大部分汞积累在耕作层土壤，不易向深层迁移，除沙土或土层极薄的耕地以外，汞一般不会通过土壤污染地下水。

黏土矿物对氯化汞的吸附能力其顺序是：伊利石＞蒙脱石＞高岭石；对醋酸汞的吸附顺序是蒙脱石＞水铝英石＞高岭石。pH 值等于 7 时，无机胶体对汞的吸附量最大；而研究胶体在 pH 值较低时，就能达到最大的吸附量。非离子态汞也可被胶体吸附。此外，当土壤溶液含很少的氯化亚汞、氯化汞和不溶性硫化汞时，如果溶液中含有大量的氯离子，就会生成 $HgCl_4^{2-}$，即可大大提高汞的迁移能力。在酸性土壤中有机质以富里酸为主，它与汞络合和吸附时，也可以成溶解状态迁移。

(2) 氧化-还原状态 Hg、Hg^{2+}、HgS 等无机状态的汞在微生物作用下可以相互转化。在氧化环境，Hg 在抗汞细菌的参与下可以被氧化成 Hg^{2+}。土壤溶液中存在一定的 S^{2-} 时，就可能生成 HgS，HgS 在缺氧条件下是稳定的，但存在大量 S^{2-} 时，则会生成一种可溶性的 HgS_2^{2-} 存在于溶液中。在氧化环境某些特殊生物酶的作用下，HgS 也可转化成 Hg^{2+}。

另外，无机汞和有机汞也可相互转化。在缺氧或富氧条件下均可以通过生物或者化学合成途径合成甲基汞。一般在碱性和有机氮存在的情况下有利于合成二甲基汞。在酸性介质中二甲基汞不稳定，易分解成甲基汞。

(3) 植物对汞的吸收与土壤中汞含量关系 试验证明，水稻生长的"米汞"和"土汞"之间生物吸收富集系数为 0.01。土壤中汞及其化合物可以通过离子交换与植物的根蛋白进行结合，发生凝固反应。汞在作物不同部位的累积顺序为：根＞叶＞茎＞种子。不同作物对汞的吸收和积累能力是不同的，在粮食作物中的顺序为：水稻＞玉米＞高粱＞小麦。不同土壤中汞的最大允许量是有差别的，如酸性土壤为 $0.5\text{mg} \cdot \text{kg}^{-1}$，石灰性土壤为 $1.5\text{mg} \cdot \text{kg}^{-1}$。如果土壤中的汞超过此值，就可能生产出对人体有毒的"汞米"。

3. 砷的迁移转化

土壤中砷的形态可分为水溶性砷、交换性砷和难溶性砷。其中水溶性砷约占总砷的

5%～10%，大部分是交换态及难溶性砷。

自然界砷的化合物，大多数以砷酸盐的形态存在于土壤中，如砷酸钙、砷酸铝、亚砷酸钠等。砷有三价和五价，而且可在土壤中相互转化。

由于污染而进入土壤中的砷，一般都在表层积累，难于向下移动。除碱金属与砷反应生产的亚砷酸盐如亚砷酸钠溶解度较大，易于迁移外，其余的亚砷酸盐类溶解度均较小，限制了砷在溶液中的迁移。

土壤中的砷大部分为胶体所吸附，或与有机物络合螯合，或与土壤中的铁、铝、钙等结合形成难溶性化合物，或与铁、铝等氢氧化物形成共沉淀。土壤中的黏土矿物胶体不同类型对砷的吸附量明显不同，一般是蒙脱石＞高岭石＞白云石。

吸附于黏粒表面的交换性砂，可被植物吸收，而难溶性砷化物很难为作物吸收，并积累在土壤中。增加这部分砷的比例可减轻砷对作物的毒害，并可提高土壤的净化能力。

土壤中各种形态的砷可以发生转化。例如，在旱田土壤中，大部分以砷酸根状态存在，当土壤处于淹水条件时，随着氧化-还原电位的降低，则还原成亚砷酸。一般认为亚砷酸盐对作物的危害性比砷酸盐类高 3 倍以上。为了有效地防止砷的污染及危害，提高土壤氧化-还原电位值的措施以减少低价砷酸盐的形成，降低其活性是非常必要的。

习　题

1. 在 $HgCl_2$ 中，Hg 原子采用_____轨道与_____成键，分子构型为_____。
2. 解释下列实验现象。
(1) 焊接铁皮时，常先用浓 $ZnCl_2$ 溶液处理铁皮表面。
(2) 过量的 Hg 与冷 HNO_3 反应的产物是 $Hg_2(NO_3)_2$。
(3) 铜器在潮湿空气中会慢慢生成一层绿色物质。
(4) 金能溶于王水。
(5) 当 SO_2 通入 $CuSO_4$ 与 NaCl 的浓溶液中时析出白色沉淀。
(6) 往 $AgNO_3$ 溶液中滴加 KCN 溶液时，先生成白色沉淀而后溶解，再加入 NaCl 溶液时并无 AgCl 沉淀生成，但加入少许 Na_2S 溶液时却析出黑色 Ag_2S 沉淀。
(7) Hg_2Cl_2 是利尿剂，为什么有时服用含 Hg_2Cl_2 的药剂后反而会中毒？
(8) 为什么 $AgNO_3$ 要用棕色瓶来储存？
3. 选择正确答案的序号填入括号里。
(1) 下列离子能与 I^- 发生氧化还原反应的有（　　）。
A. Pb^{2+}　　　　B. Hg^{2+}　　　　C. Cu^{2+}　　　　D. Sn^{4+}
(2) 要从含有少量 Cu^{2+} 的 $ZnSO_4$ 溶液中除去 Cu^{2+} 最好的试剂是（　　）。
A. Na_2CO_3　　　B. NaOH　　　　C. HCl　　　　D. Zn
(3) 能共存于溶液中的一对离子是（　　）。
A. Fe^{3+} 和 I^-　　B. Pb^{2+} 和 Sn^{2+}　　C. Ag^+ 和 PO_4^{3-}　　D. Fe^{3+} 和 SCN^-

部分习题参考答案

第一章 溶　液

1. $M = 3424 \text{g} \cdot \text{mol}^{-1}$
2. 8个
3. $C_{10}H_{14}N_2$
4. 5.09%；752.6kPa
5. 不相同
6. 9.9g
7. (1) 14.6%　(2) $0.454 \text{mol} \cdot \text{L}^{-1}$　(3) $0.50 \text{mol} \cdot \text{kg}^{-1}$　(4) 蔗糖：8.93×10^{-3} 水：0.991
8. (1) $1.50 \times 10^{-4} \text{mol} \cdot \text{L}^{-1}$　(2) $6.7 \times 10^4 \text{g} \cdot \text{mol}^{-1}$　(3) $7.8 \times 10^{-5} \text{K}$，$2.79 \times 10^{-4} \text{K}$
9. $18.4 \text{mol} \cdot \text{L}^{-1}$
10. $0.017 \text{mol} \cdot \text{kg}^{-1}$
11. (1) K_2SO_4，蔗糖，蔗糖，K_2SO_4

    (2) >，<

    (3) <，<

    (4) $\Delta p = p^\circ x_B$，$\Delta t_b = K_b b$，0.186℃

    (5) 249.4kPa
12. (1) D　(2) C　(3) D

第二章 表面化学与胶体化学

1～7. 略

8. (1) $Al(OH)_3$ 胶粒的电荷符号是正（因为 $K_2C_2O_4$ 的聚沉值远远小于 KCl，再根据叔采哈迪规则可判断出 $Al(OH)_3$ 胶粒带正电荷）

(2) 使该溶胶完全聚沉，大约需要 $CaCl_2$ 的浓度为 $40 \text{mmol} \cdot \text{L}^{-1}$（因为无论 KCl 还是 $CaCl_2$，对 $Al(OH)_3$ 正性溶胶起作用的主要是 Cl^-）

9. (1) 溶液将向负极移动（在 KCl 溶液中，AgCl 溶胶的胶粒带负电荷，溶液带正电荷）

(2) 变慢（因为电解质溶液浓度增大，导致胶团扩散层变薄，胶粒的电荷和溶液的净电荷减少）

(3) 流动方向为向正极移动（在 AgCl 溶胶的胶粒带正电荷，溶液带负电荷）

10. $\{(Cu_2[Fe(CN)_6])_m \cdot n[Fe(CN)_6]^{4-} \cdot 4(n-x)K^+\}^{4x-} \cdot 4xK^+$ 胶粒带 $4x$ 个负电荷

11. (1) $[(AgI)_m \cdot nI^- \cdot (n-x)K^+]^{x-} \cdot xK^+$（KI 过量）

(2) $[(AgI)_m \cdot nAg^+ \cdot (n-x)NO_3^-]^{x+} \cdot xNO_3^-$（$AgNO_3$ 过量）

12. (1) $[(AgI)_m \cdot nAg^+ \cdot (n-x)NO_3^-]^{x+} \cdot xNO_3^-$，$K_3[Fe(CN)_6]$

(2) I^-；$[(AgI)_m \cdot nI^- \cdot (n-x)K^+]^{x-} \cdot xK^+$

(3) $\{[Fe(OH)_3]_m \cdot nFeO^+ \cdot (n-x)Cl^-\}^{x+} \cdot xCl^-$，阴，$Na_2SO_4$

(4) $\{[Fe(OH)_3]_m \cdot nFeO^+ \cdot (n-x)Cl^-\}^{x+} \cdot xCl^-$，正，$Na_2SO_4$，高分子对溶胶的保护作用

(5) 亲水基团，亲油基团，乳化作用

(6) $[(AgCl)_m \cdot nCl^- \cdot (n-x)K^+]^{x-} \cdot xK^+$

(7) $[(AgI)_m \cdot nI^- \cdot (n-x)K^+]^{x-} \cdot xK^+$，负，30，布朗运动、电荷、水化膜，加电解质、加异电溶胶、高分子敏化

13. (1) B (2) B (3) B (4) C (5) A

第三章 原子结构和元素周期表

1~3 略．

4. (1) 24 (2) 4 个电子层，每层电子数为分别为 2，8，13，1 (3) $3d^5 4s^1$ (4) 第四周期，ⅥB，d 区

5. (1) $1s^2 2s^2 2p^6 3s^2 3p^4$

(2) $1s^2 2s^2 2p^6 3s^2 3p^6 3d^6 4s^2$，$1s^2 2s^2 2p^6 3s^2 3p^6 3d^5$；$1s^2 2s^2 2p^6 3s^2 3p^6 3d^{10} 4s^1$，$1s^2 2s^2 2p^6 3s^2 3p^6 3d^9$；$1s^2 2s^2 2p^6 3s^2 3p^6 3d^5 4s^1$，$1s^2 2s^2 2p^6 3s^2 3p^6 3d^3$

(3) s 区，p 区，d 区，ds 区

6. (1) C (2) D (3) A (4) A

第四章 化学键与分子结构

1. 极性分子：HF、NO、$CHCl_3$、NF_3、C_2H_5OH、$C_2H_5OC_2H_5$（和 H_2O 相似，是折线型结构）

非极性分子：Ne、Br_2、CS_2（键角为 180℃）、C_2H_4、C_6H_6

2. (1) 两物质均为非极性物质，存在色散力

(2) 色散力、诱导力（极性分子能诱导产生瞬间偶极）、取向力（均为极性物质）、氢键（与 H 相连的原子有电负性极强的 O 原子）

(3) 色散力、诱导力（H_2O 为极性分子）

(4) 色散力、诱导力、取向力（均为极性分子）。H_2S 中的 H，因 S 电负性不够大，不能形成氢键

3. (1) H_2S 中的 H，因 S 电负性不够大，不能形成氢键

(2) CH_4 中的 H，因 C 电负性不够大，不能形成氢键

(3) $C_2H_5OC_2H_5$ 的 O 电负性足够大，能与 H_2O 中的 H 形成氢键

(4) C_2H_5OH 中的 O 与 HF 中的 F，电负性很大，分别可以和另一分子中的氢形成氢键

4.

分子式	分子轨道式	键级	分子能否存在	分子有无磁性
H_2^+	$[(\sigma_{1s})^1]$	0.5	能	有
B_2	$[(\sigma_{1s})^2(\sigma_{1s}^*)^2(\sigma_{2s})^2(\sigma_{2s}^*)^2(\pi_{2p_y})^1(\pi_{2p_z})^1]$	1	能	有
Be_2	$[(\sigma_{1s})^2(\sigma_{1s}^*)^2(\sigma_{2s})^2(\sigma_{2s}^*)^2]$	0	不能	没有
O_2^-	$[(\sigma_{1s})^2(\sigma_{1s}^*)^2(\sigma_{2s})^2(\sigma_{2s}^*)^2(\sigma_{2p_x})^2(\pi_{2p_y})^2(\pi_{2p_z})^2(\pi_{2p_z}^*)^1]$	1.5	能	有
CN	$[(\sigma_{1s})^2(\sigma_{1s}^*)^2(\sigma_{2s})^2(\sigma_{2s}^*)^2(\pi_{2p_y})^2(\pi_{2p_z})^2(\sigma_{2p_x})^1]$	2.5	能	有

5. (1) σ键，π键，σ键

(2) sp^2，三

(3) sp^3，正四面体

(4) 三角锥形，sp^3，正四面体

(5) O_2^+ $[(\sigma_{1s})^2 (\sigma_{1s}^*)^2 (\sigma_{2s})^2 (\sigma_{2s}^*)^2 (\sigma_{2p})^2 (\pi_{2p})^4 (\pi_{2p}^*)^1]$；1；5/2

6. (1) D　(2) C　(3) C　(4) C　(5) B　(6) C

第五章　化学反应基本理论

1. $\Delta_r H_m^\ominus = 42.3 kJ \cdot mol^{-1}$

$\Delta_r S_m^\ominus = 121 J \cdot mol^{-1} \cdot K^{-1}$

(1) $\Delta_r G_m^\ominus = \Delta_r H_m^\ominus - T\Delta_r S_m^\ominus = 42.3 - 298 \times 121 \times 10^{-3} = 6.24 kJ \cdot mol^{-1} > 0$

所以 298K 和标准态下，C_2H_5OH（l）不能自发地变成 C_2H_5OH（g）

(2) $\Delta_r G_m^\ominus = \Delta_r H_m^\ominus - T\Delta_r S_m^\ominus = 42.3 - 373 \times 121 \times 10^{-3} = -2.83 kJ \cdot mol^{-1} < 0$

所以 373K 和标准态下，C_2H_5OH（l）能自发地变成 C_2H_5OH（g）

(3) 沸点时，汽-液平衡

$\Delta_r G_m^\ominus = \Delta_r H_m^\ominus - T\Delta_r S_m^\ominus = 0$

沸点 $T = \Delta_r H_m^\ominus / \Delta_r S_m^\ominus = 42.3/(121 \times 10^{-3}) = 349.6K$

2. $T > \Delta H^\ominus / \Delta S^\ominus = 909K$

3. (1) $\Delta_r G_m^\ominus = -69.68 kJ \cdot mol^{-1} < 0$

所以反应能够自发进行

(2) 根据 $\Delta_r G_m^\ominus = -RT \ln K^\ominus$　　$K^\ominus = 2.4 \times 10^{12}$

4. $CO_2 : H_2 = 99 : 1$

5. (1) $v = -dc(NO_2)/2dt = kc^2(NO_2)$，4

(2) 大于，大于

(3) -484，-481

(4) $K_p = p(CO_2, g)$

(5) 向左移动

(6) $K^\ominus = K_1^\ominus / K_2^\ominus$

(7) 4.955，88.8，83.8，2.2，-1.95，0.3045

6. (1) A　(2) C　(3) A　(4) B　(5) D

第六章　溶液中的离子平衡

1. (1) 1.3　(2) 7.0　(3) 12.7

2. 12.5mL

3. 1.8×10^{-5}，11.13

4. 3.57

5. (1) 8.53　(2) 4.97　(3) 11.62

6. 36.3g

7. (1) $1.1 \times 10^{-3} mol \cdot L^{-1}$　(2) $5.3 \times 10^{-5} mol \cdot L^{-1}$　(3) $3.6 \times 10^{-4} mol \cdot L^{-1}$

8. (1) $1.1 \times 10^{-12} mol \cdot L^{-1}$　(2) $1.0 \times 10^{-6} mol \cdot L^{-1}$

9. (1) $7.2 \times 10^{-7} mol \cdot L^{-1}$　(2) $1.2 \times 10^{-3} mol \cdot L^{-1}$

10. $m \geqslant 20.46g$

11. (1) $[Al(H_2O)_6]^{3+}$，$[Al(H_2O)_4(OH)_2]^+$

(2) $pH=1/2\ (pK_{a1}^{\ominus}+pK_{a2}^{\ominus})=1/2\ [-\lg\ (4.3\times10^{-7})-\lg\ (4.3\times10^{-11})]=8.36$

(3) 9.5

(4) HPO_4^{2-}，$K_w^{\ominus}/K_1^{\ominus}=10^{-14}/(7.6\times10^{-3})=1.3\times10^{-12}$

(5) $4S^3=4\times(5.0\times10^{-5})^3=5\times10^{-13}$，$K_{sp}^{\ominus}/c^2(Ag^+)=5\times10^{-13}/0.01=5\times10^{-9}$ mol·L^{-1}

(6) 减小，增大

(7) NH_2^-，H_3^+O，>，<

(8) 1.3×10^{-4} mol·L^{-1}，5.6×10^{-11} mol·L^{-1}

(9) 9.42

(10) 3.02×10^{-4}，1.1×10^{-12}，0.1，1.0×10^{-18}

12. (1) B (2) B (3) C (4) B (5) A (6) A (7) D (8) B (9) A (10) B

第七章　氧化还原与电化学

1. (1) $3Cu+8HNO_3\longrightarrow 3Cu(NO_3)_2+2NO\uparrow+4H_2O$

(2) $3As_2S_3+28HNO_3+4H_2O\longrightarrow 6H_3AsO_4+9H_2SO_4+28NO\uparrow$

2. (1) $2I^-+H_2O_2+2H^+\longrightarrow I_2+2H_2O$

(2) $2MnO_4^-+5H_2O_2+6H^+\longrightarrow 2Mn^{2+}+5O_2\uparrow+8H_2O$

(3) $Cr_2O_7^{2-}+3H_2S+8H^+\longrightarrow 2Cr^{3+}+S\downarrow+7H_2O$

3. 因为：$\varphi^{\ominus}(MnO_4^-/Mn^{2+})>\varphi^{\ominus}(Cl_2/Cl^-)>\varphi^{\ominus}(Br_2/Br^-)>\varphi^{\ominus}(I_2/I^-)$，故 $KMnO_4$ 溶液能将 I^-、Br^-、Cl^- 氧化成 I_2、Br_2、Cl_2；因为：$\varphi^{\ominus}(Cr_2O_7^{2-}/Cr^{3+})>\varphi^{\ominus}(Br_2/Br^-)>\varphi^{\ominus}(I_2/I^-)$，而 $\varphi^{\ominus}(Cr_2O_7^{2-}/Cr^{3+})<\varphi^{\ominus}(Cl_2/Cl^-)$，故 $K_2Cr_2O_7$ 溶液能氧化 I^-、Br^-，而不能氧化 Cl^-；因为 $\varphi^{\ominus}(Fe^{3+}/Fe^{2+})>\varphi^{\ominus}(I_2/I^-)$，而 $\varphi^{\ominus}(Fe^{3+}/Fe^{2+})<\varphi^{\ominus}(Br_2/Br^-)<\varphi^{\ominus}(Cl_2/Cl^-)$，故 $Fe_2(SO_4)_3$ 溶液只能氧化 I^- 成 I_2，而不能氧化 Br^-、Cl^-。

故按题意应选用 $Fe_2(SO_4)_3$ 作氧化剂。

4. 查附录九得：(1) $\varphi^{\ominus}(Sn^{4+}/Sn^{2+})=0.15V$，$\varphi^{\ominus}(Fe^{3+}/Fe^{2+})=0.77/V$

(2) $\varphi^{\ominus}(Cr_2O_7^{2-}/Cr^{3+})=1.33V$，$\varphi^{\ominus}(I_2/I^-)=0.535V$

因为 $\varphi^{\ominus}(Fe^{3+}/Fe^{2+})>\varphi^{\ominus}(Sn^{4+}/Sn^{2+})$，所以当两电对组成原电池时，电对 Sn^{4+}/Sn^{2+} 为负极，Sn^{2+} 失去电子，发生氧化反应，电对 Fe^{3+}/Fe^{2+} 为正极，Fe^{3+} 得到电子，发生还原反应，故反应 (1) 朝逆方向发生；因为 $\varphi^{\ominus}(Cr_2O_7^{2-}/Cr^{3+})>\varphi^{\ominus}(I_2/I^-)$，所以当两电对组成原电池时，电对 I_2/I^- 为负极，I^- 失去电子，发生氧化反应，电对 $Cr_2O_7^{2-}/Cr^{3+}$ 为正极，$Cr_2O_7^{2-}$ 得到电子，发生还原反应，故反应 (2) 朝正方向发生。

5. (1) (−) Pt | Sn^{4+} (aq)，Sn^{2+} (aq) ‖ Fe^{2+} (aq)，Fe^{3+} (aq) | Pt (+)

(2) $E^{\ominus}=\varphi^{\ominus}(Fe^{3+}/Fe^{2+})-\varphi^{\ominus}(Sn^{4+}/Sn^{2+})=0.771-0.150=0.621$ (V)

(3) $\Delta_r G_{298}^{\ominus}=-nE^{\ominus}F=-2\times0.621\times96485=-119.834$ (kJ·mol^{-1})

(4) $E=\varphi_{正}-\varphi_{负}$

$$E=\left\{\varphi^{\ominus}(Fe^{3+}/Fe^{2+})+\frac{0.0592}{2}\lg\frac{[Fe^{3+}]^2}{[Fe^{2+}]^2}\right\}-\left\{\varphi^{\ominus}(Sn^{4+}/Sn^{2+})+\frac{0.0592}{2}\lg\frac{[Sn^{4+}]}{[Sn^{2+}]}\right\}$$

$$E=[\varphi^{\ominus}(Fe^{3+}/Fe^{2+})-\varphi^{\ominus}(Sn^{4+}/Sn^{2+})]+\frac{0.0592}{2}\lg\frac{[Fe^{3+}]^2[Sn^{2+}]}{[Fe^{2+}]^2[Sn^{4+}]}$$

$$E = 0.621 + \frac{0.0592}{2} \times (-3)$$
$$E = 0.533(V)$$

(5) 根据能斯特方程式：
$$E = [\varphi^{\ominus}(Fe^{3+}/Fe^{2+}) - \varphi^{\ominus}(Sn^{4+}/Sn^{2+})] + \frac{0.0592}{2}\lg\frac{[Fe^{3+}]^2[Sn^{2+}]}{[Fe^{2+}]^2[Sn^{4+}]}$$

随着反应的不断进行，Sn^{2+} 和 Fe^{3+} 不断下降，Sn^{4+} 和 Fe^{2+} 不断上升，E 会不断下降。

6. 因为 $\varphi(MnO_4^-/Mn^{2+}) < \varphi(Cl_2/Cl^-)$
所以反应：
$$2MnO_4^- + 16H^+ + 10Cl^- \longrightarrow 5Cl_2 + 2Mn^{2+} + 8H_2O$$
在此条件下不能发生。我们在实验室是用高锰酸钾和浓盐酸来制备氯气。

7. (1) 电池符号为：$(-)Ag|Ag_2C_2O_4|C_2O_4^{2-}(c^{\ominus})\|Ag^+(0.10\,mol\cdot L^{-1})|Ag(+)$
电池反应方程式是：$2Ag^+ + C_2O_4^{2-} \longrightarrow Ag_2C_2O_4$
$$\varphi(Ag^+/Ag) = \varphi^{\ominus}(Ag^+/Ag) + 0.0593\lg c(Ag^+)$$
$$= 0.799 + 0.0592 \times (-1)$$
$$= 0.74(V)$$
$$E = \varphi_{正} - \varphi_{负} = \varphi(Ag^+/Ag) - \varphi^{\ominus}(Ag_2C_2O_4/Ag) = 0.25(V)$$

(2) 负极的电极反应为：$Ag_2C_2O_4 + 2e \longrightarrow 2Ag + C_2O_4^{2-}$
$$K_{sp}^{\ominus}(Ag_2C_2O_4) \longrightarrow 3.3 \times 10^{-11}$$

8. (1) $(-)Cu(s)|Cu_2O(s)\|HgO(s)|Hg(l)(+)$
(2) $(-)Zn(s)|Zn^{2+}(0.200\,mol\cdot L^{-1})\|AgCl(s)|Ag(l)(+)$
$$AgCl + e \longrightarrow Ag + Cl^-$$
(3) $1.10V$，$-424.6\,kJ\cdot mol^{-1}$
(4) 减小，增大
(5) 变大，生成 PbS 沉淀，铅离子浓度降低，使 $\varphi(Pb^{2+}/Pb)$ 降低。
变小，生成 CuS 沉淀，铜离子浓度降低，使 $\varphi(Cu^{2+}/Cu)$ 降低

9. (1) D (2) B (3) C (4) D (5) A (6) B (7) A

第八章 配位化合物

1. 3.6×10^{-8}
2. $c([Ni(NH_3)_6]^{2+}) = 0.050\,mol\cdot L^{-1}$, $c(Ni^{2+}) = 7.6 \times 10^{-10}$
3. $c[Cu(NH_3)_4]^{2+} = 0.010\,mol\cdot L^{-1}$, $c(NH_3) = 0.10\,mol\cdot L^{-1}$, $c(Cu^{2+}) = 2.3 \times 10^{-12}$
4. 解：

配离子	形成体	配体	配位原子	配位数
$[Cr(NH_3)_6]^{3+}$	Cr^{3+}	NH_3	N	6
$[Co(H_2O)_6]^{2+}$	Co^{2+}	H_2O	O	6
$[Al(OH)_4]^-$	Al^{3+}	OH^-	O	4
$[Fe(OH)_2(H_2O)_4]^+$	Fe^{3+}	OH^-, H_2O	O	6
$[PtCl_5(NH_3)]^-$	Pt^{4+}	Cl^-, NH_3	Cl, N	6

5. (1) d^2sp^3 $\mu = 0$ (2) sp^3d^2 $\mu = 5.92\mu_B$
 (3) dsp^2 $\mu = 1.72\mu_B$ (4) sp $\mu = 0$
 (5) sp^3 $\mu = 0$

6. (1) 六氯合锑（Ⅲ）酸铵　　　　(2) 二水一溴化二溴·四水合铬（Ⅲ）
(3) 三氯化三乙二胺合钴（Ⅲ）　　(4) 一氯化二氯·四水合钴（Ⅲ）
(5) 四氢合铝（Ⅲ）酸锂　　　　　(6) 一水·一乙二胺·一草酸根·一羟基合铬（Ⅲ）
(7) 六硝基合钴（Ⅲ）离子　　　　(8) 一氯·一硝基·四氨合钴（Ⅲ）离子

7. (1) 配位体（配体），中心离子（形成体），配位键
(2) $[Cu(NH_3)_4]^{2+}$，SO_4^{2-}，离子键
(3) 氯化二氯四氨合镍（Ⅲ），内界 $[Ni(NH_3)_4Cl_2]^+$，外界 Cl^-，配位体 Cl^- 和 NH_3，配位原子 Cl 和 N，配位数 6
(4) 六氟铁（Ⅲ）酸钾，sp^3d^2 杂化，八面体
(5) 氯化二氯·四氨合钴（Ⅲ），Cl^-，$[CoCl_2(NH_3)_4]^+$，Co^{3+}，d^2sp^3，八面体型，2 个 Cl^- 和 4 个 NH_3，Cl 和 N，6
(6) $K_f^\ominus = 1/K_d^\ominus$

8. (1) A　(2) B　(3) A　(4) D　(5) B

第九章　元素选述

第一节　s 区元素

1. $2KO_2 + 2H_2O \longrightarrow 2KOH + H_2O_2 + O_2\uparrow$
$4KO_2 + 2CO_2 \longrightarrow 2K_2CO_3 + 3O_2$
上述反应能够除去呼出的二氧化碳和湿气，同时提供了氧气。

2. $Ca(OH)_2(s) + Mg^{2+}(aq) \longrightarrow Mg(OH)_2(s) + Ca^{2+}(aq)$
$$K^\ominus = \frac{K_{sp}^\ominus[Ca(OH)_2]}{K_{sp}^\ominus[Mg(OH)_2]} = \frac{4.6 \times 10^{-6}}{5.1 \times 10^{-12}} = 9.0 \times 10^5$$

3. (1) 首先析出的是 $BaCrO_4$。因为它们都是 1∶1 的化合物，Ba^{2+} 和 Sr^{2+} 的浓度相同，$K_{sp}(BaCrO_4) < K_{sp}(SrCrO_4)$，$BaCrO_4$ 的溶解度小。
(2) Ba^{2+} 完全沉淀，要求 $[Ba^{2+}] \leqslant 0.1 \times 10^{-3} = 1.0 \times 10^{-4}$ mol·L^{-1}。$[Ba^{2+}][CrO_4^{2-}] = 1.2 \times 10^{-10}$。$[CrO_4^{2-}] = 1.2 \times 10^{-10}/(1.0 \times 10^{-4}) = 1.2 \times 10^{-6}$ mol·L^{-1}。$[Sr^{2+}][CrO_4^{2-}] = 0.1 \times 1.2 \times 10^{-6} < K_{sp}(SrCrO_4)$。$SrCrO_4$ 不沉淀，可以分离。

4. 调节 pH >3 时，Fe^{3+} 可沉淀完全；若 pH 过高，Mg^{2+} 形成 $Mg(OH)_2$ 沉淀。

5. (1) $2KO_2 + 2H_2O \longrightarrow 2KOH + H_2O_2 + O_2\uparrow$
(2) $2Sr(NO_3)_2 \xrightarrow{\text{加热}} 2SrO + 4NO_2 + O_2\uparrow$
(3) $CaH_2 + 2H_2O \longrightarrow Ca(OH)_2 + 2H_2\uparrow$
(4) $2Na_2O_2 + 2CO_2 \longrightarrow 2Na_2CO_3 + O_2\uparrow$
(5) $2NaCl + 2H_2O \xrightarrow{\text{电解}} 2NaOH + H_2\uparrow + Cl_2\uparrow$

6. (1) $4Li + O_2 \longrightarrow 2Li_2O$
(2) $4KO_2 + 2H_2O \longrightarrow 4KOH + 3O_2\uparrow$
(3) $Be(OH)_2 + 2NaOH \longrightarrow Na_2BeO_2 + 2H_2O$
(4) $Sr(NO_3)_2(\text{加热}) \longrightarrow Sr(NO_2)_2 + O_2\uparrow$
(5) $CaH_2 + 2H_2O \longrightarrow 2H_2\uparrow + Ca(OH)_2$
(6) $2Na_2O_2 + 2CO_2 \longrightarrow 2Na_2CO_3 + O_2\uparrow$
(7) $2NaCl + 2H_2O(\text{电解}) \longrightarrow 2NaOH + Cl_2\uparrow + H_2\uparrow$
(8) $Mg(OH)_2 + 2NH_4^+ \longrightarrow Mg(NH_3)_2^{2+} + 2OH^-$

7. (1) MgO；Mg_3N_2

(2) 低，因为 Be^{2+} 半径小，极化力较强，它与 Cl^-、Br^-、I^- 等极化率较大的阴离子形成的化合物已过渡为共价化合物

(3) 小，大

8. (1) D (2) C (3) D (4) D (5) D (6) B (7) C (8) A (9) C

第二节　p区元素

1. SiO_2 晶体中，硅原子采取 sp^3 杂化轨道以共价单键和四个氧形成硅氧四面体，Si—O 键在空间不断重复，构成巨型分子，键能很大，具有原子晶体的特性。在 CO_2 分子中，碳原子采取 sp 杂化轨道以共价键同氧结合，属于分子晶体，分子间依靠范德华力相结合，常温下为气体，熔沸点低。

2. 配制 $SnCl_2$ 溶液时要加入盐酸和锡粒。$SnCl_2$ 易水解 $SnCl_2+H_2O \longrightarrow Sn(OH)Cl\downarrow +HCl$，加酸可以抑制其水解作用；而在空气中 Sn^{2+} 易被氧化成 Sn^{4+}，加 Sn 粒可以除去溶液中的 Sn^{4+}：$Sn^{4+}+Sn \longrightarrow 2Sn^{2+}$。

3. (1) $CaCO_3+CO_2+H_2O \longrightarrow Ca(HCO_3)_2$

(2) $(NH_4)_2CO_3 \longrightarrow 2NH_3+H_2O+CO_2\uparrow$

(3) $SiO_2+Na_2CO_3 \longrightarrow Na_2SiO_3+CO_2\uparrow$

(4) $SiO_2+4HF \longrightarrow SiF_4\uparrow +2H_2O\uparrow$

(5) $Na_2SiO_3+2NH_4Cl+2H_2O \longrightarrow H_2SiO_3+2NH_3\cdot H_2O+2NaCl$

(6) $SiCl_4+3H_2O \longrightarrow H_2SiO_3+4HCl$

(7) $Cu+4HNO_3(浓) \longrightarrow Cu(NO_3)_2+2NO_2\uparrow +2H_2O$

(8) $3Cu+8HNO_3(稀) \longrightarrow 3Cu(NO_3)_2+2NO\uparrow +4H_2O$

(9) $4Zn+10HNO_3(稀) \longrightarrow 4Zn(NO_3)_2+N_2O\uparrow +5H_2O$

(10) $2KNO_3 \xrightarrow{\triangle} 2KNO_2+O_2\uparrow$

(11) $2Zn(NO_3)_2 \xrightarrow{\triangle} 2ZnO+4NO_2\uparrow +O_2\uparrow$

(12) $2AgNO_3 \xrightarrow{\triangle} 2Ag+2NO_2\uparrow +O_2\uparrow$

(13) $2NH_4NO_3 \xrightarrow{\triangle} 2N_2\uparrow +O_2\uparrow +4H_2O$

(14) $2F_2+2H_2O \longrightarrow 4HF+O_2\uparrow$

(15) $Cl_2+H_2O \longrightarrow HCl+HClO$

(16) $2Ca(OH)_2+2Cl_2 \longrightarrow CaCl_2+Ca(ClO)_2+2H_2O$

(17) $SiO_2+4HF \longrightarrow SiF_4\uparrow +2H_2O$

(18) $IF_5+3H_2O \longrightarrow 5HF+HIO_3$

(19) $2KClO_3 \longrightarrow 2KCl+3O_2\uparrow$

(20) $5Br^-+BrO_3^-+6H^+ \longrightarrow 3Br_2+3H_2O$

4. (1) $2NH_3+3Cl_2 \longrightarrow N_2\uparrow +6HCl\uparrow$　　$NH_3+HCl \longrightarrow NH_4Cl$ 白烟

(2) $NH_4HCO_3 \longrightarrow NH_3\uparrow +H_2O\uparrow +CO_2\uparrow$

5. 用碱石灰可除去 NH_3 中的 H_2O (g)：$CaO+H_2O(g) \longrightarrow Ca(OH)_2$

用金属钠能除去 NH_3 (l) 中微量 H_2O (l)：$2Na+2H_2O \longrightarrow 2NaOH+H_2\uparrow$

6. 在常温下，铁、铝表面被浓硫酸氧化形成钝化膜，钝化膜是一层致密的不溶于浓硫酸的物质，因而可以盛放浓硫酸。而在稀硫酸中，铁和铝会和稀硫酸反应生成相应的盐并放出氢气。不能生成钝化膜。

7. SO_2 的漂白作用主要是 SO_2 能和有机色素结合成无色加合物；而 Cl_2 的漂白作用则

是因为 Cl_2 和水反应生成 $HClO$，$HClO$ 是一种强氧化剂，能氧化有机色素为无色物质，属于氧化还原作用。

8. (1) B (2) B (3) D (4) D (5) C (6) B (7) B (8) D (9) B (10) D (11) D

第三节 d 区元素

1. (1) $TiCl_4$ 与空气中的水发生水解反应：

$$TiCl_4 + 2H_2O \longrightarrow TiO_2 + 4HCl(烟雾)$$

(2) $3Zn + Cr_2O_7^{2-} + 14H^+ \longrightarrow 3Zn^{2+} + 2Cr^{3+}(绿色) + 7H_2O$

$Zn + 2Cr^{3+} \longrightarrow Zn^{2+} + 2Cr^{2+}(蓝色)$ $4Cr^{2+} + O_2 + 4H^+ \longrightarrow 4Cr^{3+}(绿色) + 2H_2O$

(3) 首先 Mn^{2+} 被 $NaBiO_3$ 氧化成 MnO_4^-，呈紫红色，而 MnO_4^- 又可与未反应的 Mn^{2+} 作用，生成 MnO_2 使紫红色消失：

$$2Mn^{2+} + 5NaBiO_3 + 14H^+ \longrightarrow 2MnO_4^- + 5Bi^{3+} + 5Na^+ + 7H_2O$$

$$2MnO_4^- + 3Mn^{2+} + 2H_2O \longrightarrow 5MnO_2 + 4H^+$$

(4) $Co(OH)_2$ 被空气中的 O_2 氧化为 $CoO(OH)$，$CoO(OH)$ 具有很强的氧化性，可把 HCl 氧化为 Cl_2：

$$2Co(OH)_2 + O_2 \longrightarrow 2CoO(OH) + 2H_2O; 2CoO(OH) + 6HCl \longrightarrow 2CoCl_2 + Cl_2\uparrow + 4H_2O$$

(5) $Fe^{3+} + nSCN^- \longrightarrow [Fe(SCN)n]^{(n-3)-}$(血红色)

$[Fe(SCN)n]^{(n-3)-} + 6F^- \longrightarrow [FeF_6]^{3-}$(无色) $+ nSCN^-$

2. $2MnO_4^- + 5SO_3^{2-} + 6H^+ \longrightarrow 2Mn^{2+}$(浅粉) $+ 5SO_4^{2-} + 3H_2O$

$2MnO_4^- + 3SO_3^{2-} + H_2O \longrightarrow 2MnO_2\downarrow + 3SO_4^{2-} + 2OH^-$

$2MnO_4^- + SO_3^{2-} + 2OH^- \longrightarrow 2MnO_4^{2-}$(绿色) $+ SO_4^{2-} + H_2O$

在酸性条件下氧化性最强。

3. (1) $Ti + 6HF \longrightarrow H_2[TiF_6] + 2H_2$

(2) $2NH_4VO_3 \xrightarrow{\Delta} V_2O_5 + 2NH_3\uparrow + H_2O$

(3) $K_2Cr_2O_7 + 4AgNO_3 + H_2O \longrightarrow 2Ag_2CrO_4\downarrow + 2KNO_3 + 2HNO_3$

(4) $2FeCl_3 + H_2S \longrightarrow 2FeCl_2 + S\downarrow$(乳白色) $+ 2HCl$

(5) $3MnO_4^{2-}$(绿色) $+ 4H^+ \longrightarrow 2MnO_4^-$(紫红色) $+ MnO_2\downarrow + 2H_2O$

4. 因为随着 NH_3 配体的加入，逐个地取代了配位能力更弱的 H_2O 后，引起分裂能变化的效应，d-d 跃迁所需能量蓝移，观察到的颜色也产生蓝移：$[Cr(H_2O)_6]^{3+}$：紫色、$[Cr(NH_3)_2(H_2O)_4]^{3+}$，紫红、$[Cr(NH_3)_3(H_2O)_3]^{3+}$，浅红、$[Cr(NH_3)_4(H_2O)_2]^{3+}$，橙红、$[Cr(NH_3)_5H_2O]^{3+}$，橙黄、$[Cr(NH_3)_6]^{3+}$，黄色。

5. Cr, W 和 Tc, Ag

6. 蓝色，粉红色

7. 加酸为防止亚铁离子水解，加铁钉防止 Fe^{2+} 被氧化。

8. 柠檬黄色，$BaCrO_4$，橙色，黄色，CrO_4^{2-}。

9. (1) D (2) B (3) B

第四节 ds 区元素

1. 杂化，氯原子，直线形。

2. (1) $ZnCl_2$ 的浓溶液有很强的酸性：$ZnCl_2 + H_2O \longrightarrow H[ZnCl_2(OH)]$，它能溶解铁皮表面的氧化物 $FeO + 2H[ZnCl_2(OH)] \longrightarrow H_2O + Fe[ZnCl_2(OH)]$。使焊接更牢。

(2) 冷 HNO_3 的氧化性较弱；过量的 Hg 会使生成的高汞盐还原为亚汞盐：

$$3Hg + 8HNO_3 \longrightarrow 3Hg(NO_3)_2 + 2NO\uparrow + 4H_2O$$

$$Hg(NO_3)_2 + Hg(过量) \longrightarrow Hg_2(NO_3)_2$$

(3) 因为空气中有 O_2、H_2O 和 CO_2，可以将其氧化为 CuO，再与酸性的 CO_2 溶液生成碱式碳酸盐

$$2Cu + O_2 \longrightarrow 2CuO$$
$$2CuO + H_2O + CO_2 \longrightarrow Cu_2(OH)_2CO_3(绿色)。$$

(4) Au 可以和浓 HCl 中的 Cl^- 形成配离子，氧化型 Au^{3+} 浓度大大下降，根据能斯特方程，$\varphi^{\ominus}(Au^{3+}/Au)$ 大大下降，Au 可被 HNO_3 氧化、溶解

$$Au + HNO_3 + 4HCl \longrightarrow H[AuCl_4] + NO\uparrow + 2H_2O$$

(5) $\varphi^{\ominus}(Cu^{2+}/CuCl) = \varphi^{\ominus}(Cu^{2+}/Cu^+) + 0.0592lg(1/K_{sp}, CuCl) = 0.17 - 0.059 lg(1.2\times10^{-6}) = 0.52 (V)$，$SO_4^{2-} + H_2O + 2e \longrightarrow SO_3^{2-} + 2OH^-$，$\varphi^{\ominus}(SO_4^{2-}/SO_3^{2-}) = -0.93V$
$Cu^{2+} + Cl^- + e \longrightarrow CuCl\downarrow$，在此条件下，$Cu^{2+}$ 可以将 SO_2 氧化成 SO_4^{2-}：$SO_2 + 2Cu^{2+} + 2H_2O + 2Cl^- \longrightarrow 2CuCl\downarrow(白色) + SO_4^{2-} + 4H^+$

(6) KCN 是碱性物质，加入 KCN 使溶液 pH 升高：$Ag^+ + OH^- \longrightarrow AgOH\downarrow(白色)$，再加 KCN，可形成 $[Ag(CN)_2]^-$ 配离子：$AgOH + 2CN^- \longrightarrow [Ag(CN)_2]^- + OH^-$，加入 Na_2S，由于 Ag_2S 溶度积非常小，生成 Ag_2S 沉淀：$2[Ag(CN)_2]^- + S^{2-} \longrightarrow Ag_2S\downarrow(黑色) + 4CN^-$

(7) 甘汞 Hg_2Cl_2 是低毒的，也比较稳定。但在光照条件下也会发生歧化分解反应：$Hg_2Cl_2 \xrightarrow{光} HgCl_2 + Hg$。而 $HgCl_2$ 和 Hg 都是毒性很大的物质

(8) 因为 $2AgNO_3 \xrightarrow{光} 2Ag + 2NO_2\uparrow + O_2\uparrow$

3. (1) C (2) D (3) B

附 录

附录一 基本物理常数表

电子的电荷	$e = 1.6021917 \times 10^{-19}$ C
普朗克常数	$h = 6.626196 \times 10^{-34}$ J·s
光速(真空)	$c = 2.9979250 \times 10^8$ m·s^{-1}
波尔兹曼常数	$K = 1.380622 \times 10^{-23}$ J·K^{-1}
摩尔气体常数	$R = 8.31441$ J·mol^{-1}·K^{-1}
阿伏加罗德常数	$N = 6.022169 \times 10^{23}$ mol^{-1}
法拉第常数	$F = 9.648670 \times 10^4$ C·mol^{-1}
原子质量单位	$U = 1.6605655 \times 10^{-27}$ kg
电子静止质量	$m_e = 9.109558 \times 10^{-31}$ kg
玻尔半径	$r_e = 5.2917715 \times 10^{-11}$ m

附录二 单 位 换 算

1 米(m) = 10^2 厘米(cm) = 10^3 毫米(mm) = 10^6 微米(μm) = 10^9 纳米(nm)

1 大气压(atm) = 760 托(torr) = 1.01325 巴(Bar) = 101325 帕(Pa)
 = 1033.26 厘米水柱(cmH$_2$O)(40℃) = 760 毫米汞柱(mmHg)(0℃)

1 热化学卡(cal) = 4.1840 焦(J)

0 ℃ = 273.15 K

1 电子伏特(eV) = 23.061 kJ·mol^{-1}

1 ppm(一百万分之一) = 1×10^{-6}

1 ppt(一千万分之一) = 1×10^{-9}

附录三 一些物质的标准生成焓、标准生成 Gibbs 函数和标准熵 (298K)

物 质	$\Delta_f H_m^\ominus$ /kJ·mol^{-1}	$\Delta_f G_m^\ominus$ /kJ·mol^{-1}	$S_m^\ominus$ /J·K^{-1}·mol^{-1}
Ag(s)	0	0	42.702
AgBr(s)	−99.50	−95.94	107.11
AgCl(s)	−127.035	−109.721	96.11
AgI(s)	−62.38	−66.32	114.2
AgNO$_3$(s)	−123.14	−32.17	140.72
Ag$_2$SO$_4$(s)	−713.4	−615.76	200.0

续表

物　　质	$\Delta_f H_m^\ominus$ /kJ·mol^{-1}	$\Delta_f G_m^\ominus$ /kJ·mol^{-1}	$S_m^\ominus$ /J·K^{-1}·mol^{-1}
Al(s)	0	0	28.321
AlCl$_3$(s)	−695.3	−631.18	167.4
Al$_2$O$_3$(s,刚玉)	−1669.79	−1576.41	50.986
Al$_2$(SO$_4$)$_3$(s)	−3434.98	−3091.93	239.3
Ba(s)	0	0	66.944
BaCO$_3$(s)	−1218.8	−1138.9	112.1
BaCl$_2$(s)	−860.06	−810.9	126
BaO(s)	−558.1	−528.4	70.3
BaSO$_4$(s)	−1465.2	−1353.1	132.2
Br$_2$(g)	30.71	3.142	245.346
Br$_2$(l)	0	0	152.3
C(金刚石)	1.8961	2.86604	2.4389
C(石墨)	0	0	5.6940
CO(g)	−110.525	−137.269	197.907
CO$_2$(g)	−393.514	−394.384	213.639
Ca(s)	0	0	41.63
CaCO$_3$(方解石)	−1206.87	−1128.76	92.88
CaCl$_2$(s)	−795.0	−750.2	113.8
CaO(s)	−635.5	−604.2	39.7
Ca(OH)$_2$(s)	−986.59	−896.76	76.1
CaSO$_4$(s)	−1432.69	−1320.30	106.7
Cl(g)	121.386	105.403	165.088
Cl$_2$(g)	0	0	222.949
Co(s)	0	0	28.5
Cr(s)	0	0	23.77
CrCl$_2$(s)	−395.64	−356.27	114.6
Cr$_2$O$_3$(s)	−1128.4	−1046.8	81.2
Cu(s)	0	0	33.30
CuO(s)	−155.2	−127.2	42.7
CuSO$_4$(s)	−769.86	−661.9	113.4
Cu$_2$O(s)	−116.69	−142.0	93.89
F$_2$(g)	0	0	203.3
Fe(s)	0	0	27.15
FeO(s)	−266.5	−256.9	59.4
FeS(s)	−95.06	−97.57	67.4
Fe$_2$O$_3$(赤铁矿)	−822.2	−741.0	90.0
Fe$_3$O$_4$(磁铁矿)	−1117.1	−1014.2	146.4
H(g)	217.94	203.26	114.60
H$_2$(g)	0	0	130.587
HBr(g)	−36.23	−53.22	198.24
HCl(g)	−92.31	−95.265	184.80
HNO$_3$(l)	−173.23	−79.91	155.60
HF(g)	−268.6	−270.7	173.51

续表

物　质	$\Delta_f H_m^\ominus$ /kJ·mol^{-1}	$\Delta_f G_m^\ominus$ /kJ·mol^{-1}	$S_m^\ominus$ /J·K^{-1}·mol^{-1}
HI(g)	25.94	1.30	205.60
H$_2$O(g)	−241.827	−228.597	188.724
H$_3$PO$_4$(l)	−1271.94	(−1138.0)	201.87
H$_3$PO$_4$(s)	−1283.65	−1139.71	176.2
Hg(l)	0	0	77.4
HgCl$_2$(s)	−223.4	−176.6	144.3
Hg$_2$Cl$_2$(s)	−264.93	−210.66	195.8
HgO(s,红色)	−90.71	−58.53	70.3
HgS(s,红色)	−58.16	−48.83	77.8
I$_2$(s)	0	0	116.7
I$_2$(g)	62.250	19.37	260.58
K(s)	0	0	63.6
KBr(s)	−392.17	−379.20	96.44
KCl(s)	−435.868	−408.325	82.68
KI(s)	−327.65	−322.29	104.35
KNO$_3$(s)	−492.71	−393.13	132.93
KOH(s)	−425.34	−374.2	(59.41)
Mg(s)	0	0	32.51
MgCO$_3$(s)	−1113.00	−1029	65.7
MgCl$_2$(s)	−641.83	−592.33	89.5
MgO(s)	−601.83	−569.57	26.8
Mg(OH)$_2$(s)	−924.7	−833.75	63.14
Mn(α,s)	0	0	31.76
MnCl$_2$(s)	−482.4	−441.4	117.2
MnO(s)	−384.9	−362.75	59.71
N$_2$(g)	0	0	191.489
NH$_3$(g)	−46.19	−16.636	192.50
α-NH$_4$Cl(s)	−315.38	−203.89	94.6
(NH$_4$)$_2$SO$_4$(s)	−1191.85	−900.35	220.29
NO(g)	90.31	86.688	210.618
NO$_2$(g)	33.853	51.840	240.45
Na(s)	0	0	51.0
NaBr(s)	−359.95	−349.4	91.2
NaCl(s)	−411.002	−384.028	72.38
NaOH(s)	−426.8	−380.7	64.18
Na$_2$CO$_3$(s)	−1133.95	−1050.64	136.0
Na$_2$O(s)	−416.22	−376.6	72.8
Na$_2$SO$_4$(s)	−1384.49	−1266.83	149.49

续表

物　质	$\Delta_f H_m^\ominus$ /kJ·mol^{-1}	$\Delta_f G_m^\ominus$ /kJ·mol^{-1}	$S_m^\ominus$ /J·K^{-1}·mol^{-1}
Ni(α,s)	0	0	29.79
NiO(s)	−538.1	−453.1	79
O$_2$(g)	0	0	205.029
O$_3$(g)	142.3	163.43	238.78
P(红色)	−18.41	8.4	63.2
Pb(s)	0	0	64.89
PbCl$_2$(s)	−359.20	−313.97	136.4
PbO(s,黄)	−217.86	−188.49	69.5
S(斜方)	0	0	31.88
SO$_2$(g)	−296.90	−300.37	248.53
SO$_3$(g)	−395.18	−370.37	256.23
Si(s)	0	0	18.70
SiO$_2$(石英)	−859.4	−805.0	41.84
Ti(s)	0	0	30.3
TiO$_2$(金红石)	−912	−852.7	50.25
Zn(s)	0	0	41.63
ZnO(s)	−347.98	−318.19	43.9
ZnS(s)	−202.9	−198.32	57.7
ZnSO$_4$(s)	−978.55	−871.57	124.7
CH$_4$(g)	−74.848	−50.794	186.19
C$_2$H$_2$(g)	−226.731	−209.200	200.83
C$_2$H$_4$(g)	52.292	68.178	219.45
C$_2$H$_6$(g)	−84.667	−32.886	229.49
C$_6$H$_6$(g)	82.93	129.076	269.688
C$_6$H$_6$(l)	49.036	124.139	173.264
HCHO(g)	−115.9	−110.0	220.1
HCOOH(g)	−362.63	−335.72	246.06
HCOOH(l)	−409.20	−346.0	128.95
CH$_3$OH(g)	−201.17	−161.88	237.7
CH$_3$OH(l)	−238.57	−166.23	126.8
CH$_3$CHO(g)	−166.36	−133.72	265.7
CH$_3$COOH(l)	−487.0	−392.5	159.8
CH$_3$COOH(g)	−436.4	−381.6	293.3
C$_2$H$_5$OH(l)	−277.63	−174.77	160.7
C$_2$H$_5$OH(g)	−235.31	−168.6	282.0

附录四 一些水合离子的标准生成焓、标准生成 Gibbs 函数和标准熵（298K）

物质	$\Delta_f H_m^\ominus$ /kJ·mol^{-1}	$\Delta_f G_m^\ominus$ /kJ·mol^{-1}	$S_m^\ominus$ /J·K^{-1}·mol^{-1}
H^+	0.00	0.00	0.00
Na^+	−239.655	−261.872	60.2
K^+	−251.21	−282.278	102.5
Ag^+	105.90	77.111	73.93
NH_4^+	−132.80	−79.50	112.84
Ba^{2+}	−538.36	−560.7	13
Ca^{2+}	−534.59	−553.04	−55.2
Mg^{2+}	−461.96	−456.01	−118.0
Fe^{2+}	−87.9	−84.94	−113.4
Fe^{3+}	−47.7	10.54	−293.3
Cu^{2+}	64.39	64.98	−100
CO_3^{2-}	−676.26	−528.10	−53.1
Pb^{2+}	−1.63	−24.31	21.3
Mn^{2+}	−218.8	−223.4	−84
Al^{3+}	−524.7	−481.16	−313.4
OH^-	−229.940	−158.78	−10.539
F^-	−329.11	−276.48	−9.6
Cl^-	−167.456	−131.168	55.10
Br^-	−120.92	−102.818	80.71
I^-	−55.94	−51.67	109.37
HS^-	−17.66	12.59	61.1
HCO_3^-	−691.11	−587.06	95
NO_3^-	−206.572	−110.50	146.0
AlO_2^-	−918.8	−823.0	−21
S_2^-	41.8	83.7	22.2
SO_4^{2-}	−907.5	−741.99	17.2
Zn^{2+}	−152.42	−147.210	−106.48

附录五 难溶化合物溶度积（291～298K）

化合物	$K_{sp}^{\ominus}$	$pK_{sp}^{\ominus}$	化合物	$K_{sp}^{\ominus}$	$pK_{sp}^{\ominus}$
卤化物			氢氧化物		
$AgCl$	1.8×10^{-10}	9.75	$Al(OH)_3$（无定形）	1.3×10^{-33}	32.9
$AgBr$	5.2×10^{-13}	12.28	$Bi(OH)_3$	4.3×10^{-31}	30.37
AgI	8.3×10^{-17}	16.08	$Ca(OH)_2$	5.5×10^{-6}	5.26
BaF_2	1.0×10^{-6}	5.98	$Cd(OH)_2$（新沉淀）	2.5×10^{-14}	13.60
CaF_2	2.7×10^{-11}	10.57	$Co(OH)_2$（粉红,新）	1.6×10^{-15}	14.8
Hg_2Cl_2	1.3×10^{-18}	17.88	$Cr(OH)_3$	6.3×10^{-31}	30.20
Hg_2I_2	4.5×10^{-29}	28.35	$Cu(OH)_2$	2.2×10^{-20}	19.66
PbF_2	2.7×10^{-8}	7.57	$Fe(OH)_2$	8×10^{-16}	15.1
$PbCl_2$	1.6×10^{-5}	4.79	$Fe(OH)_3$	4×10^{-38}	37.4
$PbBr_2$	4.0×10^{-5}	4.41	$Hg_2(OH)_2$	2.0×10^{-24}	23.70
PbI_2	7.1×10^{-9}	8.15	$Mg(OH)_2$	1.8×10^{-11}	10.74
SrF_2	2.5×10^{-9}	8.61	$Mn(OH)_2$	1.9×10^{-13}	12.72
硫化物			$Ni(OH)_2$（新沉淀）	2.0×10^{-15}	14.70
Ag_2S	6.3×10^{-50}	49.2	$Pb(OH)_2$	1.2×10^{-15}	14.93
As_2S_3	2.1×10^{-22}	21.68	$Sn(OH)_2$	1.4×10^{-28}	27.85
Bi_2S_3	1×10^{-97}	97.0	$Sn(OH)_4$	1×10^{-56}	56.0
CdS	8.0×10^{-27}	26.10	$Zn(OH)_2$（晶,陈化）	1.2×10^{-17}	16.92
$CoS(\alpha)$	4.0×10^{-21}	20.40	硫酸盐		
CuS	6.3×10^{-36}	35.20	Ag_2SO_4	1.4×10^{-5}	4.84
FeS	6.3×10^{-18}	17.20	$BaSO_4$	1.1×10^{-10}	9.96
Fe_2S_3	1.0×10^{-88}	88.00	$CaSO_4$	9.1×10^{-6}	5.04
Hg_2S	1.0×10^{-47}	47.00	$PbSO_4$	1.6×10^{-8}	7.79
HgS（红）	4×10^{-53}	52.4	$SrSO_4$	3.2×10^{-7}	6.49
HgS（黑）	1.6×10^{-52}	51.80	铬酸盐		
MnS（晶,绿）	2.5×10^{-13}	12.60	Ag_2CrO_4	1.1×10^{-12}	11.95
$NiS(\alpha)$	3.2×10^{-19}	18.5	$Ag_2Cr_2O_7$	2.0×10^{-7}	6.70
PbS	1.0×10^{-28}	28.00	$BaCrO_4$	1.2×10^{-10}	9.93
SnS	1.0×10^{-25}	25.00	$CaCrO_4$	2.3×10^{-2}	1.64
$ZnS(\alpha)$	1.6×10^{-24}	23.80	$PbCrO_4$	2.8×10^{-13}	12.55
$ZnS(\beta)$	2.5×10^{-22}	21.60	$SrCrO_4$	2.2×10^{-5}	4.65
草酸盐			氰化物及硫氰化物		
BaC_2O_4	1.6×10^{-7}	6.79	$AgCN$	1.2×10^{-16}	15.92
$CaC_2O_4\cdot2H_2O$	2.6×10^{-9}	8.4	$AgSCN$	1.0×10^{-12}	12.00
$MnC_2O_4\cdot2H_2O$	1.1×10^{-15}	14.96	$CuCN$	3.2×10^{-20}	19.49
$SrC_2O_4\cdot H_2O$	1.6×10^{-7}	6.80	$Cu_2(SCN)_2$	4.8×10^{-15}	14.32
碳酸盐			$Hg_2(CN)_2$	5×10^{-40}	39.3
			砷酸盐		
Ag_2CO_3	8.1×10^{-12}	11.09	Ag_3AsO_4	1.0×10^{-22}	22.00
$BaCO_3$	5.1×10^{-9}	8.29	$Ba_3(AsO_4)_2$	8.0×10^{-51}	50.11
$CaCO_3$	2.8×10^{-9}	8.54	$Cu_3(AsO_4)_2$	7.6×10^{-36}	35.12
$FeCO_3$	3.2×10^{-11}	10.50	$Pb_3(AsO_4)_2$	4.0×10^{-36}	35.39
			磷酸盐		
$MgCO_3$	3.5×10^{-8}	7.46	Ag_3PO_4	1.4×10^{-16}	15.84
$PbCO_3$	7.4×10^{-14}	13.13	$Ba_3(PO_4)_2$	3×10^{-23}	22.5
$SrCO_3$	1.1×10^{-10}	9.96	$BiPO_4$	1.3×10^{-23}	22.89

续表

化合物	$K_{sp}^{\ominus}$	$pK_{sp}^{\ominus}$	化合物	$K_{sp}^{\ominus}$	$pK_{sp}^{\ominus}$
磷酸盐			其它		
$Cd_3(PO_4)_2$	3×10^{-33}	32.6	$Ag[Ag(CN)_2]$	5.0×10^{-12}	11.3
$Co_3(PO_4)_2$	2×10^{-35}	34.7	$K_2Na[Co(NO_2)_6]\cdot H_2O$	2.2×10^{-11}	10.66
$Cu_3(PO_4)_2$	1.3×10^{-37}	36.9	$Ag_4[Fe(CN)_6]$	1.6×10^{-41}	40.80
$FePO_4$	1.3×10^{-22}	21.89	$Cd_2[Fe(CN)_6]$	3.2×10^{-17}	16.49
$Mg_3(PO_4)_2$	6×10^{-28}	27.2	$Co_2[Fe(CN)_6]$	1.8×10^{-15}	14.74
$MgNH_4PO_4$	2.5×10^{-13}	12.60	$Cu_2[Fe(CN)_6]$	1.3×10^{-16}	15.89
$Pb_3(PO_4)_2$	8.0×10^{-43}	42.10	$Fe_4[Fe(CN)_6]_3$	3.3×10^{-41}	40.52
$Sr_3(PO_4)_2$	4.0×10^{-28}	27.40	$Pb_2[Fe(CN)_6]$	3.5×10^{-15}	14.46
$Zn_3(PO_4)_2$	9.0×10^{-33}	32.04	$Zn_2[Fe(CN)_6]$	4.0×10^{-16}	15.39
$BaHPO_4$	1×10^{-7}	7.0	$Co[Hg(SCN)_4]$	1.5×10^{-6}	5.82
$CaHPO_4$	1×10^{-7}	7.0	$Zn[Hg(SCN)_4]$	2.2×10^{-7}	6.66
$CoHPO_4$	2×10^{-7}	6.7	$K[B(C_6H_5)_4]$	2.2×10^{-8}	7.65
$PbHPO_4$	1.3×10^{-10}	9.9	$K_2[PtCl_6]$	1.1×10^{-5}	4.96
$Ba_2P_2O_7$	3.2×10^{-11}	10.50	$Ba_3(AsO_4)_2$	8.0×10^{-51}	50.11
$Cu_2P_2O_7$	8.3×10^{-16}	15.08	$Ca[SiF_6]$	8.1×10^{-4}	3.09

附录六 一些常见配离子的稳定常数（298K）

配离子	$lgK_f^{\ominus}$	配离子	$lgK_f^{\ominus}$
$[Cd(NH_3)_4]^{2+}$	6.92	$[Fe(CN)_6]^{3-}$	43.6
$[Co(NH_3)_6]^{2+}$	4.75	$[Hg(CN)_4]^{2-}$	41.5
$[Co(NH_3)_6]^{3+}$	35.2	$[Ni(CN)_4]^{2-}$	31.3
$[Cu(NH_3)_4]^{2+}$	12.59	$[Ag(CN)_2]^-$	21.2
$[Ni(NH_3)_4]^{2+}$	7.79	$[Zn(CN)_4]^{2-}$	16.7
$[Ag(NH_3)_2]^+$	7.40	$[Cr(OH)_2]$	18.3
$[Zn(CN)_3]^{2-}$	9.60	$[Cd(OH)_4]^{2-}$	12.0
$[Cd(CN)_4]^{2-}$	18.9	$[CdI_4]^{2-}$	6.15
$[Au(CN)_2]^-$	38.3	$[Hg(SCN)_4]^{2-}$	20.9
$[Cu(CN)_2]^-$	24.0	$[Ag(SCN)_2]^-$	9.1
$[Fe(CN)_6]^{4-}$	35.4		

附录七 配合物的累积稳定常数

金属离子	离子强度	n	$lg\beta_n$
氨配合物			
Ag^+	0.1	1,2	3.40,7.40
Cd^{2+}	0.1	1,…,6	2.60,4.65,6.04,6.92,6.6,4.9
Co^{2+}	0.1	1,…,6	2.05,3.62,4.61,5.31,5.43,4.75
Cu^{2+}	2	1,…,4	4.13,7.61,10.48,12.59
Ni^{2+}	0.1	1,…,6	2.75,4.95,6.64,7.79,8.50,8.49
Zn^{2+}	0.1	1,…,4	2.27,4.61,7.01,9.06
氟配合物			
Al^{3+}	0.53	1,…,6	6.1,11.15,15.0,17.7,19.4,19.7
Fe^{3+}	0.5	1,2,3	5.2,9.2,11.9
Th^{4+}	0.5	1,2,3	7.7,13.5,18.0
TiO^{2+}	3	1,…,4	5.4,9.8,13.7,17.4
Sn^{4+}	*	6	25
Zr^{4+}	2	1,2,3	8.8,16.1,21.9

续表

金属离子	离子强度	n	$\lg\beta_n$
氯配合物			
Ag^+	0.2	1,⋯,4	2.9,4.7,5.0,5.9
Hg^{2+}	0.5	1,⋯,4	6.7,13.2,14.1,15.1
碘配合物			
Cd^{2+}	*	1,⋯,4	2.4,3.4,5.0,6.15
Hg^{2+}	0.5	1,⋯,4	12.9,23.8,27.6,29.8
氰配合物			
Ag^+	0~0.3	1,⋯,4	⋯,21.1,21.8,20.7
Au^+	*	2	38.3
Cd^{2+}	3	1,⋯,4	5.5,10.6,15.3,18.9
Cu^+	0	1,⋯,4	⋯,24.0,28.6,30.3
Fe^{2+}	0	6	35.4
Fe^{3+}	0	6	43.6
Hg^{2+}	0.1	1,⋯,4	18.0,34.7,38.5,41.5
Ni^{2+}	0.1	4	31.3
Zn^{2+}	0.1	4	16.7
硫氰酸配合物			
Fe^{3+}	*	1,⋯,5	2.3,4.2,5.6,6.4,6.4
Hg^{2+}	1	1,⋯,4	⋯,16.1,19.0,20.9
硫代硫酸配合物			
Ag^+	0	1,2	8.82,13.5
Hg^{2+}	0	1,2	29.86,32.26
磺基水杨酸配合物			
Al^{3+}	0.1	1,2,3	12.9,22.9,29.0
Fe^{3+}	3	1,2,3	14.4,25.2,32.2
乙酰丙酮配合物			
Al^{3+}	0.1	1,2,3	8.1,15.7,21.2
Cu^{2+}	0.1	1,2	7.8,14.3
Fe^{3+}	0.1	1,2,3	9.3,17.9,25.1
邻二氮菲配合物			
Ag^+	0.1	1,2	5.02,12.07
Cd^{2+}	0.1	1,2,3	6.4,11.6,15.8
Co^{2+}	0.1	1,2,3	7.0,13.7,20.1
Cu^{2+}	0.1	1,2,3	9.1,15.8,21.0
Fe^{2+}	0.1	1,2,3	5.9,11.1,21.3
Hg^{2+}	0.1	1,2,3	⋯,19.65,23.35
Ni^{2+}	0.1	1,2,3	8.8,17.1,24.8
Zn^{2+}	0.1	1,2,3	6.4,12.15,17.0
乙二胺配合物			
Ag^+	0.1	1,2	4.7,7.7
Cd^{2+}	0.1	1,2	5.47,10.02
Cu^{2+}	0.1	1,2	10.55,19.60
Co^{2+}	0.1	1,2,3	5.89,10.72,13.82
Hg^{2+}	0.1	2	23.42
Ni^{2+}	0.1	1,2,3	7.66,14.06,18.59
Zn^{2+}	0.1	1,2,3	5.71,10.37,12.08
柠檬酸配合物			
Al^{3+}	0.5	1	20.0
Cu^{2+}	0.5	1	18
Fe^{3+}	0.5	1	25
Ni^{2+}	0.5	1	14.3
Pb^{2+}	0.5	1	12.3
Zn^{2+}	0.5	1	11.4

注：*为离子强度不定。

附录八 金属离子与氨羧螯合剂形成的配合物的稳定常数($\lg K_{MY}^{\ominus}$)

$I=0.1 \quad t=20\sim25℃$

金属离子	EDTA	EGTA	DCTA	DTPA	TTHA
Ag^+	7.3	6.88	—	—	8.67
Al^{3+}	16.1	13.90	17.63	18.60	19.70
Ba^{2+}	7.76	8.41	8.00	8.87	8.22
Bi^{3+}	27.94	—	24.1	35.60	—
Ca^{2+}	10.69	10.97	12.5	10.83	10.06
Ce^{3+}	15.98	—	—	—	—
Cd^{2+}	16.46	15.6	19.2	19.20	19.80
Co^{2+}	16.31	12.30	18.9	19.27	17.10
Cr^{3+}	23.0	—	—	—	—
Cu^{2+}	18.80	17.71	21.30	21.55	19.20
Fe^{2+}	14.33	11.87	18.2	16.50	—
Fe^{3+}	25.1	20.50	29.3	28.00	26.80
Hg^{2+}	21.8	23.20	24.3	26.70	26.80
Mg^{2+}	8.69	5.21	10.30	9.30	8.43
Mn^{2+}	14.04	12.28	16.8	15.60	14.65
Na^+	1.66	—	—	—	—
Ni^{2+}	18.67	17.0	19.4	20.32	18.10
Pb^{2+}	18.0	15.5	19.68	18.00	17.10
Sn^{2+}	22.1	—	—	—	—
Sr^{2+}	8.63	6.8	10.0	9.77	9.26
Th^{4+}	23.2	—	23.2	28.78	31.90
Ti^{3+}	21.3	—	—	—	—
TiO^{2+}	17.3	—	—	—	—
U^{4+}	25.5	—	—	7.69	—
Y^{3+}	18.1	—	—	22.13	—
Zn^{2+}	16.50	14.50	18.67	18.40	16.65

注：EDTA 为乙二胺四乙酸；EGTA 为乙二醇二乙醚二胺四乙酸；DCTA 为 1,2-二氨基环己烷四乙酸；DTPA 为二乙基三胺五乙酸；TTHA 为三乙基四胺六乙酸。

附录九 一些金属离子的 $\lg \alpha_{M(OH)}$ 值

金属离子	离子强度	pH 3	4	5	6	7	8	9	10	11	12	13	14
Al^{3+}	2			0.4	1.3	5.3	9.3	13.3	17.3	21.3	25.3	29.3	33.3
Bi^{3+}	3	1.4	2.4	3.4	4.4	5.4							
Ca^{2+}	0.1											0.3	1.0
Cd^{2+}	3							0.1	0.5	2.0	4.5	8.1	12.0
Co^{2+}	0.1						0.1	0.4	1.1	2.2	4.2	7.2	10.2
Cu^{2+}	0.1						0.2	0.8	1.7	2.7	3.7	4.7	5.7
Fe^{2+}	1							0.1	0.6	1.5	2.5	3.5	4.5
Fe^{3+}	3	0.4	1.8	3.7	5.7	7.7	9.7	11.7	13.7	15.7	17.7	19.7	21.7
Hg^{2+}	0.1	0.5	1.9	3.9	5.9	7.9	9.9	11.9	13.9	15.9	17.9	19.9	21.9
La^{3+}	3								0.3	1.0	1.9	2.9	3.9
Mg^{2+}	0.1									0.1	0.5	1.3	2.3
Mn^{2+}	0.1								0.1	0.5	1.4	2.4	3.4
Ni^{2+}	0.1							0.1	0.7	1.6			
Pb^{2+}	0.1					0.1	0.5	1.4	2.7	4.7	7.4	10.4	13.4
Th^{4+}	1		0.2	0.8	1.7	2.7	3.7	4.7	5.7	6.7	7.7	8.7	9.7
Zn^{2+}	0.1							0.2	2.4	5.4	8.5	11.8	15.5

附录十　标准电极电势表（298K）

1. 酸性溶液中

电极反应 （氧化态+电子——还原态）	$\varphi_A^\ominus/V$	电极反应 （氧化态+电子——还原态）	$\varphi_A^\ominus/V$
$Li^+ + e \rightleftharpoons Li$	−3.04	$Fe^{3+} + 3e \rightleftharpoons Fe$	−0.036
$Rb^+ + e \rightleftharpoons Rb$	−2.925	$2H^+ + 2e \rightleftharpoons H_2$	0.0000
$K^+ + e \rightleftharpoons K$	−2.925	$P + 3H^+ + 3e \rightleftharpoons PH_3(g)$	0.06
$Cs^+ + e \rightleftharpoons Cs$	−2.923	$AgBr + e \rightleftharpoons Ag + Br^-$	0.071
$Ba^{2+} + 2e \rightleftharpoons Ba$	−2.90	$S_4O_6^{2-} + 2e \rightleftharpoons 2S_2O_3^{2-}$	0.08
$Sr^{2+} + 2e \rightleftharpoons Sr$	−2.89	$S + 2H^+ + 2e \rightleftharpoons H_2S(aq)$	0.141
$Ca^{2+} + 2e \rightleftharpoons Ca$	−2.87	$Sb_2O_3 + 6H^+ + 6e \rightleftharpoons 2Sb + 3H_2O$	0.152
$Na^+ + e \rightleftharpoons Na$	−2.714	$Cu^{2+} + e \rightleftharpoons Cu^+$	0.153
$La^{3+} + 3e \rightleftharpoons La$	−2.25	$Sn^{4+} + 2e \rightleftharpoons Sn^{2+}$	0.15
$Mg^{2+} + 2e \rightleftharpoons Mg$	−2.37	$BiOCl + 2H^+ + 3e \rightleftharpoons Bi + Cl^- + H_2O$	0.16
$Ce^{3+} + 3e \rightleftharpoons Ce$	−2.33	$AgCl + e \rightleftharpoons Ag + Cl^-$	0.2224
$H_2 + 2e \rightleftharpoons 2H^-$	−2.25	$As_2O_3 + 6H^+ + 6e \rightleftharpoons 2As + 3H_2O$	0.234
$Sc^{3+} + 3e \rightleftharpoons Sc$	−2.08	$Hg_2Cl_2 + 2e \rightleftharpoons 2Hg + 2Cl^-$	0.2676
$Al^{3+} + 3e \rightleftharpoons Al$	−1.66	$Cu^{2+} + 2e \rightleftharpoons Cu$	0.337
$Be^{2+} + 2e \rightleftharpoons Be$	−1.85	$(CN)_2 + 2H^+ + 2e \rightleftharpoons 2HCN$	0.37
$Ti^{2+} + 2e \rightleftharpoons Ti$	−1.63	$2SO_2(aq) + 2H^+ + 4e \rightleftharpoons S_2O_3^{2-} + H_2O$	0.400
$V^{2+} + 2e \rightleftharpoons V$	−1.18	$Ag_2CrO_4 + e \rightleftharpoons 2Ag + CrO_4^{2-}$	0.446
$Mn^{2+} + 2e \rightleftharpoons Mn$	−1.18	$H_2SO_3 + 4H^+ + 4e \rightleftharpoons S + 3H_2O$	0.45
$H_3BO_3 + 3H^+ + 3e \rightleftharpoons B + 3H_2O$	−0.87	$Fe(CN)_6^{3-} + e \rightleftharpoons Fe(CN)_6^{4-}$	0.356
$TiO_2(aq) + 4H^+ + 4e \rightleftharpoons Ti + 2H_2O(g)$	−0.84	$4SO_2(aq) + 4H^+ + 6e \rightleftharpoons S_4O_6^{2-} + 2H_2O$	0.51
$SiO_2 + 4H^+ + 4e \rightleftharpoons Si + 2H_2O(g)$	−0.84	$Cu^+ + e \rightleftharpoons Cu$	0.522
$Zn^{2+} + 2e \rightleftharpoons Zn$	−0.7628	$I_2(s) + 2e \rightleftharpoons 2I^-$	0.535
$Cr^{2+} + 2e \rightleftharpoons Cr$	−0.74	$H_3AsO_4 + 2H^+ + 2e \rightleftharpoons HAsO_2 + 2H_2O$	0.560
$Ag_2S + 2e \rightleftharpoons 2Ag + S^{2-}$	−0.69	$2HgCl_2 + 2e \rightleftharpoons Hg_2Cl_2 + 2Cl^-$	0.63
$As + 3H^+ + 3e \rightleftharpoons AsH_3(g)$	−0.60	$Ag_2SO_4 + 2e \rightleftharpoons 2Ag + SO_4^{2-}$	0.653
$Sb + 3H^+ + 3e \rightleftharpoons SbH_3(g)$	−0.51	$O_2 + 2H^+ + 2e \rightleftharpoons H_2O_2$	0.682
$H_3PO_3 + 2H^+ + 2e \rightleftharpoons H_3PO_2 + H_2O$	−0.50	$Fe^{3+} + e \rightleftharpoons Fe$	0.771
$2CO_2 + 2H^+ + 2e \rightleftharpoons H_2C_2O_4$	−0.49	$Ag^+ + e \rightleftharpoons Ag$	0.7994
$H_3PO_3 + 3H^+ + 3e \rightleftharpoons P + 3H_2O$	−0.49	$NO_3^- + 2H^+ + e \rightleftharpoons NO_2 + H_2O$	0.80
$S + 2e \rightleftharpoons S^{2-}$	−0.48	$Hg^{2+} + 2e \rightleftharpoons Hg$	0.851
$Fe^{2+} + 2e \rightleftharpoons Fe$	−0.44	$NO_3^- + 3H^+ + 2e \rightleftharpoons HNO_2 + H_2O$	0.94
$Cd^{2+} + 2e \rightleftharpoons Cd$	−0.402	$NO_3^- + 4H^+ + 3e \rightleftharpoons NO + 2H_2O$	0.96
$Se + 2H^+ + 2e \rightleftharpoons H_2Se(aq)$	−0.36	$HIO + H^+ + 2e \rightleftharpoons I^- + H_2O$	0.99
$PbSO_4 + 2e \rightleftharpoons Pb + SO_4^{2-}$	−0.356	$HNO_2 + H^+ + e \rightleftharpoons NO + H_2O$	0.99
$Cd^{2+} + 2e \rightleftharpoons Cd(Hg)$	−0.351	$NO_2 + 2H^+ + 2e \rightleftharpoons NO + H_2O$	1.030
$Ag(CN)_2^- + e \rightleftharpoons Ag + 2CN^-$	−0.31	$Br_2(l) + 2e \rightleftharpoons 2Br^-$	1.0652
$Co^{2+} + 2e \rightleftharpoons Co$	−0.277	$NO_2 + H^+ + e \rightleftharpoons HNO_2$	1.07
$PbBr_2 + 2e \rightleftharpoons Pb + 2Br^-$	−0.274	$Br_2(aq) + 2e \rightleftharpoons 2Br^-$	1.087
$PbCl_2 + 2e \rightleftharpoons Pb + 2Cl^-$	−0.266	$ClO_3^- + 2H^+ + e \rightleftharpoons ClO_2 + H_2O$	1.15
$Ni^{2+} + 2e \rightleftharpoons Ni$	−0.23	$ClO_4^- + 2H^+ + 2e \rightleftharpoons ClO_3^- + H_2O$	1.19
$2SO_4^{2-} + 4H^+ + 2e \rightleftharpoons S_2O_6^{2-} + 2H_2O$	−0.22	$2IO_3^- + 12H^+ + 10e \rightleftharpoons I_2 + 6H_2O$	1.195
$AgI + e \rightleftharpoons Ag + I^-$	−0.151	$MnO_2 + 4H^+ + 2e \rightleftharpoons Mn^{2+} + 2H_2O$	1.208
$Sn^{2+} + 2e \rightleftharpoons Sn$	−0.136	$ClO_3^- + 3H^+ + 2e \rightleftharpoons HClO_2 + H_2O$	1.21
$Pb^{2+} + 2e \rightleftharpoons Pb$	−0.126	$O_2 + 4H^+ + 4e \rightleftharpoons 2H_2O$	1.229

续表

电极反应 (氧化态＋电子══还原态)	$\varphi_A^\ominus$/V	电极反应 (氧化态＋电子══还原态)	$\varphi_A^\ominus$/V
$Cr_2O_7^{2-}+14H^++6e══2Cr^{3+}+7H_2O$	1.33	$MnO_4^-+4H^++3e══MnO_2+2H_2O$	1.695
$Cl_2(g)+2e══2Cl^-$	1.360	$H_2O_2+2H^++2e══2H_2O$	1.77
$Ce^{4+}+e══Ce^{3+}$	1.459	$Co^{3+}+e══Co^{2+}$	1.82
$PbO_2+4H^++2e══Pb^{2+}+2H_2O$	1.46	$S_2O_8^{2-}+2e══2SO_4^{2-}$	2.01
$MnO_4^-+8H^++5e══Mn^{2+}+4H_2O$	1.491	$O_3+2H^++2e══O_2+H_2O$	2.07
$2BrO_3^-+12H^++10e══Br_2+6H_2O$	1.52	$F_2+2e══2F^-$	2.87
$2HClO+2H^++2e══Cl_2+2H_2O$	1.63	$F_2+2H^++2e══2HF$	3.06
$PbO_2+SO_4^{2-}+4H^++2e══PbSO_4+2H_2O$	1.685		

2. 碱性溶液中

电极反应 (氧化态＋电子══还原态)	$\varphi_B^\ominus$/V	电极反应 (氧化态＋电子══还原态)	$\varphi_B^\ominus$/V
$Ca(OH)_2+2e══Ca+2OH^-$	−3.03	$Fe(OH)_3+e══Fe(OH)_2+OH^-$	−0.56
$La(OH)_3+3e══La+3OH^-$	−2.90	$S+2e══S^{2-}$	−0.48
$Sr(OH)_2+2e══Sr+2OH^-$	−2.88	$NO_2^-+H_2O+e══NO+2OH^-$	−0.46
$Ba(OH)_2+2e══Ba+2OH^-$	−2.81	$Cu_2O+H_2O+2e══2Cu+2OH^-$	−0.358
$Mg(OH)_2+2e══Mg+2OH^-$	−2.69	$Cu(OH)_2+2e══Cu+2OH^-$	−0.224
$H_2AlO_3^-+H_2O+3e══Al+4OH^-$	−2.35	$CrO_4^{2-}+4H_2O+3e══Cr(OH)_3+5OH^-$	−0.13
$SiO_3^{2-}+3H_2O+4e══Si+6OH^-$	−1.73	$2Cu(OH)_2+2e══Cu_2O+2OH^-+H_2O$	−0.08
$HPO_3^{2-}+2H_2O+2e══H_2PO_2^-+3OH^-$	−1.65	$NO_3^-+H_2O+2e══NO_2^-+2OH^-$	0.01
$Mn(OH)_2+2e══Mn+2OH^-$	−1.55	$HgO+H_2O+2e══Hg+2OH^-$	0.098
$Cr(OH)_3+3e══Cr+3OH^-$	−1.3	$Co(NH_3)_6^{3+}+e══Co(NH_3)_6^{2+}$	0.1
$Zn(OH)_2+2e══Zn+4OH^-$	−1.245	$IO_3^-+3H_2O+6e══I^-+6OH^-$	0.26
$Zn(CN)_4^{2-}+2e══Zn+4CN^-$	−1.26	$PbO_2+H_2O+2e══PbO+2OH^-$	0.28
$As+3H_2O+3e══AsH_3+3OH^-$	−1.210	$ClO_3^-+H_2O+2e══ClO_2^-+2OH^-$	0.33
$CrO_2^-+2H_2O+3e══Cr+4OH^-$	−1.2	$ClO_4^-+H_2O+2e══ClO_3^-+2OH^-$	0.36
$2SO_3^{2-}+2H_2O+2e══S_2O_4^{2-}+4OH^-$	−1.12	$Ag(NH_3)_2^++e══Ag+2NH_3$	0.373
$PO_4^{3-}+2H_2O+2e══HPO_3^{2-}+3OH^-$	−1.12	$O_2+2H_2O+4e══4OH^-$	0.401
$Sn(OH)_6^{2-}+2e══HSnO_2^-+3OH^-+H_2O$	−0.96	$IO^-+H_2O+2e══I^-+2OH^-$	0.49
$SO_4^{2-}+H_2O+2e══SO_3^{2-}+2OH^-$	−0.93	$IO_3^-+2H_2O+4e══IO^-+4OH^-$	0.56
$P(白)+3H_2O+3e══PH_3(g)+3OH^-$	−0.89	$MnO_4^-+e══MnO_4^{2-}$	0.564
$H_2O══H^++OH^-$	−0.8277	$MnO_4^-+2H_2O+3e══MnO_2+4OH^-$	0.588
$Cd(OH)_2+2e══Cd+2OH^-$	−0.809	$ClO_2^-+H_2O+2e══ClO^-+2OH^-$	0.66
$HSnO_2^-+H_2O+2e══Sn+3OH^-$	−0.79	$BrO_3^-+3H_2O+6e══Br^-+6OH^-$	0.61
$Co(OH)_2+2e══Co+2OH^-$	−0.73	$ClO_3^-+3H_2O+6e══Cl^-+6OH^-$	0.62
$AsO_4^{3-}+2H_2O+2e══AsO_2^-+4OH^-$	−0.71	$BrO^-+H_2O+2e══Br^-+2OH^-$	0.70
$AsO_2^-+2H_2O+3e══As+4OH^-$	−0.68	$ClO^-+H_2O+2e══Cl^-+2OH^-$	0.89
$SO_3^{2-}+3H_2O+4e══S+6OH^-$	−0.66	$O_3+H_2O+2e══O_2+2OH^-$	1.24
$2SO_3^{2-}+3H_2O+4e══S_2O_3^{2-}+6OH^-$	−0.58		

附录十一 一些氧化还原电对的条件电势（298K）

电极反应	条件电位/V	介质
$Ag^{2+} + e \rightleftharpoons Ag^+$	2.00	$4mol \cdot L^{-1}$ $HClO_4$
	1.927	$4 mol \cdot L^{-1}$ HNO_3
$Ce(IV) + e \rightleftharpoons Ce(III)$	1.70	$1 mol \cdot L^{-1}$ $HClO_4$
	1.61	$1mol \cdot L^{-1}$ HNO_3
	1.28	$1mol \cdot L^{-1}$ HCl
	1.44	$0.5mol \cdot L^{-1}$ H_2SO_4
$Co(III) + e \rightleftharpoons Co(II)$	1.85	$4mol \cdot L^{-1}$ $HClO_4$
	1.85	$4mol \cdot L^{-1}$ HNO_3
$Cr_2O_7^{2-} + 14H^+ + 6e \rightleftharpoons 2Cr^{3+} + 7H_2O$	1.025	$1mol \cdot L^{-1}$ $HClO_4$
	1.15	$4mol \cdot L^{-1}$ H_2SO_4
	1.00	$1mol \cdot L^{-1}$ HCl
	1.05	$2mol \cdot L^{-1}$ HCl
	1.08	$3mol \cdot L^{-1}$ HCl
$Fe(III) + e \rightleftharpoons Fe(II)$	0.73	$1mol \cdot L^{-1}$ $HClO_4$
	0.68	$1mol \cdot L^{-1}$ H_2SO_4
	0.71	$0.5mol \cdot L^{-1}$ HCl
	0.68	$1mol \cdot L^{-1}$ HCl
	0.46	$2mol \cdot L^{-1}$ H_3PO_4
	0.51	$1mol \cdot L^{-1}$ HCl-$0.25mol \cdot L^{-1}$ H_3PO_4
$I_3^- + 2e \rightleftharpoons 3I^-$	0.545	$1mol \cdot L^{-1}$ H^+
$Sn(IV) + 2e \rightleftharpoons Sn(II)$	0.14	$1mol \cdot L^{-1}$ HCl

附录十二 相对分子质量

化合物	相对分子质量	化合物	相对分子质量
Ag_2AsO_4	462.52	$BaCO_3$	197.34
$AgBr$	187.78	BaC_2O_4	225.35
$AgCN$	133.84	$BaCl_2$	208.24
$AgCl$	143.32	$BaCl_2 \cdot 2H_2O$	244.27
Ag_2CrO_4	331.73	$BaCrO_4$	253.32
AgI	234.77	BaO	153.33
$AgNO_3$	169.87	$Ba(OH)_2$	171.35
$AgSCN$	165.95	$BaSO_4$	233.39
$AlCl_3$	133.341	$Bi(NO_3)_3$	395.00
$AlCl_3 \cdot 6H_2O$	241.433	$Bi(NO_3)_3 \cdot 5H_2O$	485.07
$Al(C_9H_6N)_3$(8-羟基喹啉铝)	459.444	$CaCO_3$	100.09
$Al(NO_3)_3$	212.996	CaC_2O_4	128.10
$Al(NO_3)_3 \cdot 9H_2O$	375.13	$CaCl_2$	110.99
Al_2O_3	101.96	$CaCl_2 \cdot 6H_2O$	219.075
$Al_2(OH)_3$	78.004	CaO	56.08
$Al_2(SO_4)_3$	342.15	$Ca(OH)_2$	74.09
$Al_2(SO_4)_3 \cdot 18H_2O$	666.43	$Ca_3(PO_4)_2$	310.18
As_2O_3	197.84	$CaSO_4$	136.14
As_2O_5	229.84	$CaSO_4 \cdot 2H_2O$	172.17
As_2S_3	246.04	$Ce(NH_4)_2(NO_3)_6 \cdot 2H_2O$	584.25

续表

化合物	相对分子质量	化合物	相对分子质量
$Ce(NH_4)_4(SO_4)_4 \cdot 2H_2O$	632.55	$Hg_2(NO_3)_2$	525.19
CH_3COOH	60.053	$Hg_2(NO_3)_2 \cdot 2H_2O$	561.22
CO	28.01	$Hg(NO_3)_2$	324.60
CO_2	44.01	HgO	216.59
$CO(NH_2)_2$	60.0556	HgS	232.66
$Co(NO_3)_2$	182.94	$HgSO_4$	296.65
$Co(NO_2)_2 \cdot 6H_2O$	291.03	Hg_2SO_4	497.24
CoS	91.00	HI	127.91
$CoSO_4$	154.99	HNO_2	47.01
$CrCl_3$	158.355	HNO_3	63.01
$CrCl_3 \cdot 6H_2O$	266.45	H_2O	18.02
Cr_2O_3	151.99	H_2O_2	34.02
$CuSCN$	121.63	H_3PO_4	98.00
CuI	190.45	H_2S	34.08
$Cu(NO_3)_2$	187.56	H_2SO_3	82.08
$Cu(NO_3)_2 \cdot 3H_2O$	241.60	H_2SO_4	98.08
$Cu(NO_3)_2 \cdot 6H_2O$	295.65	$KAl(SO_4)_2 \cdot 12H_2O$	474.39
CuO	79.54	KBr	119.01
Cu_2O	143.09	$KBrO_3$	167.01
CuS	95.61	KCl	74.56
$CuSO_4$	159.61	$KClO_3$	122.55
$CuSO_4 \cdot 5H_2O$	249.69	$KClO_4$	138.55
$FeCl_2$	126.75	K_2CO_3	138.21
$FeCl_3 \cdot 6H_2O$	270.30	$K_2Cr_2O_7$	294.19
$FeNH_4(SO_4)_2 \cdot 12H_2O$	482.20	K_2CrO_4	194.20
$Fe(NH_4)_2(SO_4)_2 \cdot 6H_2O$	392.14	$KFe(SO_4)_2 \cdot 12H_2O$	503.26
$Fe(NO_3)_3$	241.86	$K_3[Fe(CN)_6]$	329.25
$Fe(NO_3)_3 \cdot 6H_2O$	349.95	$K_4[Fe(CN)_6]$	368.35
FeO	71.85	$KHC_8H_4O_4$(邻苯二甲酸氢钾)	204.22
Fe_2O_3	159.69	$KHC_4H_4O_6$(酒石酸氢钾)	188.18
Fe_3O_4	231.54	$KHC_2O_4 \cdot H_2O$	146.14
$Fe(OH)_3$	106.87	$KHC_2O_4 \cdot H_2C_2O_4 \cdot 2H_2O$	254.19
FeS	87.913	$KHSO_4$	136.17
$FeSO_4$	151.91	KI	166.01
$FeSO_4 \cdot 7H_2O$	278.02	KIO_3	214.00
H_3AsO_3	125.94	$KIO_3 \cdot HIO_3$	389.92
H_3AsO_4	141.94	$KMnO_4$	158.04
H_3BO_3	61.83	$KNaC_4H_4O_6 \cdot 4H_2O$(酒石酸盐)	382.22
HBr	80.91	KNO_2	85.10
HCN	27.02	KNO_3	101.10
$HCOOH$	46.0257	K_2O	92.20
$HC_7H_5O_2$(苯甲酸)	122.12	KOH	56.11
H_2CO_3	62.02	$KSCN$	97.18
$H_2C_2O_4$	90.04	K_2SO_4	174.26
$H_2C_2O_4 \cdot 2H_2O$	126.07	$MgCO_3$	84.32
HCl	36.46	$MgCl_2$	95.21
HF	20.01	$MgCl_2 \cdot 6H_2O$	203.30
$HgCl_2$	271.50	$MgNH_4PO_4$	137.33
Hg_2Cl_2	472.09	$MgNH_4PO_4 \cdot 6H_2O$	245.41
HgI_2	454.40	MgO	40.31

续表

化合物	相对分子质量	化合物	相对分子质量
$Mg(OH)_2$	58.320	NH_4F	37.037
$Mg_2P_2O_7$	222.60	$(NH_4)_2HPO_4$	132.05
$MgSO_4 \cdot 7H_2O$	246.48	$(NH_4)_3PO_4$	140.02
$MnCO_3$	114.95	$(NH_4)_6Mo_7O_{24} \cdot 4H_2O$	1235.9
$MnCl_2 \cdot 4H_2O$	197.90	NH_4HCO_3	79.056
$Mn(NO_3)_2 \cdot 6H_2O$	287.04	NH_4SCN	76.122
MnO	70.94	$(NH_4)_2SO_4$	132.14
MnO_2	86.94	NH_4VO_3	116.98
MnS	87.00	$NiCl_2 \cdot 6H_2O$	237.69
$MnSO_4$	151.00	NiO	74.69
$Na_2B_4O_7 \cdot 10H_2O$	381.37	$Ni(NO_3)_2 \cdot 6H_2O$	290.79
$NaBiO_3$	279.97	NiS	90.76
$NaC_2H_3O_2$（醋酸钠）	82.03	$NiSO_4 \cdot 7H_2O$	280.86
$NaC_2H_3O_2 \cdot 3H_2O$	136.08	NO	30.006
$NaCN$	49.01	NO_2	45.00
Na_2CO_3	105.99	P_2O_5	141.95
$Na_2CO_3 \cdot 10H_2O$	286.14	$Pb(C_2H_3O_2)_2$（醋酸铅）	325.28
$Na_2C_2O_4$	134.00	$Pb(C_2H_3O_2)_2 \cdot 3H_2O$	379.34
$NaCl$	58.44	$PbCrO_4$	323.18
$NaHCO_3$	84.01	$PbMoO_4$	367.14
NaH_2PO_4	119.98	$Pb(NO_3)_2$	331.21
Na_2HPO_4	141.96	PbO	223.19
$Na_2HPO_4 \cdot 2H_2O$	177.99	PbO_2	239.19
$Na_2HPO_4 \cdot 12H_2O$	358.14	PbS	239.27
$Na_2H_2Y \cdot 2H_2O$	372.26	$PbSO_4$	303.26
$NaNO_3$	84.99	Sb_2O_3	291.50
Na_2O	61.98	SiO_2	60.08
Na_2O_2	77.98	$SnCl_2 \cdot 2H_2O$	225.65
$NaOH$	40.01	SnO_2	150.71
Na_3PO_4	163.94	SnS	150.78
Na_2S	78.05	SO_2	64.06
$NaSCN$	81.07	SO_3	80.06
Na_2SO_3	126.04	$Sr(NO_3)_2$	211.63
Na_2SO_4	142.04	$Sr(NO_3)_2 \cdot 4H_2O$	283.69
$Na_2S_2O_3$	158.11	$Zn(NO_3)_2 \cdot 6H_2O$	297.49
$Na_2S_2O_3 \cdot 5H_2O$	248.19	ZnO	81.39
NH_3	17.03	$Zn(OH)_2$	99.40
$NH_4C_2H_3O_2$（醋酸铵）	77.08	ZnS	97.43
$(NH_4)_2C_2O_4 \cdot H_2O$	142.11	$ZnSO_4$	161.45
NH_4Cl	53.49	$ZnSO_4 \cdot 7H_2O$	287.56

参 考 文 献

[1] 古国榜等. 无机化学. 第 2 版. 北京：化学工业出版社，2007.
[2] 俞斌. 无机及分析化学. 北京：化学工业出版社，2007.
[3] 陈学泽. 无机及分析化学. 北京：中国林业出版社，2003.
[4] 周莹. 无机化学. 长沙：中南大学出版社，2005.
[5] 宁开桂. 无机及分析化学. 北京：高等教育出版社，1998.
[6] 朱裕贞等. 现代基础化学. 第 2 版. 北京：化学工业出版社，2004.
[7] 北京农业大学. 普通化学. 北京：中国农业出版社，1985.
[8] 武汉大学，吉林大学等. 无机化学. 第 3 版. 北京：高等教育出版社，1994.
[9] 大连理工大学无机化学教研室. 无机化学. 第 4 版. 北京：高等教育出版社，2001.
[10] 天津大学无机化学教研室. 无机化学. 第 3 版. 北京：高等教育出版社，2002.
[11] 陈吉书等. 无机化学. 南京：南京大学出版社，2002.
[12] 苏小云等. 工科无机化学. 第 3 版. 上海：华东理工大学出版社，2004.
[13] 傅献彩. 无机化学. 北京：高等教育出版社，1999.
[14] 戴安邦等. 配位化学. 北京：科学出版社，1987.
[15] 刘新锦等. 无机元素化学. 北京：科学出版社，2005.
[16] 孙家跃等. 无机材料制造与应用. 北京：化学工业出版社，2001.
[17] 关鲁雄等. 高等无机化学. 北京：化学工业出版社，2004.
[18] 洪茂椿等. 21 世纪的无机化学. 北京：科学出版社，2005.
[19] 戴树桂. 环境化学. 北京：高等教育出版社，1997.
[20] 胡常伟等. 绿色化学原理和应用. 北京：中国石化出版社，2002.
[21] 徐如人等. 无机合成与制备化学. 北京：高等教育出版社，2001.
[22] 贡长生等. 新型功能材料. 北京：化学工业出版社，2001.
[23] 陈军等. 新能源材料. 北京：化学工业出版社，2003.
[24] 杨明华等. 新型无机材料. 北京：化学工业出版社，2005.
[25] 王佛松等. 展望 21 世纪的化学. 北京：化学工业出版社，2000.
[26] 江玉和等. 非金属材料化学. 北京：科学技术文献出版社，1992.
[27] [法] Lehn J M. 超分子化学——概念和展望. 沈兴海等译. 北京：北京大学出版社，2002.